国家级精品资源共享课配套教材

LINCHUANG ZHENLIAO JISHU

宠物临床诊疗技术

CHONGWU

石冬梅 蔡友忠 主编

化学工业出版社

·北京·

内容简介

《宠物临床诊疗技术》（第二版）是“十四五”职业教育国家规划教材，依据现代宠物医学的发展和宠物临床诊疗的需要而编写。本书共分两大模块，精心设计了 5 个项目化教学内容，其中涵盖 29 项任务、100 项子任务、17 项技能训练项目，并配以大量的宠物临床诊疗实景图片，详细地介绍了宠物疾病的各种诊疗方法、诊疗仪器的使用、诊断结果的判断、临床类型鉴别和诊疗注意事项等，并将先进的诊疗理念和宠物医学的最新科技成果融入全书各部分内容之中。全书内容丰富、语言精练、突出技能、重在实用，并结合国家精品资源共享课建设成果，配以制作精美的教学课件（扫描二维码观看），为教师、学生和宠物医生提供丰富的教学和学习资料。全面贯彻党的教育方针，落实立德树人根本任务，在教材中有机融入党的二十大精神。

本书适合作为高职高专宠物类专业教材，也可供广大宠物医生、兽医师学习使用。

图书在版编目（CIP）数据

宠物临床诊疗技术/石冬梅，蔡友忠主编. —2 版.
北京：化学工业出版社，2015.12（2025.3 重印）
“十二五”职业教育国家规划教材
ISBN 978-7-122-25869-4

Ⅰ.①宠… Ⅱ.①石…②蔡… Ⅲ.①宠物-动物疾病-诊疗-高等职业教育-教材 Ⅳ.①S858.93

中国版本图书馆 CIP 数据核字（2015）第 299178 号

责任编辑：梁静丽　李植峰　　　　装帧设计：史利平
责任校对：边　涛

出版发行：化学工业出版社（北京市东城区青年湖南街 13 号　邮政编码 100011）
印　　装：北京科印技术咨询服务有限公司数码印刷分部
787mm×1092mm　1/16　印张 17¾　字数 462 千字　　2025 年 3 月北京第 2 版第 17 次印刷

购书咨询：010-64518888　　　　售后服务：010-64518899
网　　址：http://www.cip.com.cn
凡购买本书，如有缺损质量问题，本社销售中心负责调换。

定　　价：54.00 元

《宠物临床诊疗技术》(第二版) 编写人员名单

主　　编　石冬梅　蔡友忠

副 主 编　黄解珠　刘国芳　朱金凤

编　　者（按照姓名汉语拼音排列）

蔡友忠（福建农业职业技术学院）

黄解珠（江西生物科技职业学院）

加春生（黑龙江农业工程职业学院）

廖启顺（云南农业职业技术学院）

刘国芳（江苏农林职业技术学院）

刘庆新（江苏农林职业技术学院）

米俊宪（河南牧业经济学院）

任　艳（辽宁农业职业技术学院）

石冬梅（河南牧业经济学院）

孙维平（上海农林职业技术学院）

王艳丰（河南农业职业学院）

叶晓敏（河南牧业经济学院）

易先国（信阳农林学院）

朱金凤（河南农业职业学院）

前言

进入21世纪，我国宠物行业和宠物产业经济有了突飞猛进的发展，行业的发展带来了对宠物专业技术人才的巨大需求。在对宠物市场充分调研、分析、论证的基础上，以学生能力培养为主线，按照《国家中长期教育改革发展规划纲要（2010—2020年）》和《国家高等职业教育发展规划（2011—2015年）》文件精神，根据现代宠物医学的发展和宠物临床诊疗工作的需要，我们再版修订了《宠物临床诊疗技术》一书，供宠物专业教学及宠物临床诊疗之用。

本书是国家精品资源共享课配套教材，向广大读者全面介绍了宠物临床的各种诊断和治疗方法。**第二版教材修订过程中，结合多位编者在宠物医院的工作经验，将先进的诊疗理念和宠物医学的最新科技成果融入教材之中。**全书共分宠物疾病诊断和宠物疾病治疗两大模块，精心设计了5个项目化教学内容，其中涵盖29项任务、100项子任务、17项技能训练项目，并配以大量的宠物临床诊疗实景图片，详细地介绍了宠物疾病的各种诊疗方法、诊疗仪器的使用、诊断结果的判读、临床类症鉴别和诊疗注意事项等。**全书内容全面、语言精练、突出技能、重在实用，并配以制作精美的教学课件（扫描二维码观看）**，进一步为教师、学生和宠物医生提供了丰富的教学和学习资料；广大师生也可利用国家精品资源共享课进行网络化课程教学，提高教学效果。全面贯彻党的教育方针，落实立德树人根本任务，在教材中有机融入党的二十大精神。

本书不仅可作为大中专院校宠物类专业的教材，也可作为广大宠物医生的参考用书。

本书在编写过程中，得到了各编者院校领导和老师的大力支持，宠物行业专家和宠物医学界同仁提出了不少宝贵的意见和建议，同时参考了同行专家的一些文献和资料，借出版之际，谨向有关专家致以诚挚的谢意。

由于编者水平有限，时间仓促，书中不足和疏漏之处在所难免，恳请广大读者批评指正。

编者

目
录

记笔记，划重点
轻松拿下好成绩
微信扫一扫，学习没烦恼

模块二　宠物疾病治疗

绪　论

宠物养护与疫病防治专业由一系列系统的学科支撑而成，诊断与防治是本专业的最终落实点，因最终目的就是为了应用到对宠物疾病的诊断与防治上。宠物临床诊疗技术是指宠物疾病诊断与防治（主要是治疗）的手段、措施和方法。

对宠物诊疗技术具有实质性推动作用的是随着 20 世纪 80 年代的改革开放而兴起的宠物饲养热。宠物作为伴侣动物而在一个社会中兴盛，这是社会发展和人民生活水平提高的必然结果。正是宠物热的兴起，使我国的宠物医疗业从 20 世纪 80 年代后期、90 年代初期开始迅速发展，宠物诊疗技术的发展而有了飞跃前进。

与传统的兽医诊疗技术相比，宠物诊疗技术有以下几个特点。

1. 宠物诊疗技术针对宠物全科疾病

传统兽医诊疗技术主要针对群发病，主要是传染病、寄生虫病、中毒病、营养代谢病等的诊断，而在宠物临床上，传染病虽然仍为重要的一类疾病——传染病的诊断依然需要依靠实验室检验，如各种疾病的快速诊断试剂盒的涌现就是宠物疾病诊疗技术发展的一个明证——但普通病在宠物医疗上应该更加受到大家重视，如老年性疾病、营养代谢疾病、内分泌紊乱疾病、肿瘤等，对这些疾病的诊断、治疗技术也该随之得到发展，所以宠物临床诊疗技术是针对宠物流行病、普通病等多种疾病的诊疗技术。

2. 宠物诊疗技术更倾向于向人医借鉴

传统的兽医诊疗技术较少依赖于实验室检验和仪器诊断，由于动物本身的特点，使兽医临床诊疗技术与人医相比有较大区别。宠物医疗的发展使传统的临床诊疗手段无法满足实际的临床诊疗需要，必须投入新的设备和引进新的技术。最快捷的途径就是引进与借鉴已经发展成熟和广泛应用的人医诊疗技术，如气体麻醉技术、内镜技术、骨骼内固定技术等。就是最基本的给药方法，在宠物临床上也是越来越倾向于接近人医。鉴于目前兽医诊疗技术还远远落后于人医，借鉴人医诊疗技术并根据动物的特点加以改进，将是相当长一段时间内宠物医生提高诊疗水平的有效途径。

3. 应用宠物诊疗技术必须考虑动物的尊严和养主情感

这是宠物兽医与传统兽医之间又一个大的区别。传统兽医在动物保定、诊疗、手术上的粗暴操作方式在宠物诊疗上应加以避免。对宠物的一切操作都要使用更人性化的方式，传统的猪阉割和去势方式在宠物的绝育手术上绝不可仿效，否则不但伤害宠物机体、机能和尊严，而且伤害宠物养主的情感。

4. 宠物诊疗技术是由市场需求促进发展的

宠物诊疗技术为何能成为兽医诊疗技术的发展龙头？归根结底是市场需求的推动。传统兽医诊疗技术的发展受到了动物自身经济价值的限制，而宠物相对而言是无价的，这一点很接近于人类。这就出现了为了宠物健康长寿而不过多考虑其治疗成本与自身经济价值是否相符的问题。正是这一需求大大促进了诊治环境、设备仪器、诊疗技术、人力资本等的投入，从而使宠物诊疗技术一枝独秀地快速发展。传统兽医上不曾应用或极少应用的仪器设备如 X 光机、B 超仪、血细胞分析仪、生化分析仪、尿液分析仪、呼吸麻醉机、内镜等设备和技术很快在宠物临床诊疗上被普遍接受和应用，并为提高诊疗水平做出了极大贡献。但是，在使用这些先进技术和设备的同时，兽医工作人员应具有职业操守，不能为了经济利益而肆意、盲目扩大应用范围。

本教材主要介绍了目前宠物临床上已经广泛应用和正在兴起的诊疗技术，既具有先进性，又不忽视被实践证明行之有效的基本的、传统的诊疗技术。在教学和学习过程中望注意以下几个问题。

1. 关于教学

本课程适于教、学、做一体化的教学方式，教师边教边做，学生边学边做，因此需要有充分的器械、设施、设备和实验用动物等资源配置。以文字叙述为主的本教材不可能对动作技能技巧的描述完全到位，教学中应充分应用图像、视频、演示、模拟病例操作等手段以提高教学效果。同时，教师自身的技能熟练程度以及教学资源的积累，是教好学生学好本课程的前提。

2. 关于学习

学习本课程首先要有不怕脏、不怕累的敬业精神，如能利用假日时间积极联系当地宠物诊所进行实践，必将对本课程的学习大有裨益。学习时既要动手又要动脑；既要知道怎么做，又要知道为何这么做。只会机械地操作其实不能很好地掌握某项技能，也不利于以后的提高，不利于适应不同条件下的同一操作。如学习皮下注射时，除应掌握正确的注射要领、知道首选部位外，还应知道在不方便的时候还可选择什么部位？皮下注射适用于何种情况？哪些药物适合于皮下注射？哪些药物不适合皮下注射？皮下注射引起局部肿块、感染、蜂窝织炎等的原因，以及如何避免等？

3. 关于先进技术

先进技术是指以前传统兽医不曾使用或极少使用的技术，一般都伴随着先进仪器设备的引入和应用。这部分技术由于所涉仪器一般都较贵重，无法做到充分配置资源以达到充分训练，本课程不要求每位学生达到熟练操作的效果，但要求教师必须能熟练地演示和指导学生学习，学生需要掌握基本理论、操作时的注意事项等，达到会操作的程度，至于提高将借助毕业实习或工作后的诊疗实践。

4. 关于基本技术

基本技术是指传统兽医诊疗技术，是临床上日常操作技术，在宠物临床上一般都要做适合于宠物的改进。如静脉输液技术，宠物临床上不但应用更频繁，而且已广泛应用了留置针技术。基本技术的学习和训练对设施要求较低，而且基本技术又是临床实践中最常用的，一味追求先进技术而忽视基本技术的学习是不切实际的。基本技术的学习应注意反复训练的原则，力争达到熟练程度。

5. 关于技能考核

技能考核一方面要注重考核学生对常用基本技能的掌握情况，如保定、内服投药、肌内注射与皮下注射、静脉注射与输液、采血、体温测试、穿刺等项目。另一方面，还要将宠物临床的一些综合技术设置为技能训练项目，由教师制定项目实训方案，以学生为主导完成技能实操，才能真正达到考核的目的。

模块一　宠物疾病诊断

【知识目标】

1. 了解建立宠物临床诊断的基本方法。
2. 了解宠物临床常见的诊疗失误。
3. 掌握病史调查的方法及注意事项。
4. 掌握宠物临床诊断的基本过程和诊断类型。

【技能目标】

1. 具有设计宠物临床病历的能力。
2. 具有调查病史的能力。
3. 具有建立宠物疾病诊断的能力。

任务一　认识诊断的过程与要求

诊断的基本过程是按以下顺序进行：病历登记、病史调查、临床检查、实验室检查、仪器检查、病理剖检等。

一、病历登记

见“任务二　子任务一　病历登记”。

二、病史调查

见“任务二　子任务二　病史调查”。

三、临床检查

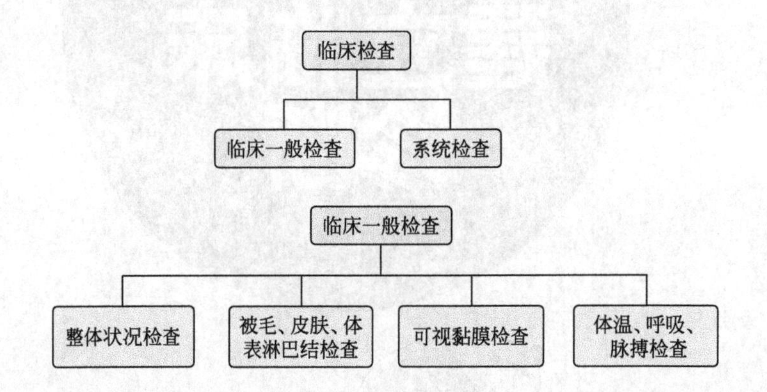

四、实验室检查

实验室检查要进行的检查项目如下。

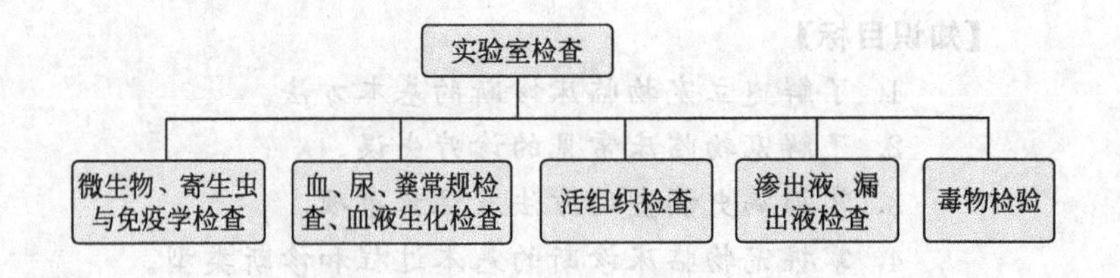

五、仪器检查

常见的仪器检查如下。

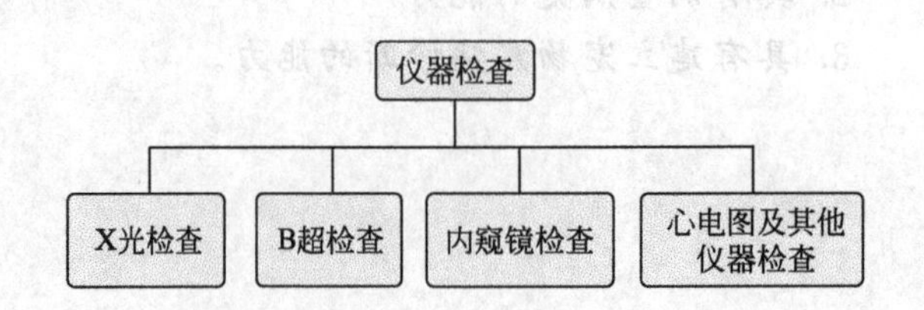

六、病理剖检

这是最后的补充诊断措施，往往说明兽医对生前诊断有疑问。病理剖检并非能确认所有疾病，所以病理剖检的同时还可以进一步做实验室检验，如病原学检验、组织切片检查等。

附：诊断的基本要求

一项完整可靠的诊断，应达到以下基本要求。

(1) 诊断所依赖的检查结果应包括病史检查、临床检查、实验室检查、仪器检查，必要时还应有药物检查的结果和病理解剖报告。

(2) 检查的具体内容范围不但要有初诊疾病的直接证据结果，还要有排除可疑疾病的证据。如犬细小病毒病确认以后，应做冠状病毒检查，看是否并发；对排尿障碍的犬，确认尿石症存在后，对于老龄公犬还应做是否存在前列腺增生的检查。

(3) 某些疾病在没有到某一阶段时很难找到直接证据，某些疾病的直接证据是目前的诊断手段和技术无法检查到的，兽医要加大排除检查的范围，根据现有检查结果综合分析判断，提出边治疗边观察的方案，并适时做补充检查。

(4) 一个完整的诊断必须要有详细的记录和兽医签名。

任务二　收集病史及临床症状资料

子任务一　病历登记

一、病历登记内容

病历登记是临床诊断与治疗的第一步，病历登记主要包括以下内容。

(1) 患畜与畜主的基本信息　一般记录在病历卡的封面（主页）上。患畜的基本信息包括畜名、年龄、性别、品种、体重等，这些信息可以作为临床诊断和用药治疗的基本依据。畜主信息则有利于宠物医师与畜主的联系和病例跟踪。另外，患畜信息与畜主信息也是辨识病例的依据。

(2) 诊断记录　主要包括宠物医师收集的一般临床检查信息、实验室检验和特殊检查的报告和结果。一般记录在病历的副页上。

(3) 治疗处理记录　包括治疗处理的手段、方法和治疗处方等，一般记录在副页上。

二、病历登记卡设计

病历登记卡一般保存于宠物诊所，其设计一般包括封面（主页）和副页。封面记录患畜和畜主的基本信息，封面上应有本诊所统一编制的病例号（见图 1-2-1）。

副页记录诊断与治疗信息，体现疾病的转归和发展。副页记录的内容可作为值日医生了解现病史的依据，以便正确处理病例；也可作为该病例以后的既往病史资料，同时又是医疗纠纷处理的重要依据。

畜主可持有一相应的病历调取卡（见图 1-2-2），以便复诊时方便地调取其病历卡。

×××宠物医院

病历登记卡

+

病例号 0024

畜主 ______ 住址 ______ 联系电话 ______

畜名 ______ 品种 ______ 形体特征 ______ 年龄 ______

性别 ______ 体重 ______

图 1-2-1 病历卡主页

×××宠物医院

复诊卡

+

病例号 0024

医院地址： ×××

联系电话： ×××

图 1-2-2 病例调取卡

子任务二 病史调查

病史调查的方法是查阅病历记录和问诊。

一、查阅病历记录

对于一直就诊于本诊所的忠实患者，查阅病历记录是方便可行的。对于初次就诊的病例，欲查阅其既往病史记录往往难以实现。少数宠物诊所出于种种原因不愿出示病历记录卡，这有待于兽医立法与执法的完善。

查阅病历记录不但要查阅其历次发病表现的过程，还要查阅治疗方法、治疗过程与治疗效果，这些都有利于现病的诊断与治疗。

二、问诊

问诊是在主诉现病史的基础上兽医对现病史和既往病史的进一步探询和确认，也是对临床检查所获信息的有益补充。一个有经验的成熟宠物医生所获得的问诊信息会对诊断疾病更加有所帮助。具体内容可参考“项目二 任务二 子任务一 问诊”。

任务三 建立诊断

子任务一 选择诊断的类型

可以把宠物临床实践上的诊断分为以下几种。

一、临床诊断

临床诊断是根据病史调查与临床检查的结果经兽医分析判断后所做的诊断。临床诊断一般为初诊。

二、实验室诊断

实验室诊断包括仪器检查部分。是兽医根据临床初诊或怀疑的疾病通过实验室检验或仪器检查进一步寻找可靠证据。实验室诊断有确诊意义。

三、补充诊断

补充诊断是在疾病发展变化过程中出现了与原诊断不相符的变化，为防误诊而进行的检查措施。补充诊断也是在无法确诊的情况下先行治疗并观察过程中进行的诊断措施。补充诊断的最后措施是病理剖检。

四、药物诊断

通过用药后病例的反应对疾病做出判断。药物诊断有两种情形。

1. 诊断用药

诊断用药在宠物临床上的应用并不多，是兽医有目的地使用某一药物以达到让病例暴露相关症状的目的。

2. 治疗用药

这一诊断手段在临床上较多见，有时兽医是不自觉地应用了这一方法。指兽医在未确诊或诊断有误的情况下先行做治疗处理，根据治疗效果或病例对治疗的反应做进一步的诊断，往往还需要补充检查措施。

五、预后判断

预后判断不属于诊断疾病，是对病例转归结果的判断。在宠物临床上，正确的预后判断是兽医与畜主沟通交流的基础，对避免医疗纠纷意义重大。预后一般建立在对疾病确诊的基础上，但在目前技术水平无法确认的情况下也可以根据收集的症状和检查结果对预后作出判断。预后判断有以下几种情况。

1. 预后良好

预后良好指估计能够被完全治愈的病例。临床上，作预后良好判断时应至少有把握该病例不会以死亡为转归结果。

2. 预后不良

预后不良指估计以死亡或严重后遗症为转归结果的病例。兽医应注意不能因为给自己留有余地而任意夸大预后不良病例的范围，长此以往将影响兽医的声誉。

3. 预后慎重

结局良好与否不能判定，有可能短时间内治愈，有可能转归死亡。很多传染病均属于预后慎重范围。在预后慎重的情况下，兽医如何与畜主沟通是对兽医临床经验与智慧的考量。

4. 预后可疑

对于材料不全、病情正在发展变化中的病例，一时难以做预后判断。但在预后良好或预后不良的征兆出现后应及时作出判断并与畜主沟通。

子任务二 选择建立诊断的方法

建立诊断是在兽医收集了病史、临床症状、实验室与仪器检查等资料的前提下，进行综合、分析、推断的过程，必要时要做补充诊断。建立诊断有以下几种思路。

一、寻找直接证据法

在临床诊断作出初诊的基础上，通过实验室或仪器检查寻找能确认某一疾病的直接证据。如传染病需检测到相应的病原存在，膀胱结石需 X 线检查到结石的存在。直接证据也有通过临床检查就能找到的，如犬产褥痉挛，有抽搐、发热症状并能确认是突然发病和产后哺乳期（一般两周内）的，便可确认本病。

二、归纳法

归纳法是在兽医收集资料后，无法找到可证明某一疾病的直接证据，只能根据现有资料做综合分析，试图找出引起资料所示结果的疾病。当资料中显示某一疾病的有效证据链时，归纳法可以确认疾病。胰腺炎时，有频繁呕吐、腹壁紧张、血清淀粉酶升高、血脂肪酶升高、血脂升高、血糖暂时升高、血中尿素氮升高、血钙降低等指标出现，即可确认；如收集资料无法形成可证明某种疾病的有效证据链，兽医只能根据现有资料作出初步诊断，然后进入观察法诊断。

三、观察法

观察法是在无法对某一疾病作出确诊的情况下，兽医根据症状表现采取边治疗边观察的方法，随着疾病的发展变化寻找新的证据。观察法在疾病出现发展变化后通过补充诊断有可能走向确诊，如补充诊断手段为病理剖检，那么该诊断对本病例已无意义，但有利于兽医诊疗水平的提高。观察法也有可能永远不能达到确诊的目的，那是技术水平和条件受限的缘故。

四、排除法

排除法是根据临床资料兽医首先提出几个可疑疾病的可能，然后在现有资料和进一步的检查结果中寻找否定某一疾病的证据，最后一个无法否定的疾病可作为诊断结果。如尿路感染犬出现排尿异常、尿血、尿混浊等症状，可疑疾病还包括肾脏疾患、前列腺疾患、尿石症等，应做相应检查一一加以排除。

以上诊断方法并不是孤立的，而是相辅相成的。可以说，实践中兽医不可能使用其中一种孤立的方法诊断疾病。所以，不能教条地将以上常见诊断思路割裂开来。

子任务三　宠物临床诊疗失误分析

诊疗失误是宠物临床实践中不可避免的。诊疗失误包括诊断失误和治疗失误，治疗失误是建立在诊断失误的基础上的，诊断正确而发生治疗失误，那一般是宠物医师的个人水平和责任心问题了。故此处只讨论临床诊断失误。

引起临床诊断失误的原因有技术性原因和个人责任心原因，后者主要是宠物医师敬业精神不足而致，此处不予展开。技术性原因可归为以下几种。

一、技术条件受限

随着宠物医疗业的发展，我国的宠物诊疗技术正在快速发展，但与国外相比还有很多差距，与人医相比距离更大，很多人医上应用成熟的技术在宠物临床上还是空白，所以不可避免的会出现诊断失误或无法诊断的情况。

二、漏诊

多病共患的情况时有发生，宠物医师往往在确认某一疾病的同时，疏漏其他疾病的检查。如犬细小病毒病确认后，往往疏漏可能存在的犬瘟热、犬冠状病毒病的检查；车祸等引起的多处骨折也有可能未全部检查到。

三、鉴别困难

某些疾病具有相似度很高的症状，如前列腺炎与尿路感染、呼吸系统感染、多种皮肤病等，鉴别手段不足或临床应用受限。此类疾病可采取综合治疗或根据症状边治疗边观察的方法处理。

四、经验失误与知识不足

往往发生于有一定临床经验的宠物医生。对于临床经验较丰富的宠物医生而言，很多常见疾病往往不用做深入检查便可作出判断，有时由于为宠物主节省费用等原因免去了必要的检查而发生误诊。

任何一名宠物医生其知识与经验都是相对有限的。宠物医生的诊断措施都是在其知识与范围以内提出的，当出现知识与经验范围以外的疾病时，宠物医生所能采取的诊断措施和手段往往无法诊断该疾病，或尽管出现了提示该病的资料但宠物医生不能认知，于是出现误诊。

五、过分依赖检测手段

宠物临床上有许多被广泛应用的简便快速诊断手段，如犬瘟热、犬细小病毒病、犬冠状病毒病、弓形虫病、恶丝虫病等，而且正在不断开发。这些快捷检测方法对临床诊断大有裨益，但受采样、操作、病原密集度等影响，检测结果也会受到影响，因此，以检测结果确诊疾病难免有误，应注意结合临床表现、病史调查、其他检验报告综合分析诊断。

技能训练项目　宠物医院病历档案建立

【目的要求】

1. 熟悉患病宠物的诊疗程序和登记、病因病史调查的内容。

2. 锻炼学生根据宠物医院的实际情况，设计病历记录、各种化验单、诊断书、手术协议书、危重病例医疗协议书等。

【实训内容】

1. 患病宠物档案记录资料设计。

2. 宠物病历建档模拟。

【方法步骤】

1. 病历档案资料设计

（1）设计内容

① 就诊卡设计。

② 防疫卡设计。

③ 接诊记录设计。

④ 血液化验单设计。

⑤ 尿液化验单设计。

⑥ 粪便化验单设计。

⑦ X线检查单设计。

⑧ B超检查单设计。

⑨ 微生物检验单设计。

⑩ 病理检验单设计。

⑪ 手术协议书设计。

⑫ 危重病例治疗协议书设计。

⑬ 治疗处方设计。

⑭ 宠物寄养协议书设计。

⑮ 宠物安乐死协议书设计。

⑯ 根据宠物临床工作需要的其他诊疗单据的设计。

（2）实训方法　教师向学生讲明各种病历档案资料的作用和设计要求，让学生分组或各自单独设计，上交给老师，然后由老师讲评，也可以先让各组交换互评，再由老师讲评。

（3）实训要求　通过本次实训，要形成一套老师、学生基本认可的宠物病历档案资料，为今后的宠物临床工作打下基础。

2. 宠物建档模拟

① 病例登记。

② 病历记录。

③ 化验单填报。

④ 处方开写。

【注意事项】

采取以教师主导，以学生为主体的教学方式完成本项训练，充分发挥学生的能动性。

【技能考核】

1. 各项病历单设计的完成性和实用性。

2. 病历档案资料整理的完整性。

附：××××宠物医院病历

××××宠物医院病历

病历编号：

品种________性别________年龄________毛色________特征________

主人________住址________电话________

现病史________

既往病史________

饲养管理情况________

临床检查：体温______℃；脉搏______（次/min）；呼吸数______（次/min）。

整体状态：________

循环系统：________

呼吸系统：________

消化系统：________

泌尿生殖系统：________

神经及运动系统：________

初诊结果：________复诊结果：________

最后诊断：________

疾病转归：________

建档时间：________年______月______日 医师签名：________

【复习思考题】

1. 病历登记的内容有哪些？
2. 既往病史调查包括哪些内容？现病史调查包括哪些内容？
3. 讨论：如何获取和处理非本诊所病史？
4. 试述临床诊断的一般过程。
5. 预后判断包括哪些内容？
6. 如何理解建立诊断的几种方法的相互关系？
7. 兽医诊断失误是如何发生的？如何避免？
8. 你认为宠物医生应具备哪些素质？

【知识目标】

1. 了解犬、猫的生活习性，掌握犬、猫、龟等宠物的保定方法。

2. 掌握宠物疾病的问诊、视诊、听诊、叩诊、触诊、嗅诊等一般检查的操作方法和注意事项。

3. 掌握宠物消化系统、呼吸系统、心血管系统、泌尿生殖系统、神经系统和运动系统检查的基本方法、检查内容、检查注意事项以及症状表现与疾病的对应关系。

【技能目标】

1. 能够熟练进行犬、猫、龟等动物的保定。

2. 能够熟练进行犬、猫的体温、呼吸、脉搏的测定。

3. 能够熟练进行犬、猫消化系统、呼吸系统、心血管系统、泌尿生殖系统、神经系统和运动系统的临床检查。

4. 能够通过对临床检查的结果分析诊断某些疾病，并能够完整的记录病例。

任务一　宠物保定

子任务一　认识犬、猫的习性

了解犬、猫的生活习性，对安全、成功接近犬、猫及实施诊断与治疗非常必要。

一、犬、猫的习性

1. 犬的习性

(1) 忠于主人，感情纯真　犬是人类最终实的朋友，在与主人相处一定时间后，就会与主人建立起深厚纯朴的感情。

(2) 犬有等级习性　犬生性好群居，但在群体中有着明显的等级制度。在犬饲养场、农村或城郊的犬群中，总由一条头犬（通常是老犬）支配、管辖着全群。

(3) 犬有好与人交往的特性　与人交往是犬天生的习性，但其程度常取决于3～7周龄时与人接触“印记”的程度。如果犬出生的头两个月只和它的父母或其他犬在一起，则其一生就会远离人，并难以训练。如果生下来就受到人的抚爱，就与人和善，容易接受训练。

(4) 犬有领地感和领地记号　犬、猫都有领地感，以自我为中心，用自己的气味标出地界，并经常更新。

(5) 犬有嗅闻外生殖器的习性　犬最重要的感觉是嗅觉，它们通过互相嗅闻最能反映情感的外生殖器部位（这个部位的皮腺能分泌出对犬有极大诱惑力的气味），辨别该犬的性别、年龄、身体状况及其态度。另外，无论公、母犬都有经常检查自己外生殖器和细心用舌舔以保持清洁的习性。

(6) 犬有喜欢爬跨的习惯　各年龄、性别的犬都有爬跨行为，但其目的和表现却不一样。幼犬的爬跨是高兴和顽皮的表现。成年公犬表现爬跨时有两种情况：一是为了与发情犬交配；另一种情况是企图确立自己的优势。母犬通常只是在发情高潮时允许公犬爬跨。

(7) 犬有超感觉　很多迹象表明，所有的动物都是靠心灵感应传递信息的，犬更是这样。犬有超感觉的典型例子是：在地震和火山爆发前有预感，到室外乱跑和吠叫。超感觉也可支配犬辨认方向，能在很远的地方，甚至相隔数年之久仍可找到回家的路。

2. 猫的习性

小猫是一种十分惹人喜爱的聪明的观赏动物和伴侣动物。但猫也有它自己独特的生活习性。

(1) 生性孤独　猫喜孤独而自由的生活，除发情期外，一般是独来独往。

(2) 夜行性　猫多在白天睡觉而晚上出来活动，有昼伏夜出的习生，这一习性对猫的喂养与管理很重要。

(3) 猫喜爱明亮干燥的环境。

(4) 食肉性　猫属于食肉性动物，犬齿十分发达，爪子也很锐利，善于捕捉小动物，如鼠类、鸟类、鱼类及较大的昆虫都是它捕猎的对象。

(5) 戒备心强　俗话说得好，“狗恋人，猫恋屋”。这是因为猫生性孤独，所以它的戒备心特强，只认识自己住的地方，一般说不大认主人。

(6) 较强的适应性　地球上凡是有人类居住的地方，都有猫家族的存在。

(7) 逗玩的习性　猫生性好动，好奇心强。

（8）不随便大小便　猫常选择僻静黑暗的地方和有土、灰等杂物的地方进行大、小便，便后还要立即用前肢扒土将大、小便掩埋好。

二、犬、猫接近方法

犬、猫有攻击人的习性。犬主要用牙咬人，猫除了用牙咬人外，还可能用利爪挠人，这是必须随时警惕的安全问题。

图 2-1-1　犬的接近

当接近一只陌生的犬、猫时，先让犬、猫看到医生后再接近它们，并需要征得宠物主人的同意。如果是犬，检查者可将一只手握拳，把拳头的背面慢慢伸向犬的鼻子下方，在它熟悉了您的气味后，它就会用摇尾巴的方式来向您表示它已经放松警惕，这时您就可以接近它了（见图 2-1-1）。

接近犬、猫后检查者用手掌或其他软物轻轻抚摸其头部或背部，密切观察反应，待安静后方可进行保定和诊疗活动。切不可动作粗暴或突然刺激，以免引起宠物惊恐和应激，引起宠物主人的反感，甚至造成犬、猫伤人。

在接近犬、猫的过程中，应注意以下几点。

① 首先向主人了解动物的习性，是否咬人、抓人及有无特别敏感部位不能让人接触。

② 观察其反应，当其怒目圆睁，龇牙咧嘴，甚至发出“呜呜”的呼声时，应特别小心。

③ 检查者接近动物时，不能手拿棍棒或其他闪亮和发出声响的器械，以免引起其惊恐。

④ 检查人员在接近犬、猫时，禁止一哄而上，应避免粗暴的恐吓和突然的动作以及可能引起犬、猫防御性反应的各种刺激。

⑤ 检查者着装应符合兽医卫生和公共卫生习惯。

子任务二　宠物的保定

一、犬的保定

（一）物理保定

1. 语言保定

语言保定是宠物医生首先要采取的方法，必要时畜主也可用此方法，因为主人最知道用什么语言来安定他的宠物，这是最温和的保定方式。接近犬时对它们说话，如同对一个小孩说话一样，用温和的语调叫它的名字，喃喃细语可使惊慌不安的犬只安静下来。有些犬正好相反，需要语调严厉地对它呵斥，那些胆小不安的犬在厉声呵斥下变得乖起来。

2. 宠物主人保定

宠物主人是犬、猫最亲密、最熟悉的人，因此在进行保定时，往往扮演着重要的角色，除了助理兽医师保定外，大部分性格温顺的犬都是由主人保定的。在主人保定下完成基本检查、测量体温、注射喂药等。

宠物主人保定通常有以下几种方式。

（1）搂脖子　主人两只手臂分别放在犬胸前部和股后部将犬抱起，然后一只手臂从犬头颈部由上而下或由下而上弯起，把犬的头圈在肘外，另一只手固定住犬后躯限制其活动（见图 2-1-2）。

（2）抓头皮　犬的头皮比较松弛，容易抓起。抓住头皮时要抓紧。因为犬被抓后一定挣扎，抓得松容易脱手。抓住头皮后拎起，可以进行体温测量或者放在保定床上保定。该方法适用于中、小型犬（见图 2-1-3）。

图 2-1-2　宠物主人保定

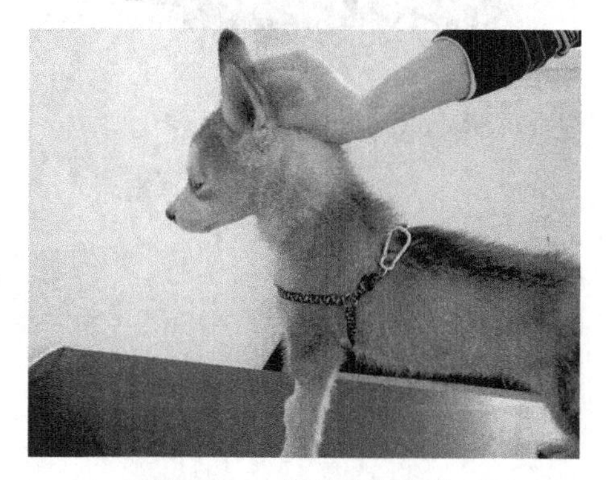

图 2-1-3　抓头皮保定法

（3）抓两耳　两只手握住犬的双耳，两肘夹压住腰部。可用于小型犬的药物注射，或者一般检查（见图 2-1-4）。

（4）骑夹抓耳　适于大型犬的办法。虚骑在犬的身上，两只手握住犬的双耳，两肘夹压住颈，二条腿夹住犬的腹部。

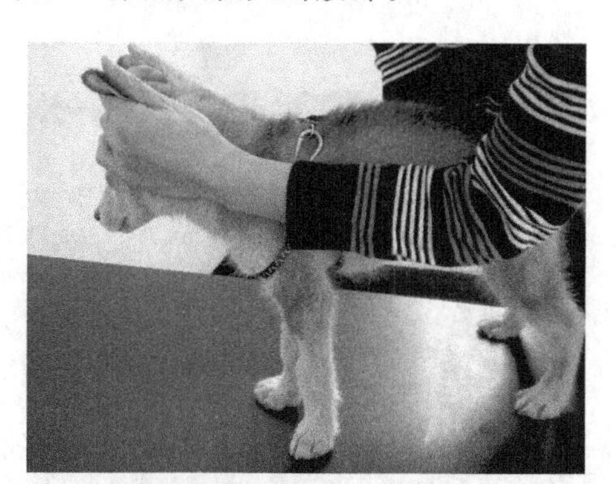

图 2-1-4　抓两耳保定法

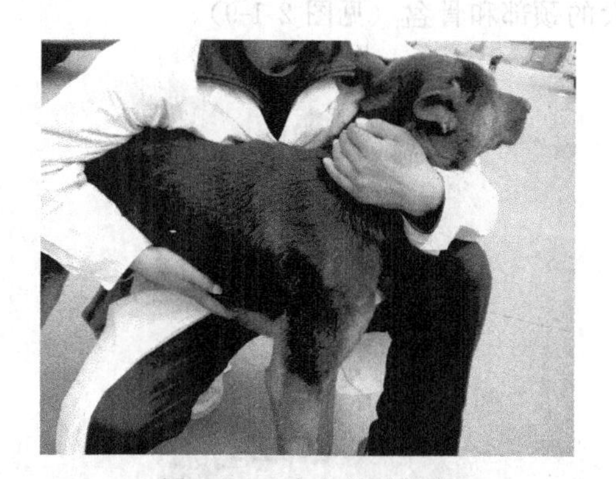

图 2-1-5　大犬徒手保定

3. 徒手保定法

（1）大犬的保定　用一只手臂环抱犬的头部，术者头面部紧贴犬的肩、胸部，另一只手臂环抱犬的腰部（见图 2-1-5）。

（2）小犬的保定　术者用一只手托住犬的胸腹下部，并把大拇指展开，其余四指并拢，夹住犬的肘下方；另一只手臂屈曲紧抱其头部，并将犬紧靠术者身体（见图 2-1-6）。另一种保定方法是保定者站于犬侧方，两拇指朝上贴于鼻背侧，其余手指抵于下颌，合拢握紧犬嘴。

（3）静脉注射保定

① 前臂皮下静脉（头静脉）注射保定法　犬胸卧于诊疗台上，保定者站在诊疗台左（右）侧，面朝犬头部。左（右）手托住犬下颌或用臂搂住颈部，以固定头颈。右（左）臂跨过犬右（左）侧，身体稍偎依犬背，肘部支撑在诊疗台上，利用前臂和肘部夹持犬身，控

制犬移动。然后，手托住犬肘关节前移，伸直前肢，再用食指和拇指横压近端前臂部背侧或全握前臂部，使静脉怒张（见图 2-1-7）。

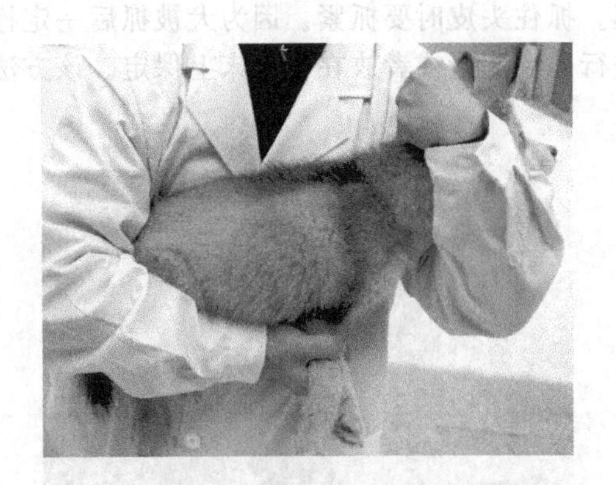

图 2-1-6 小犬徒手保定

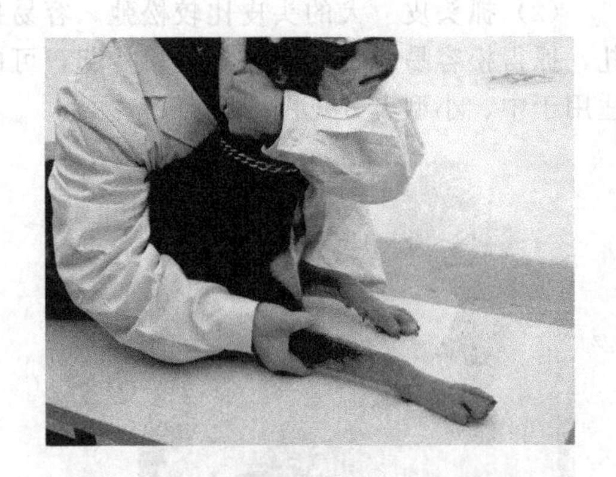

图 2-1-7 犬前壁皮下静脉（头静脉）注射保定法

② 颈静脉注射保定法 犬胸卧诊疗台一端，两前肢位于诊疗台之前。保定者站于犬右（左）侧。左（右）臂跨过犬左（右）侧颈部，将其夹于腋下，手托住犬下颌，上仰头颈，右（左）手握住两前肢腕部，向下拉直，使颈部充分显露（见图 2-1-8）。

（4）横卧保定 先以绷带保定法将犬嘴扎紧，抚摸并抓住前肢腕部和后肢的足部，沿术者膝下滑倒于地（或手术台），靠近手术者一侧，抓住犬后腿向外伸直，并用前臂和手压住犬的颈部和骨盆（见图 2-1-9）。

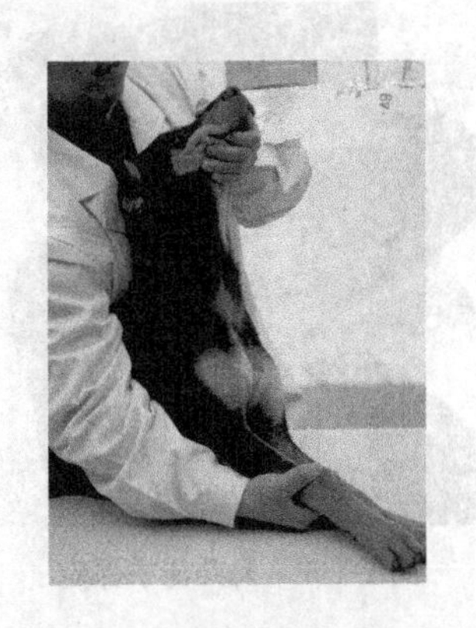

图 2-1-8 犬颈静脉注射保定法

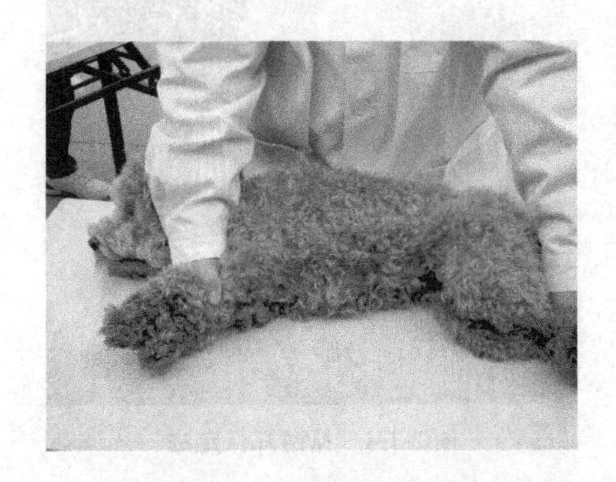

图 2-1-9 犬横卧保定法

（5）站立保定法

① 地面站立保定法 犬站立于地面时，保定者蹲于犬右侧，左手抓住犬脖圈，右手用牵引带套住犬嘴。再将脖圈及牵引带移交右手，左手托住犬腹部。

② 诊疗台站立保定法 犬一般应在诊疗台上诊疗，但有的犬因胆怯，不愿站立，影响操作。保定者先给犬戴上口笼，而后站在犬一侧，一手臂托住胸前部，另一手臂搂住臀部，使犬靠近保定者胸前。

4. 器械保定法

（1）项圈保定 根据犬的个体，选用大小适中的伊丽莎白项圈进行保定（见图 2-1-10）。

（2）口笼保定 犬用口笼多为皮革或钢丝制成，使用时根据犬体大小选用适宜的口笼给犬套上，将其带子绕过耳并扣牢（见图 2-1-11）。

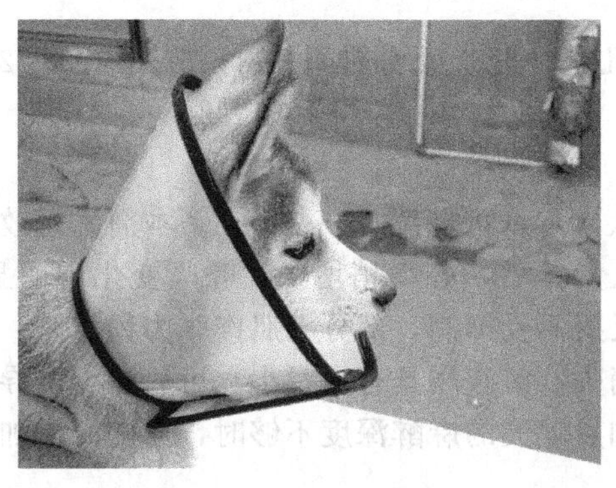
图 2-1-10　伊丽莎白项圈保定法

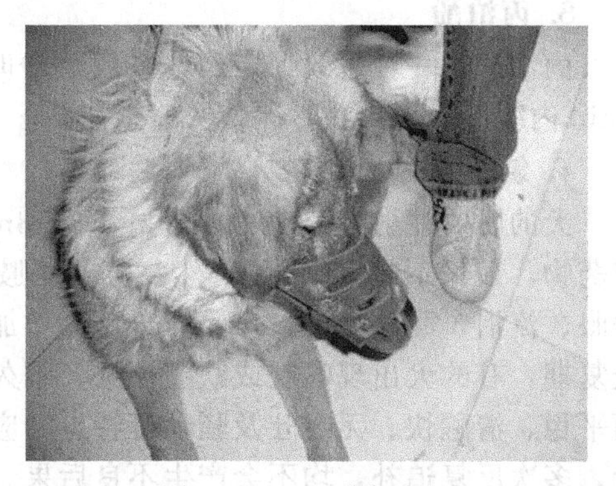
图 2-1-11　口笼保定法

(3) 扎口保定法

① 长嘴犬扎口保定法　用绷带在其中间打一活结，套在犬嘴后颜面部，并在下颌间隙系紧。然后将绷带两游离端沿下颌拉向耳后，在颈背侧枕部收紧打结。

② 短嘴犬扎口保定法　用绷带在其 1/3 处打活结圈，套在犬嘴后颜面，于下颌间隙处收紧。将其两游离端向后拉至耳后枕部打一个结，将长的游离绷带经额部引至鼻背侧穿过绷带圈，再返转至耳后与另一游离端收紧打结。

(4) 颈钳保定法　颈钳柄长 90～100cm，钳端为两个半圆形钳嘴，使之恰好能套入犬的颈部。保定时保定人员持钳柄，张开钳嘴将犬颈套入后再合拢钳嘴，以限制犬头的活动。此法适用于捕捉狂犬或凶猛的犬。

(5) 棍套保定法　如图 2-1-12，使用棍套保定器时，保定者握住铁管，对准犬头将绳圈套住颈部，然后收紧绳索固定在铁管后端。

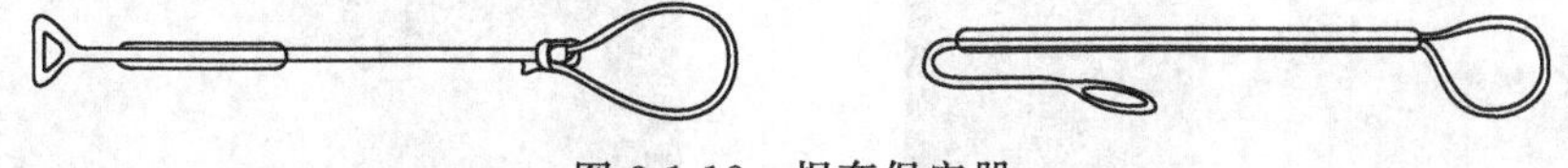
图 2-1-12　棍套保定器

(二) 化学保定

应用化学药物使犬暂时失去正常活动能力，而犬的感觉依然存在或部分减退的一种保定方法即为化学保定。常用药物如下。

1. 846 合剂

使用剂量为 0.04ml/kg，肌内注射。本药使用方便，麻醉效果良好，其副作用主要是对犬的心血管系统有影响，表现为心动徐缓、血压降低、呼吸性窦性心律不齐等。用药量过大，呼吸频率和呼吸深度受到抑制，甚至出现呼吸暂停现象。出现上述症候时，可用 846 合剂的催醒剂（每毫升含 4-氨基吡啶 6mg、氨茶碱 90mg）作为主要急救药，用量为 0.1ml/kg，静脉注射。

2. 舒泰

舒泰是一种新型麻醉剂，它含镇静剂替来他明和肌松剂唑拉西泮。具有药效快、副作用极小和安全性最大的特点。适用范围：用于犬、猫和野生动物的保定及全身麻醉。使用剂量为：犬，肌内注射 5～10mg/kg。

舒泰不能与以下药物联合应用：吩噻嗪类药物（乙酰丙嗪、氯丙嗪等），若同时应用会抑制心肺功能和引起体温降低。

3. 丙泊酚

丙泊酚是一种短效保定药，一般镇静时间为几分钟至十几分钟，按 3～5mg/kg 于 2～3min 内缓慢静脉推注，严禁快速推注。

4. 氯胺酮

犬的肌内注射量为 4～8mg/kg，3～8min 进入麻醉，可持续 30～90min。本剂属短效保定药物，最长不超过 1h 可自然复苏。氯胺酮注入犬体后，心率稍增快，呼吸变化不明显，睁眼、流泪，眼球突出，口、鼻分泌物增加，喉反射不受抑制，部分犬肌肉张力稍增高。在恢复期，有的犬出现呕吐或跌撞现象，不久即会消失。氯胺酮具有用量小、可肌注、诱导快而平稳、清醒快、无呕吐及骚动等特点，应用时如发现犬的麻醉深度不够时，可随时增加药量，多次反复追补，均不会产生不良后果。

二、猫的保定

（一）物理保定

1. 猫徒手保定法

（1）徒手抓顶挂皮保定　即一手抓住猫的头顶和颈后的皮肤（俗称“抓顶挂皮”），另一手将其两后肢拉直或游离（见图 2-1-13）。

图 2-1-13　猫的徒手抓顶挂皮保定

图 2-1-14　猫的横卧保定法

（2）横卧保定　术者先用绷带将猫嘴扎紧，一手抓住猫的两前肢腕部，另一手抓住猫的两后肢足部，让猫体一侧倒于地或手术台上，同时，术者抓猫前肢的手臂压住猫的颈部，抓猫后肢的手臂压住猫的臀部，将猫确实保定好（见图 2-1-14）。

2. 器械保定法

（1）项圈保定法　与犬一样（见图 2-1-15）。

（2）扎口保定法　与犬一样，猫也可用扎口保定，其方法同前。

（3）布卷裹保定法　将帆布或人造革缝制的保定布铺在诊疗台上。保定者抓起猫肩背部皮肤放在保定布近端 1/4 处，按压猫体使之伏卧。随即提起近端帆布覆盖猫体，并顺势连布带猫向外翻滚，将猫卷裹系紧（见图 2-1-16）。

（4）猫袋保定法　选用一与猫体大小相适的猫袋（用人造革或帆布缝制），将猫头从近端袋口装入与猫身等长的圆筒形保定袋，使猫头从远端袋口露出，将袋口带子收紧，使头不能缩回袋内。最后收紧近端袋，使两肢露在外面。可进行体温测量、注射、灌肠等。

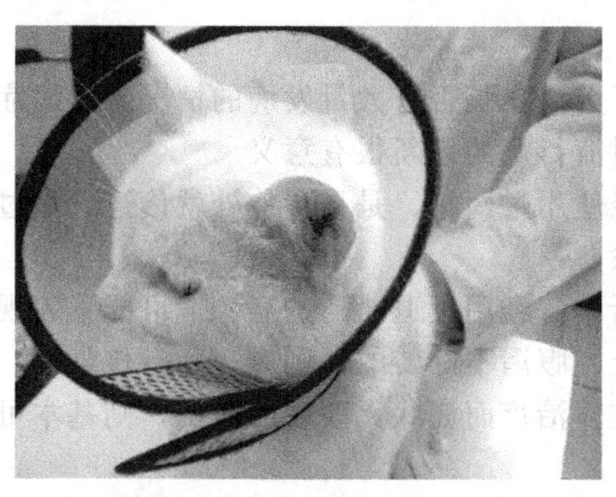
图 2-1-15　猫的项圈保定法

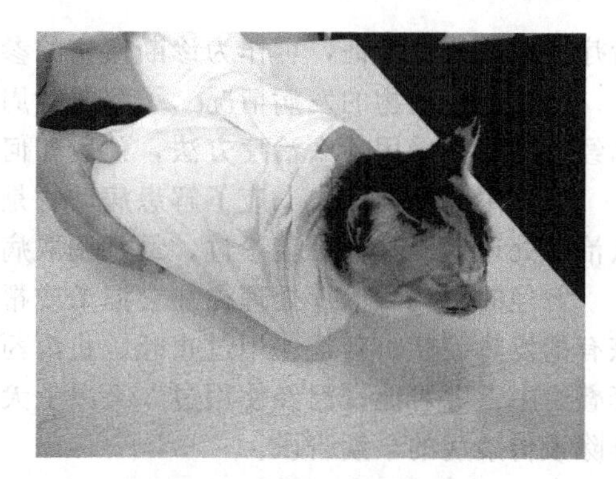
图 2-1-16　猫的布卷裹保定法

（二）化学保定

参照犬的化学保定。

任务二　一般检查

为了发现和搜集作为诊断依据的症状资料，用各种特定的方法，对发病宠物进行客观的观察与检查的方法称为临床检查法。基本的临床检查方法主要包括：问诊、视诊、触诊、叩诊和听诊。

子任务一　问　诊

就是通过询问动物所有者或管理人员动物的发病情况和发病、治疗经过，大体了解动物的发病情况，除了了解就诊动物的品种、性别、年龄等特征外，其主要包括以下内容：现病历与既往病史，平时的饲养管理及利用情况等。

一、问诊内容

1. 现病史

现病史是指该动物现在所发急病的可能病因、疾病表现、经过及就诊情况等，即关于现在发病的情况与经过。其中应重点了解以下内容。

（1）发病的时间　了解发病的时间可提示不同疾病的可能性，并可借以估计可能的致病原因以及疾病的经过和发展变化情况等。除季节性因素易暴发某些流行病外，发病时间与天气、产前产后、运动量、饮食等关系都应该询问。

（2）发病的地点　主要了解宠物的生活环境及周边的情况，分析各种状况发生的可能性，如咬伤、中毒、惊吓、车祸等。

（3）疾病的主要表现　发病宠物是否有腹痛不安、咳嗽、喘息、便秘、腹泻或尿血，这些症状常常是提示假定症状诊断的线索，借以推断疾病的性质及发生部位。另外重点询问发病时的食欲状况；有无呕吐，呕吐物的形态、颜色、次数；有无腹泻，排泄物的形态、颜色；鼻液的状况；有无眼眵，眼眵多少等能提示病因的症状，如果能从初始症状中得到启示，可以继续跟畜主了解更详细的情况。

（4）疾病的经过　目前与开始发病时疾病程度的比较，是减轻或加重；症状的变化如何；是否经过治疗，用什么药物与方法，治疗效果如何等；这可推断病势的进展情况，还是治疗经过的效果验证，可作为诊断疾病的参考。

(5) 同种动物的发病情况　了解此时周边地区犬、猫是否有大量发病的情况，疾病症状和经过情况，采用什么治疗方法，预后如何。这对流行病的诊断很有意义。

(6) 用药和治疗史　应了解患病动物是否已经使用过药物、是否去他处就诊过、做过什么治疗处理等。如他处就诊过，最好调取病历记录。

曾经的用药和治疗处理往往会混淆或帮助诊断。曾经用过退热药的病例，可能不表现应该有的发热症状；曾经使用过止吐、止泻药而呕吐、腹泻不好转的，则应怀疑有传染病、肠套叠、中毒等可能；已经使用过3天以上犬瘟热抗体治疗而症状无改观的病例，则基本可以排除该传染病的早期阶段。

2. 既往病史

以前是否发生过类似表现的疾病，治疗情况、治疗结果、注射疫苗情况等。对于普通病，如产后缺钙、牙龈炎等宠物往往易反复发病，了解这些对诊断与治疗非常有帮助。

(1) 疾病和治疗史　患畜之前的患病历史、治疗方法和处理手段以及治疗结果，对现病的诊断和处理有重要意义，如曾经罹患过某一传染病的犬、猫在一定时间内不会再感染同一传染病；曾感染过犬瘟热的患犬可能留有神经症状的后遗症；椎间盘突出病例很容易反复引起脊髓损伤；很多皮肤病都容易复发；皮质激素应用过久可引起股骨头坏死；广谱抗生素使用过多过久会引起肠道正常菌群失调而致腹泻；肠管吻合手术易引起肠梗阻等。

(2) 饲养繁殖史　日常的饲养管理与繁育史对某些疾病的诊断也有重要的提示作用。长期饲喂营养不全的饲料会引起某些营养的缺乏症，曾经分娩的犬比不曾分娩的犬患子宫内膜炎的概率大大降低，假孕患犬往往有不成功配种史等。

(3) 生理处理史　如排尿异常犬、猫，已做去势的犬、猫诊断时就可排除前列腺增生的可能；已做子宫卵巢摘除术的犬、猫可基本不用考虑生殖系统疾患；做过声带摘除术的病例可能由于出血流入肺部而并发呼吸系统问题等。

(4) 免疫接种史　这是传染病诊断时必须要考虑和调查的因素。未曾免疫或未按严格免疫程序免疫（如幼时只免疫一次）的患犬，感染犬瘟热、犬细小病毒的概率大大增加，严格按免疫程序免疫的患犬尽管仍有很低的机会感染这些传染病，但发病症状较轻微、预后往往良好。另外，在已感染病原的情况下（如市场新购幼犬）不适当地免疫接种，更易引起该传染病的发生。

3. 饲养管理情况

是否饲喂不当、受凉、被咬等，常是宠物医师推断病因的重要依据。了解患病犬、猫的来源，饲喂方式和饲喂次数，食物种类以及是否突然改变，卫生消毒措施、驱虫情况、寒冷刺激，洗澡等护理不当等，以利于推断疾病种类。

二、问诊的注意事项

1. 整体要求

(1) 语言要通俗，态度要和蔼，以便取得饲主的很好配合。

(2) 在问诊内容上既要有重点，又要全面搜集资料。

(3) 对问诊所得资料不要简单地肯定或否定，应结合现症检查结果，进行综合分析，找出诊断的线索。

2. 关于既往病史

由问诊所得的既往病史信息有不确定性。因为饲主一般为非专业人士，描述有误是难免的。如因椎间盘突出而致犬后肢行动障碍往往被描述成曾经跛腿，此时兽医应进一步探询发病时的表现，如是否突然发病、是否发生于奔跑跳跃等之后、是否有疼痛敏感表现、是否自愈或接受过何种治疗等，结合患犬品种加以确认是否为椎间盘突出所致。如基本能确认以前所患为椎间盘突出，那么本次就诊所表现的后肢行动障碍如和上述征兆相符就可基本确认为椎间盘突出所致。对于他处就诊过的既往病史，由于难以获得病历记录，问诊时也应注意甄别。如普通胃肠炎很可能被某些兽医故意加重“诊断”为细小病毒病，兽医问诊时应对当时的症状、表现详细询问，结合免疫状况加以甄别。

3. 关于现病史

现病史一般只能由问诊获得信息，尽管转诊病例的现病史理论上可从原就诊诊所获得，但由于上述原因其实也较难实现。问诊时应注意辨别真伪，避免误导。如剧烈呕吐常被畜主描述成抽搐，兽医应进一步探询有无引起神经症状的疾病（如犬瘟热、中毒）存在、有无四肢“舞蹈”表现加以甄别；传染性支气管炎的干呕症状常被畜主描述成异物卡住咽喉，尤其在饲喂过骨头的情况下更易引起误导，兽医应进一步询问食欲是否正常等情况，如食欲正常，结合其他检查（必要时还可做X光检查）结果就可排除异物梗阻。

在越来越依赖于现代诊断技术的今天，问诊很容易被很多兽医忽视，其实，一个成熟的宠物医师，能从问诊挖掘出很多有价值的信息。

子任务二 视 诊

视诊是通过肉眼直接观察或利用各种诊断仪器对宠物整体概况和病变部位进行观察，以便收集到很重要的症状和资料。

一、视诊内容

1. 整体状态视诊

健康宠物营养良好，机体各组织器官发育良好、肌肉丰满、皮肤有弹性等，骨骼与肌肉的发育与年龄和正常相符合；患病宠物则表现出消瘦、皮肤弹性降低、生长缓慢等症状。

（1）营养　主要根据被毛光泽度和肌肉的丰满程度判断营养状况。营养状态分为良好、中等、不良及肥胖四级。

① 营养良好　营养良好的犬、猫，轮廓丰圆，肌肉丰满，结构匀称，骨不显露，被毛短而有光泽，精神旺盛，肌肉坚实，体格健壮。

② 营养不良　营养不良的犬、猫，表现消瘦，皮肤缺乏弹性，毛长而粗糙，缺乏光泽，骨骼表露。短期内急剧消瘦，应考虑急性热性病或由于急性胃肠炎频繁下痢而大量脱水的结果；幼犬、猫则较瘦弱矮小，发育迟缓，见于消化不良、长期腹泻、代谢障碍和某些慢性传染病、寄生虫病。肥胖在犬、猫比较常见，持续肥胖往往并发糖尿病、肝胆疾病（脂肪肝）及循环障碍。见于饲养水平过高（高碳水化合物及高脂肪食物）或运动不足引起的外源性肥胖（单纯性肥胖、食物性肥胖）和内分泌性肥胖（甲状腺功能减退、肾上腺皮质功能亢进、性腺功能障碍）等。

（2）发育与体格　主要根据骨骼的发育程度及躯体的结构而定。必要时应测量体长、体高、胸围等体尺。健康犬、猫的骨骼及肌肉发育程度良好，与年龄和品种相称。若躯体发育与年龄、品种不相称，或头、颈、躯干及四肢各部的比例不当，则为发育不良。如幼龄犬、猫患佝偻病时，则表现为体格矮小，并且躯体结构呈明显改变，如头大颈短、关节粗大、肢体弯曲（前肢O形）或脊柱凹凸等特征性状，若躯体矮小，结构不匀称，提示营养不良或慢性消耗性疾病（如慢性传染病、寄生虫病或长期的消化紊乱等）。

2. 精神状态视诊

主要观察宠物的神态、行为、面部表情和眼耳灵活性。

健康犬、猫表现两眼有神，头、耳、尾灵活，反应迅速，行动敏捷。幼畜则活泼好动；亲近主人，非常可爱。

异常精神状态表现为如下。

（1）兴奋状态　兴奋是大脑兴奋性增高的表现。常见于脑炎、狂犬病及某些中毒病等。轻者惊恐不安、竖耳刨地；重者前冲后撞、狂躁不驯、挣扎，甚至攻击人畜。主要见于脑病和某些中毒。如啃咬自身或物体，甚至有攻击行为时，应注意狂犬病。

（2）抑制状态　轻则表现沉郁，重则嗜睡或昏迷。沉郁时可见病犬、猫双目无神，耳耷头低，不愿活动，对刺激反应迟钝，不听呼唤。精神沉郁多由于脑组织受毒素作用、一定程度的缺氧和血糖过低所致。嗜睡时则重度委靡、闭眼似睡，强烈的刺激才引起轻微的反应。可见于重剧的脑炎或中毒病等。昏迷是重度的意识障碍，病犬、猫卧地不起，呼唤不应，昏迷不醒，意识完全丧失，各种反射均消失，心律失常，呼吸节律不齐，甚至瞳孔散大，粪、尿失禁。重度昏迷常为预后不良的征兆。

3. 皮肤与被毛的视诊

（1）被毛检查　营养和饲养管理良好的健康犬、猫被毛平顺，富有光泽，不易脱落。

犬生理性换毛有三种情况。

① 经常性换毛，即旧毛不断脱落又不断长出新毛。

② 年龄性换毛，幼犬胎毛脱落。

③ 季节性换毛，即春秋两季换毛。

犬、猫长期患病或营养障碍时，往往换毛迟缓。在疥癣、湿疹、皮肤真菌或甲状腺功能减退时，被毛容易脱落。激素分泌紊乱引起的皮肤病呈对称性脱毛，圆形脱毛为真菌性皮肤病。

犬病理性脱毛有以下几种。

① 原发性脱毛　其特点是弥漫性或泛发性脱毛；无痒感和皮损。见于以下几种情况。

内分泌性脱毛为两侧对称性脱毛，见于甲状腺功能减退、肾上腺功能亢进、垂体功能不全、性腺功能失调等内分泌性脱毛（见图 2-2-1）。

营养代谢障碍性脱毛，见于含硫氨基酸缺乏，微量元素 Fe、Co、Zn、Cu、I 等缺乏，维生素 A、维生素 B_{12} 缺乏、脂肪酸缺乏。

中毒性脱毛，见于汞、铊、硒、铊、铋、甲醛、肝素、香豆素及一些抗肿瘤药（环磷酰胺、氨甲蝶呤）中毒等。

② 继发性脱毛　其特点为有明显的特征性皮损和瘙痒，由皮肤真菌和外寄生虫感染的可检出病原体。见于以下几种情况。

螨病（疥癣）、皮虱、蚤等外寄生虫感染（见图 2-2-2）。

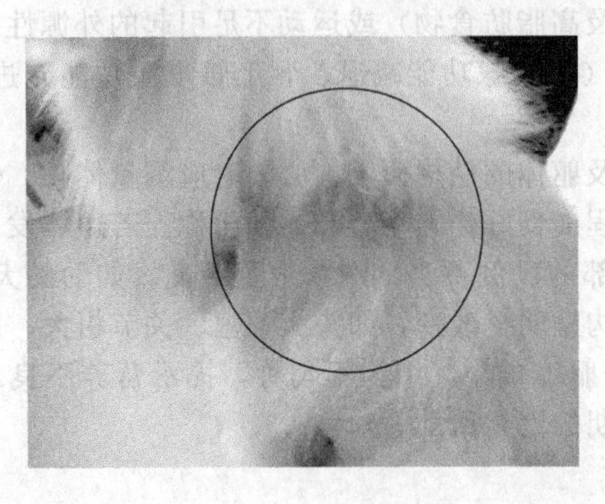

图 2-2-1　犬皮肤脱毛

图 2-2-2　蠕形螨皮肤病变

皮肤的真菌感染（以小孢子菌感染为主，多为圆形癣斑及鳞屑）。

脓皮病、急性湿性皮炎、变应性皮炎（犬特应性皮炎、饲料疹、接触性皮炎、昆虫叮咬性皮炎）等创伤及皮损（瘙痒摩擦所致）。

（2）皮肤检查　检查内容包括皮肤的温度、湿度、颜色、弹性、肿胀、气味及有无损伤等。

① 皮肤温度　检查皮肤温度通常是用手背感觉或体温计测定。不同部位的皮肤，皮温也不一致。犬、猫一般检查鼻端、耳根和腹部的皮肤，可用手背触诊。健康犬、猫的鼻端一般是凉而湿润。鼻端、耳根及股内侧发热多提示热性病（在睡眠或刚睡醒时鼻端常是干燥的）；局部皮温增高，提示局部炎症。皮温降低，可见于衰竭、大失血等。

② 皮肤湿度　因发汗多少而不同。犬的汗腺不发达，主要分布于蹄球、趾球、鼻端的皮肤等处，其汗腺的分泌物含有多量脂肪，体表缺乏汗腺，皮肤清净、干燥。

发汗增多　常见于追捕猎物之后，或见于热性病、内脏破裂等。

发汗减少　鼻端干燥，多见于体液过度丧失的疾病，如高热性疾病、严重腹泻及代谢紊乱等。

③ 皮肤颜色　皮肤呈白色的犬、猫颜色变化容易辨认，而颜色较深的则不容易判定。皮肤的颜色呈灰色或黑色改变，多是色素沉着所引起，见于内分泌失调引起的皮肤疾病、蠕形螨病、慢性皮炎、黑色棘皮症及雄犬雌性化等。皮肤发红发痒，见于过敏性皮炎、荨麻疹、疥癣等。因阳光刺激发生的光敏症，在鼻端、鼻梁、眼睑等处引起皮炎，鼻端皮肤颜色脱色。

④ 皮肤弹性　检查皮肤弹性，常在颈侧、肩前等部位。健康犬、毛皮肤柔软，可捏成皱褶，松手则立即恢复原位。恢复缓慢是皮肤弹性降低的标志，见于营养不良、严重脱水或慢性皮肤病等。老龄犬的皮肤弹性降低，是自然现象。

⑤ 皮肤肿胀　多见于局部肿胀，常见的有水肿、气肿、血肿、脓肿及炎性肿胀等。

水肿是由于水代谢障碍而引起多量液体蓄积于组织中所致，皮下水肿又称浮肿。触诊水肿部位，成捏粉样、指压留痕。常见于慢性心脏衰弱、衰竭症及肾脏疾病等。

气肿只含气，气管破裂后，气体沿纵隔及食管周围窜入皮下组织，或气体由伤口窜入，也可由局部组织腐败产气引起。前者缺乏炎症变化，机能无障碍；后者见于恶性水肿、气肿疽。触诊呈捻发音，边缘轮廓不清。常见于肘后、肩胛、胸侧等处。

血肿指血管破裂，溢出的血液分离周围组织，形成充满血液的腔洞。初期有明显的波动且有弹性，以后则坚实，并有捻发音，肿胀中间有波动，局部增温。

脓肿则是局部组织感染化脓，脓汁积聚肿胀。开始局部热痛，触之坚实，以后脓肿成熟，触诊呈明显的波动感，穿刺抽取内容物可进一步区分。

炎性肿胀常伴有红、肿、热、痛等特征，可见于炭疽、创伤及化脓菌感染等。

此外，临床上所见到的皮肤病变还有湿疹、荨麻疹、水疱、脓疱、溃疡、糜烂、痂皮、瘢痕、肿瘤和损伤等。

⑥ 气味　正常犬、猫无体臭味，发出体臭的原因是齿垢和因齿垢引起的齿槽脓漏，以及肛门脓肿、胃肠疾病、外耳炎、全身性皮炎等。特别是全身性的脓疱型毛囊炎症、湿疹，可渗出脓汁，散发出恶臭的气味。

4. 生理活动的视诊

当犬、猫发生异常叫声、摇头、食欲异常增加或减少、多饮多尿、摩擦臂部等表现时，根据其行为的变化，可判断病变的系统与器官，以便有重点地详细检查。

5. 姿势与步态的视诊

健康犬、猫姿势自然，运动时动作灵活协调，当犬、猫患神经系统、运动系统疾病、某些传染病或中毒病时，常表现站立不稳、共济失调、瘫痪、姿势异常、跛行、运动障碍等。

(1) 强迫姿势　指犬、猫被迫采取的异常姿势。如破伤风的木马姿势，咽喉炎的头颈伸展姿势等。

(2) 不稳姿势　指犬、猫在站立时姿势不稳，如单肢疼痛出现患肢无法承重或提起；瘦弱老龄犬、猫及四肢疾病（如骨软症、风湿症等）时表现为站立或运步时软弱无力，四肢频频交替负重；尿潴留病犬、猫，常作排尿姿势，但无尿液排出。

(3) 强迫运动　通常是脑病的特殊症状，常见有盲目运动、圆圈运动、暴进暴退等，见于脑炎、脑肿瘤、中枢兴奋药（如士的宁）中毒。

(4) 共济失调　指病犬、猫在运动中四肢配合不协调，而呈醉酒状，行走欲跌，走路摇晃，可见于脑脊髓的炎症、肿瘤、外伤；狂犬病、犬瘟热；耳毒药物中毒（链霉素、庆大霉素等）；低血糖、急性脑缺血等。

(5) 瘫痪（又称运动麻痹）　四肢瘫痪见于脊椎炎、脑炎、肝性脑病、弓形体病、特发性多发性肌炎、特发性神经炎、重症肌无力等；后肢瘫痪见于犬瘟热、椎间盘突出、变形性脊椎炎、脊椎损伤（骨折、挫伤）、血孢子虫病；不特定瘫痪见于脑水肿、脑肿瘤及其他脑损伤。

(6) 痉挛（又称抽搐或惊厥）　强直性痉挛见于破伤风、中毒（士的宁、有机磷、鼠药、马钱子碱、氰化物等）、脑膜炎、脊髓膜炎、低氧血症、癫痫。症状性痉挛见于脑炎、犬瘟热、弓形体病、寄生虫感染（幼犬）、低血糖、低钙血症（犬）及尿毒症；此外热射病、甲状腺功能减退亦可引起抽搐。

(7) 跛行　幼龄犬、猫多见于佝偻病、骨软骨病、营养性甲状旁腺功能亢进；成年犬、猫多见于变形性脊椎炎、类风湿关节炎、骨关节病；此外骨折、关节脱位、韧带断裂、咬伤、挫伤等均可引起跛行的发生。

6. 自然孔视诊

(1) 可视黏膜的视诊　可视黏膜检查主要包括眼结膜、鼻黏膜、口腔黏膜、外阴部和阴道黏膜、肛门及直肠黏膜等。临床上常检查犬、猫眼结膜的颜色和分泌物的性状。鼻腔和口腔分泌物对判定呼吸系统和消化系统疾病有着重要意义。阴道黏膜色泽变化和分泌物的性质对发情配种以及判定子宫、卵巢疾病有重要意义。常见的病理变化有潮红、苍白、黄染和发绀等。眼结膜检查见图 2-2-3。

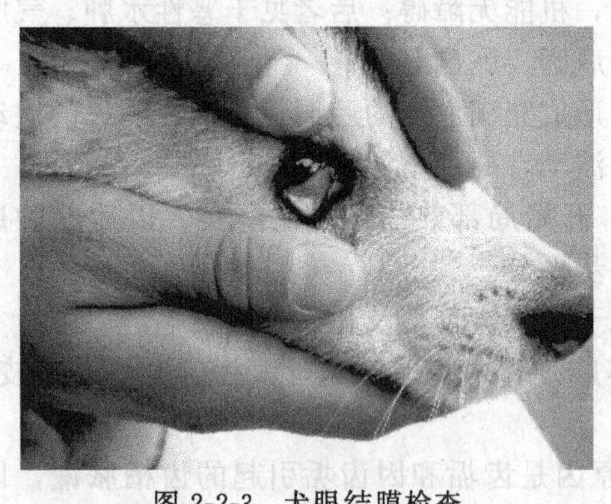

图 2-2-3　犬眼结膜检查

① 潮红　潮红是结膜下毛细血管病理性充血，单眼潮红系局部炎症所致，双侧潮红多见于全身性热性病，也可分浅表性和深层性充血两种。前者是由于眼外部受到异物刺激、细菌感染或过敏性反应的表现；后者则是角膜或眼内部病变特征。正常情况下，角膜缘深层血管难以发现，但充血时则出现明显的“红眼”现象。

② 苍白　苍白是结膜色淡，甚至呈灰白色，是各种类型贫血的特征。急性发生的苍白见于大失血或内出血，逐步苍白则见于慢性消耗性疾病，多为慢性营养不良、衰竭或寄生虫病等。

③ 黄染　黄染是指结膜呈不同程度的黄色，是由于胆色素代谢障碍，血液内胆色素增多导致胆红素沉着所致，见于胆管狭窄、十二指肠炎、钩端螺旋体病、溶血性疾病如肝脏疾

病等。

④ 发绀　发绀是指结膜呈不同程度的蓝紫色，是由于血液内还原血红蛋白增多的结果。可见于缺氧症、循环障碍以及某些中毒病。

⑤ 出血点、出血斑　结膜呈点状或块状出血，由于毛细血管的通透性增加所导致，常见于梨形虫病。

在检查眼结膜时，还应注意眼分泌物、眼球、角膜、巩膜及瞳孔的变化。眼分泌物受病性和病势的影响，呈浆液性、黏液性或脓性。初期常为浆液性，随着炎症的发展而转为黏稠、脓性。角膜混浊，见于犬传染性肝炎和角膜实质性炎症。同时，要注意有无眼虫。

（2）耳的视诊　犬耳部检查见图 2-2-4。

① 犬、猫抓耳　耳根部患皮炎，被跳蚤叮咬、耳疥癣或患外耳炎时，常表现为用力摇头、后肢抓耳、歪头、竖耳。

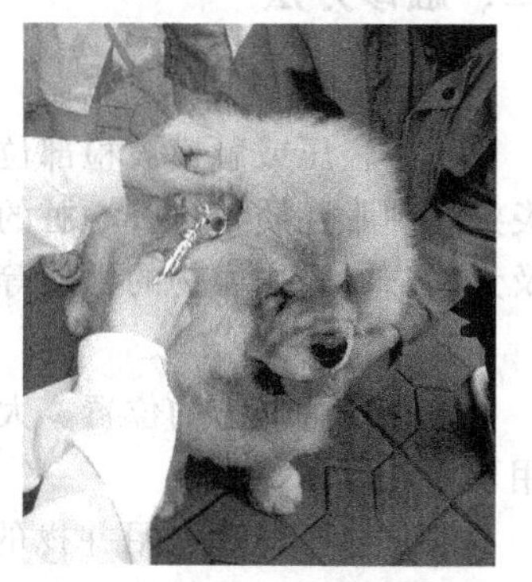

图 2-2-4　犬耳部检查

② 耳内有臭味　严重的外耳炎可见外耳道流出脓性分泌物，特别是细菌性外耳炎常可闻到耳内有恶臭味（耳朵下垂的犬更臭），压迫耳根部有时会听到“咭咭咕咕”的声音，有时会压出脓性分泌物。耳疥螨寄生在外耳道时，会排出特征性的干燥耳垢，严重发炎或二次细菌感染就会变得潮湿，色泽也会发生改变。

③ 耳膜剧痛　严重的外耳炎，耳道黏膜变得肥厚而引起溃疡或中耳炎时，用手轻压耳根部会因剧痛发出悲鸣。耳肿胀、外伤及血肿时，疼痛剧烈。

二、视诊注意事项

（1）让就诊动物稍作休息，平稳一下呼吸，适应一下环境再进行视诊检查。

（2）视诊时最好在自然光照的场所进行。

（3）收集症状要客观全面，不要单纯根据视诊所见症状确立诊断，要结合其他方法检查的结果，进行综合分析与判断。

（4）视诊方法虽然简单，但对初学者来说，要想具有一定的发现症状和分析问题的能力，还必须加强实践练习。

子任务三　触　诊

触诊是利用手对动物体表及深部组织、器官进行触压和感觉，以判断其病理变化的诊断方法。触诊通常用检查者的手（手指、手掌或手背，有时可用拳）去实施。在实施过程中要注意自身的安全，可在主人的配合下以温和的态度同动物打招呼，抚拍其胸下、头部，一边实施诊断，有攻击性的犬、猫可适当保定。

一、触诊内容

1. 检查宠物的体表状态

可判断皮肤表面的温度、湿度、皮肤与皮下组织的质地、弹性及硬度，浅在淋巴结及局部病变（肿物）的位置、大小、形态、温度、内容物形状、硬度、可动性及疼痛反应等变化。

2. 检查某些器官、组织，感知其生理性或病理性的冲动

如检查心搏动，判定其强度、频率和节律；检查浅在动脉的脉搏，判定其频率、性质及节律等变化。

3. 腹部触诊

触诊腹壁判定腹壁的紧张性及敏感性，通过腹壁进行深部触诊，从而感知胃、肠的内容物与性状。

二、触诊方法

1. 浅表触诊法

用手轻压或触摸被检部位，以确定从体表可以感觉到的变化。如体表温度、湿度、局部炎症、肿胀性质，检查心脏的搏动、脉搏，检查肌肉（萎缩、麻痹）、骨骼、关节是否积液及犬、猫胃肠内容物的性质等（见图 2-2-5）。

2. 深部触诊法

检查内脏器官的位置、大小、形状、硬度、活动性及压痛等，根据检查的目的不同可采用下面的方法。

（1）重压触诊　用并拢的手指或拳头，施加一定压力，进行深部触压，如触诊胃的硬度、积粪团块及胎儿等。也可将并拢的手指行深部插入，以感知内部器官的性状，如肝、脾、肾等（见图 2-2-6）。

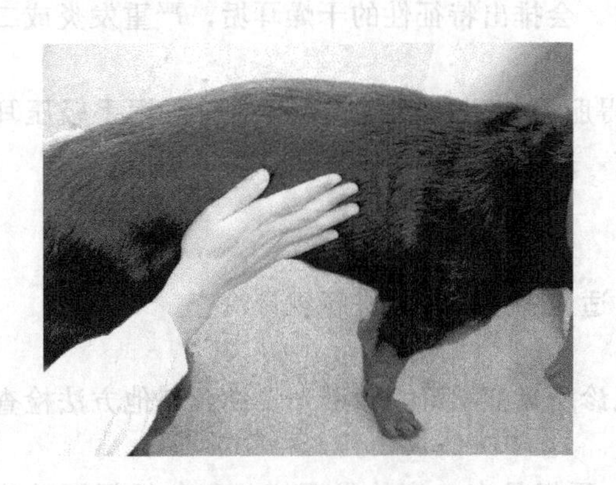
图 2-2-5　浅表触诊

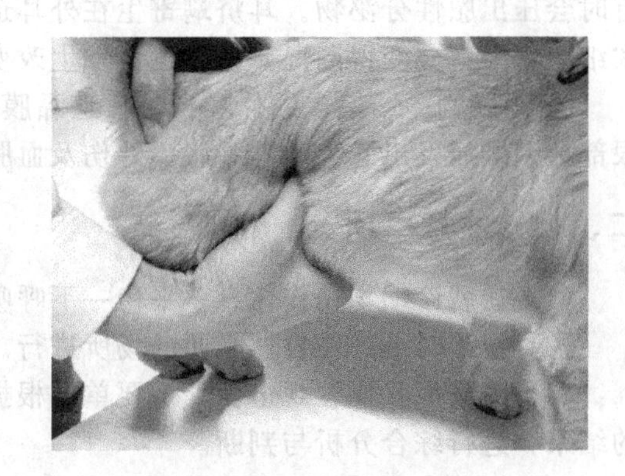
图 2-2-6　深部触诊

（2）冲击触诊　用并拢的手指或拳头，以短而急促的冲击动作进行触诊（见图 2-2-7）。

3. 直肠内触诊

用于前列腺和直肠的检查（见图 2-2-8）。

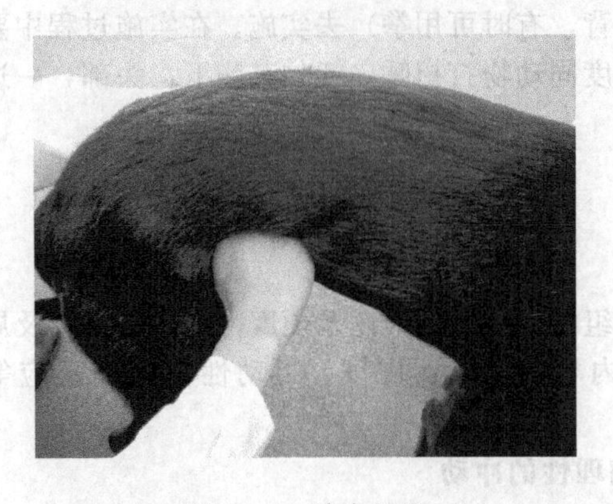
图 2-2-7　冲击触诊

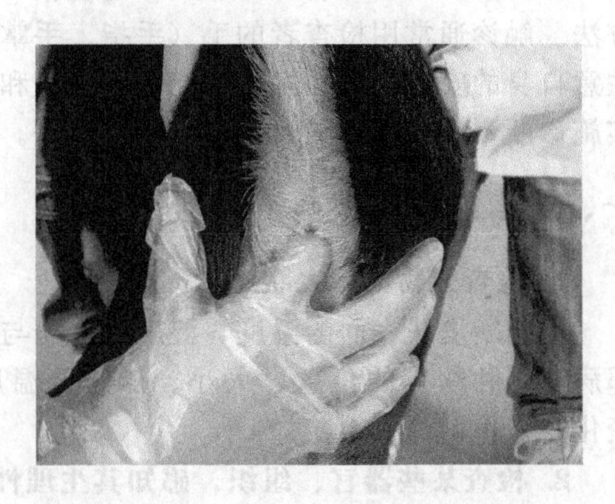
图 2-2-8　直肠内触诊

三、触诊异常感觉

1. 捏粉样感

如压面团样，指压留痕，除去压迫后慢慢复平，为组织中发生浆液性浸润。常见于皮下水肿。

2. 波动感

柔软而有弹性，有波动感，为组织间积聚有液体。常见于血肿、淋巴外渗、脓肿等。

3. 坚实感

感觉坚实致密，硬度如肝。见于组织发生细胞浸润或结缔组织增生。

4. 硬固感

感觉坚硬如骨。见于结石、放线菌肿、骨瘤等。

5. 气肿感

感觉柔软而稍有弹性，同时可听到捻发音。表示组织内含有气体，见于皮下气肿、气肿疽等。

四、触诊注意事项

(1) 注意人身安全，必要时应进行保定。

(2) 触诊时宜先健区后病部，先轻后重，并注意与对应部或健区进行对比。

子任务四 听 诊

听诊是利用听诊器传达的声音去辨识宠物组织脏器正常与病变节律的一种检查方法。听诊的应用范围很广，包括听取宠物的呻吟、喘息、咳嗽、喷嚏、咀嚼的声音及心音、呼吸音和胃肠蠕动音等。听诊见图 2-2-9。

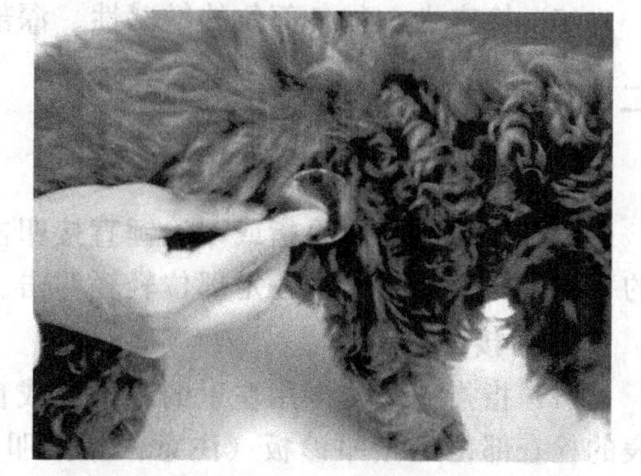

图 2-2-9 听诊方法

一、听诊内容

1. 听心音

听取心搏或心跳的声音，了解其频率、强度、性质、节律、杂音，注意心包摩擦音和心包拍水音。

2. 听喉、气管、肺泡呼吸音及胸膜的病理性声音

了解其频率、强度、性质、节律、杂音，注意胸膜异常音如摩擦音等。

3. 听胃肠的蠕动音

了解其频率、强度、性质等。

4. 听取胎动音、胎心音等。

二、听诊方法

1. 直接听诊

直接听诊是在听诊部位放置一块听诊布，然后将耳直接贴于犬、猫被检部位进行听诊。

2. 间接听诊

间接听诊是借助听诊器听诊。应用于小动物的听诊器一般是两极听诊器，即听头是双面的，一面有共鸣装置，一面没有，通过旋转，两面间可以转换。

三、听诊注意事项

（1）听诊要有针对性，是在问诊、视诊之后有目的地进行。

（2）听诊应在安静环境，最好在室内进行，同时注意力要集中。

（3）听诊时应注意区别动物被毛的摩擦音和肌肉的震颤音。

（4）听诊头与动物被听部位应接触紧密，但不要滑动，不能用力按压。

（5）听诊时应对一个目标听诊持续一段时间，然后多换几个部位进行比较听诊。

（6）听诊器应与耳孔紧密接触，耳插向前，不留空隙。

子任务五　叩　　诊

叩诊是通过叩打宠物体表的某一部位，根据其所产生的音响性质来推断内部器官的病理状态。

一、叩诊内容

（1）副鼻窦、腹腔器官叩诊　以判断其内容物的性状、含气量及紧张度，也可以检查肝、脾的大小和位置，以及靠近腹壁的较大肠管内容物性状。

（2）内脏器官叩诊　用于肺脏、心脏及胸腔，感知肺脏、心脏、胸腔有无病理变化。

（3）用于检查各种肌腱的反射功能。

（4）检查宠物某部位的疼痛反应。

（5）检查犬、猫各部位的敏感性、深部感觉功能等。

二、叩诊方法

1. 直接叩诊法

直接叩诊法是用手指或叩诊锤直接叩击被检部位。其方法为：用一个或数个并拢且屈曲的手指，向宠物体表的一定部位轻轻叩击。

2. 间接叩诊法

（1）指指叩诊法　用左手的中指（或食指）紧密地（但不要过于用力压迫）放在宠物体表的检查部位上做叩诊板（注意：除做叩诊板用的手指以外，其余手指均要与体壁分开），再以右手的中指（或食指），在第二指关节处90°屈曲，用该指指端向做叩诊板用的手指的第二指节上，垂直地轻轻叩击（见图2-2-10）。

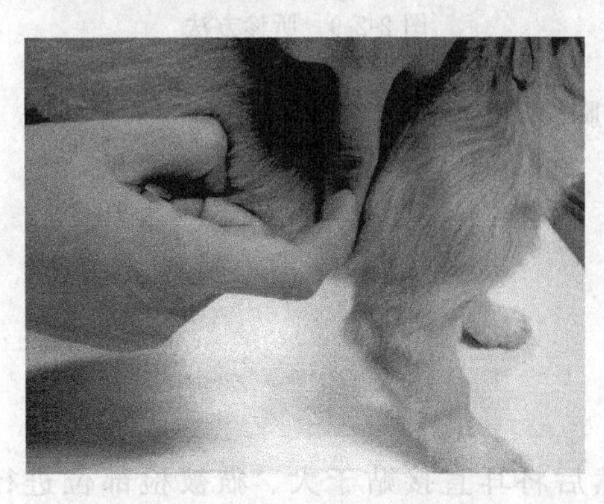

图 2-2-10　指指叩诊法

（2）锤板叩诊法　用叩诊锤和叩诊板进行叩诊。左手持叩诊板，平放于被检部位，右手持叩诊锤，以腕力垂直叩击叩诊板数次，以听取其声音。

三、叩诊音

1. 清音

叩击具有弹性和含气组织器官时产生的宏大而清晰的音响。其音响强、持续时间长、音调低、非鼓性，如叩诊正常肺区中部所产生的声音。

2. 浊音（实音）

叩击柔软致密及不含气组织器官时所产生的弱小而钝浊的音响。其声音强度弱、持续时间短、声音高、不带有鼓音性质，如叩诊臀部肌肉、心、肝、脾等与体壁直接接触部位时所产生的声音。

3. 半浊音

半浊音是介于清音与浊音之间的一种过渡音响。

4. 鼓音

叩诊含气较多的胃肠气胀时腹部相应部位发出的声音。其音响性质为音响强、持续时间长、音调高或低、鼓性。

四、叩诊注意事项

（1）叩诊宜在安静环境，最好在室内进行。

（2）间接叩诊时手指或叩诊板必须与体表紧贴，每点连续叩击几次后再行移位。

（3）叩诊用力要适宜，一般对深在器官用强叩诊，浅表器官用轻叩诊。

（4）如发现异常叩诊音时，则应左右或与健康部对照叩诊。

子任务六 嗅 诊

嗅诊是嗅闻排泄物、分泌物、呼出气味及口腔气味，从而判断病变性质的一种检查方法。主要应用于嗅闻患病犬、猫的呼出气体、口腔的臭味及带有特殊臭味的分泌物、排泄物（粪、尿）以及其他病理产物，根据气味及气的变化判断疾病。

若呼出气体有特殊的腐败臭味，多提示呼吸道及肺脏的球疽性病变；当消化道发生严重病变，如口腔炎、咽喉炎时，则有严重的口臭；当胃肠道发生严重炎症时，其排出物气味出现腐败臭味。

子任务七 体温、脉搏与呼吸数检查

犬、猫的体温、呼吸、脉搏数是临床上最常检测的指标。被检犬、猫兴奋、紧张、运动、环境过热及妊娠等都可使体温、呼吸、脉搏数暂时升高。

一、体温测定

犬、猫的体温通常用体温计测其股内侧皮肤温度来表示，也可测直肠温度。电子检温器只需 10s 左右，即可正确地检测体温。犬、猫的股内侧温度略低于直肠温度，当体温升高时，用手感觉也可略知。幼犬的正常体温为38.1～39.2℃，成年犬为 37.5～38.7℃。成年猫为 38.1～39.2℃。犬、猫体温通常晚上高，早晨低，日差为 0.2～0.5℃。多数传染病，呼吸道、消化道及其他器官的炎症，日射病和热射病可使体温升高。而中毒、中毒衰竭、营养不良、贫血等疾病常可使体温降低。犬体温测量方法见图 2-2-11。

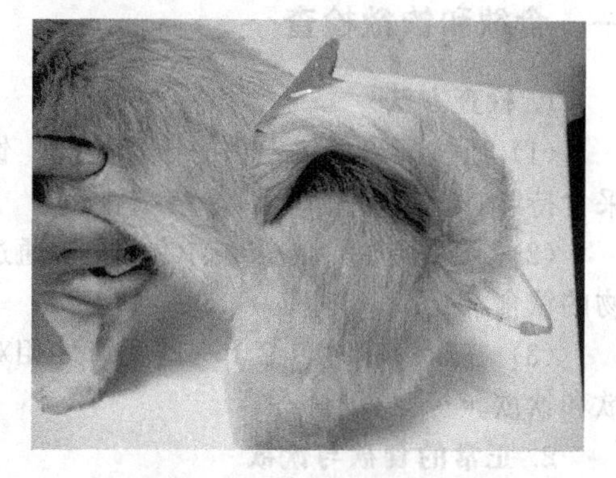

图 2-2-11 犬体温测量方法

二、呼吸数测定

一般根据胸腹部的起伏动作而测定，胸壁的一起一伏为1次呼吸。寒冷季节也可观察呼出气流或将手背放在鼻孔前感觉呼出的气流来测定，健康犬的呼吸数为10～20次/min，猫为14～20次/min。当犬、猫兴奋、运动、过热时，呼吸数可明显增多，此外，幼犬比成年犬稍多，妊娠母犬稍多。呼吸数测定呼吸数增多，见于发热性疾病、各种肺脏病、严重心脏病以及贫血等；呼吸数减少，有时见于某些脑病（脑炎、脑肿瘤、脑水肿）、上呼吸道狭窄和尿毒症等。

三、脉搏数测定

脉搏数通常在后肢股内侧的动脉处测定，临床上多以心跳次数来代替。大型犬的脉搏数为70～160次/min，小型犬在180次/min以上，猫在110～240次/min。当犬、猫剧烈运动、兴奋、恐惧、过热、妊娠时，脉搏可一时性增多。此外，幼犬、幼猫比成年犬、猫的脉搏数多。病理性脉搏数减少，多见于心脏传导阻滞、窦性心动过缓等。脉搏数明显减少，往往提示预后不良。

任务三　消化系统的临床检查

消化系统包括口腔、咽、食管、胃、肠及肝脏等消化管和消化腺两部分。消化系统疾病是临床上的常见病、多发病。消化道是机体与外界相通的重要管道，最易受到各种生物的、理化的因素侵害和刺激，引起动物机体机能的改变，直接影响动物的营养代谢、生长和发育。此外，其他器官系统的疾病也会导致消化器官功能紊乱，因此消化系统的检查在临诊工作中占有重要地位。

消化系统检查，主要应用视诊、触诊（包括直肠内触诊）、听诊等方法进行，必要时还可以根据需要进行X线检查、内镜检查、超声检查，以及胃肠内容物、粪便及腹腔穿刺物等的实验室检验。

一般临床检查的主要内容包括：饮食状态的检查；呕吐与呕吐物检查；口腔、咽与食管检查；腹部及胃肠检查；排便（粪）动作及粪便感观检查。

子任务一　饮食状态检查

一、食欲和饮欲检查

1. 检查方法

（1）通过问诊了解宠物的饮食情况，饮食习惯、采食和饮水情况、食物的种类、数量、采食持续时间。

（2）通过视诊，观察宠物的体况，通过触诊，观察动物的皮肤紧张程度，来初步判断动物的饮食状况。

（3）临床诊断时，给予一些适口性相对较好的宠物食品、零食或饮水，以观察宠物的食欲和饮欲。

2. 正常的食欲与饮欲

食欲和饮欲是动物对采食食物及饮水的需求。仔犬、幼猫每天需要多次饲喂，且主要以流质或半流质等易采食和消化的食物为主；青年犬、猫，特别是快速生长阶段每天饲喂4～5次，不限制饮水，以保证其快速生长所需要的营养，但同时又要防止过饲而导致的消化不良；而成年犬、猫，每天饲喂1～2次，以维持日常营养需要即可，以防止过饲而引起的肥胖症。

犬、猫的饮水在饲养过程中，通常不进行人为的限制，通过饮水器每天提供干净的饮水即可，以方便犬、猫自由饮水。饮水量的多少，除了与生活习惯有关外，还与外界气温、食物种类及运动情况等有直接的相关性。

由于受到宠物主人的宠爱，宠物有时会养成一些特殊的生活习惯，比如喜欢吃肉，而不喜欢吃犬粮、猫粮，这些虽然是不良习惯，但也是正常的。

3. 异常的食欲与饮欲状态

食欲与饮欲状态异常在临床上通常表现为食欲减退、食欲废绝、食欲不定、食欲亢进、饮欲增加和饮欲减少、异嗜癖等。

口炎的诊断治疗

（1）食欲减退　食欲减退是指宠物的采食量明显下降或宠物不愿采食，是许多疾病的共同表现。在排除由于食物品质不良（如发霉、腐败）、食物或喂养条件的突然改变（改变食物）、饲喂环境（生活温度过高）的突然改变等引起者外，一般即为病态。主要是在各种致病因素的影响下，使消化腺分泌紊乱、胃肠蠕动减缓及味觉减退而引起宠物的食欲下降，多见于胃肠道疾病、发热性疾病的初期、疼痛性疾病、营养代谢障碍、神经机能紊乱及心血管疾病。

在临床诊断时，食欲减退首先应考虑消化器官本身的疾病，如口腔、牙齿的疾病，咽喉与食管的疾病，特别是胃肠的疾病。此外，依病变主要侵害部位的不同，在食欲减少的同时，常伴有不同的其他消化功能障碍：如伴有咀嚼困难，则提示口腔与牙齿疾病的可能；伴有吞咽障碍，则应考虑咽喉与食管的疾病；伴有便秘或腹泻，则多由胃肠疾病所引起。当发现食欲改变的同时，如见有骚动不安并伴有各种腹痛的反常姿势与行为时，则多为腰腹部疼痛所导致的，如京巴犬的腰椎损伤。

（2）食欲废绝　食欲废绝是指宠物完全拒绝吃食物，通常是由食欲减退发展而来。临床上有时也把食欲减退和食欲废绝统称为厌食。犬、猫通常表现对食物闻都不闻，把它平时爱吃的食物送到嘴边时，犬、猫扭头躲闪。早期表现食欲减退，如果致病因素持续作用，病情恶化，则表现食欲废绝。

但在一些急性严重的情况下，可直接表现食欲废绝，比如一些高热性疾病，剧烈疼痛的疾病，如夏季犬的中暑。

（3）食欲不定　食欲不定是指宠物的食欲时好时坏，变化不定。多见于一些慢性消化不良、不定热型的疾病过程中，如在犬瘟热的早期，当体温正常时，犬的食欲恢复，能采食；当体温升高时，犬的食欲减退。

（4）食欲亢进　食欲亢进是指宠物容易饥饿、采食频繁及进食量明显增加，严重的时候是出现病态的过多，临床上有时也称之为贪食。可见于某些代谢障碍性疾病、肠道寄生虫病、慢性消耗性疾病及内分泌紊乱性疾病，如甲状腺功能亢进和糖尿病。有时在发热病之后或疾病的恢复期以及长期饥饿均可引致暂时性的宠物食欲亢进。

（5）饮欲增加　饮欲增加是指宠物表现口渴多饮，会饮大量的水。多见于一切发热疾病、脱水（腹泻、剧烈呕吐、大剂量使用利尿剂等）、渗出性病理过程（如腹膜炎、胸膜炎）及食盐中毒等。

（6）饮欲减少　饮欲减少是指宠物表现不喜欢饮水或饮水量明显减少，可见于伴有意识昏迷的脑病及不伴有呕吐和腹泻的某些胃肠病。通常饮欲减少的动物，开始增加饮水量，往往是疾病好转的征兆。

(7) 异嗜癖　异嗜癖是指宠物采食正常食物范围以外的食物，是食欲扰乱的另一种异常表现。其特征是宠物喜食正常食物以外的物质，如灰渣、泥土、粪水、被毛、污物等，可视为是一种特殊的异嗜或恶癖。

异嗜癖常见于幼龄动物，多是由于营养代谢障碍，常为矿物质、维生素、微量元素缺乏性疾病等引起。如骨软症与佝偻病、维生素缺乏症和幼龄动物的白肌病等。慢性胃卡他或某些神经系统疾病时，也可见有异嗜现象。狂犬病、伪狂犬病及某些脑病或中毒，也可表现为啃咬、吞食异物。

此外，胃肠道的寄生虫病（如猫蛔虫病等），也可见有异嗜癖发生。

4. 食欲和饮欲检查注意事项

食欲和饮欲的改变，一方面它们不是疾病的特异性症状；另一方面它们既有生理的因素，也有病理的因素，病因多种多样，而且相对比较复杂，故在临床诊断时应注意以下几个方面。

(1) 持续的时间和程度　很多疾病的中后期都会引起饮食欲的改变，同时，饮食欲变化持续的时间和程度也能反映疾病的严重程度，比如犬的附红细胞体感染，一旦犬的饮食欲开始恢复，往往表明预后良好。

(2) 食物的改变　食物的改变、食物质量的下降或适口性的改变，都能引起饮食欲的改变，特别是一些比较受主人宠爱的犬、猫，相对比较娇气，会对某一类食物特别钟爱，而不愿采食其他食物，故当食物或饮水改变时会出现贪食和厌食。

(3) 环境因素　许多动物在精神应激时会发生暂时性厌食，比如犬、猫的长途运输、更换宠物主人和改变饲喂习惯等。另外，冷应激和争抢食物，可导致贪食；而热应激可导致厌食。

(4) 体重变化　伴随体重下降的贪食通常与消化不良或内分泌失调有关，如糖尿病和甲状腺功能亢进；伴随体重增加的贪吃，往往是更换可口食物或药物诱导的结果；厌食伴随的体重迅速下降通常表明病情比较严重。

二、进食、咀嚼和吞咽动作检查

1. 检查方法

(1) 通过问诊，了解宠物的进食、咀嚼和吞咽的情况。

(2) 通过视诊，了解宠物采食的方式、咀嚼的力度和速度。

2. 正常的进食、咀嚼和吞咽

犬进食时，通常比较迅速，稍微咀嚼后，即进行吞咽；而猫进食相对比较缓慢，往往是细嚼之后吞咽。

3. 异常的进食、咀嚼和吞咽

进食、咀嚼和吞咽动作是动物的一系列复杂生理性反射活动，由唇、牙齿、舌、咽、喉、食管及胃的贲门部协同动作而完成。因此，其中的某一器官机能或结构发生异常时，均可引起吞咽障碍。

(1) 采食异常　采食异常是指宠物采食不灵活，或不能用唇、舌和牙齿采食，或采食后不能进行咀嚼。多是由于唇、舌、牙齿、下颌、咀嚼肌及其支配神经的损伤造成的，如犬大量牙结石造成口炎时，犬不愿采食或采食比较缓慢。

(2) 咀嚼障碍　咀嚼障碍是指宠物咀嚼时缓慢、小心、无力，并且常常因疼痛而中断咀嚼，将食物直接吞咽或吐出。多是由于口腔黏膜、舌、牙齿和下颌的疾病所引起，比如犬下颌骨骨折固定时，动物表现不敢咀嚼。

另外，骨软症、放线菌病、破伤风及慢性氟中毒时也可引起咀嚼障碍。

(3) 吞咽障碍　吞咽障碍是指宠物在采食后，比较难以咽下，表现为摇头、头颈伸直、屡次试图咽下而中止或吞咽时引起咳嗽及伴有大量流涎。

吞咽障碍是咽炎的特征性症状。当宠物发生咽炎或咽周围淋巴结发炎、肿胀、化脓时，会表现明显的吞咽困难；此外，咽部的异物或肿瘤，也可引起吞咽障碍。

吞咽障碍也可见于食管疾病，如食管梗塞或食管内异物，食管痉挛或麻痹。如颈部食管病变，则可通过视诊、触诊而检查发现；如病变在胸部食管，则须配合进行食管探诊。对于猫，因喜欢玩耍线性异物，而引起线性食管异物导致吞咽障碍。

某些神经系统疾病或中毒时，可因伴发咽与食管的麻痹，从而引起吞咽障碍。

另外，由于宠物临床进行手术时，往往是全身麻醉，故在未完全苏醒前，会有咽麻痹，造成医源性吞咽障碍，这时不能进行饲喂食物和饮水，以防止造成异物性肺炎。

子任务二　呕吐与呕吐物检查

一、呕吐检查

1. 检查方法

(1) 通过问诊，了解呕吐的次数、频率和呕吐的时间等相关情况。

(2) 通过视诊，观察呕吐物的量、颜色等情况和呕吐的动作。

(3) 通过嗅诊，了解呕吐物的气味。

2. 呕吐检查

呕吐是不自主的将胃内容物或偶尔将小肠内容物经食管从口或鼻排出体外的现象。各种动物由于胃和食管的解剖生理特点和呕吐中枢的感应能力不同，发生呕吐的情况各异。肉食动物(如犬、猫)最易发生；猪次之；而反刍兽又次之；马则极难发生，一般仅有作呕动作。

犬、猫呕吐时，最初略显不安，然后伸头向前接近地面，此时，借助膈肌与腹肌的强烈收缩，胃内容物经食管的逆蠕动由口排出。

(1) 呕吐类型　根据呕吐的发生原因，可分为中枢性呕吐和末梢性呕吐两大类。

① 中枢性呕吐　是指由于毒物或毒素直接刺激延脑的呕吐中枢而引起。如延脑的炎症过程、脑膜炎、脑肿瘤、某些传染病(犬瘟热、犬细小病毒病等)，内中毒以及某些药物(氯仿、阿扑吗啡)中毒。

② 末梢性呕吐(反射性呕吐)　是指由于延脑以外的其他器官受刺激时引起呕吐中枢兴奋而发生。主要由来自消化道及腹腔的各种异物、炎性及非炎性的刺激所引起。如软腭、舌根及咽内的异物，过食(胃过度膨满)、胃的炎症或溃疡、寄生虫等。其特征是胃排空后呕吐即行停止。

(2) 呕吐原因　分为以下几类。

① 胃肠机能障碍　胃肠阻塞、慢性胃肠炎、胃肠道寄生虫、胃肠溃疡、肠套叠、胃扩张-扭转、肠变位和疝等均可引起呕吐。

② 咽、食管疾病　舌病、咽内异物、咽炎和食管阻塞等可引起呕吐。

③ 腹部其他器官的机能障碍　胰腺炎、肝炎、胆管阻塞、肾炎、子宫蓄脓、膈疝及腹部肿瘤等可引起呕吐。

④ 药物因素　一些药物，如抗肿瘤药、强心苷、抗微生物药(红霉素、四环素、特比萘芬)、砷制剂、阿扑吗啡、洋地黄等药物，另外一些药物不合理的使用，如抗胆碱类药物

等也可以引起动物的呕吐。

⑤ 代谢紊乱　如尿毒症、酸中毒等可因代谢产物作用于呼吸中枢而发生呕吐。犬的甲状腺功能亢进、肾上腺功能低下、血钾异常、血钙异常、低镁血症及细菌内毒素中毒等均可引起呕吐。

⑥ 颅内压增高　当脑震荡、脑挫伤、脑肿瘤及脑膜炎等疾病时，颅内压增高，并伴发一定程度的脑水肿、脑缺氧而引发呕吐。

⑦ 中毒　有机磷、亚硝酸盐、腐败食物等中毒可引起犬、猫呕吐。

⑧ 神经机能障碍　精神因素（疼痛、恐惧、兴奋或过度紧张）、运动障碍、炎性损伤、癫痫和肿瘤等，如犬的长途运输、晕车或晕船等。

二、呕吐物的检查

检查呕吐物时，应注意呕吐物的数量、气味、酸碱度（pH）及混合物等。

采食后，一次呕吐大量正常的胃内容物，并短时间不再出现，多为过食的表现；频繁多次性的呕吐，表示胃黏膜长期遭受某种刺激，常于采食后立即发生，多是由于胃、十二指肠、胰腺的顽固性疾病和中枢神经系统的严重疾病所致，呕吐物常混黏液。

呕吐物的性质和成分随病理过程不同而异。混有血液称为血性呕吐物，见于出血性胃炎、某些出血性疾病（猫瘟热及犬瘟热等）；混有胆汁的呕吐物，见于十二指肠阻塞，呕吐物呈黄色或绿色，为碱性反应；粪性呕吐物，主要见于犬的大肠梗阻，呕吐物的性状和气味与粪便相同；呕吐物中有时有毛团、肠道寄生虫及异物等。

三、检查注意事项

1. 注意呕吐与采食的时间关系

正常情况下，采食后立即呕吐，主要是由于食物问题，如食物不耐受、过食、应激或兴奋；采食后稍微一段时间后呕吐，多是由于胃排空机能障碍或胃肠道阻塞；而胃肠运动迟缓引起的呕吐多在采食后12～18h，或更长时间开始呕吐。

2. 注意呕吐物的性状

呕吐物的颜色，混有胆汁见于肠炎、胆汁回流综合征、肠内异物和胰腺炎；内容物有陈旧性血液，见于胃溃疡、慢性胃炎或肿瘤。

3. 注意呕吐的表现

喷射状呕吐见于胃及临近胃的小肠阻塞性疾病，如异物、幽门肿瘤等；间歇性慢性呕吐，表现与采食时间无关，呕吐物形状变化很大，且呕吐呈周期性，并伴有其他症状，主要与慢性胃炎、过敏性胃肠综合征及延长排空机能障碍等有关。

子任务三　口腔、咽与食管检查

一、口腔检查

1. 检查方法

（1）通过视诊，打开口腔后，观察口腔（见图2-3-1）。

（2）通过嗅诊，了解口腔的气味；并通过触诊，感知口腔的状态。

2. 正常的口腔

口腔是消化道的前端，正常健康情况下，口腔应稍湿润，黏膜成淡红色、光滑、无破损，牙齿清洁、排列整齐，口腔内无明显异味。

3. 口腔的异常变化

口腔检查中出现的异常主要有流涎、气味异常、口腔黏膜溃疡、舌和牙齿的异常及口唇形态异常。

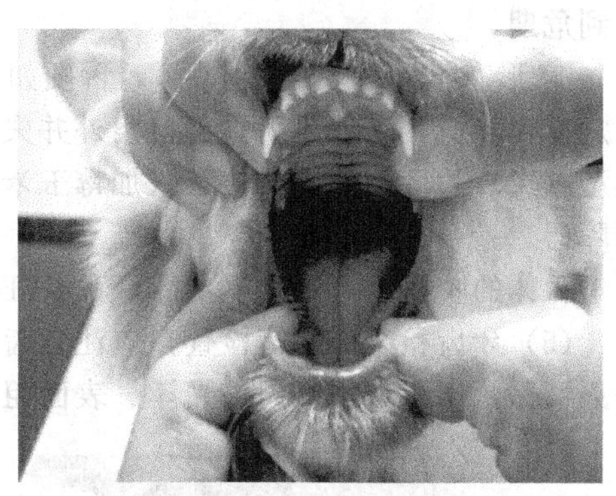

图 2-3-1　犬口腔打开方法

（1）流涎　流涎是指口腔中的分泌物（正常或病理性的）自主或不自主地流出口外。大量流涎，乃是由于各种刺激致使口腔分泌物增多或吞咽障碍的结果，可见于各种炎性口炎（如牙结石造成的口腔溃疡）、伴发吞咽障碍（咽炎或食管梗塞）的疾病、某些中毒病（如有机磷中毒和食盐中毒等）及面神经麻痹而引起下唇弛缓等。

除此之外，一些大型犬或巨型犬，在天气炎热的时候，也会出现大量的流涎，比如金毛巡回猎犬、大丹犬、德国牧羊犬及圣伯纳犬等，这属于一种正常情况。

（2）口腔气味　宠物在正常生理状态下，口腔内除在采食后，可有某种食物的气味外，一般无特殊臭味。检查时可直接打开口腔嗅诊，也可以通过被唾液弄湿的手指进行嗅诊检查。引起消化功能紊乱的一些疾病，由于长时间饮食欲废绝，口腔上皮脱落及食物残渣腐败分解而可产生酸臭味。如各种类型的口腔炎症，表现为吞咽障碍的咽炎及食管疾病，胃肠道的炎症和阻塞等。齿槽骨膜疾病时，可发出腐败臭味。

（3）口腔黏膜变化

① 口腔温度　口腔温度，可以将手指伸入口腔中感知或用电子体温计快速测量。口温升高，见于一切热性病及口腔黏膜的各种炎症等；口温低下，见于重度贫血、虚脱及濒死期的动物。在检查口腔温度的时候，应当和鼻头的温度、耳尖的温度和四肢末端的温度加以比较。

② 口腔湿度　口腔黏膜过于湿润，可由唾液分泌增多或吞咽障碍而引起，如当口炎、咽炎和唾液腺炎等。口腔干燥，则见于一切热性病、疼痛及长期腹泻或脱水等。

③ 口腔颜色　口腔黏膜颜色可能表现有苍白、潮红、黄染、发绀等病理变化，其诊断意义除因局部炎症可引起潮红外，其余与其他部位的可视黏膜（如眼结膜、鼻黏膜、阴道黏膜等）颜色变化的意义相同。口腔黏膜的极度苍白或高度发绀，提示预后不良。

口腔黏膜出血斑点（出血点乃至出血斑），可见于出血性素质（如血斑病等）。

④ 口腔黏膜完整性破坏（损伤和发疹）一些物理、化学、机械性及生物性的因素，都可引起口腔黏膜不同程度的损伤。口腔黏膜的红肿、溃烂，除可见于一般性口炎外，还见于维生素 C 缺乏症、牙结石和犬钩端螺旋体病等。

（4）舌的检查　舌的检查应注意舌苔、颜色及舌的形态学变化。

① 舌苔　舌苔是覆盖在舌体表面上一层疏松或紧密的脱落不全的上皮细胞沉淀物。舌苔的厚薄与颜色等变化，通常与疾病的轻重和病程的长短有一定关系。舌苔常呈灰白色或黄白色，舌苔薄且色淡表示病程短，病势较轻；舌苔厚而色深，则标志病程长、病势较重。舌苔变成黄绿色或黄褐色，可见于胃肠疾病（胃肠卡他、胃肠炎及大肠便秘）及热性病。

② 颜色　健康犬、猫舌的颜色与口腔黏膜相似，呈粉红色且有光泽、转动灵活。当循环高度障碍或乏氧时，舌色绛红（深红）或带紫色。如果舌色青紫、舌软如绵则常提示疾病

已到危期。

③ 形态学　舌硬化（木舌），舌硬如木，体积增大，甚至可使之垂于口外，可见于放线菌病。舌麻痹，表现为舌垂于口角外并失去活动能力，可见于某些中枢神经系统疾病（如各类型脑炎）的后期或饲料中毒（加霉玉米中毒及肉毒梭菌中毒病）。这时，常伴有咀嚼及吞咽障碍。

舌体的咬伤，可因中枢功能紊乱（狂犬病、脑炎）或打斗而引起。

（5）牙齿检查　牙齿检查，应注意齿列是否整齐，有无松动、龋齿、过长齿、赘生齿及磨灭情况。切齿珐琅质失去光泽、表面粗糙，有黄色或黑色斑点，或出现条纹及凹窝状，常为氟中毒的启示。宠物的牙结石，多是由于饲养管理不当造成的，并可成为口腔损伤、发炎的原因（见图 2-3-2）。

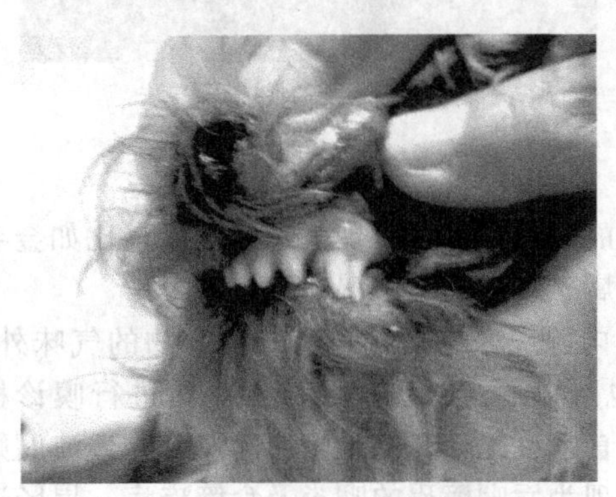

图 2-3-2　犬的牙齿、齿龈检查方法

（6）口唇的形态　健壮犬、猫的上下口唇紧闭。老龄犬或巨型犬（口唇皱褶比较多的犬）其下唇可因组织紧张性减低而松弛下垂。

在病理状态下，口唇表现下垂，有时口腔不能闭合，可见于颜面神经麻痹、昏迷、某些中毒病（如霉玉米中毒）。此外，在下颌骨骨折、狂犬病、唇舌肿胀及齿间嵌入异物时，口唇往往不能闭合。一侧性颜面神经麻痹，则唇歪向健康的一侧。

口唇紧张性增高的特征表现为双唇紧闭，口角向后牵引，口腔不易或不能打开。见于脑膜炎和破伤风。唇部的明显肿胀可见于口腔黏膜的深层炎症，饲料中毒以及过敏时；特别药物过敏时，宠物的头面部及口唇常明显肿胀而呈特征性的河马头样外观。

二、咽部检查

1. 检查方法

（1）通过触诊，以两手同时由两侧耳根部向下逐渐滑行并随之轻轻按压以感知其周围组织状态、感知其温度、敏感度及肿胀的硬度和特点（见图 2-3-3）。

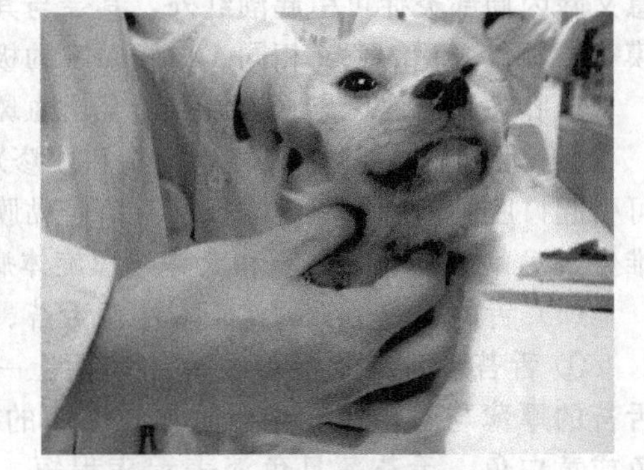

图 2-3-3　犬的咽部触诊方法

（2）通过视诊，观察头颈的姿势及咽周围是否有肿胀；经口腔，在喉镜（压舌片）的帮助下，可观察到咽喉部是否有异常；吞咽动作是否有异常。

（3）通过问诊，了解宠物的进食动作是否有异常。

2. 正常咽喉部特征

咽是呼吸系统与消化系统的交叉部，位于口腔、鼻腔的后方，喉部及食管的前方。可以分为鼻咽部（前通鼻腔，两侧有咽鼓管咽口，经咽鼓管与中耳鼓室相通）、口咽部（与口腔相通）和喉咽部（与食管相通）。口咽部和喉咽部是临床上相对比较容易诊断的部位，从体表触摸时，应无明显的凸起、肿胀和热痛；视诊观察时，黏膜应当潮湿、完整、光滑及红润。

3. 异常表现

当犬、猫表现有吞咽障碍并随之有食物或饮水从口鼻孔反流时，应做咽部的检查。

(1) 咽部肿胀　咽部肿胀是指咽部有局部肿胀，并伴有吞咽动作障碍及头颈伸直等姿势变化时，多为咽部的炎症及异物阻塞的表现。

(2) 咽部疼痛　是指触诊动物咽部时，动物表现敏感躲闪、咳嗽，严重的还有攻击行为，通常会伴有一定的肿胀和热感，多为急性炎症过程。如为附近淋巴结的弥漫性肿胀，则可见于耳下腺炎、腮腺炎或咽部骨头和鱼刺等异物。此际，吞咽障碍的表现不甚明显。

(3) 咽麻痹　是指咽部没有反射，黏膜感觉消失，触诊无反应而不出现吞咽动作，往往是咽部神经受损或神经传导抑制的表现。

三、食管检查

1. 检查方法

(1) 触诊　检查者最好站在动物的左颈侧、面向动物后方，左手放在右侧颈沟处固定颈部，用右手指端沿左侧颈沟直至胸腔入门，轻轻按压，以感知食管状态、温度、敏感度及肿胀的硬度和特点。

(2) 视诊　观察颈的姿势及颈部周围是否有肿胀；经口腔，在食管镜的帮助下，可观察到食管是否有异常；吞咽动作是否有异常。

(3) 问诊　了解宠物的进食动作是否有异常。

(4) 食管探查　食管探查既是临床上一种有效的诊断方法，也是一种治疗手段。根据探管深入的长度和动物的反应，可确定食管梗塞、狭窄、憩室及炎症的发生部位，并可提示胃扩张的可疑。同时，根据需要可借探管抽取胃内容物进行实验室检查。

探查时按动物的种类及大小而选定不同口径及相应长度的胶管，在使用前应以消毒液浸泡并涂以润滑油类。

食管探查前要将动物保定确切，尤其是要做好头部的保定，须经口探查时，应装配开口器。

食管探查时也可进行胃的探查，探查可兼有治疗作用。当胃扩张时，可将探管放置一定时间以排出内容物及气体。比如在犬的急性胃扩张-扭转的诊治上。

2. 正常食管特征

食管为肌性管道，可分为颈部食管、胸部食管及腹部食管三段。在颈部起于咽部，位于气管背侧，经中部位于气管左侧。胸部段位于纵隔内、气管分叉处背侧，向后经食管裂孔进入腹腔。腹部段较短，止于胃的贲门。颈部食管是临床上比较容易诊断的部位，而且比较方便进行触诊，触诊时应无明显的凸起、肿胀和热痛；在通过食管镜视诊观察时，黏膜应当潮湿、完整、光滑及红润。

3. 食管异常表现

当发现犬、猫表现有吞咽障碍及怀疑食管异常时，应进行食管检查。

(1) 食管梗阻　可见颈沟部（颈部食管）出现界限明显的局限性膨胀，触诊可感知梗塞物的大小、形状及其性质；阻塞物上部继发食管扩张且有大量液状物时，触诊局部可有波动感。

(2) 食管憩室、扩张　动物在采食过程中出现颈沟部（颈部食管）界限明显的局限性膨胀，这时如将食物向头部方向按摩、推送，可引起呕吐，由于食物被排出，膨隆即可消失。

(3) 食管发炎　吞咽时引起疼痛反应及食管的痉挛性收缩。

子任务四 腹部及胃肠检查

一、腹部检查

1. 检查方法

(1) 视诊 检查者站立于动物的正前方或正后方，观察腹部的轮廓、外形、容积及肷部的充满程度，并进行左右对比。

(2) 触诊 检查者两手同时自两侧肋弓后开始，加压触摸的同时逐渐向上后方滑动进行检查，或使动物侧卧，然后用并拢、屈曲的手指，进行深部触摸。感知腹部体表的紧张度、敏感度及腹腔内容物的形状（见图 2-2-6）。

2. 正常腹部特征

正常宠物的腹部基本上是左右对称的，犬根据品种和胖瘦不同，腹部呈水平圆柱状或向后逐渐向上，呈圆锥状；猫基本上呈圆柱状。从远处看应当有比较明显的流线弧度，无明显的凸凹不平。触之比较柔软光滑，无明显的不适反应。

犬胃扩张-扭转综合征的诊断与治疗

胃肠炎的诊断与治疗

3. 腹部异常表现

(1) 腹围膨大 腹围的大小与外形除妊娠后期的生理状态外，主要决定于胃肠内容物的数量、性质，并受腹膜腔的状态及腹壁紧张度的影响。

① 胃肠积气 是指由于胃肠内容物腐败发酵形成并贮积大量气体时，腹围显著增大。典型病例可见于肠臌气（原发性或继发性）。这时，腹胁部胀满、腹壁紧张，因大量气体主要贮积于盲肠及大结肠，因而常见肷部隆起，尤以右侧胁部为最明显。在临床检查时，叩诊腹部时发出清朗的鼓音。

② 胃肠积食 是指由于胃肠内容物长期停滞及过度充满的结果，也称为胃食滞。见于各种原因引起的过食、排泄减少或便秘，叩诊时多为浊音。

③ 腹腔积液 是指大量的液体蓄积在腹腔内。腹腔积液引起的腹围膨大，呈两侧对称性扩展下垂的特征。触诊时有明显的水波动感或感到有回击波与震荡音；叩诊呈水平浊音，变换体位时，水平浊音的位置也发生改变。多见于腹水及伴有大量渗出液的腹膜炎。

(2) 腹围容积缩小 表示胃肠内容物显著减少，下腹部明显的往背部回缩。多见于剧烈、频繁的腹泻（如急性胃肠炎时）；长期、慢性消化紊乱（如慢性胃肠炎）时。此外，长期发热性疾病，由于食量减少及消耗增多，可见腹围缩小；慢性消耗性疾病及长期营养不良，如肠道蠕虫病及长期饥饿时更为明显。

(3) 腹壁敏感 是指在触摸腹壁时，动物会有明显的躲闪、反抗等疼痛反应。多见于一些腹壁外伤、后腰椎的疾病和腹膜炎。腹壁敏感的同时，常常伴有腹壁的紧张度增加，腹围轻微的紧缩。比如在临床上常见的破伤风、胃肠穿孔性腹膜炎及后腰椎间盘突出等疾病。

(4) 腹壁肿胀

① 局限性肿胀 通常是由如血肿、淋巴外渗等引起，一般对腹围外形变化无明显影响，只有当较大的局限性病变，如大面积的腹下浮肿或腹壁疝时，可影响腹围变形。此际，应配合触诊、听诊及其他方法检验结果而综合确定。

② 大面积的肿胀 多指皮下浮肿，触诊呈生面团样硬度，留有指压痕，一般非炎性者无热、痛反应。可见于重度的心机能障碍、重度贫血、某些传染病。伴有大量腹水的疾病或渗出性腹膜炎时，亦可见有腹下浮肿。

③ 腹壁（脐）疝 是指部分腹腔内容物脱垂于腹部皮下，特别是当腹肌裂孔位于腹壁的下、侧方部位时，可使腹围变形。此际，触诊可感知疝内容物，如果是肠管，能听到有肠

蠕动音。一般可触知疝环（腹肌裂孔），如果未发生嵌闭，部分疝内容物还可还纳。如果是外伤性的腹壁疝，通常可查到有外伤史，比如车祸、打击或咬伤。

（5）腹部肌肉战栗　是指腹部肌肉会不自主的颤动，多见于发热或疼痛性疾患、中枢神经系统疾病及中毒、内中毒、或腹胁部的震颤（当心悸或膈肌痉挛时）等。

二、胃的检查

1. 检查方法

（1）通过触诊，感知动物胃内的状况，如充盈情况、质地和波动感等。

（2）通过叩诊，了解为胃内容物的情况。

2. 正常的胃状态

犬、猫均为单胃动物，胃为弯曲长囊，犬胃稍大（以体重计，大小为100～250ml/kg），猫胃相对较小。胃位于左右肋弓部，饱食充盈后可达脐部。在体表投影位置在10～13肋骨，肋弓内。胃左侧膨大向上，由胃底部和贲门部组成；右侧为较细的圆筒状幽门部，两者之间为胃体部。犬胃液中盐酸的含量高达0.4%～0.6%，为所有家养动物之首。高浓度的盐酸易于消化一些骨质和蛋白质。犬进食后3～4h可将消化物向小肠推送；5～10h将胃内食物排空。

3. 胃异常表现

（1）胃过度膨胀　是指胃由于多种原因引起的过度膨大，超出了正常的生理范围。常见于胃积食或积气。

（2）胃扭转-扩张　是指胃以肠系膜为轴的旋转，通常会伴有胃扩张，一般认为与过度饮食和过度饮水后剧烈运动、大量采食大豆或谷物类食物等有关。其他可能的原因包括特殊的解剖结构（胸廓较深和较窄改变了胃和食管之间的解剖关系，如大丹犬，圣伯纳犬，德国牧羊犬），肠梗阻、损伤，原发性胃功能紊乱，呕吐和应激。雄性动物，体重过轻，一日一餐，吃东西速度过快和忽冷忽热等都是诱发因素，可以明显增加胃扩张-扭转的发病危险。

临床上胃扩张-扭转的胃通常是顺时针旋转（犬仰侧卧）。90°～360°旋转，但通常是在220°～270°。十二指肠和幽门从腹侧移动到左侧中线，位于食管和胃之间。通常脾会错位到腹腔右侧。

三、肠管检查

1. 检查方法

（1）通过触诊，感知动物肠内的状况，如充盈情况、质地和波动感等。

（2）通过听诊，了解肠蠕动音的频率、性质、强度和持续时间。

（3）通过直肠触诊，感知直肠及肛门的状况。

（4）通过叩诊，了解肠内容物的情况。

肠梗阻的诊断与治疗

2. 正常肠的状态

小肠主要位于左肷部，盲肠在右肷部，右大结肠沿右侧肋弓下方，左大结肠在左腹部下1/3处。小肠蠕动音如流水声或含漱音，正常时每分钟8～12次，大肠音犹如雷鸣音，每分钟4～6次。对靠近腹壁的肠管进行叩诊时，正常盲肠基部呈鼓音；盲肠体、大结肠则可呈浊音或半浊音。

3. 异常肠的状态

（1）肠蠕动音亢进　由于肠管受到各种刺激所致。表现肠音高朗甚至雷鸣，蠕动音频繁甚至持续不断等。主要见于各型肠炎的初期或胃肠炎，如伴有剧烈腹痛现象时则主要提示为痉挛病。

(2) 肠蠕动音减弱　由于肠管蠕动减慢或停止的结果。表现为肠音微弱、稀少并持续时间短促，严重时则完全消失，主要见于肠弛缓、便秘，亦可见于胃肠炎的后期；伴有腹痛现象时则常见于肠便秘或肠阻塞。

(3) 肠音性质改变　可表现为频繁的流水音，主要提示为肠炎；频繁的金属音（类似水滴落在金属板上的声音），是肠内充满大量的气体或肠壁过于紧张，邻近肠内容物移动冲击该部肠壁发生振动而形成的声音，主要提示肠臌气和肠痉挛。

(4) 叩诊音响　成片的鼓音区提示肠臌气；与靠近腹壁的大结肠、盲肠的位置相一致的成片浊音区，可提示相应肠段的积粪及便秘。

子任务五　排便（粪）动作及粪便感官检查

一、排便动作检查

1. 检查方法

(1) 通过视诊，由远到近的观察宠物的排便动作和肛门周围的状态；必要时，可进行诱导排便。

(2) 通过问诊，了解宠物的排便习惯和最近的排便动作，并和宠物主人进行交流印证。

(3) 通过触诊，感知胃肠道及其内容物的情况。

(4) 通过听诊，判断宠物胃肠蠕动的情况，是否有异常的胃肠蠕动音。

2. 正常排便动作

排便动作是动物的一种复杂反射活动，正常状态下，宠物排便时，会采用一些固有的排便姿势。典型的排便姿势是背部微微拱起，后肢稍张开略前伸，犬采取近似坐下的姿势，猫通常采用蹲坐的姿势。由于犬、猫作为一种伴侣动物，被人类驯化的具有很强的排便的规律，比如排便的时间和地点。很多犬习惯于在草地上排便，而且有很强的地域规律，习惯在排便地方先大量的闻嗅，然后转两圈，后呈坐下的姿势排便。有些犬排便结束，会有后肢刨地掩盖粪便的动作。幼犬每天可多次排便，成年犬根据其生活习惯，每天排便1～2次，有的2～3天一次（只要无明显的排便困难及其他不适均属正常）；猫根据其生活习惯通常每天排1～2次粪便，由于猫是比较容易便秘的动物，有时2～3天排一次粪便也是正常的。

3. 异常排便动作

排便动作的异常，临床上可表现为排便的次数和频率的改变；排便姿态和排便过程的改变，通常可以分为以下几种。

(1) 便秘　表现犬、猫排便费力，长时间呈现排便的蹲坐姿势，排便次数减少或屡呈排便姿势而排出量少，排除的粪便通常比较干燥，呈小团块状，有时甚至呈球形，像羊的粪球一样。见于一切热性病、慢性胃肠卡他或胃肠弛缓（比如老龄犬、猫），个别情况下，还见于大量吃骨头的犬。

(2) 腹泻　动物表现排便次数明显超过日常习惯的频率，甚至是短期内频繁排便直至排便失禁，粪便稀薄、呈稀粥状甚至水样或含有未消化的食物、脓血、黏膜或黏液等。同时，动物会表现肛门不适，有时有肛门轻微外突，严重者会有肛门脱出或直肠脱出。主要是由消化道炎症及其一些因素导致的胃肠运动机能加速的结果。

根据病程可分为急性腹泻和慢性腹泻，腹泻的常见原因如下。

① 食物中毒　是指由于食物被金黄色葡萄球菌、产气夹膜梭状芽孢杆菌、肉毒杆菌等

的毒素污染而引起，多表现为非炎性水泻。

② 肠道感染　是指各种病原微生物感染而引起的，如冠状病毒感染、犬细小病毒感染、轮状病毒感染、产毒大肠杆菌感染、沙门菌感染、耶尔森菌感染、副溶血性弧菌感染、蛔虫和球虫等感染。急性腹泻多是感染所致。

③ 应激反应　是指由应激因素引起的非炎性水样腹泻，常见于犬、猫的长途运输及初次饮用奶制品。

(3) 失禁自痢　动物不经采取固有的活动和姿势而不自主的排出粪便，多是由于肛门括约肌迟缓或麻痹所致，又称为排便失禁或肛门失禁。对干便和稀便都不能控制的，称为完全失禁；能够控制干便而不能控制稀便和气体的，称为不完全失禁。

多见于荐部脊髓损伤和炎症或脑的疾病、顽固性腹泻的各种疾病（结直肠疾患）和肛直肠的直接损伤，比如犬车祸时造成的后腰椎损伤和肛门括约肌的损伤都可以导致宠物的大便失禁。有时腹泻时间过长和过度惊吓也可以引起幼龄动物的失禁自痢。

(4) 排便带痛　是指动物排便时表现疼痛不安，惊惧、努责、呻吟以及不愿意排便等。多见于腹膜炎、胃肠炎、创伤性胃肠炎及直肠嵌入异物等。

(5) 里急后重　是指动物表现屡呈排便动作并强度努责，而仅排出少量粪便或黏液，是腹泻动物的一种症状。多见于直肠发炎。顽固性腹泻时，常有里急后重现象，是炎症波及直肠黏膜的结果。

二、粪便的感官检查

1. 检查方法

(1) 通过视诊，了解宠物粪便的主要物理特征，如量、形状、颜色、性质及异物。

(2) 通过嗅诊，判断宠物粪便的气味。

2. 正常粪便的感官状态

宠物粪便的感官状态易受到宠物食物的数量和质量、个体的差异和生活习惯的影响。哺乳期的仔犬，粪便通常为金黄色，不成形，较稀软，哺乳期之后，正常的犬便呈长条状，土黄色、稍硬，表面光滑。猫的排便通常比较隐蔽，在条件允许的情况下，通常排在猫砂中，被猫砂完全覆盖，如果没有猫砂，可见猫的粪便呈深棕色，软硬适中。

3. 异常粪便的感官状态

(1) 粪便的含水量异常　是指宠物粪便含水过多或过少，造成宠物粪便不成形、稀软，甚至成水样；或粪便过于干燥，呈类球形，比较硬，有时甚至呈白色算盘子状。

宠物粪便的含水量在正常情况下会受到食物的量、种类和含水量的影响，比如吃大量骨头的犬，粪便的含水量相对较低，但基本上影响不大。一般在宠物腹泻时（尤其是初期），粪便因含水量过多而表现量多而稀薄且不呈固有的形状；便秘时，由于水分被结直肠肠壁过度吸收，含水量明显减少，粪便少而干硬，应当注意犬的一些肛肠疾病。

(2) 粪便的颜色　宠物粪便的颜色通常是由粪胆素显示，但在食入含颜色的食物时，粪便的颜色会受到影响。在排除由于食物成分等因素影响（如食入含血较多的食物，粪便会呈褐色）外，应注意粪便呈红色时，多是后段肠道出血，如直肠出血；呈暗红色或黑褐色，多是前段消化道出血，如十二指肠出血或胃出血；如呈灰白色，多是肝功能异常，或脂肪摄入过多，消化不良；如呈墨绿色，多是食物没有完全消化或是腹泻引起的，而粪便干硬发白多是由于便秘造成的。

(3) 粪便的形状　正常犬、猫的粪便应该是圆柱形、大小适中，且有光泽感。如果太粗或呈粒状，通常是由于其在大肠内停留太久，水分被肠过度吸收所致，也可能是水分摄取过少造成的，属于便秘的表现，平时应饲喂些通便的食物；如果呈黏液状，表示胃肠道有发炎的情况，最常见的是沙门杆菌或阿米巴原虫造成的大肠炎；如果粪便中有油质，可能是小肠吸收不良或胰脏疾病造成脂肪缺乏所致。

(4) 粪便的气味　粪便的气味是因细菌作用的产物如吲哚、粪臭素、硫醇、硫化氢等引起的。正常的犬粪便气味适中，为正常的粪臭味。出现腥臭味，可能是严重的肠道感染所致，如犬细小病毒感染时，非常典型的腥臭味；出现浓郁的恶臭，可能是摄入食物中的蛋白质含量过高所致；当脂肪及糖类消化或吸收不良时，粪便由于脂肪酸分解及糖的发酵而产生酸臭味；出现类似发酵气味的腐臭味，可能是因肠道排空能力低下引起粪便异常蓄积所致，可加大犬的运动强度，同时提高日粮中食物纤维的比例。

(5) 粪便的异常混有物　正常粪便除了一些食物残渣外，无明显的异常混有物。如粪便中有异常混有物和性状的变化，往往是一些胃肠疾病的表现。卡他性胃肠炎时，粪便稀软并有黏液；急性、重度的肠炎，粪便呈粥样或水样；粪便中混有血液或呈黑色，则为出血性炎症（如宠物的蛔虫病）；粪便中混有脓汁是化脓性炎症的标志；如粪便中混有脱落的肠黏膜，则为伪膜性与坏死性炎症的特征。

有时在宠物粪便中还能发现一些肠道寄生虫的虫体和节片等，如蛔虫和绦虫。

任务四　呼吸系统的临床检查

动物在新陈代谢的过程中，要不断地吸入氧，呼出二氧化碳，这种气体交换的过程，称为呼吸。犬、猫等宠物的呼吸系统主要由鼻、咽、喉、气管、支气管、肺、胸廓及胸膜腔、膈肌等组成。肺是气体交换的器官；鼻、喉、气管、支气管是气体进出肺的通道，即呼吸道；胸廓及胸膜腔、膈肌以及胸、腹壁的呼吸肌为进行呼吸的辅助结构。鸽等一些禽类的呼吸系统由外鼻孔、鼻腔、咽喉口、喉头、气管、支气管、鸣管、气囊和肺等组成。而鱼类的呼吸主要靠鳃来完成，不同的种类还有一些诸如皮肤呼吸、肠呼吸、口腔黏膜呼吸、气囊呼吸等辅助呼吸器官。

当呼吸系统任何部位发生病理损害后，都可以影响到气体交换机能，进而影响到全身与之相关的机能活动。同样，其他器官机能障碍也会造成呼吸机能紊乱。因此，呼吸系统的检查在临床上具有十分重要的意义。下面以犬、猫呼吸系统的临床检查为例，进行介绍。

子任务一　呼吸运动检查

呼吸运动检查包括呼吸频率、呼吸类型、呼吸节律、呼吸的对称性、呼吸困难的检查。

一、呼吸频率检查

1. 正常的呼吸频率

动物的呼吸频率又称呼吸数，以每分钟呼吸次数（次/min）来表示。健康动物的呼吸频率因品种、年龄、性别、营养状况、运动、兴奋、用途、海拔、季节等因素的影响而有一定的差异。呼吸频率应在动物安静时，检查者站在动物的侧方，根据动物胸廓和腹壁的起伏动作或鼻翼的开张动作进行计数，也可通过听诊呼吸音来计数。冬天寒冷时，可通过观察动物鼻孔的呼出气流来判断。一般犬、猫的呼吸频率为10～30次/min。

2. 病理性呼吸频率

(1) 呼吸次数增多　可见于呼吸器官本身的疾病，特别是支气管、肺、胸膜的疾病；多数的发热性疾病、心脏衰弱及贫血、失血性疾病；膈的运动受阻（如膈麻痹、膈破裂）、腹压升高（如胃肠臌气、腹水）或胸壁损害（如胸膜炎、肋骨骨折）的病理过程中；中枢神经系统兴奋性升高的疾病（如脑及脑膜充血）、炎症的初期等。

（2）呼吸次数减少　能够造成呼吸次数减少的因素如下。

① 颅内高压症，如脑炎、脑部肿瘤、慢性脑积水等。

② 某些中毒病与代谢紊乱，如麻醉药中毒。

③ 上呼吸道高度狭窄。由于吸气的持续时间过长，干扰了正常的肺牵张反射。

二、呼吸类型检查

健康动物，除犬为胸式呼吸外，其他动物如猫，通常呈胸腹式呼吸或称混合性呼吸，即每次呼吸的深度均匀、间隔时间均匀等。胸式呼吸特征为呼吸运动中胸壁的起伏动作明显而腹壁的运动微弱，表明病变多在腹部。猫出现胸式呼吸，多见腹膜炎、腹壁外伤、肠臌气、胃扩张、腹腔积液等疾病。腹式呼吸特征为呼吸过程中腹壁的起伏动作明显而胸壁的运动微弱，表明病变多在胸部。主要见于肺气肿、重症肺炎、胸腔大量积液及伴有胸壁疼痛的疾病，如胸膜炎、胸膜肺炎、肋骨骨折等。

三、呼吸节律检查

健康犬、猫呈节律性的呼吸运动，呼气与吸气在时间上的比值恒定，如犬的比值为1∶1.64。犬、猫的呼吸节律可因兴奋、运动、恐惧、狂叫、喷鼻及嗅闻而发生暂时性的变化，并无临床诊断价值。当犬、猫疾病，特别是呼吸器官疾病时，必然会引起呼吸节律出现病理性改变，称为节律异常。临床上常见的病理性呼吸节律如下。

1. 吸气延长

其特征为吸气异常费力，吸气的时间显著延长，提示气流进入肺部不畅，从而出现吸气困难，见于上呼吸道狭窄而引起的吸气受阻。如鼻炎、咽喉肿痛、喉炎、支气管阻塞或支原体性肺炎等。

2. 呼气延长

其特征为呼气异常费力，呼气的时间显著延长，表示气流呼出不畅，从而出现呼气困难。主要为支气管腔狭窄、肺的弹性不足所致。见于细支气管炎、肺气肿等。

3. 间断性呼吸

其特征为间断性吸气或呼气，即在呼吸时，出现多次短促的吸气或呼气动作。主要是由于患病动物先抑制呼吸，然后进行补偿所致。见于细支气管炎、慢性肺气肿、胸膜炎和伴有疼痛的胸腹部疾病，也见于呼吸中枢兴奋性降低时，如脑炎、中毒和濒死期。

4. 陈-施二氏呼吸

此种呼吸节律为病理性呼吸节律的典型代表，其特征为患病动物呼吸由浅逐渐加强、加深、加快，当达到高峰以后，又逐渐变弱、变浅、变慢，而后呼吸中断。约经数秒乃至15～30s的短暂间隙之后，又重复出现上述变化的周期性呼吸。这种波浪式的呼吸方式，又称为潮式呼吸。主要是由于血中 CO_2 增多而 O_2 减少，颈动脉窦、主动脉弓的化学感受器和呼吸中枢受到刺激，使呼吸加深加快；当达到高峰后，血中 CO_2 减少而 O_2 增多，呼吸又逐渐变浅变慢，继而呼吸暂停片刻。这种周而复始的变化是呼吸中枢敏感性降低的特殊指征。此时患病动物可能出现昏迷、意识障碍、瞳孔反射消失以及脉搏的显著变化。这种呼吸多是神经系统疾病导致脑循环障碍的结果，也是疾病危重的表现，主要见于脑炎、脑膜炎、大失血、心力衰竭以及某些中毒，如尿毒症、药物或有毒植物中毒等。

5. 毕欧特呼吸

主要特征为连续数次的、深度大致相等的深呼吸和呼吸暂停交替出现，即周而复始的间停呼吸，又称为间停式呼吸。它表示呼吸中枢的敏感性极度降低，是病情危重的标志，提示预后不良，常见于各种脑膜炎，也见于某些中毒，如蕨中毒、酸中毒、尿毒症及濒死期等。

6. 库斯茂尔呼吸

其特征为呼吸不中断，发生深而慢的大呼吸，呼吸次数少，并带有明显的呼吸杂音，如啰音和鼾声，因此又称深大的呼吸。它提示到达呼吸中枢衰竭的晚期，是病危的象征，主要见于酸中毒、尿毒症、濒死期，偶见于大失血、脑脊髓炎和脑水肿等。

四、呼吸对称性检查

健康动物呼吸时，两侧胸壁的运动强弱一致，称为匀称呼吸或对称性呼吸。检查呼吸对称性时，可站在动物的正后方进行观察，当患病时，一侧的胸壁运动减弱或消失，健康一侧的呼吸运动常出现代偿性加强，称为一侧性呼吸。见于大支气管阻塞、单侧性胸膜炎、气胸、胸腔积液和肋骨骨折等。

五、呼吸困难检查

呼吸困难是一种复杂的病理性呼吸障碍。由于缺氧或碳酸过多，为增加肺的换气而呈现呼吸加深加快，并有过度通气的现象，呈现呼吸运动困难。临床上常表现为呼吸费力，辅助呼吸肌参与呼吸运动，并可出现呼吸频率、类型、深度和节律的改变。高度的呼吸困难，称为气喘。呼吸困难是呼吸器官疾病的一个重要症状，但在其他器官患有严重疾病时，也可出现呼吸困难。

呼吸困难可分为以下几种。

1. 吸气性呼吸困难

特征为吸气时用力，吸气时间显著延长，辅助吸气肌参与活动，并伴有特异的吸入性狭窄音。表现为张嘴、头颈伸直、肋骨向背前方移位和肘部外展，还有吸气时胸廓前口陷凹。如伴有噪声，多见于肿瘤和异物引起的上呼吸道狭窄。如呼吸浅表频数，表明肺不能完全扩张，见于肋骨骨折、肺炎、气胸或胸膜炎。

2. 呼气性呼吸困难

特征为呼气时用力，呼气时间显著延长，辅助呼气肌（主要是腹肌）参与活动，腹部起伏动作明显，可出现连续两次呼吸运动，又称为二段呼吸。此时，沿肋弓形成一条凹陷线称喘线或称喘沟。表现为全身震动、脊背弓起、肷窝突出。由于腹部肌肉强力收缩，腹内压力加大，因此呼气时肛门突出，吸气时肛门下陷，称为肛门抽缩运动。临床可见于慢性肺气肿、弥漫性支气管炎、胸膜肺炎等。

3. 混合性呼吸困难

特征为吸气及呼气均发生困难，多伴有呼吸次数的增加，是临床上一种常见的呼吸困难。多由于呼吸面积减少，气体交换不全，致使血中 CO_2 浓度增高而 O_2 缺乏，引起呼吸中枢兴奋。根据其发生的原因和机理可分为以下六种情况。

（1）肺源性呼吸困难　主要是由于肺和胸膜病变引起。多见于各种肺炎、胸膜肺炎、胸膜炎及侵害呼吸器官传染病。如犬瘟热、犬腺病毒Ⅱ型感染等。

（2）心源性呼吸困难　主要是由于肺循环发生障碍所引起。主要见于心力衰竭、心肌炎、心包炎、心内膜炎等。

(3) 血源性呼吸困难　主要是由于红细胞和血红蛋白量下降，血氧不足所导致的呼吸困难。主要见于重症贫血或血红蛋白变性的疾病。

(4) 中毒性呼吸困难

① 内源性中毒　见于尿毒症、严重的胃肠炎引起的代谢性酸中毒，造成血液中CO_2浓度升高、pH降低，直接和反射性地兴奋呼吸中枢，增加呼吸通气量，表现为深而大的呼吸困难，但无明显的心、肺性疾病存在。此外，高热性疾病时，因代谢亢进、血液温度增高以及血中存在霉菌、霉菌毒素等毒素，都能刺激呼吸中枢，引起呼吸困难。

② 外源性中毒　见于某些化学毒物如亚硝酸盐、氰化物中毒等，引起血红蛋白失去携带氧的功能，或抑制细胞内酶的活性，破坏组织的生物氧化过程，从而造成组织缺氧，出现呼吸困难。另外，有机磷类化合物等中毒，可引起支气管分泌增加，支气管痉挛和肺水肿导致呼吸困难。

(5) 神经性或中枢性呼吸困难　见于颅脑损伤、颅内压增高性疾病（如脑炎、脑水肿、狂犬病）及支配呼吸运动的神经麻痹等疾病（如中暑）等。

(6) 腹压增高性呼吸困难　见于胃扩张、腹腔积液、肠套叠、肠臌气等疾病，能够引起腹腔压力增高，直接压迫膈肌并影响腹壁的活动，从而导致呼吸困难。严重者，可导致窒息。

子任务二　上呼吸道检查

上呼吸道检查包括对呼出气体的检查；鼻液、鼻腔、咳嗽、喉和气管、喷嚏及上呼吸道杂音等的临床检查。

一、呼出气体检查

检查呼出气体时，检查者应将手背或手掌接近动物鼻端进行感觉，同时用手将呼出气体扇向自己的鼻部嗅之进行检查。检查时应注意动物两侧鼻孔的气流强度是否相等，呼出气体的温度是否有变化，呼出气体的气味是否异常。

1. 呼出气体强度变化

健康动物两侧鼻孔呼出气体的气流强度一致，当一侧鼻腔狭窄、一侧副鼻窦肿胀或大量积脓时，则患侧的呼出气流强度较小，并常伴有呼吸的狭窄音及不同程度的呼吸困难；若两侧鼻腔同时存在病变，则依病变的程度和范围不同，两侧鼻孔气流的强度不一致。

2. 呼出气体温度变化

健康动物呼出的气体稍有温热感，当呼出气的温度升高时，见于各种热性病；呼出气的温度下降，有凉感，可见于内脏器官破裂、大失血、严重的脑病、中毒、虚脱或濒死期等。

3. 呼出气体气味变化

健康动物呼出的气体，一般无特殊气味。当肺组织和呼吸道的其他部位有坏死性病变时，不但鼻液有恶臭，而且呼出气也带有强烈的腐败性臭味；当呼吸道和肺组织有化脓性病理变化，如肺脓肿破溃时，则鼻液和呼出气常带有脓性臭味；若有呕吐物从鼻孔中流出时，则常带有酸性气味。尿毒症时，呼出气有尿臭味。

当发现呼出气有特殊臭味时，应注意臭气是来自口腔，还是来自鼻腔。通常一侧性恶臭，为同侧鼻腔发生病变；两侧鼻孔的呼出气体都有同样恶臭气味时，提示病灶位于两侧鼻腔或咽喉部以下的呼吸器官。

二、鼻液的检查

鼻液是鼻腔黏膜分泌的少量浆液和黏液。健康犬、猫一般无鼻液，冬天天寒时可有微量浆性鼻液，若有大量鼻液，则为病理征象。当患呼吸器官疾病时，除单纯的胸膜炎不流鼻液外，上呼吸道的疾病、支气管和肺的疾病，都有数量不等、性质不同的鼻液。因此，鼻液是呼吸器官疾病的常见症状，鼻液的检查对呼吸器官疾病的诊断具有重要意义。

检查鼻液时，应注意其数量、性状、颜色、气味、一侧性或两侧性，有无混杂物及其性质。

1. 鼻液量

鼻液量的多少，取决于疾病病变的性质、病程和病变范围。

(1) 鼻液量多　当呼吸器官有急性广泛性炎症时，通常有大量鼻液。如严重呼吸系统疾病的中、后期，像急性鼻炎、咽炎、支气管炎、小叶性肺炎、大叶性肺炎等，常流出多量的鼻液。但当重度咽炎或食管阻塞时，可能有大量唾液和分泌物经鼻反流，应与鼻液区分。

(2) 鼻液量少　在慢性或局限性呼吸道炎症时，鼻液量少，如卡他性鼻炎、喉炎、气管炎的初期，轻度的感冒、慢性鼻炎、慢性支气管炎、慢性肺结核等，鼻液的量都较少。

(3) 鼻液量不定　鼻液量时多时少，以患副鼻窦炎和喉囊炎患病动物最为典型。其特征为当患病动物自然站立时，仅有少量鼻液，而当运动后或低下头时，则有大量鼻液流出。此外，在患肺脓肿、肺坏疽和肺结核时，鼻液的量也不定。

(4) 单侧性或双侧性鼻液　单侧性的鼻液见于单侧性的鼻炎、副鼻窦炎、喉囊炎和肿瘤，鼻液往往仅从患侧流出；双侧性鼻液主要来源于喉以下器官的疾病，如气管炎、支气管炎、肺炎等。

2. 鼻液的性状

可因炎症的性质和病变的过程而有所不同。一般分为浆液性、黏液性、化脓性、腐败性和出血性。

(1) 浆液性鼻液　浆性鼻液无色透明，呈水样，多见于上呼吸道急性卡他性炎症的初期，如急性卡他性鼻炎、流行性感冒等病。

(2) 黏液性鼻液　鼻液较黏稠，呈蛋清样，有牵缕性。因混有大量脱落的上皮细胞和白细胞，故呈灰白色，见于急性上呼吸道感染和支气管炎等。

(3) 化脓性鼻液　鼻液黏稠混浊，呈糊状、膏状或凝结成团块，具脓臭或恶臭味。因感染的化脓细菌不同而呈黄色、灰黄色或黄绿色，主要由各种化脓性细菌（如链球菌、铜绿假单胞杆菌、结核杆菌、葡萄球菌等）、真菌、细菌毒素、有毒气体和化学物质的刺激和侵蚀所致的炎症等引起。

(4) 腐败性鼻液　鼻液呈污秽不洁的灰色或暗褐色，并带有尸臭或恶臭味，常为坏疽性炎症的特征，见于坏疽性鼻炎、腐败性支气管炎和肺坏疽等。

(5) 出血性鼻液　鼻液带血，呈红色。血量不等，或混有血丝、凝血块，或为全血。鲜红色滴流者，常提示鼻出血；粉红色或鲜红而混有许多小气泡者，则提示肺水肿、肺充血和肺出血；大量鲜血急流，伴有咳嗽和呼吸困难者，常提示肺血管破裂，可见于肺脓肿和肺结核等；当脓性鼻液中混有血液或血丝时，称为脓血性鼻液，见于鼻炎、肺脓肿、异物性肺炎等。在患炭疽、出血性败血病和某些中毒性疾病时，可呈现血性鼻液。患鼻肿瘤时，鼻液呈暗红色或果酱状。

(6) 铁锈色鼻液　鼻液为大叶性肺炎和传染性胸膜肺炎一定阶段的特征。主要由于渗出的红细胞中的血红蛋白，在酸性的肺炎区域中变成正铁血红蛋白所致。在病程经过中往往只在短时期内出现，故应注意观察才能发现。

3. 混杂物

鼻液中的混杂物，按其性质和成分，可以分为以下几种。

(1) 气泡　鼻液中常常带有气泡，呈泡沫状，白色或因混有血液而呈粉红色或红色。小气泡提示来自深部细支气管和肺，见于肺水肿、肺充血、肺气肿和慢性支气管炎等；大气泡表示来自上呼吸道和大支气管。

(2) 唾液　鼻液中混有大量唾液和食物碎粒，乃至饮水经鼻道流出。此乃吞咽或咽下障碍引起食物反流所致，见于咽炎、咽麻痹、食管炎、食管痉挛和食管肿瘤等。

(3) 呕吐物　各种动物呕吐时，胃内容物也可从鼻孔中排出。其特征为鼻液中混有细碎的食物残粒，呈酸性反应，并带有难闻的酸臭气味，常提示来自胃和小肠。

4. 鼻液的显微镜检查

(1) 弹力纤维检查　弹力纤维的出现，表示肺组织溶解、破溃或有空洞存在，见于异物性肺炎、肺坏疽和肺脓肿等。

检查弹力纤维时，取黏稠鼻液 2～3ml 放入试管中，加入等量 10%氢氧化钠（氢氧化钾）溶液，在酒精灯上边加热边振荡，使鼻液中黏液、脓液及其中有形成分溶解，而弹力纤维并不溶解。加热煮沸，直到变成均匀一致的溶液后，加 5 倍蒸馏水混合，离心沉淀 5～10min 后，倒去上清液，取少许沉淀物滴于载玻片上，覆以盖玻片，镜检。弹力纤维呈细长弯曲的羊毛状，透明且折光性较强，边缘呈双层轮廓，两端尖锐或分叉，多聚集成乱丝状，也可单独存在。

(2) 红、白细胞检查　鼻液含有少量的白细胞，表示呼吸道有一般的炎症；若出现大量白细胞，则表示呼吸道有化脓性炎症；若出现红细胞则表示呼吸道有出血性病变。

(3) 上皮细胞检查　鼻液中可见到圆形、柱形或鳞状的上皮细胞。圆形细胞来自肺泡，柱形细胞来自气管和支气管，鳞状上皮细胞来自鼻、咽、喉部。慢性支气管炎时可见大量的变形的坏死柱状细胞和杯状细胞。

(4) 病原体检查　涂片染色或分离培养，对检查结核、鼻疽及其他特殊的病原体有一定的诊断意义。

三、鼻黏膜的检查

检查鼻黏膜对呼吸器官疾病的诊断具有重要意义。

犬、猫的鼻端有特殊的分泌结构，健康犬、猫经常保持湿润状态，但在动物刚刚睡醒或睡觉时鼻尖干燥。犬、猫的鼻腔比较狭窄，检查时应用鼻腔镜较为适宜。检查鼻黏膜主要利用视诊和触诊。

检查时，要适当保定患病动物，将头略微抬高，使鼻孔对着阳光或人工光源，使鼻黏膜充分显露。检查鼻黏膜时，应注意其颜色及有无肿胀、水泡、溃疡、结节和损伤等。

1. 颜色

健康犬、猫的鼻黏膜稍湿润，有光泽，呈淡红色。在病理情况下，鼻黏膜的颜色也有发红、发绀、发白、发黄等变化。其颜色变化的临床意义与其他可视黏膜相同。

2. 肿胀

主要见于急性鼻卡他，此时鼻黏膜表面光滑平坦，颗粒消失，闪闪有光，触诊柔软、有增厚感。鼻黏膜肿胀也见于流行性感冒、犬瘟热等。

3. 水泡

鼻黏膜所出现的水泡，其大小由粟粒大到黄豆大，有时水泡融合在一起破溃而形成糜烂。

4. 溃疡

表层溃疡主要见于鼻炎等。

5. 瘢痕

鼻中隔下部的瘢痕多为损伤所致，一般浅而小，呈弯曲状或不规则。

6. 肿瘤

鼻腔的肿瘤呈疣状凸起，单发或多发，大如蚕豆或更大，蒂短或无蒂，与基部黏膜紧密相连。肿瘤表面光滑闪光，或呈不规则的结节状，或呈污秽不洁的菜花样，质地柔韧。这种患病动物常出现鼻腔狭窄音和呼吸困难的症状。在临床上可见到有鼻息肉、乳突瘤、纤维瘤、血管瘤和脂肪瘤等。鼻腔肿瘤的确切诊断，需做病理组织学检查。

四、颜面附属窦检查

颜面附属窦检查主要是对副鼻窦（鼻旁窦）的检查，包括额窦、上颌窦、蝶窦和筛窦，它们均直接或间接与鼻腔相通。临床上主要检查额窦和上颌窦，以视诊、触诊和叩诊检查为主，亦可配合应用穿刺术、X线检查等方法。主要注意副鼻窦部有无肿胀、隆起、变形、创伤、敏感反应、波动及叩诊音的改变。

1. 视诊

当发生副鼻窦炎时，常常从单侧或两侧鼻孔排出大量鼻液。也要注意其外形有无变化。额窦和上颌窦区膨隆、变形，主要见于窦腔蓄脓、佝偻病、骨软病、肿瘤、外伤和局限性骨膜炎。

2. 触诊

应注意副鼻窦区的敏感性、温度和硬度的变化。当窦部病变轻微时，触诊常无明显变化。副鼻窦区敏感性和温度增高，见于急性窦炎，急性骨膜炎；窦区隆起、变形，触诊坚硬、疼痛不明显，常见于骨软病、肿瘤等。

3. 叩诊

健康动物的窦区呈空盒音，声音清晰而高朗。当窦内积液或有肿瘤组织充塞时，叩诊呈浊音。应先轻后重，两侧对照地进行叩诊。

五、喉部及气管检查

检查喉部及气管一般采用视诊、触诊和听诊的方法，必要时可采用穿刺、气管切开术进行观察。检查者可站于动物的头颈部侧方，分别以两手自喉部两侧同时轻轻加压并向周围滑动，以感知局部的温度、硬度和敏感度，注意有无肿胀。

对犬、猫等可采用直接视诊，通常将头略微高举，用开口器打开口腔，将舌拉出口外，并用压舌板压下舌根，同时对着阳光，即可观察喉黏膜及其病理变化。主要注意喉和气管黏膜有无肿胀、出血、溃疡、渗出物和异物等。

六、咳嗽检查

咳嗽是动物的一种保护性反射动作，是呼吸系统疾病最常见的症状。在呼吸系统疾病中，除单纯性的鼻炎、副鼻窦炎外，喉、气管、支气管、肺和胸膜的炎症都可出现强度不等，性质不同的咳嗽。因此，在临床检查时应重点观察咳嗽的性质、次数、强弱、持续时间及有无疼痛等临床表现。常见的具有临床诊断价值的咳嗽临床病理表现如下。

1. 干咳

咳嗽的声音清脆、干而短，无痰，指示呼吸道内无分泌物，或仅有少量的黏稠分泌物，常见于喉和气管内有异物、慢性支气管炎、胸膜炎等。

2. 湿咳

咳嗽的声音钝浊、湿而长，指示呼吸道内有多量稀薄渗出物，常见于咽喉炎、支气管炎、支气管肺炎、异物性肺炎、肺脓肿等。

3. 稀咳

犬、猫表现为单发性咳嗽，每次仅出现一两声咳嗽，常常反复发作而带有周期性。临床上见于感冒、慢性支气管炎、肺结核等。

4. 连咳

犬、猫表现为连续性咳嗽，严重时转为痉挛性咳嗽。临床上多见于急性喉炎、传染性上呼吸道卡他、支气管炎、支气管肺炎等。

5. 痉挛性咳嗽（发作性咳嗽）

咳嗽剧烈、连续发作，主要是犬、猫等呼吸道黏膜遭受强烈的刺激，或刺激因素不易排除的结果。常见于异物性肺炎或上呼吸道有异物等。

6. 痛咳

咳嗽的声音短而弱，咳嗽带痛，咳嗽时犬、猫表现为头颈伸直、摇头不安或呻吟等异常表现。临床上常见于急性喉炎、喉水肿、胸膜炎等。

7. 强咳

特征为咳嗽发生时声音强大而有力，见于上呼吸道炎症或异物刺激，表明肺脏组织弹性良好。

8. 弱咳

咳嗽弱而无力，主要是细支气管和肺脏患病或浸润性病变时发出的咳嗽，表明肺组织弹性降低，如各种肺炎、肺气肿、细支气管炎等。也见于某些疼痛性疾病，如胸膜炎或胸膜肺炎等。

9. 喷嚏

当鼻黏膜受到刺激时，反射性引起暴发性短促性呼气，气流振动鼻翼产生的一种特殊声响。常见于鼻炎、鼻腔内异物（昆虫、刺激性气体）等。

七、上呼吸道杂音检查

健康动物呼吸时，一般听不到异常声音。在病理情况下，患病动物常伴随着呼吸运动而出现特殊的呼吸杂音，由于这些杂音都来自于上呼吸道，故统称为上呼吸道杂音。上呼吸道杂音包括鼻呼吸杂音、喉狭窄音、喘鸣音、啰音和鼾声。

1. 鼻呼吸杂音

（1）鼻腔狭窄音　又称为鼻塞音，主要是由于鼻腔黏膜高度肿胀，大量分泌物、肿瘤或异物存在，使鼻腔狭窄所引起的。该杂音吸气时增强，呼气时变弱，伴有吸气性呼吸困难。

鼻腔狭窄音一般分为湿性和干性两种。

① 干性狭窄音　呈口哨声，提示鼻腔黏膜高度肿胀，或有肿瘤和异物存在，使鼻腔狭窄，见于慢性鼻炎、鼻疽、重症骨软病和鼻腔肿瘤等。

② 湿性狭窄音　呈呼噜声，提示鼻腔内积聚大量黏稠的分泌物，当气流通过时发生震动而引起的声音。见于鼻炎、咽喉炎、异物性肺炎、肺脓肿破溃及犬瘟热等。

（2）喘息声　为高度呼吸困难而引起的一种病理性鼻呼吸音，但鼻腔并不狭窄。其特征为鼻呼吸音显著增强，呈现粗大的“嘛嘛”声，以呼气时较为明显，鼻腔出现喘息声见于发热性疾病、肺炎、胸膜肺炎、急性胃扩张、肠臌气及肠变位的后期等。

（3）喷嚏　为一种保护性反射性动作。当鼻黏膜受到刺激时，反射性地引起暴发性呼气，振动鼻翼所产生的一种特殊声音。其特征为患病动物仰头缩颈、摇头、蹭鼻等，见于鼻卡他等。

2. 喉狭窄音

其类似口哨声、呼噜声甚至拉锯声，有时声音相当大，在数十步之外都可听到。喉狭窄音是由于喉黏膜发炎、水肿、存在肿瘤或异物而导致喉腔狭窄变形，在呼吸时产生的异常狭窄音，见于喉水种、咽喉炎等。

3. 喘鸣音

喘鸣音为喉部发出的一种特殊的狭窄音。主要是由于喉返神经麻痹、声带弛缓、喉舒张肌萎缩、喉腔狭窄，吸气时因气流摩擦和环状软骨及声带边缘振动而发出的异常呼吸音（哨音或喘鸣），犬、猫在临床上较少见。

4. 啰音

当喉和气管内有分泌物时，可听到啰音。若分泌物黏稠，可听到干啰音，即类似吹哨音或咝咝音；若分泌物稀薄，则出现湿啰音，即呼噜声或猫鸣音，见于喉炎、咽喉炎、气管炎和气管内异物等。

5. 鼾声

鼾声为一种特殊的呼噜声。主要是因为咽、软腭或喉黏膜发生炎性肿胀、增厚导致气道狭窄，呼吸时发生震颤所致；或由于黏稠的分泌物团块部分地黏着在咽、喉黏膜上，呼吸时部分地自由颤动产生共鸣而发生，见于咽炎、咽喉炎、喉水肿、咽喉肿瘤等。健康状态下犬、猫较少打鼾，短吻型的犬打鼾，有时其他型的犬偶尔出现打鼾现象。病理性打鼾常由鼻孔狭窄引起。

子任务三　胸部检查

对胸部检查，临床上常常采用视诊、触诊、叩诊和听诊的方法。必要时还需要配合 X 线检查及胸腔穿刺检查等特殊临床检查方法。对胸部的视诊和触诊按顺序进行，也可同时或交叉进行。通常应由上到下，由左到右，全面检查。

一、胸部视诊

胸部视诊时着重观察胸廓的形状变化和皮肤的变化。健康犬、猫的胸廓形状和大小，因种类、品种、年龄、营养及发育情况而有很大的差异。健康的犬、猫，胸廓两侧对称，肋骨膨隆，肋间隙均匀一致，呼吸匀称。在病理情况下，胸廓的形状可能发生变化。如重症慢性肺气肿可见胸廓向两侧扩张；骨软症时可变为扁平胸；一侧性胸膜炎或肋骨骨折时，可发现两侧胸廓不对称等。胸部皮肤检查，应注意有无外伤、皮下气肿、丘疹、溃疡、结节、胸前和胸下的浮肿以及局部肌肉震颤、脱毛等情况。

二、胸壁触诊

胸部触诊主要触摸胸壁的敏感性和肋骨的状态。触诊胸壁时，犬、猫表现骚动不安、躲闪、反抗、呻吟等行为，多见于胸膜炎、肋骨骨折等；胸壁局部温度增高，可见于炎症、脓肿等；肋骨局部变形，可见于佝偻病、软骨症和肋骨骨折等。

三、胸、肺部叩诊

1. 胸、肺部叩诊区

叩诊为检查胸、肺部的重要方法之一。肺是一对含有丰富弹性纤维的气囊，在正常情况下充满于胸膜腔，而叩诊的目的就在于了解胸腔内各脏器的解剖关系和肺的正常体表投影；根据叩诊音的变化，来判断肺、胸腔和胸膜的病理变化，发现异常，借以诊断各种疾病。叩诊也可作为一种刺激，根据动物的反应来判断胸膜的敏感性和疼痛变化。

正常犬、猫叩诊区为不正的三角形。前界为自肩胛骨后角并且沿其后缘自然向下引的一条垂线，止于第6肋间的下部；上界为距背中线2～3cm，与脊柱平行的直线；后界为自第12肋骨与上界的交点开始，向下、向前经髋关节水平线与第11肋骨的交点，坐骨结节水平线与第10肋骨的交点，肩关节水平线与第8肋骨的交点所连接的弓形线，而止于第6肋间下部与前界相连肺脏的定界叩诊，一般采用弱叩诊，是沿着上述三条水平线由前向后，依肋间的顺序进行弱的叩打，以便定界。

犬、猫肺脏的定性叩诊诊断，一般采用强叩诊，是从上到下，由前向后，沿肋间顺序叩诊，直至叩诊完整个肺脏。如发现异常声音，应在对侧相应的部位进行比较叩诊。

2. 叩诊方法

采用指指叩诊法，叩诊肺区时，沿肋骨水平线，由前至后依次进行，称为肺区水平叩诊法。也可自上而下沿肋间隙进行，称为垂直叩诊法。不论应用哪一种方式都应叩完整个肺部，进行对比分析，而不应该单独地叩诊某一点或某一部分。

3. 胸、肺部叩诊音

（1）正常叩诊音特点　健康大动物肺正常叩诊音呈现清音；犬、猫的肺部叩诊音，中部为清音，音响较大，音调较低；上部及边缘部因肺的含气量少、胸壁较厚或下面有其他脏器等，叩诊音为半浊音。

（2）影响胸、肺部叩诊音的主要因素

① 胸壁厚度　胸壁肥厚则叩诊音较浊、较弱、较钝；而胸壁菲薄则叩诊音宏大而呈明显的清音。

② 肺泡壁的弹性及肺泡内含气量　肺泡壁紧张、弹性良好，叩诊产生清音；而肺泡壁弛缓、失去弹性，则叩诊产生鼓音。依肺泡内含气量减少的程度不同，可使叩诊音变为半浊音、浊音，当肺实变时则叩诊呈浊音。

③ 胸膜腔状态　胸腔积液则以液面为分界线，下部呈水平浊音，上部呈过清音；气胸时叩诊呈鼓音。

4. 胸、肺部叩诊的异常变化

（1）胸、肺部叩诊区的异常变化　肺叩诊区的异常变化，主要表现为扩大或缩小。

① 肺叩诊区扩大　肺界扩大主要是肺过度膨胀（肺气肿）和胸腔积气（气胸）的结果。当肺过度膨胀时，肺界后移，心脏绝对浊音区缩小。患急性肺气肿时，肺后界后移常达最后一个肋骨，心脏绝对浊音区缩小或完全消失；患慢性肺气肿时，在大动物，肺界后移可达2～10cm，同时叩诊界也可向下方扩大，但心脏浊音区常因右心室肥大的关系或移位不明显，或无变化。患气胸时，肺的后缘亦可达膈线，甚至更后。

② 肺叩诊区缩小　表现为肺叩诊区后界前移，主要是因腹腔器官对膈的压力增强，并将肺的后缘向前推移所致，见于动物怀孕后期、急性胃扩张、肠臌气、腹腔大量积液等。此外，当心脏肥大、心室扩张和心包积液时，心浊音区可能向后、向上延伸以致肺叩诊区缩小；一侧肺界缩小，可见于引起肝脏肿大的各种疾病，如肥大性肝硬化等。

（2）胸、肺部叩诊音的异常变化　在病理情况下，胸、肺部叩诊音的性质和范围，取决于病变的性质、大小和深浅。一般对于较深的病灶，小范围的病灶或少量胸腔积液，肺部叩诊音常没有明显的改变。病理性肺部叩诊音一般包括浊音、半浊音、水平浊音、鼓音、过清音、金属音和破壶音。

① 浊音　是由于肺泡内充满炎性渗出物，使肺组织发生实变，密度增加，或肺内形成无气组织所致。临床上常见于肺水肿、肺炎、肺脓肿及肺肿瘤等。

② 半浊音　是肺内的含气量减少，而肺的弹性不减退所致。见于支气管肺炎。

③ 水平浊音　当胸腔积液（渗出液、漏出液、血液）达一定量时，叩诊积液部位，即呈现浊音。由于其液体上界呈水平面，故浊音的上界呈水平线为其特征，称为水平浊音。

④ 鼓音　是由于肺脏或胸腔内形成异常性含气的空腔，而且空腔的腔壁高度紧张所致。临床上常见于肺空洞、膈疝、气胸、支气管扩张等。

⑤ 过清音　为清音和鼓音之间的一种过渡性声音，其音调近似鼓音。过清音类似敲打空盒的声音，因此，又称为空盒音。它表示肺组织的弹性显著降低，气体过度充盈，多见于慢性肺气肿等。

⑥ 金属音　类似敲打空的金属容器所发生的声音，其音调较鼓音高。主要是因为肺部有较大的空洞，且位置浅表、四壁光滑，且紧张时形成的。主要见于气胸和肺空洞。

⑦ 破壶音　一种类似敲打破瓷壶所产生的声音。主要是空气受排挤而迅速通过狭窄的裂隙所致。见于与支气管相通的大空洞，如肺坏疽、肺脓肿和肺结核等形成的大空洞。

5. 叩诊注意事项

（1）叩诊胸、肺部时，最好在较为宽敞的室内进行，才能产生良好的共鸣效果。

（2）叩诊时室内要安静，尽量避免任何嘈杂声的干扰。

（3）叩诊的强度要均匀一致，切勿一轻一重，这样才能比较两侧对称部位的音响。但为了探查病灶的深浅及病变的性质，轻重叩诊可交替使用，因为轻叩诊不易发现处于深部的病变，重叩诊不能查出浅在的小病灶。

（4）叩诊胸、肺部时，要熟悉并准确判断叩诊音的变化，这样才能发现和辨别病理性叩诊音。

（5）叩诊胸、肺部时，要注意动物的表现，有无咳嗽和疼痛不安的表现。

四、胸、肺部听诊

1. 胸、肺部听诊的方法

听诊是检查肺和胸膜的一种主要而且可靠的方法。听诊的目的主要在于查明肺、支气管和胸膜的机能状态，确定呼吸音的强度、性质和病理呼吸音。因此，胸、肺部听诊对于呼吸器官疾病特别是对支气管、肺和胸膜疾病的诊断具有特殊重要的意义。

肺听诊区和叩诊区基本一致。听诊时，不论大小动物，首先从中 1/3 开始，由前向后逐渐听取，其次听诊上 1/3，最后是下 1/3。每个部位听 2～3 次呼吸音，再变换位置，直至听完全肺。如发现异常呼吸音，则应确定其性质。为此宜将该点与其邻近部位进行比较，必要时还应与对侧相应部位对照听诊。若呼吸音不清楚，可对动物做短暂的驱赶运动，或短时间闭塞鼻孔，引起深呼吸，再行听诊，往往可以获得良好的效果。

2. 生理性呼吸音

动物呼吸时，气流进出细支气管和肺泡时发生摩擦，引起漩涡运动而产生声音。经过肺组织和胸壁，在体表所听到的声音，即为肺呼吸音。

在正常肺部可听到两种不同性质的声音，即肺泡呼吸音和支气管呼吸音。检查时应注意呼吸音的强度及呼吸音的性质。

(1) 肺泡呼吸音　肺泡呼吸音一般认为由下列诸因素构成：

① 毛细支气管和肺泡入口之间空气出入的摩擦音；

② 空气进入紧张的肺泡而形成的漩涡运动，气流冲击肺泡壁产生的声音；

③ 肺泡收缩与舒张过程中由于弹性变化而形成的声音；

④ 部分来自上呼吸道的呼吸音参与形成的声音。

一般健康动物的肺区内都可听到清楚的肺泡呼吸音，类似柔和吹风样的“呋、呋”音。肺泡呼吸音在吸气之末最为清楚。呼气时由于肺泡转为弛缓，则肺泡呼吸音表现为短而弱，且仅于呼气初期可以听到。肺泡呼吸音在肺区的中 1/3 最为明显，肩后、肘后及肺之边缘部则较为微弱。在正常情况下，肺泡呼吸音的强度和性质可因动物的种类、品种、年龄、营养状况、胸壁的厚薄及代谢情况而有所不同，犬和猫的肺泡呼吸音最强。

(2) 支气管呼吸音　支气管呼吸音是动物呼吸时，气流通过喉部的声门裂隙产生的漩涡运动以及气流在气管、支气管形成涡流所产生的声音。故支气管呼吸音实际上是喉呼吸音和气管呼吸音的延续，但较气管呼吸音弱，比肺泡呼吸音强，是一种类似将舌抬高而呼气时所发生的“嚇、嚇”音。支气管呼吸音的特征为吸气时较弱而短，呼气时较强而长，声音粗糙而高，此乃呼气时声门裂隙较吸气时更为狭窄之故。犬，在其整个肺部都能听到明显的支气管呼吸音。

3. 病理性呼吸音

犬、猫等宠物的病理性呼吸音有以下几种。

(1) 肺泡呼吸音增强　肺泡呼吸音增强分为普遍性增强和局限性增强两种。

① 普遍性增强　是呼吸中枢兴奋性增高的结果。在临床听诊时，可听到类似重读的“呋、呋”音，声音较粗粝，整个肺区均可听到。见于发热、代谢亢进及伴有其他一般性呼吸困难的疾病情况。

② 局限性增强（代偿性增强）　主要是肺脏的病变侵害一侧肺或一部分肺组织，使被侵害的组织机能减弱或丧失，健康部位承担（代偿）了患病部位的机能而出现了呼吸机能亢进的结果。多见于支气管肺炎、渗出性胸膜炎等。

(2) 肺泡呼吸音减弱或消失　表现为肺泡呼吸音极为微弱，吸气时也不明显，甚至听不到肺泡音。普遍减弱可见于引起呼吸活动微弱的病程中；局限性减弱或消失多见于肺组织的弹性减弱或消失，如肺的炎症、渗出及实变；进入肺泡的空气量减少或流速减慢，如上呼吸道狭窄、肺膨胀不全、全身极度衰弱、呼吸麻痹等；呼吸音传导障碍，如胸腔积液、胸壁肿胀、胸膜增厚等；肺部实变和支气管阻塞等疾病也会使呼吸音减弱或消失。

(3) 支气管呼吸音或混合呼吸音　在肺区内听到明显的支气管呼吸音，属于病态，可见于肺的炎症与实变。如在吸气时有肺泡音，呼气时有明显的支气管音，称混合性呼吸音或支气管性肺泡音，可见于大叶性肺炎或胸膜肺炎的初期。

(4) 啰音　啰音是伴随呼吸而出现的一种附加音。按啰音的性质和产生条件不同，可分为干性啰音和湿性啰音两种。

① 干性啰音　当支气管壁上附着黏稠的分泌物或支气管发炎、肿胀或支气管痉挛，使气管的管径变窄，气流通过狭窄的支气管腔或气流冲击支气管壁的黏稠分泌物时，引起气流振动而产生的声音。干啰音声音尖锐，类似于笛声、哨音、鼾声或丝丝音。常见于支气管炎、肺炎等。

② 湿性啰音　是气流通过带有稀薄的分泌物的支气管时，引起液体移动或形成的水泡

破裂而发出的声音。其特征为类似于含漱、水泡破裂的声音。湿性啰音按发生部位的支气管口径的不同，可分为大、中、小水泡音。水泡音是支气管炎与肺炎的重要症状，表明气道内有稀薄的病理产物。可见于肺炎、肺水肿、肺出血等。

（5）捻发音　是肺泡被少量的液体黏着在一起，当吸气时黏着的肺泡被气流突然冲开而产生的声音。其特征为类似在耳边捻一簇头发所产生的声音。捻发音的出现表明肺的实质有病变，见于肺炎、肺水肿等。

捻发音与小水泡音音质十分相似，但两者的性质和意义却不尽相同（见表 2-4-1)，捻发音主要表示肺实质的病变，而小水泡音则主要示意支气管的病变；发生时间上，捻发音在吸气顶点最明显，而小水泡音在吸气和呼气时均可听到；对咳嗽的影响上，捻发音基本稳定，影响较少，而小水泡音常因咳嗽而减少、移位或消失。

表 2-4-1　捻发音与小水泡音的鉴别

鉴别要点	捻发音	小水泡音
发生的时间	吸气顶点最清楚	吸气与呼气均可听见
性质	破裂音,短,细碎而断续,大小相等而均匀	类似水泡破裂声,长,数量少,大小不一
咳嗽的影响	比较稳定,几乎不变	咳嗽后减少,移位或消失
病变的部位	肺泡	细支气管

（6）空瓮呼吸音　是空气经过支气管而进入光滑的大空洞时，空气在空洞内产生共鸣所形成的。其特征为类似向瓶口吹气的声音。主要见于坏疽性肺炎、肺脓肿等形成空洞时。

（7）胸膜摩擦音　出现于吸气末期及呼气初期，呈断续性，类似两个粗糙膜面的擦过声。胸膜摩擦音是纤维素性胸膜炎的特征。健康犬、猫的胸膜表面光滑，胸膜腔内有少量的液体起润滑作用，胸膜的脏层和壁层摩擦时不发生音响。而当胸膜发炎时，由于纤维蛋白沉着，使胸膜增厚粗糙，呼吸时粗糙的胸膜相互摩擦而产生杂音。其特征为类似粗糙的皮革相互摩擦发出的断续声音。常见于犬瘟热病继发胸膜炎的初期或吸收期。胸膜摩擦音与啰音的鉴别见表 2-4-2。

表 2-4-2　胸膜摩擦音与啰音的鉴别

鉴别要点	胸膜摩擦音	啰音
距离	听诊距耳较近	听诊较远
出现的时期	吸气与呼气均清楚,深呼吸时增强	吸气末期最清楚,深呼吸减弱或消失
咳嗽的影响	比较稳定,几乎不变	咳嗽后部位、性质发生变化或消失
紧压听诊器	声音增强	声音不变
触诊表现	疼痛,有胸膜摩擦感	一般不明显
声音变化	呈断续性	呈连续性
出现部位	多在肘后,肺区下 1/3 处肋骨弓倾斜部	部位不定

任务五　心血管系统的临床检查

心血管系统是由心脏和血管连接起来所形成的闭锁管道系统，其中心脏是推动血液流动的动力器官，血管是血液流动的管道。在心脏的推动下，血液沿着血管不停地灌流到全身的各器官和组织，完成血液分配、物质交换等作用，从而保证机体的正常生理活动。

如果心血管系统的机能发生障碍，不但会造成O_2和CO_2的交换发生障碍，而且还会造成营养物质和体内代谢产物的运送发生障碍，从而使全身各个器官的机能发生异常。而全身各个脏器的机能异常又会直接或间接的影响心脏的正常机能，因此，及时判定心脏和血管机能的状态，在宠物疾病临床诊断中具有非常重要的作用。

心血管系统检查包括心脏检查和血管检查，临床上主要用视诊、触诊、叩诊、听诊等基本检查法，有条件时还可应用心电图检查、X线检查、超声波检查。

子任务一　心搏动检查

一、检查部位与方法

心搏动检查主要用视诊和触诊。心搏动又称心冲动，是指在心室搏动时，由于心肌急剧伸张，心脏横径增大并稍向左旋，而使相应部位的胸壁产生的振动。在检查心搏动时，要注意其频率、强弱及位置有无改变等。

1. 心搏动检查部位

检查心搏动，一般在左侧进行，必要时可在右侧。犬、猫的心搏动在左侧第4～6肋间的胸廓下1/3处，第5肋间最明显；而右侧的心搏动在第4～5肋间较为清楚。

2. 心搏动的检查方法

利用视诊检查心搏动时，在犬可见到心尖部的胸壁呈有节律的跳动，而在健康大动物仅能看到该部被毛有轻微的颤动。采用触诊检查心搏动时，一手握住动物的左前肢并将其向前方提起，另一只手置于动物的心脏区域进行触诊。必要时可采用双手触诊法，即检查者可用左、右两手同时从动物的两侧胸壁进行触诊。如果心脏移位或心脏肥大时，则所感知的心搏动区域可能发生变化。

二、生理性心搏动

心搏动的强度决定于心脏的收缩力量、胸壁的厚度和胸壁与心脏之间的介质状态。在正常情况下，如果心脏的收缩力量不变，胸壁与心脏之间的介质状态无异常，则因动物的营养程度不同，胸壁的厚度不一，而使心搏动的强度有所差异。如过胖的动物，其胸壁较厚而心搏动较弱；而营养不良，消瘦的个体，因胸壁较薄而心搏动相对较强。此外，当动物运动量比较大，外界温度增高或动物兴奋、恐惧时都可引起生理性心搏动增强。动物的个体差异，如年龄、神经类型与兴奋性等也可对心搏动产生影响。

三、异常心搏动

异常心搏动主要有频率、强弱和位置的变化。其频率改变的原因与脉搏数的原因相似，现就心搏动增强、减弱、移位等异常情况进行介绍。

1. 心搏动增强

主要见于心机能亢进、胸壁变薄的疾病，如发热病初期、疼痛性疾病、轻度贫血、心脏病的代偿期（心肌炎、心包炎初期）及病理性的心肌肥大和瘦削体质的动物等。当心搏动过强，伴随每次心动而引起动物的体壁发生振动时，称为心悸。

2. 心搏动减弱

主要见于心脏衰竭所引起的心室收缩无力、胸壁增厚及胸腔积水等因素的疾病，如心脏的代偿障碍、纤维素性胸膜炎、胸壁浮肿、胸腔积液及肺气肿。

3. 心搏动移位

心搏动移位是由于心脏受到邻近器官、渗出液、肿瘤等的压迫，而造成心搏动的位置发生改变。见于肿瘤、心包炎、胃扩张、腹水、膈疝等。

子任务二 心区叩诊

通过心脏的叩诊，可以判定动物心脏的大小、形状、在胸腔的位置及敏感性。犬、猫等宠物心区叩诊的方法、叩诊的部位与心搏动部位相同，常用指指叩诊法。

一、叩诊部位与方法

心脏前部为肩胛肌肉所掩盖，而延伸到肩胛肌肉后方的部分接近心脏的一半，直接与胸壁接触的只是心脏的一部分，在这一地方叩诊，会产生浊音，这一区域为心脏的绝对浊音区；心脏大部分被肺部掩盖，叩击这一部分产生的音响为半浊音，这一区域为心脏的相对浊音区，相对浊音区标志着心脏的大小。

犬、猫的心脏浊音界比较明显，即位于左侧 4～6 肋间，呈绝对浊音。前缘至第 4 肋骨；上缘达肋骨和肋软骨结合部，大致与胸骨平行；后缘受肝浊音的影响，不明显。右侧位于第 4～5 肋间。

二、心浊音区异常

决定心浊音区大小变化的条件，除心脏本身容积大小的变化之外，还要考虑到掩盖心脏的肺脏尖叶部分及心包、胸膜腔的状态。

1. 心脏浊音区增大

相对浊音区增大，是由于心脏容积增大所致，可见于心肥大、心扩张及心包积液等；而绝对浊音区增大，是由于肺脏掩盖心脏的面积缩小如肺萎陷等。

2. 心脏浊音区缩小

主要是由于掩盖心脏的肺边缘部分的肺气肿所引起的。绝对浊音区缩小，见于肺泡气肿及气胸；相对浊音区缩小可见于肺萎陷和掩盖心脏的肺叶部分发生实变的疾病等。

3. 心区叩诊疼痛

在进行心脏叩诊时，动物躲闪、呻吟、不安，有疼痛感，见于心包炎、肋骨骨折及胸膜炎等。

子任务三 心脏听诊

给犬、猫等宠物听诊心脏的目的在于听取心脏的正常和病理性音响，以此来了解心脏功能、血液循环状态，推测病情的发展。听诊在动物的心脏疾病诊断中占有重要的地位。

一、心音听诊部位与心率

1. 心音听诊方法与部位

在健康动物的每个心动周期中，在心搏动的地方可以听到“嗵—嗒”两个有节律并不断交替出现的声音，这两个声音就是心音。心音是随同心室的收缩与舒张而产生的。

犬、猫的正常心音分为第一心音、第二心音、第三心音和第四心音。但是，第三心音和第四心音一般很难听到，只有在心率减慢时才能听到。

(1) 第一心音　发生在心室收缩期，称收缩期心音或第一心音。声音来源主要是两个房室瓣（二尖瓣、三尖瓣）关闭产生的振动，其次是心房收缩及血液流动冲击动脉管壁产生的振动。第一心音在动物的前区各部位均可听到，以心尖部最强。第一心音的特点是音调低而钝浊，持续时间长，尾音拖长。

(2) 第二心音　发生在心室舒张期，称舒张期心音或第二心音。声音来源主要是主动脉瓣、肺动脉瓣关闭产生的振动，其次是心室舒张、房室瓣开放和血液流动产生的振动。第二心音的特点是音调较高，持续时间短，尾音终止突然。

各种动物的心音略有差异。犬的心音清亮，第一心音与第二心音的音调、强度、间隔及持续时间均大致相同。

在听诊心音时，通常用听诊器进行间接听诊。听诊时先将犬、猫的左前肢向前拉伸半步，充分暴露心区，在左侧肘头后上方的心区部位听诊。必要时可听诊右侧心区。在心脏的区域任何一点，都可以听到两个心音。心脏的四个瓣膜发出的声音沿血流的方向传导，只在一定的位置声音最清楚。临床上把心音听得最清楚的位置称为心音最佳听取点。

(3) 犬、猫的心音最佳听取点

① 二尖瓣口音在左侧第四肋间，胸廓下 1/3 的中央水平线上。

② 三尖瓣口音在右侧第四肋间，肋骨与肋软骨固着部稍下方。

③ 主动脉口音在左侧第四肋间，肩关节水平线下方一、二指处。

④ 肺动脉口音在左侧第三肋间，靠胸骨的边缘处。

2. 心率

心音频率简称心率，是按每分钟的心动周期数来计算的。每个心动周期可听到两个心音，即为一次心率。可是，在某些严重病理过程中，尤其第二心音极度减弱时，可能只听到一个心音（第一心音），这时就不能再按每两个心音为一个心动周期，而应结合心搏动或脉搏数的检查结果来计算心跳频率，心率与脉搏数是一致的。高于正常称为心率过速；低于正常称为心率过缓。

二、心音强度

心音的强度，由心音本身的强度和向外传导心音的介质状态等因素所决定。影响心音本身强度的因素有心肌收缩力、心脏瓣膜状态及其振动能力、循环血液量及其分配状态等。传导心音的介质状态，如胸壁的厚度、肺脏心叶的状态、胸膜腔和心包腔的情况等，也会影响心音的听诊强度。在正常情况下，第一心音以心尖部，即第 4 或第 5 肋间的下方较强；第二心音以心基部，即第 4 肋间肩关节水平线稍下方较强。因此，判定心音增强或减弱，必须在心尖部和心基部进行比较听诊，如果两处心音都增强或都减弱，才能认为是心音增强或减弱。临床上常见的心音强度的变化为：两个心音都增强或减弱，或某一个心音增强或减弱等。

1. 两心音均增强

可见于热性疾病的初期、疼痛性疾病、贫血、心脏肥大及心脏疾病代偿机能亢进时。健康动物在兴奋、恐惧、过度运动及过度消瘦时，也会出现两心音增强。

2. 第一心音增强

在第一心音显著增强的同时，常伴有明显的心悸而第二心音微弱甚至听取不清。主要见于心脏衰弱、二尖瓣狭窄或大失血、脱水、贫血以及其他引起动脉血压显著减低的各种病理过程。

3. 第二心音增强

是由于主动脉或肺动脉的血压增高所致，见于急性肾炎、肺淤血、慢性肺气肿及二尖瓣闭锁不全等。

4. 两心音均减弱

正常情况下，营养良好或肥胖的犬、猫听诊时均感到心音减弱。在病理情况下，由于心肌收缩力减弱，使心脏驱血量减少时，两心音均减弱。如心脏衰弱的后期及动物疾病的濒死期、心包炎、渗出性胸膜炎及肺泡气肿等。

5. 第一心音减弱

临床上比较少见，一般在心肌梗死或心肌炎的后期、动物的房室瓣膜发生钙化而失去弹性时，可发生第一心音减弱。

6. 第二心音减弱

多见于动物大失血、严重的脱水、休克、主动脉口狭窄及主动脉闭锁不全等疾病。能导致血容量减少或主动脉根部血压降低的疾病，均可造成第二心音减弱。

三、心音性质变化

心音性质的变化包括心音混浊和金属样心音。

1. 心音混浊

即心音低浊，含混不清，两心音缺乏明显的界限。主要是由于心肌变性或心脏瓣膜有一定病变，使瓣膜振动能力发生改变所引起。可见于心肌炎症的后期以及重度的心肌营养不良与心肌变性。高热性疾病、严重的贫血、重度的衰竭症等，因伴有心肌的变性变化，因此，会有心音混浊的现象。

2. 金属样心音

心音异常高朗、清脆而带有金属样音响。在破伤风或邻近心区的肺叶中有含气空洞时，可听到金属样心音。也可见于膈疝，且脱垂至心区部位的肠段内含有大量气体时。

四、心音分裂

心音分裂见于心室收缩时，是二尖瓣与三尖瓣的关闭不同步或心室舒张时，主动脉瓣与肺动脉瓣的关闭不同步所致。临床上把一个心音分成两个心音的现象称为心音分裂。如分裂的程度较明显，且分裂开的两个声音有明显的间隔，称为心音的重复。其实，分裂与重复的意义相同，仅程度不同而已。

1. 第一心音分裂

第一心音分裂是由二尖瓣、三尖瓣关闭时间不一致造成的，主要在于左、右心室收缩时间不一致。见于犬、猫右束支传导阻滞、心肌炎等。

2. 第二心音分裂

第二心音分裂主要是反映了主动脉与肺动脉根部血压存在的差异。以心脏收缩射血量及承受血液的动脉管内的压力高低来决定，如左、右心室某一方的血液量少或主动脉、肺动脉某一方的血压低，则其心室收缩的持续时间短，而这方面的动脉根部的半月瓣不同时关闭，因此造成第二心音分裂。见于房中隔缺损、主动脉或肺动脉瓣狭窄、心脏血丝虫病、左或右束支传导阻滞等。

3. 奔马调

除第一心音、第二心音外，又有第三个附加的心音连续而来，恰如远处传来的奔马蹄音，发生于舒张期（第二心音之后），或发生在收缩期前（第一心音之前）。主要见于严重的心肌炎、心肌硬化和左房室口狭窄。

五、心音节律

正常情况下，每次心音的间隔时间均等且每次心音的强度相似，称为正常的节律。如果每次心音的间隔时间不等且强度不同，则为心律不齐。心脏的节律不齐被称为心律不齐。

心律不齐多为心肌的兴奋性改变或其传导机能障碍的结果，并与自主神经的兴奋性有关。轻度的、短期的心律不齐及幼龄动物常见的呼吸性节律不齐，一般无重要的诊断意义。而重度的、顽固性的心律不齐，多提示心肌损害。常见于心肌的炎症、心肌的营养不良或变性、心肌的硬化。常见的有窦性间歇、期外收缩、心房纤维性颤动、心房搏动和心脏传导阻滞等。因此，心律不齐主要提示心脏的兴奋性与传导机能障碍以及心肌的损害。

六、心杂音

心杂音是伴随心脏的舒张、收缩活动而产生的正常心音以外的附加的音响。按照产生杂音的病变所存在部位及性质不同，心杂音可分为以下几种情况。

1. 心外杂音

心外杂音是由心包或靠近心脏区域的胸膜发生病变所引起的。心外性杂音在临床上具有声音较固定，存在时间较长，听之距耳较近，用听诊器的集音器头压迫心区杂音增强的特点。常见的心外性杂音有4种。

(1) 心包摩擦音　正常心包内有少量的心包液，具有润滑作用，心脏活动时不产生音响。当心包发炎时，由于纤维蛋白沉着，使心包的脏层和壁层变得粗糙，心脏跳动时产生摩擦音。该杂音呈局限性出现，常在心尖部位听到。心包摩擦音是纤维性心包炎的特征。

(2) 心包击水音　又称心包拍水音。当心包发生腐败性炎症时，心包腔内聚集了大量的液体和气体，伴随着心跳活动，发出类似河水击打河岸的声音。心包击水音在心脏的收缩期和舒张期均可听到，多在心脏的收缩期移行到舒张期时明显。心包击水音是渗出性心包炎与心包积水的特征。

(3) 心包-胸膜摩擦音　心包-胸膜摩擦音是靠近心区的胸膜发炎并有纤维素性渗出时，可随着呼吸及心搏动同时出现的摩擦音。见于各种类型的胸膜炎。

(4) 心肺性杂音　心肺性杂音是指在紧靠肺前叶的心区部听诊时，有时可能听到的杂音。当心脏收缩时，容积变小，所形成的负压空间被肺脏充填所致。此种杂音在动物吸气时增强，可与其他杂音相区别。多见于心脏增大及心脏收缩幅度增强的情况。

2. 心内杂音

心内杂音是心内瓣膜及其相应的瓣膜口发生形态改变或血液性质发生变化时，伴随着心脏活动而产生的杂音。在临床上按心内性杂音出现的时期又分为收缩期杂音和舒张期杂音。收缩期杂音发生在心脏收缩期，常伴随第一心音后面或第一心音同时出现杂音；舒张期杂音发生在心脏舒张期，常伴随第二心音后面或第二心音同时出现杂音。

临床上，按照动物心脏瓣膜的有无及瓣膜口的形态学变化分为器质性心内杂音与非器质性心内杂音（机能性心内杂音）。

(1) 器质性心内杂音　是由于瓣膜或瓣膜口发生解剖形态学变化而引起的，常见于瓣膜闭锁不全或瓣膜口狭窄等，其特点是长期存在，声音尖锐、粗糙，如锯木音或丝丝音，运动或注射强心剂后，杂音增强。器质性心内杂音是慢性心内膜炎的特征。

(2) 非器质性心内杂音　非器质性心内杂音有两种情况：一种是瓣膜和瓣膜口无形态学的变化，由于心室扩张而造成瓣膜相对闭锁不全所产生的杂音；另一种是由于血液稀薄，血流速度加快，振动瓣膜和瓣膜口而引起的杂音。其特点是杂音不稳定，音性柔和如吹风音，运动或注射强心剂后杂音减弱或消失。

心内杂音的强度分级，在临床上没有统一的标准。1959 年 Detweiler 把犬的心内杂音强度分为五级。

① 一级杂音　隐约地刚刚能听到轻微的杂音。

② 二级杂音　听诊数秒后能听到清晰的杂音。

③ 三级杂音　开始听诊时就能在较大的区域听到杂音。

④ 四级杂音　能听到较强的杂音，将听诊器离开胸壁时听不到杂音，但能感知震颤。

⑤ 五级杂音　杂音强，将听诊器离开胸壁时也能听到杂音，并能感知震颤。

(3) 器质性心内杂音与非器质性心内杂音的区别　器质性心内杂音的性质多粗糙，尖锐，如锯木样或箭鸣音，其发生时相，既可以在心收缩期也可以在心舒张期，且与心脏区域甚至瓣膜的部位相联系，杂音可持续数月甚至数年，强度通常在三级以上。非器质性杂音的性质较柔和，如吹风样，多发生在心收缩期，且以心基部较明显，有的可不限于心脏区域，能随血流传导到心区以外，杂音在疾病好转或恢复后可减弱或消失，其强度一般在三级以下。动物在运动或注射强心剂后，听诊器质性心内杂音增强；非器质性心内杂音减弱或消失。

子任务四　动脉检查

动脉检查通常用触诊的方法，主要检查动物的脉搏，判定其频率、节律、性质等，以此来判断动物心脏机能及血液循环状态，临床检查时要在动物安静的状态下进行。

一、动脉脉搏检查

犬、猫等宠物的动脉脉搏检查主要以股动脉为主。检查时一手握住动物的一侧后肢的下部，另一只手的食指及中指放于股内侧的股动脉上，拇指放于股外侧。主要检查动物的脉搏频率（脉搏数），脉搏的性质（搏动的大小、强度、软硬及充盈状态等）及节律的变化。

1. 脉搏频率

健康动物的脉搏频率（脉搏数）是指测定每分钟脉搏的次数，以次/min 表示。脉搏的次数与心搏动的次数相等。犬的脉搏数为 80～120 次/min，猫的脉搏数为 120～140 次/min。各种动物的脉搏数，在正常情况下，容易受外界条件和生理因素的影响而变化，如惊吓、兴奋、过度运动、过饱、外界气温过高等的影响；在动物的个体条件中，品种、性别等因素也会影响脉搏数，但年龄因素的影响更大。一般幼龄动物比成年动物明显地增多。

(1) 脉搏增数　脉搏增数是心动过速的结果。可见于多数的热性病；某些心脏病如心肌炎、心包炎；胸腔及呼吸器官疾病引起气体交换障碍性疾病；各型贫血及脱水、失血性疾病；伴有剧烈疼痛性的疾病及某些中毒病等。

(2) 脉搏减少　脉搏减少是心动过缓的特征。主要见于某些脑病如流行性脑脊髓炎、脑肿瘤；胆血症如肝实质性病变等；某些中毒（有毒的植物、农药、药物）如洋地黄中毒等。

2. 脉搏的性质

脉搏的性质一般是指脉搏的大小（脉搏振幅的大小），脉管的紧张度（触诊所感到的软硬度），脉管内血液的充盈度（容血量）以及脉波的形状等特性。脉搏的性质受多种因素的影响，主要决定于：心脏的收缩力量；脉管壁的弹性及紧张度；血液的数量，包括总血量及每次心搏出血量。脉搏性质的变化表现为：

(1) 大脉与小脉　根据脉搏振幅的大小而分，脉搏大小与脉压成正比。以手指感知脉搏的振幅状况来判定。脉搏搏动的振幅较大称大脉，表示心收缩力强，每搏输出量多，收缩压高，脉压差大。大脉可见于心机能良好，血量充足，脉管较为迟缓时，如当热性病初期，心肌肥大或心机能亢进时。脉搏搏动振幅过小称小脉，表示心收缩力减弱，每搏输出量少，脉压差小。小脉为心力衰竭之指征，还见于心功能不全、血压下降、心动过速及贫血、大失血、脱水等。

(2) 硬脉与软脉　根据脉管的紧张性和抵抗力大小而分，取决于血压的高低。以手指感知脉搏紧张性和抵抗力来判定。脉管壁紧张性和抵抗力大的称为硬脉，表示血管紧张度高，血管紧张。见于血压升高、破伤风、急性肾炎及伴有剧痛的疾病等。脉管壁紧张性和抵抗力小的称软脉，表示血管紧张度降低，血管弛缓。见于血压下降、心力衰竭、贫血、营养不良、恶病质等。

(3) 实脉与虚脉　根据脉管中的充盈度大小而分。以手指感知脉管的充盈状态来判定。脉管内血液过度充盈称实脉（满脉），表示血管内血液充盈良好，血液总量充足，心脏活动健全。见于热性病初期、心肌肥大、运动等。脉管内血量充盈不足则称虚脉，表示血管内充盈不足，血容量减少。见于心功能不全、大失血或失水等。

(4) 速脉与迟脉　根据脉搏波形的变化特征而分。以脉搏与手指接触时间的长短来判定。脉搏的迟速决定于动脉根部血压上升及下降的持续时间，及左心室收缩驱血入动脉内的速度和血液流向周围末梢动脉的速度。

① 速脉　脉搏波形急速上升而又急速下降，检脉手指在感觉到脉搏后又立刻消失。见于主动脉瓣闭锁不全。

② 迟脉　脉搏波形缓慢上升随后又缓慢下降，检脉的手指感觉脉搏的时间较长。见于主动脉口狭窄、心传导阻滞等。

③ 脉搏硬而小称金线脉（金丝脉）；脉搏软而小称丝状脉。

3. 脉搏节律

脉搏节律是指每次搏动的间隔时间的均匀性及每次搏动的强弱。正常情况下，每次搏动的间隔时间均等且强度一致的称为有节律的搏动；间隔时间不等或强弱不一的称为脉律不齐。脉律不齐一般是心律不齐的直接后果。

二、动脉压测定

动脉压是指动脉管内的压力，简称血压。血压是血管内血液作用于血管壁的侧压，原以毫米汞柱（mmHg）为测量单位。血压的来源主要是心脏射血的力量，心室收缩，压力升高，冲开半月瓣，推动血液向前流动。心室收缩时所赋予血液的能量，一部分表现为血液的流速；另一部分则表现为动脉血压。血压来源的另一因素是血管内充满血液，使血管保持稍微膨大的结果。心室收缩时，血液急速流入动脉，动脉管达到最高紧张度时的血压，即最高血压，称收缩压，主要受心脏收缩力的支配。心室舒张时，主动脉瓣关闭，动脉血压逐渐下降，血液流向周围血管系统，动脉管的紧张度降到最低时的血压，即最低血压，称舒张压，主要由周围血管的阻力所决定。此外，大动脉管壁的弹性、循环血量和血管容量及血液的黏滞性密切相关，也影响着血压的变动。收缩压与舒张压之差，称为脉压。脉压反映血压波动的幅度，又称为脉幅，可作为判断血流速度的指标。

一定的血压水平是保证各器官血液供应的必要条件。如果血压过低，组织得不到充足的血液，则新陈代谢无法进行；如果血压过高，在心脏射血时遇到更大的阻力，无形中增加心脏负担，长此下去，则会引起心脏的代偿适应反应，导致动物心力衰竭。

1. 动脉压测定方法

一般所用的血压间接测定法是通过测定皮肤表面对血管施加的压力，求出阻断血流所需要的压力，实际上这是动脉侧压和血管壁及其周围组织的阻力之和。犬、猫等小动物多在股动脉。从实验目的出发，还可以利用其他浅在动脉。常用的血压计有水银柱式、弹簧式两种，弹簧式血压计携带和使用较为方便。

测定血压时应该注意，要保持动物安静，尽量避免骚动不安，防止肢体移动，使袖带内压力发生变化，影响测定结果。为求得到准确度较高的血压值，可反复测定 3～4 次，并取其平均值；要求熟练掌握测定方法。

健康动物的血压，因种属、年龄、性别、运动情况以及其他生理因素（如发情、兴奋、采食等）及外界环境的影响，而有所变动。幼年时期血压较低，老龄时血压较高。雄性比雌性的血压略高。剧烈运动和精神紧张也会引起暂时血压升高。高温下血压下降，低温下血压升高。在夜间休息时血压较低，每日上午的血压较低，下午的血压较高。一般情况下，犬的收缩压为 18.67～22.66kPa，舒张压为 4.00～9.33kPa；猫的收缩压为 20.66kPa，舒张压为 13.33kPa。

2. 动脉压的病理变化

能导致心肌收缩力大小、心脏搏出量多少、外周血管阻力大小及动脉壁弹性高低发生病理改变的因素，就可能使血压出现异常变化。

（1）血压升高　常见于剧烈疼痛性疾病、热性病、左心室肥大、肾炎、动脉硬化、铅中毒、红细胞增多症、输液过多等。

（2）血压降低　常见于心功能不全、外周循环衰竭、大失血、慢性消耗性疾病等。

任务六　泌尿生殖系统的临床检查

泌尿系统是机体最重要的排泄器官，正常的肾脏功能主要是泌尿，通过泌尿排出代谢废物，并维持水、电解质和酸碱平衡，维持体液的渗透压，保持机体内环境的稳定。肾脏还具有多种内分泌功能，如分泌肾素、促红细胞生成素、前列腺素、维生素 D_3 等，并使胃泌素、甲状旁腺激素等在肾内灭活；另外，泌尿器官与心脏、肺脏、胃肠、神经及内分泌系统有着密切的联系，当这些器官和系统发生机能障碍时，就会影响肾脏的排泄机能和尿液的理化性质。因此，肾脏与机体许多功能代谢活动密切相关。因此，掌握泌尿系统的临床检查，不仅对泌尿器官本身，而且对其他各器官、系统疾病的诊断和防治都具有重要意义。泌尿系统的检查方法，主要有问诊、视诊、触诊（外部或直肠内触诊）、导管探诊、肾脏机能检验、排尿和尿液的检查。必要时还可应用膀胱镜、X 线等特殊检查方法。

生殖是保证种属延续的各种生理过程的总称。哺乳动物的生殖是通过两性生殖器官的活动来实现的。生殖系统检查主要是针对外生殖器官包括对乳房的检查。生殖系统的检查方法，主要有视诊和触诊，其中以触诊较为重要。

子任务一　排尿与排尿异常检查

从解剖学上说，泌尿系统由肾脏、肾盂（盏）、输尿管、膀胱和尿道组成（见图 2-6-1）。虽然泌尿系统在红细胞的生成、调节水和电解质的平衡以及调节血压等方面也起着一定作用，但泌尿系统的主要作用是排泄废物，是血浆平衡器。泌尿系统通过调节水和电解质的浓度，排出机体不需要的物质，而将机体所需要的物质回收使其进入循环系统。它也对血浆的 pH 值进行调节。泌尿系统的最终产物是尿，贮存到一定量时排出体外。

肾脏是形成尿液的器官，位于腹膜后腔，在第 13 胸椎到第 3 腰椎（T_{13}～L_3）脊柱的两侧。从内部结构来看，肾脏分为皮质（外部）和髓质（内部）两部分。“滤过单位”，或称为肾小球集中在皮质部，而“浓缩管或交换管”，也称为肾小管则位于髓质部。血液进入到肾，由肾小球的毛细血管进行过滤，再由肾小管袢对滤过液进行浓缩，重吸收其中重要的营养物质。

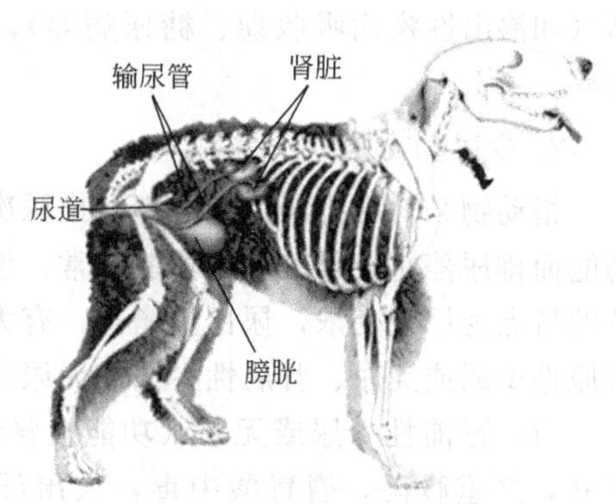

图 2-6-1　犬泌尿系统的组成

尿液在肾脏形成之后，经由肾盂（盏）、输尿管不断地进入膀胱内贮存。当贮存的尿液达到一定量以后，刺激感受器，经过一系列的神经传导引起排尿。因此，膀胱感受器、传入神经、排尿初级中枢、传出神经或效应器等排尿反射弧的任何一部分异常，均可引起排尿异常。

泌尿系统任何一部分不能正常发挥功能，都会引发临床疾病。泌尿系统常见的疾病有肾炎、膀胱炎、膀胱结石、尿道阻塞、急性和慢性肾衰竭以及尿失禁等。所以，在临床检查时，注意了解和观察动物的排尿动作和对尿液的感官检查，对疾病诊断具有重要的意义。

一、排尿姿势检查

健康犬排尿时，都采取一定的姿势。母犬排尿采取下蹲姿势，公犬则是提举一侧后肢且有将尿液排于其他物体上的习惯。排尿姿势异常，常见有尿失禁和排尿带痛。尿失禁时，病犬不取正常的排尿姿势，不自主地经常地或周期性地排出少量尿液，一般见于腰髓中 1/3 段及其以上部位脊髓损伤。排尿带痛时，病犬在排尿中表现不安，排尿后仍长时间保持排尿姿势，见于膀胱炎、尿道炎和尿路结石等。

二、排尿次数和尿量

排尿次数和尿量的多少，与肾脏的泌尿机能，尿路状态，饲料中含水量和动物饮水量，机体从其他途径（如粪便、呼吸、皮肤）所排水分的多少有着密切的关系。公犬常随嗅闻物体或寻找其他犬排过尿的地方排尿，在短时间内可排尿 10 多次。健康成年犬 1 天的排尿量为 0.5～2L，幼犬为 40～200ml，平均为 22ml/kg。尿频，即排尿次数增多，而每次排尿量不多，甚至减少。尿液不断呈点滴状排出的，称为尿淋漓，见于膀胱炎、尿道炎、阴道炎等。

三、排尿异常

在病理状况下，泌尿、贮尿和排尿的任何障碍，都可以表现出排尿异常，临床检查时应注意下列情况。

1. 尿频和多尿

尿频是指排尿次数增多，而一次尿量不多甚至减少或呈滴状排出，故 24h 内尿的总量不多。多见于膀胱炎，膀胱受机械性刺激（如结石），尿液的性质改变（如肾炎、尿液在膀胱内异常分解等）和尿路炎症。动物发情时也常见尿频。

多尿是指 24h 内尿的总量增多，其表现为排尿次数增多而每次尿量并不少，或表现为排尿次数虽不明显增加，但每次尿量增多，乃因肾小球滤过机能增强或肾小管重吸收能力减弱所致。见于肾小管细胞受损伤（如慢性肾炎），原尿中的溶质（葡萄糖、钠、钾等）浓度增高（如渗出性疾病吸收期、糖尿病等），应用利尿剂或大量饮水之后及发热性疾病的退热期等。

2. 少尿和无尿

指动物24h内排尿总量减少，排尿次数和每次尿量均减少；无尿是指肾脏没有分泌尿液功能而排尿停止或肾脏泌尿功能正常，但由于尿路阻塞不能排出，后一种情况称为尿闭。尿液的特点为尿色变浓，尿比重增高，有大量沉积物。按发病原因可分为肾前性少尿或无尿、肾原性少尿或无尿、肾后性少尿或无尿三种情况。

(1) 肾前性少尿或无尿（功能性肾衰竭） 多发生于严重脱水或电解质紊乱（如剧烈呕吐，严重腹泻，瘤胃酸中毒，大出汗，热性病，严重水肿或大量渗出液、漏出液漏至体腔，严重失血等）、外周血管衰竭、充血性心力衰竭、休克、肾动脉栓塞或肿瘤压迫、肾淤血等。在这些情况下，由于血液减少，血容量减少，或肾血液循环障碍使肾脏血液流量突然减少，致使肾小球滤过率减少。同时也可能因抗利尿激素（加压素）和醛固酮分泌增多，以致尿液形成过少，而引起少尿。临床特征为尿量轻度或中度减少，尿比重增高，一般不出现无尿。

(2) 肾原性少尿或无尿 肾原性少尿或无尿是肾脏泌尿机能高度障碍的结果，多由于肾小球和肾小管严重损害所引起。见于广泛性肾小球性肾炎，慢性肾炎的急性发作期，各种慢性肾脏病（如慢性肾炎、慢性肾盂肾炎、肾结石、肾结核等）引起的肾功能衰竭期，肾缺血（如休克、严重创伤、严重的水和电解质紊乱、严重感染、中毒等所致的急性血管内溶血）及肾毒物质[汞、砷、铀、四氯化碳、磺胺类药物、卡那霉素、新霉素以及生物毒素（如蛇毒）等肾毒物质中毒]所致的急性肾功能衰竭等。其临床特点多为少尿，少数严重者无尿，尿比重大多偏低（急性肾小球肾炎的尿比重增高），尿中出现不同程度的蛋白质、红细胞、白细胞、肾上皮细胞和各种管型。严重时，可使体内代谢最终产物不能及时排出，特别是残氮的蓄积，水、电解质和酸碱平衡紊乱而引起自体中毒和尿毒症。

(3) 肾后性少尿或无尿（梗阻性肾衰竭） 肾后性少尿或无尿（梗阻性肾衰竭）是因尿路主要是输尿管梗阻所致，见于肾盂或输尿管结石或被血块、脓块、乳糜块等阻塞，输尿管炎性水肿、瘢痕、狭窄等梗阻，机械性尿路阻塞（尿道结石、狭窄），膀胱结石或肿瘤压迫两侧输尿管或梗阻膀胱颈，膀胱功能障碍所致的尿闭和膀胱破裂等。

此外，少尿也有时因精神因素或神经系统疾病所致的排尿困难以及药物性排尿障碍所引起。

3. 尿闭

肾脏的尿生成仍能进行，但尿液滞留在膀胱内而不能排出者称为尿闭，又称尿潴留。可分为完全尿闭和不完全尿闭。多由于排尿通路受阻所致，见于因结石、炎性渗出物或血块等导致尿路阻塞或狭窄时。膀胱括约肌痉挛或膀胱逼尿肌麻痹时，也可引起尿闭。例如导致后躯不全瘫痪或完全瘫痪的脊髓腰荐段病变，因影响位于该处的低级排尿中枢或副交感神经功能丧失，逐渐引起尿潴留。这种现象也见于马、骡腹痛综合征。

尿闭临床上也表现为排尿次数减少或长时间不排尿，但与少尿或无尿有着本质的不同。尿闭时因肾脏生成尿液的功能仍存在，尿不断输入膀胱，故膀胱不断充盈，患畜多有尿意，且伴发轻度或剧烈腹痛症状；直肠膀胱触诊膀胱胀满，有压痛，加压时尿液呈细流状或滴粒状排出。

子任务二 尿液的感官检查

一、尿液的采集

通常采用清洁的容器在动物排尿时直接接取尿液，也可将塑料或胶皮制接尿袋固定在雄性动物阴茎的下方或雌性动物外阴部以接取尿液。必要时可以进行人工导尿。

尿液采取后应立即检查，如不能及时检查或送检，可加入适量的防腐剂以防止尿液发酵和分解。但不可在做细菌学检查的尿液中加防腐剂。常用防腐剂及用量如下。

(1) 甲苯 按尿量加入0.5%～1%的甲苯，使在尿液表面形成薄膜，防止细菌发育，检验时吸取下层尿液。

(2) 硼酸 按尿量的1/400加入。

(3) 甲醛溶液 100ml尿液加入3～4滴，甲醛能凝固蛋白质，不适合做尿中蛋白质和糖的检查。

(4) 樟脑末 加入微量。

(5) 麝香草酚 100ml尿液加入0.1g，蛋白质试验易出现假阳性反应。

(6) 氯仿 按尿量的0.5%加入，但不适合做蛋白质、血红蛋白及胆红素的检查，如使用则在试验时加温除去。

临床上，尿液的检查对某些疾病，特别是对泌尿系统疾病的诊断具有重要的意义，对肝病、代谢病等具有重要的参考价值。尿液的感官检查项目很多，这里介绍常用的指标。

二、尿液感官检查

1. 尿量

尿量的多少与肾脏的泌尿机能，尿路状态，饲料中含水量和动物饮水量，机体从其他途径（如粪便、呼吸、皮肤）所排水分的多少有密切的关系。24h内健康犬排尿3～4次，尿量0.25～1L，但公犬常随嗅闻物体而产生尿意，短时间内可排尿十多次。

2. 尿色

犬新鲜尿液均呈深浅不一的黄色，陈旧尿均颜色较深。尿黄色是因尿中含有的尿黄素和尿胆原。其颜色深浅则因成分的浓度高低而不同。尿黄素的排出一般是恒定的，其在尿中的浓度则主要因尿的多少而定。尿量增加时，尿黄素被稀释而使尿色变淡，是多尿的结果；如果尿色变深，则是少尿的结果。

尿色的病理性变化有以下几种。

(1) 黄尿 尿中含有多量的胆色素时，尿呈黄绿色、棕黄色，振荡后产生黄色泡沫，见于各类型黄疸。

(2) 红尿 红尿是尿变成红色、红棕色甚至黑棕色的泛称，并非指某一种尿，它可能是血尿，也可能是血红蛋白尿、肌红蛋白尿、卟啉尿或药尿等。血尿是尿中混有血液，因尿液中血液含量不同而呈鲜红、暗红或棕红色，甚至近似纯血样，混浊而不透明。振荡后呈云雾状，放置后有沉淀。有时尿中可发现血丝或血凝块，见于肾炎、膀胱炎、尿道炎。

3. 透明度

正常情况下，尿中含有大量悬浮在黏蛋白中的碳酸钙和不溶性磷酸盐，因此，刚排出时尿浊不透明，尤以终末尿明显，长时间存放后，空气的氧化作用致使尿的混浊度增加，静置时尿的表面和底部都会出现一层碳酸钙沉淀。

犬尿的混浊度增加或其他动物新鲜尿液混浊不透明者，都是异常现象。可能因含有炎性细胞、血细胞、上皮细胞、管型（圆柱）、坏死组织碎片、细菌或混有大量黏液，见于肾脏、肾盂（盏）、输尿管、膀胱、尿道或生殖器官疾病，也有可能因含有各种有机或无机盐类而见于泌尿系统或全身疾病过程中。要进行鉴别诊断必须借助显微镜或化学检查的方法。

犬尿变透明、色淡、清亮如水，除因饲喂精料过多和过劳外，也是病理现象。见于纤维素性骨营养不良、慢性胃肠卡他等使尿变成酸性时。其他动物的尿变得透明，常见于多尿。

尿液透明度鉴别的方法如下。

① 尿液过滤后便透明时，是含有细胞、管型及各种不溶性盐类。

② 尿液加醋酸产生泡沫而透明时，是含有碳酸盐；不产生泡沫而透明时，是含有磷酸盐。

③ 尿液加热或加碱而透明时，是含有尿酸盐；加热不透明而加稀盐酸透明时，是含有草酸盐。

④ 尿液加入乙醚，振荡而透明时，是脂肪尿。

⑤ 尿液加 20%氢氧化钾或氢氧化钠而呈透明胶冻样时，是混有脓汁。

⑥ 尿液经上述方法处理后仍不透明时，是含有细菌。

4. 黏稠度

各种动物的尿液均为稀薄水样，但犬尿中含有肾脏、肾盂和输尿管内腺体分泌的黏蛋白而带有黏性，有时黏稠如糖浆样而可以拉成丝缕。在各种原因引起的多尿或尿呈酸性反应时，黏稠度下降。当泌尿系统出现炎症如肾盂肾炎、输尿管炎症、膀胱炎时，由于炎性产物的分泌导致尿的黏稠度增加，甚至呈现胶冻状。

5. 气味

不同动物新排出的尿液，因含有挥发性有机酸，而各具有一定的气味。尤其在某些动物，如公猫的尿液具有难闻的臊臭味。一般尿液越浓，气味越烈，病理情况下，尿的气味可有不同的改变，例如膀胱炎、长久尿潴留（膀胱麻痹、膀胱括约肌痉挛、尿道阻塞等），由于尿素分解生成氨，使尿具有刺鼻的氨臭。膀胱或尿道有溃疡、坏死、化脓或组织崩解时，由于蛋白质分解，尿带腐败臭味。尿中存在某些内源性物质或某些药物、食物成分时，可使尿带有特殊气味。

子任务三 肾脏检查

泌尿器官由肾脏、肾盂（盏）、输尿管、膀胱和尿道组成。其中肾脏是形成尿液的器官，其余是尿液排出的通路，称为尿路。

肾脏是一对实质性器官，位于脊柱两侧腰下区，包于肾脂肪囊内，右肾一般比左肾稍在前方。

犬的肾脏较大，蚕豆外形，表面光滑。左肾位于第 2～4 腰椎横突下面；右肾位于第1～3 腰椎横突下面。

一、肾脏的检查方法

检查肾脏一般可用触诊和视诊的方法，但因其位置的关系，有一定局限性，诊断肾脏疾病最可靠的方法还是尿液的实验室检验。

1. 视诊

当肾脏有疾病时，动物表现腰背僵硬，拱起，运步小心，后肢向前移动缓慢；此外，还应特别注意肾性水肿，通常多发生于眼睑、腹下、阴囊及四肢下部。

2. 触诊

为肾脏检查的重要方法。犬、猫可进行外部触诊和直肠内触诊。检查时注意观察动物有无压痛反应。肾脏敏感性增高，则可能表现出不安、拱背、摇尾和避让等反应。直肠触诊应注意检查肾脏的大小、形状、硬度、有无压痛、活动性、表面是否光滑等（见图 2-6-2、图 2-6-3）。

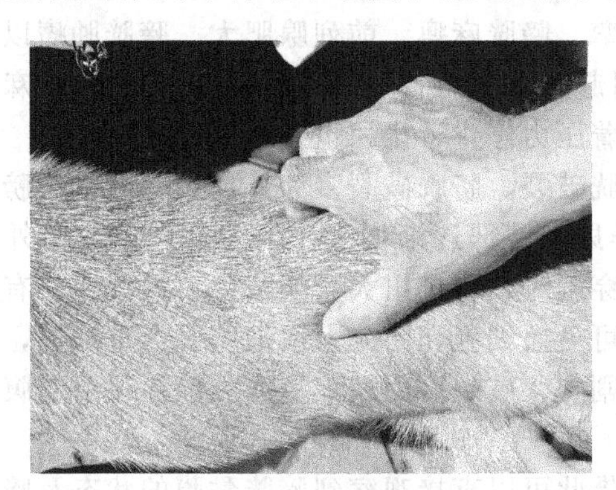
图 2-6-2　犬肾脏按压触诊

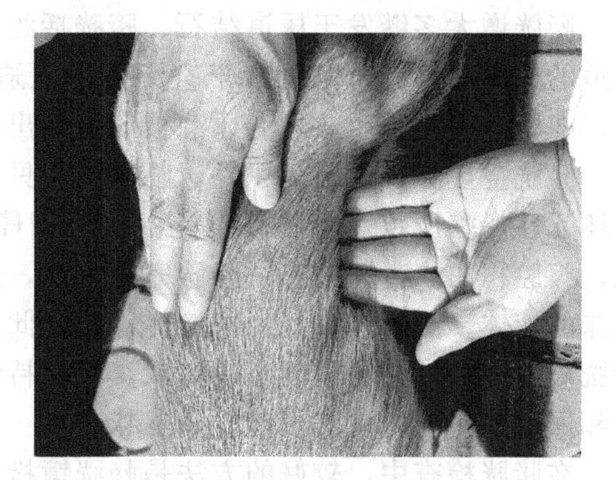
图 2-6-3　犬肾脏切入触诊

二、肾盂及输尿管的检查

肾盂位于肾窦之中，输尿管是一细长而可以压扁的管道，起自肾盂，终至膀胱。健康犬、猫的输尿管很细，经直肠难以触及。肾盂积水时，可能发现一侧或两侧的肾脏增大，有波动感，有时还可发现输尿管扩张。在犬肾盂肾炎时，直肠触诊肾盏部，患畜可呈现疼痛反应。输尿管严重发炎时，由肾盏至膀胱的径路上可感到输尿管粗如手指、紧张而有压痛的索状物。严重的肾盂或输尿管结石的病例，当直肠触诊时，可发现肾脏的触痛，有时还能在肾盂中触摸到坚硬的结石，间或经直肠触诊到停留于输尿管中的豌豆大至蚕豆大、坚硬的结石，同时病犬呈疼痛反应。

子任务四　膀胱与尿道的检查

一、膀胱检查

尿结石的诊断与治疗

膀胱为贮存尿液的器官，上接输尿管，下和尿道相连。因此，膀胱疾病除膀胱本身原发外，还可继发于尿道及前列腺疾病等。

犬、猫可伸入直肠内进行触诊，或在腹部盆腔入口前缘行外部触诊。检查膀胱时，应注意其位置、大小、充满度、膀胱壁的厚度以及有无压痛等（见图 2-6-4、图 2-6-5）。

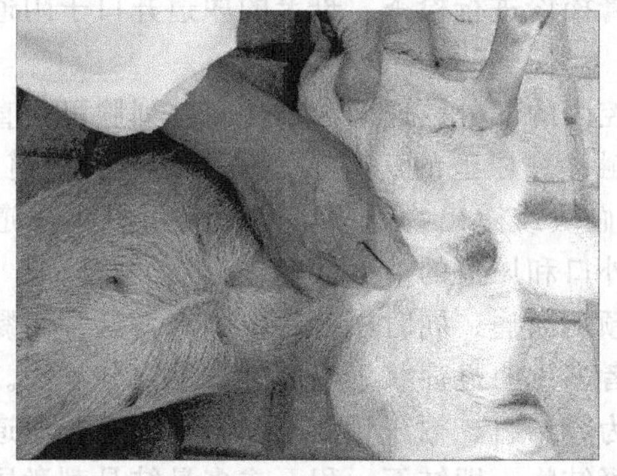
图 2-6-4　犬的膀胱触诊

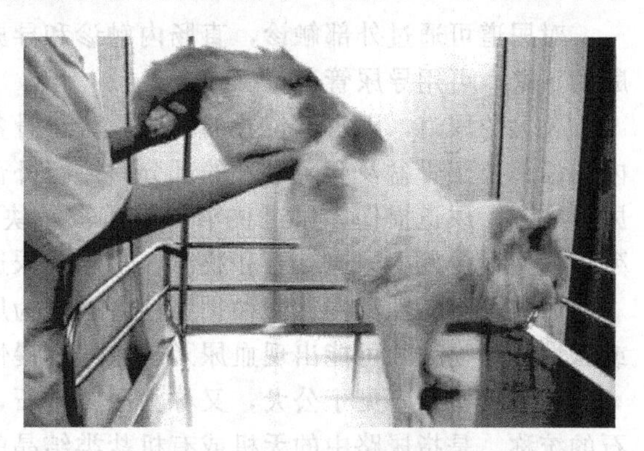
图 2-6-5　猫的肾及膀胱触诊

在病理情况下，膀胱疾患所引起的临床症状表现有尿频、尿痛、膀胱压痛、排尿困难、尿潴留和膀胱膨胀等。直肠触诊时，膀胱可能增大、空虚、有压痛，其中也可能含有结石块、瘤体物或血凝块等。

膀胱增大多继发于尿道结石、膀胱括约肌痉挛、膀胱麻痹、前列腺肥大、膀胱肿瘤以及尿道的瘢痕等，有时也可由于直肠便秘压迫而引起，此时触诊膀胱高度膨胀。当膀胱麻痹时，在膀胱壁上施压，可有尿液被动地流出，随着压力停止，排尿也立即停止。

膀胱空虚除肾源性无尿外，临床上常见于膀胱破裂。膀胱破裂多为外伤引起，或为膀胱壁坏死性炎症所致。膀胱破裂是由于长期停止排尿，腹部逐渐增大，下腹部向下、向外扩张，腹腔积尿。直肠检查时膀胱完全空虚，腹腔穿刺时，可排出大量淡黄色、微混浊、有尿臭味的液体，或为红色混浊的液体；镜检此液体可见血细胞和膀胱上皮细胞。严重病例，在膀胱破裂之前，有明显的腹痛症状，有时持续而剧烈，破裂后因尿液流入腹腔往往引起腹膜炎和尿毒症，有时皮肤可散发尿臭味。

在膀胱检查中，较好的方法是膀胱镜检查，借此可以直接观察到膀胱黏膜的状态及膀胱内部的病变，也可根据窥察输尿管口的情况，判定血尿或脓尿的来源。此外，也可用 X 线造影术进行检查。

临床上膀胱炎是膀胱黏膜或黏膜下层组织的炎症。以疼痛性尿频、尿痛、膀胱部位触痛和尿沉渣中含有大量膀胱上皮细胞、脓细胞和血细胞等为特征。雌性老龄犬、猫多发。病犬、猫出现尿频，或仅有少量尿液或呈点滴状排出，并表现疼痛不安。严重者当膀胱括约肌肿胀痉挛或膀胱颈肿胀引起尿闭时，病犬、猫仅呈排尿姿势而无尿液排出。尿液混浊，氨臭味，混有大量黏液、血液或血凝块、黏膜、脓汁及微生物等。膀胱多呈空虚状态，触压有疼痛的收缩反应。尿沉渣镜检，有大量的白细胞、膀胱上皮细胞、红细胞及微生物等。严重病例体温升高，精神沉郁，食欲不振。

膀胱破裂是指膀胱壁发生裂伤，尿液和血液流入腹腔所引起的病症。临床上以排尿障碍、腹膜炎、尿毒症和休克为特征。膀胱破裂后尿液立即进入腹腔，膨胀的膀胱抵抗感突然消失，多量尿液积聚在腹腔内，可引起严重的腹膜炎，病犬、猫表现腹痛和不安，步态强拘、不灵活，无尿或排出少量血尿。触诊腹壁紧张，且有压痛。随着病程的进展，可出现呕吐、腹痛、体温升高、脉搏和呼吸加快、精神沉郁、血压降低、贫血、昏睡等尿毒症和休克症状。腹水检查，尿素氮可升高为血中的 5～10 倍。血液检查，白细胞增多，血肌酐、钙、尿素氮升高，CO_2 结合力降低。

二、尿道检查

对尿道可通过外部触诊，直肠内触诊和导尿管探诊进行检查。母犬的尿道开口于阴道前庭的下壁，可用导尿管进行探诊。

公犬的尿道，因解剖位置的不同，位于骨盆腔内的部分，连同贮精囊和前列腺可由直肠内触诊；位于骨盆及会阴以外的部分，可行外部触诊。尿道的病理状态最常见的是尿道炎，尿道结石，尿道损伤，尿道狭窄，尿道被脓块、血块或渗出物阻塞，有时尚可见到尿道坏死。母犬很少发生尿道结石和狭窄，却多发尿道外口和尿道的炎症性变化。

尿道炎有急性和慢性两种。急性者表现为尿频和尿痛；同时尿道外口肿胀，且常用黏液或脓性分泌物，并可能出现血尿乃至脓尿。慢性者多无明显症状，仅有少量黏性分泌物。

尿道结石，多见于公犬，又称为尿路结石，为肾结石、输尿管结石、膀胱结石、尿道结石的统称。是指尿路中的无机或有机盐类结晶的凝结物，即结石、积石或多量结晶刺激尿路黏膜而引起出血、炎症和阻塞的一种尿路器官疾病。其中膀胱和尿道结石最常见。

表现为频尿、滴尿、血尿，并伴有强烈的氨臭味。重者可发生尿道阻塞，无尿排出，引起膀胱膨胀；甚至破裂，引起尿毒症。病犬、猫精神抑郁，厌食和脱水，有时呕吐和腹泻，可在72h内昏迷、死亡。因结石所在位置不同，其症状略有差别。

膀胱结石较小一般不表现临床症状，结石大而多时，刺激膀胱黏膜，引起膀胱炎症。表现为排尿困难，尿频，血尿，腹围增大。膀胱敏感性增强。膀胱触诊可触及结石。

尿道狭窄多因尿道损伤所致，也可能是不完全结石阻塞的结果。临床表现为排尿困难，尿流变细或呈滴漓状，严重狭窄可引起慢性尿潴留。应用导尿管探诊，如遇有梗阻，即可确定。

子任务五　生殖器检查

一、雄性宠物外生殖器检查

公犬的生殖器官包括阴囊、睾丸、精索、附睾、阴茎和一些副腺体（前列腺、贮精囊和尿道球腺）。临床检查中凡是有外生殖器局部肿胀、排尿障碍、血尿、尿道口外有异常分泌物、疼痛等症状时，均应考虑有生殖器官疾病的可能。这些症状除发生于生殖器官本身的疾病外，也可由泌尿器官或其他器官的疾病引起。

检查公犬外生殖器时应注意阴囊、睾丸和阴茎的大小、形状、尿道外口炎症、肿胀、分泌物或新生物等。

1. 睾丸和阴囊

阴囊内有睾丸、附睾、精索和输精管。检查时应注意睾丸的大小、形状、硬度以及有无隐睾、压痛、结节和肿物等。

（1）阴囊　由于阴囊低垂，组织疏松，最容易发生阴囊及阴鞘水肿，临床表现为阴囊呈椭圆形肿大，表面光滑，膨胀，有囊性感，局部无压痛，压之留痕。如积液明显，可进行阴囊阴鞘穿刺，一般积液为黄色透明的液体，如为血性液体可提示由外伤、肿瘤及阴囊水肿引起，严重时水肿可蔓延到腹下或腹股沟内侧，有时甚至引起排尿障碍。多见于阴囊局部炎症，睾丸炎，去势后阴囊积血、渗出、浸润及感染、阴囊脓肿，精索硬肿，阴鞘和阴茎的损伤、肿瘤等。

（2）睾丸　检查时应注意睾丸的大小、形状、温度及疼痛等。公畜的睾丸炎多与附睾炎同时发生。在急性期，睾丸明显肿大、疼痛，阴囊肿大，触诊时局部压痛明显、增温，患犬精神沉郁，食欲减退，体温增高，后肢多呈外展姿势，出现运步障碍。如发热不退或睾丸肿胀和疼痛不减时，应考虑有睾丸化脓性炎症之可能。此时全身症状更为明显，阴囊逐渐增大，皮肤发亮，阴囊及阴鞘水肿，且可出现渐进性软化病灶，以致破溃。必要时可行睾丸穿刺以助诊断。

（3）精索　精索硬肿为去势后常见之并发症。可为一侧或两侧，多伴有阴囊和阴鞘水肿，甚至可引起腹下水肿。触诊精索断端，可发现大小不一、坚硬的肿块，有明显的压痛和运步故障。有的可形成脓肿或精索瘘管。

（4）包皮　公犬发生包皮炎，在其包皮的前端部形成充满包皮垢和浊尿的球形肿胀，同时包皮口周围的阴毛被尿污染，包皮脂和脓秽物粘在一起，致使排尿发生故障。

2. 阴茎及龟头

在公犬阴茎损伤、阴茎麻痹、龟头局部肿胀及肿瘤较为多见。公犬阴茎较长，易发生损伤，受伤后可局部发炎、肿胀或溃烂，见尿道流血、排尿故障、受伤部位疼痛和尿潴留等症状，严重者可发生阴茎、阴囊、腹下水肿和尿外渗，造成组织感染、化脓和坏死。如用导尿管检查则不能插入膀胱，或仅导出少量血样液体，提示有尿道损伤之可能。龟头肿胀时，局部红肿，发亮，有的发生糜烂，甚至坏死，有多量渗出液外溢，尿道可流出脓性分泌物。

公犬的外生殖器肿瘤，常发生于阴鞘、阴茎和龟头部，阴茎及龟头部肿瘤多为不规则的肿块，呈菜花状，常溃烂出血，有恶臭分泌物。

二、雌性宠物外生殖器检查

母犬生殖器包括卵巢、输卵管、子宫和阴门。母犬外生殖器主要指阴道和阴门。检查时可借助阴道开张器扩张阴道，详细观察阴道黏膜的颜色、湿度、损伤、炎症、肿物及溃疡。同时注意子宫颈的状态及阴道分泌物的变化。这对于诊断某些泌尿生殖器官疾病有重要意义。

健康母犬的阴道黏膜呈淡粉红色，光滑而湿润。母畜发情期阴道黏膜和黏液可发生特征性变化，此时，阴唇呈现充血肿胀，阴道黏膜充血。子宫颈及子宫分泌的黏液流入阴道。黏液多呈无色、灰白色或淡黄色，透明，其量不等，有时经阴门流出，常吊在阴唇皮肤上或黏着在尾根部的毛上，变为薄痂。

在病理情况下，较多见者为阴道炎。患犬表现为拱背、努责、尾根翘起、时作排尿状，但尿量却不多，阴门中流出浆液性或黏液，脓性污秽腥臭液，甚至附着在阴门、尾根部变为干痂。阴道检查时，阴道黏膜敏感性增高，疼痛，充血，出血，肿胀，干燥，有时可发生创伤、溃疡或糜烂。假膜性阴道炎时，可见黏膜覆盖一层灰黄色或灰白色坏死组织薄膜，膜下上皮缺损或出现溃疡面。

母犬子宫扭转时，除明显的腹痛外，阴道检查可提供很重要的诊断依据。阴道黏膜充血呈紫红色，阴道壁紧张，其特点是越向前越变狭窄，而且在其前端呈较大的明显的螺旋状皱褶，皱褶的方向标志着子宫扭转的方向。当阴道和子宫脱出时，可见阴门外有脱垂物体。

经犬、猫的腹壁触摸子宫，可判断子宫的大小、质地、内容物等，并且是最为实用的妊娠检查方法。犬妊娠20～22日时，子宫明显膨大，直径约2cm。28日之后，直径约3cm，这时为最易触诊期（猫在妊娠18～24日时最易触诊，30日以后则触摸不清）。至35日，可见乳头增大及乳头丰满。初产雌犬乳头的颜色特红，临产前一周，能挤出乳汁。妊娠43日后，X线检查可见胎儿骨骼轮廓。

子任务六　乳房的检查

乳房检查对乳腺疾病的诊断具有很重要的意义。在动物一般临床检查中，尤其是泌乳母畜除注意全身状态外，应重点检查乳房。检查方法主要用视诊、触诊，并注意乳汁的性状。

一、乳房检查方法

1. 视诊

注意乳房大小、形状，乳房和乳头的皮肤颜色，有无发红、橘皮样变、外伤、隆起、结节及脓包等。

2. 触诊

可确定乳房皮肤的厚薄、温度、软硬度及乳房淋巴结的状况，有无脓肿及其硬结部位的大小和疼痛的程度。

检查乳房的温度时，应将手贴于相对称的部位，进行比较。检查乳房的皮肤厚薄和软硬时，应将皮肤捏成皱襞或由轻到重施压感觉之。触诊乳房实质及硬结病灶时，须在挤奶后进行。注意肿胀的部位、大小、硬度、压痛及局部温度，有无波动或囊性感。

乳房炎时，炎症部位肿胀、发硬，皮肤呈紫红色，有热痛反应，有时乳房淋巴结也肿大，挤奶不畅。炎症可发生于整个乳房，有时仅限于乳腺的一叶或仅局限于一叶的某部分。因此，检查应遍及整个乳房，乳房淋巴结显著肿大，形成硬结，触诊常无热痛。

二、乳汁感观检查

除隐性乳房炎病例外，多数乳房炎病例，乳汁性状都有变化。检查时，可将各乳区的乳汁分别挤入手心或盛于器皿中进行观察，注意乳汁颜色、稠度和性状。如乳汁浓稠，内含絮状物或纤维蛋白性凝块，或脓汁、带血，可为乳房炎的重要指征。必要时进行乳汁的化学分析和显微镜检查。

任务七　神经系统的临床检查

神经系统检查不仅对于神经系统本身疾病的诊断有重要意义，而且在其他系统的组织器官发生疾病时，也有十分重要的诊断价值。神经系统检查，包括精神状态检查、头颅和脊柱检查、运动机能检查、感觉机能检查和反射机能检查等。犬神经系统组成见图 2-7-1、猫神经系统组成见图 2-7-2。

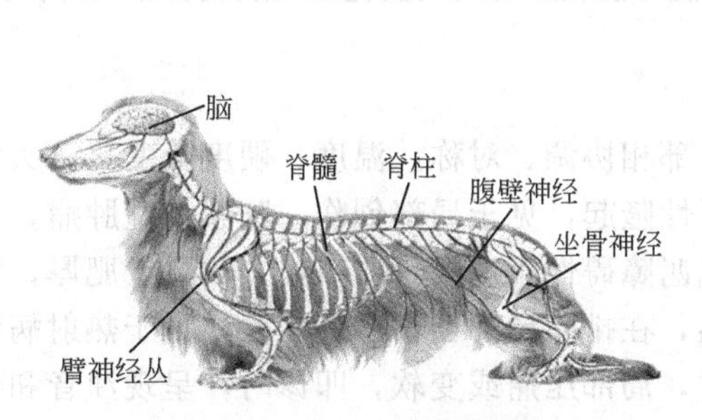

图 2-7-1　犬神经系统组成

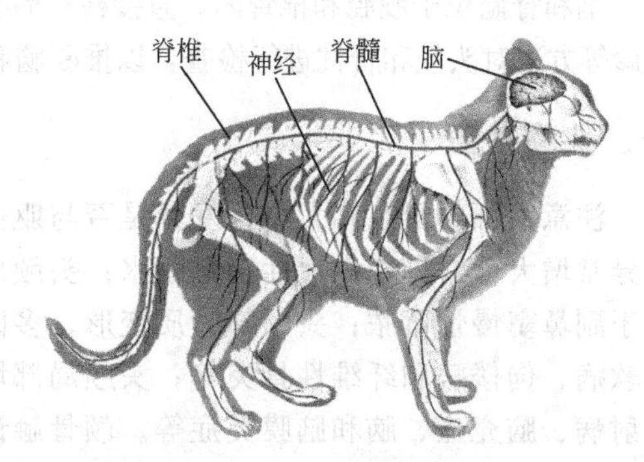

图 2-7-2　猫神经系统组成

子任务一　精神状态检查

健康动物大脑皮层的兴奋和抑制保持着动态平衡，表现为精神敏锐，反应灵活。但在病理状态下，由于大脑机能发生障碍，兴奋和抑制失去平衡，在临床上出现精神兴奋或抑制状态。

一、精神兴奋

精神兴奋是大脑皮层兴奋性增高的表现，此时对轻微的刺激即表现出强烈的反应。高度兴奋时表现为狂躁不安、狂奔乱跳、攻击人畜、高声鸣叫等。

精神兴奋常见于脑疾患（如脑膜充血，炎症及颅内压升高等）、中毒性疾病（如微生物毒素、化学药品或植物中毒）、日射病和热射病、传染病（如传染性脑脊髓炎，狂犬病）。

二、精神抑制

精神抑制是大脑皮层抑制过程占优势的表现，按其轻重程度可分为沉郁、昏睡和昏迷。

1. 沉郁

沉郁是大脑皮层活动受到最轻度抑制的表现。患犬、猫对周围事物反应迟钝、离群呆立、头低耳奋、眼睛半闭、不听呼唤，常见于许多疾病的过程中。

2. 昏睡

昏睡是大脑皮层中度抑制的表现。患犬、猫处于不自然的深睡状态，对外界刺激反应异常迟钝。给予强制刺激（如针刺）才能使之觉醒，但很快又陷入沉睡状态。常见于脑炎及颅内压增高等。

3. 昏迷

昏迷是大脑皮层机能高度抑制的表现。患犬、猫意识完全丧失，对外界刺激全无反应，卧地不起，全身肌肉松弛，反射消失，甚至瞳孔散大，粪尿失禁。仅保留节律不齐的呼吸和心跳。常为预后不良的征兆。见于颅内病变（如脑炎、脑肿瘤、脑创伤）及代谢性疾病（由于感染、中毒引起的脑缺氧、缺血、低血糖、辅酶缺乏、脱水、代谢产物的潴留所致）。

在疾病过程中，中枢神经机能被扰乱，精神兴奋和抑制可互换。以后因脑细胞受到损伤，高度缺氧及颅内压增高等，即转为抑制状态。兴奋与抑制可交替发生，若不进行有效救治，最终要转入抑制状态。

子任务二　头颅和脊柱检查

脑和脊髓位于颅腔和椎管内，直接检查尚有困难。在临床上只有通过视诊、触诊及头颅局部叩诊等方法对头颅和脊柱进行检查，以推断脑和脊髓可能发生的病理变化以及病变发生的部位。

一、头颅检查

注意头颅的形态和大小，发育是否与躯体各部相协调、对称，温度、硬度等变化。头颅部异常增大，常见于先天性脑室积水；头颅局限性隆起，见于局部创伤，脑或颅壁肿瘤，也见于副鼻窦慢性蓄脓；头颅部骨质变形，多因代谢障碍性疾病致骨质疏松、软化或肥厚，如骨软病、佝偻病和纤维性骨炎等；头颅局部增温，在排除局部创伤、炎症外，见于热射病和日射病、脑充血、脑和脑膜炎症等。颅骨触诊时，局部压痛或变软，叩诊时，呈现浊音和半浊音，见于脑和颅壁肿瘤，上颌窦长期蓄脓使窦壁骨质软化。

二、脊柱检查

用触诊法检查脊柱是否弯曲（如上弯、下弯和侧弯）。脊柱弯曲多因其周围支配脊柱的肌肉紧张性不协调所致，见于脑膜炎、脊髓炎和破伤风等，也见于骨质代谢障碍性疾病（如骨软病）。此时可呈现角弓反张、腹弓反张和侧弓反张，由于后头挛缩或斜颈，甚至引起强迫性后退或转圈运动。但应排除创伤性骨折、药物中毒及风湿性病等引起的脊柱弯曲，压痛及僵硬异常等症状。

子任务三　运动机能检查

健康动物的运动机能，是在大脑皮层的控制下以及小脑、前庭和深感觉的密切配合下，通过椎体系统和椎体外系统而实现的，当这些部位的某一部分发生病变时，则可引起运动机能的改变。运动障碍主要有强迫运动、共济失调、痉挛和瘫痪等。

一、强迫运动

强迫运动是指由于脑机能障碍所引起的不受意识支配和外界环境影响，而出现的强制发生的有规律的运动。

1. 盲目运动

患病动物作无目的地徘徊走动，对外界刺激缺乏反应。有时不断前进或不断后退直至被障碍物阻挡后，头或后躯抵于障碍物上而不动，若人为地将其方向转动则又无目的游走，常见于脑部炎症、脊髓损伤所引起的意识障碍。

2. 圆圈运动

患病的动物按一定方向作圆圈运动，圆圈的直径不变或逐渐缩小。见于脑炎、脑脓肿、一侧性脑室积水等。

3. 暴进及暴退

患病动物将头高举或低下，以常步或速步不顾障碍向前狂进，甚至跌入沟渠而不知躲避，称暴进。见于大脑皮层运动区、纹状体、丘脑等受损伤。暴退是头颅后仰，连续后退，甚至倒地。见于小脑损伤、颈肌痉挛等。

4. 滚转运动

患病动物不自主的地向一侧倾倒或强制卧于一侧，或以躯体的长轴为中心向患侧滚转，见于延脑、小脑脚、前庭神经、内耳迷路受损的疾病。

二、共济失调

运动时肌群动作相互不协调所致动物体位和各种运动的异常表现，称为共济失调。临床上常见的有体位平衡失调（又称静止性失调）和运动性失调。

1. 体位平衡失调

即动物在站立状态下出现的失调。表现为：头和体躯摇摆不稳，偏斜，四肢肌肉紧张度下降，软弱，常以四肢叉开站立而力图保持体位平衡，似“醉酒状”。常见于小脑、前庭神经或迷路受损害。

2. 运动性失调

即动物在运动时出现的失调，表现为：运步时整个身躯摇晃，步态笨拙，举肢很高，用力踏地，如“涉水样”步态。常见于大脑皮层（额叶或颞叶）、小脑、脊髓（脊髓背根或背索）及前庭神经或前庭核、迷路受损害。

三、痉挛

肌肉不随意的急剧收缩称为痉挛，又叫抽搐。多由于大脑皮层运动区、锥体径路及反射弧受损所致大脑皮层下中枢兴奋的结果。

1. 阵发性痉挛

阵发性痉挛指单块肌肉或单个肌群发生短暂、迅速的一阵阵有节律的不随意收缩，突然发生，并且迅速停止。肌肉收缩与张弛交替出现。常见于传染病（传染性脑炎）、中毒性疾病（有机磷、食盐、士的宁、植物等中毒）、代谢障碍（如钙、镁缺乏症）及循环障碍等。

单块肌肉或单个肌群发生迅速、有规律、细小的阵发性痉挛，称为震颤。常为小脑或基底神经节受损害的特征，见于中毒、过劳、衰竭、缺氧或危重病例的濒死期。

高度的阵发性痉挛，引起全身性肌肉剧烈颤动，称为抽搐或惊厥，多见于重症疾病（如尿毒症）。

2. 强直性痉挛

强直性痉挛是指肌肉长时间均等的连续收缩而无弛缓的一种不随意运动。常由大脑皮层机能受抑制，基底核神经节受损伤，脑干和脊髓的低级运动中枢受刺激所引起。强直性痉挛常发于一定的肌群，如头颈部肌肉痉挛所致的角弓反张等。

全身性强直性痉挛见于破伤风、脑炎、马钱子中毒等。

四、瘫痪（麻痹）

肌肉的随意运动机能减弱或消失称为瘫痪或麻痹。

1. 根据瘫痪程度分类

肌肉运动机能完全丧失，称为全瘫；肌肉运动机能部分丧失，称为轻瘫。

2. 根据瘫痪发生部位分类

瘫痪只侵及某一肌肉、肌群或一肢体者，称为单瘫；侵及躯体一侧者，称偏瘫；躯体两侧对称部位（如两后肢）瘫痪者称截瘫。截瘫在兽医临床上最为常见。

3. 根据神经系统损伤的解剖部位分类

（1）中枢性瘫痪　由于上位运动神经元损伤，其控制能力减弱或丧失，脊髓的反射活动增强，故腱反射亢进，肌张力增高（瘫痪的肌肉较坚实，被动运动的阻力增大，活动幅度变小）；由于下位运动神经元仍能向肌肉传递神经营养冲动，故一般无肌肉萎缩现象。常见于脑炎、脑出血、脑积水、脑软化、脑肿瘤等。

（2）外周性瘫痪　由于下位运动神经元损伤，脊髓发射弧机能减弱或中断，故而腱反射减弱或消失，肌张力降低（瘫痪的肌肉松软，被动运动的阻力减小，活动幅度增大）；由于下位运动神经元的传送营养冲动发生障碍，故肌肉很快萎缩。常见于脊髓及外周神经受损害，如坐骨神经麻痹等。

以上两种运动瘫痪，皮肤发射都减弱或消失。具体鉴别见表 2-7-1。

表 2-7-1　中枢性瘫痪与外周性瘫痪的鉴别

区　别	中枢性瘫痪	外周性瘫痪
肌肉紧张度	增强	减弱
有无肌肉萎缩	无肌肉萎缩	肌肉萎缩
腱反射	增强	减弱或消失

子任务四　感觉机能检查

一、一般感觉检查

主要包括浅感觉和深感觉机能的检查。

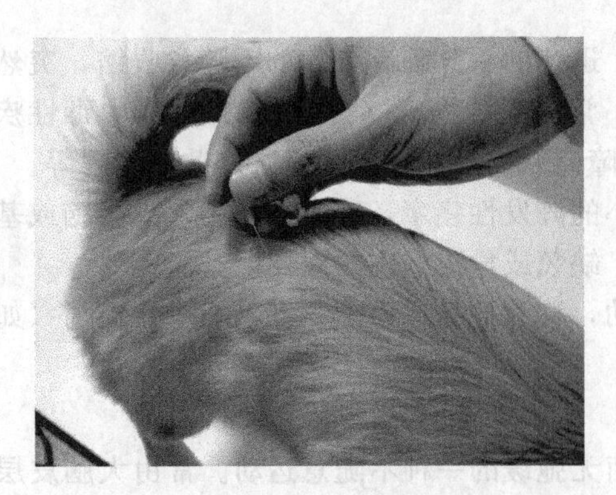

图 2-7-3　浅感觉检查

1. 浅感觉

包括皮肤的触觉、痛觉、温觉和对电刺激的感觉。在动物主要检查其痛觉和触觉。检查时应在动物安静的状态下由饲管人员保定，为避免视觉干扰，用布将动物的眼睛遮住，用针头或尖锐物以不同力量先从臀部开始，沿脊柱两侧逐渐向前刺激，直到颈部和头部。对四肢的检查从最下部开始，做环形刺激直至脊柱。必要时应作对比检查或多次检查。注意观察动物的反应。健康动物针刺时，出现相应部位的背毛颤动，皮肤或肌肉收缩，竖耳，回头，或啃咬动作。浅感觉检查见图 2-7-3。

(1) 皮肤感觉性增高（感觉过敏） 给予轻度刺激，引起强烈反应。由于感觉神经传导径路受刺激所致。见于脊髓膜炎、脊髓背根损伤、视力损伤、末梢神经发炎或受压、局部组织炎症。

(2) 皮肤感觉性减弱（感觉减退）或感觉消失 皮肤感觉迟钝或完全消失，对各种刺激的反应减弱或感觉消失，甚至在意识清醒下感觉能力完全消失。表明感觉神经，传导径路发生毁坏性病变，导致传送感觉的能力丧失，或神经机能处于抑制状态。

局限性感觉迟钝或消失，是支配该区域的末梢感觉神经受侵害；体躯两侧对称性感觉迟钝或消失，多因脊髓的横断性损伤（如挫伤、脊柱骨折、压迫和炎症等）；体躯一侧性感觉消失，多见于延脑和大脑皮层传导径路损伤，引起对侧肢体感觉消失；体躯多发性感觉消失，见于多发性神经炎和一些传染病。

(3) 感觉异常 由于传导径路上存在异常刺激所致，是一种自发产生的感觉，如发痒、烧灼感、蚁走感等。见于狂犬病、神经性皮炎、荨麻疹等。动物不断啃咬、搔抓、摩擦，使部分皮肤严重损伤。

2. 深感觉（本体感觉）

指皮下深部的肌肉、关节、骨骼、腱和韧带等的感觉。检查时应人为地将动物肢体改变自然姿势而观察其反应。健康动物在除去外力后，立即恢复到原状。如深部感觉障碍时则较长时间保持人为姿势而不变。提示大脑或脊髓受损害。如慢性脑积水、脑炎、脊髓损伤、严重肝病等。

二、感觉器官检查

感觉器官主要包括视觉、听觉、嗅觉及味觉器官。某些神经系统疾病，可使感觉器官与中枢神经系统之间的正常联系破坏，导致相应的感觉机能障碍。通过感觉器官检查，有助于发现神经系统的病理过程。但应与非神经系统病变引起的感觉器官异常相区别。

1. 视觉器官

检查时应注意眼睑肿胀、角膜完整性（角膜混浊、创伤等）、眼球突出或凹陷等变化。对神经系统疾病诊断有意义的项目如下。

(1) 斜视 斜视是眼球位置不正，由于一侧眼肌麻痹或一侧眼肌过度牵张所致。眼球运动受动眼神经、滑车神经、外展神经及前庭神经支配。当支配该侧眼肌运动的神经核或神经纤维机能受损害时，即发生斜视。

(2) 眼球震颤 眼球震颤是眼球发生一系列有节奏的快速往返运动，其运动形式有水平方向，垂直方向和回转方向。提示支配眼肌运动的神经核受害，见于半规管、前庭神经、小脑及脑干的疾患。

(3) 瞳孔对光的反应 用强光（通常用手电筒即可）照射健康动物的瞳孔时，瞳孔迅速缩小，移去光线后，瞳孔又迅速恢复原状。在某些脑病的经过中，当颅腔内压增高，压迫动眼神经时，可导致瞳孔持续地散大，对光反应消失。当两侧瞳孔散大，对光反应消失，甚至用手指按压眼球时眼球不动，表示中脑受害，是病情危重的征兆。

(4) 视力 当动物前进通过障碍物时，冲撞于物体上，或物体在动物眼前晃动时，不表现躲闪，也无闭眼反应，则表明视力障碍。见于视网膜、视神经纤维、丘

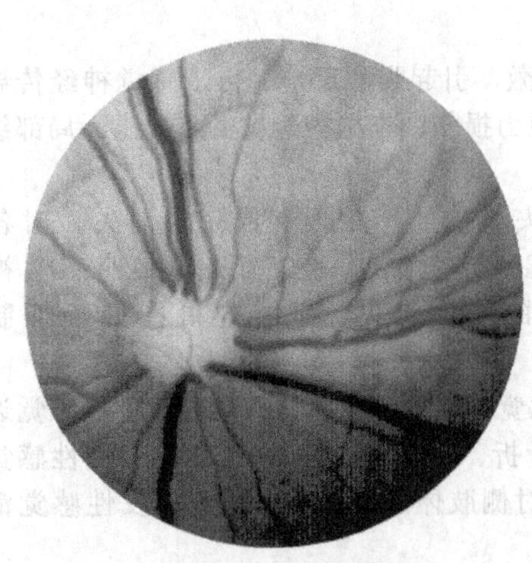
图 2-7-4 幼犬眼底观察

脑、大脑皮层的枕叶受损害时。伴有昏迷状态及眼病时，可导致目盲或失明。

(5) 眼底检查 观察视神经乳头（位置、大小、形状、颜色及血管状态）和视网膜（清晰度、血管分布及有无斑点等）(见图 2-7-4)。

2. 听觉器官

内耳损害所引起的听觉障碍，在内科疾病诊断上具有一定意义。听觉增强是病犬、猫听见轻微声音即把耳转向声音的来源一方，或两耳前后来回移动，同时惊恐不安，乃至肌肉痉挛。见于脑和脑膜疾病。听觉减弱或消失，与大脑皮层颞叶、延脑受损有关。

3. 嗅觉器官

犬、猫的嗅觉高度发达。让犬、猫闻嗅熟悉物件的气味或有芳香气味的物质，但应防止其看见，以观察其反应。健康动物则寻食，出现咀嚼动作，唾液分泌增加。对犬则检查其对一定气味的辨识方向。当嗅神经、嗅球、嗅传导径路和大脑皮层受害时，则嗅觉减弱或消失。但应排除鼻黏膜疾病引起的嗅觉障碍。

子任务五 反射机能检查

反射是神经系统活动的最基本方式，在反射弧结构和机能完整时才能实现，故通过反射检查，可以帮助判定神经系统损伤的部位。

一、常见反射类型

临床上常检查的反射有以下几种。

1. 耳反射

用细棍轻触耳内侧皮毛，正常时动物摇耳和转头。反射中枢在延髓及第 1～2 颈髓。

2. 肛门反射

轻触或针刺肛门部皮肤，正常时肛门括约肌产生一连串短而急的收缩。反射中枢在第 4～5荐髓。

3. 腱反射

检查腱反射时，应使动物取横卧姿势，抬平被检后肢，使肌肉松弛，用叩诊槌叩击膝直韧带，正常时，后膝关节部强力伸张。反射中枢在第 3～4 节腰髓。

4. 瞳孔反射

应首先注意瞳孔有无缩小或扩大。瞳孔对光反射的向心神经为视神经，远心神经为动眼神经，反射中枢位于脑干（中脑和四叠体）。瞳孔对光的具体反应径路是：光线→视网膜→视神经→视束→中脑动眼神经副交感核→动眼神经副交感纤维→虹膜瞳孔括约肌。当这一反射弧受损伤时，则瞳孔对光反应发生障碍。检查瞳孔对光反射，可先遮住动物眼睛片刻，使瞳孔散大；然后开张其眼，并利用电筒光从侧方迅速照射瞳孔。健康动物由于光线照射，瞳孔很快缩小，移去强光可随即恢复。检查时应两眼分别观察，以利对照对比。

病理状态下，瞳孔可以扩大、缩小或大小不等。

(1) 瞳孔扩大 瞳孔扩大是由于交感神经兴奋或动眼神经麻痹，致使瞳孔开张肌收缩的结果。交感神经兴奋时，对光仍具有反应，见于动物的高度兴奋、恐怖、剧痛性疾病及应用阿托品等药物时；动眼神经麻痹时，对光无反应，见于某些脑病经过中，乃是由于颅内压增高，压迫了动眼神经，从而引起同侧瞳孔扩大及对光反射消失。如两侧瞳孔扩大，对光反射消失，用手压迫或刺激眼球，眼球固定不动，表示中脑受侵害，是病情垂危的表现。

（2）瞳孔缩小　瞳孔缩小常同时伴有眼球凹陷，眼睑下垂，对光反射迟钝或消失，是由于动眼神经兴奋或交感神经麻痹，致使瞳孔括约肌收缩的结果。见于脑膜脑炎、脑出血、虹膜炎、有机磷中毒及应用毛果芸香碱等药物时。

（3）瞳孔大小不等　常表明颅内有病变，如脑损伤、脑肿瘤、脑膜脑炎等，如变化不定，时而一侧稍大，时而另一侧稍大，可能为中枢神经和虹膜的神经支配障碍。

检查耳反射、肛门反射及腱反射时，一般应遮住动物的眼睛，以消除视觉的干扰，并且还要进行两侧对比检查。

二、反射异常

反射的病理性改变，有反射增强、反射减弱或反射消失。

1. 反射亢进（增强）

多由于神经系统的兴奋性普遍增高所致，见于破伤风、脊髓膜炎、有机磷中毒等。但腱反射亢进，则见于上位运动神经元损伤时，乃因脊髓反射弧失去了高级中枢的控制，因而脊髓的反射活动增强，呈现腱反射亢进。

2. 反射减弱或消失

多数是反射弧的感觉神经纤维、反射中枢或运动神经纤维损害所致，常表明脊髓背根（感觉神经）、腹根（运动神经）或脑、脊髓的灰、白质受损害。此外，中枢神经系统发出的抑制性冲动增多时，低级反射中枢或反射弧其他部分虽无损伤，但可引起反射减弱或消失，如颅内压增高、昏迷初期等。

任务八　运动系统的临床检查

运动系统的临床检查主要包括骨骼检查和肌肉检查，其内容在宠物疾病诊疗过程中有十分重要的意义。

子任务一　骨骼检查

主要包括发育状态检查、躯体结构检查和常见病理状态检查。

一、发育状态检查

（1）检查方法　主要根据骨骼发育程度及躯体的大小而确定，可分上、中、下三种。发育状态可分为发育良好，发育中等和发育不良。必要时应测量体长、体高、胸围等体尺。

（2）正常状态　健康动物发育良好，骨骼发育与年龄相称，体躯高大，结构匀称，四肢粗壮，体格健壮有力。

（3）病理变化　发育不良的动物，多表现为躯体矮小，肢体纤细，瘦弱无力，发育程度与年龄不相符；幼小动物多呈发育迟缓甚至发育停滞。

二、躯体结构检查

（1）检查方法　注意患病动物头、颈、躯干及四肢、关节各部的发育情况及其形态，比例关系。

（2）正常情况　健康动物的躯体结构紧凑而匀称，各部的比例适当。

（3）病理变化　头大颈短、面骨膨隆、胸廓扁平、腰背凸凹、四肢弯曲、关节粗大、多为骨软症或幼畜佝偻病的特征。

三、常见病理状态检查

1. 骨折

骨折是指骨的完整性或连续性受到破坏，多伴有周围组织不同程度的损伤。犬、猫骨折可发生于臂骨、髋骨、股骨及胫腓骨等，其中以后肢骨折多发。对于骨折的正确分类，是临床诊断和治疗骨折的基本要求。一般按皮肤是否破损，分为闭合性骨折和开放性骨折；按骨折发生部位，分为骨干骨折和骨后骨折；按骨折线不同方向 ，分为横骨折、斜骨折、粉碎性骨折等。

（1）症状　骨折发生后，动物运动时不安、号叫，常以三肢伏重或三肢跳跃式行进。检查患肢可见骨折肢体外形改变，发生在腕、跗关节以上的骨折肿胀明显。若全身骨折，触诊骨折部异常活动，触诊可感知骨折的粗糙摩擦感或摩擦音。骨折发生 2～3 天后，因组织破坏、分解产物和血肿吸收，引起体温轻度升高。开放性骨折若不及时治疗，往往发生化脓性感染。

（2）诊断　依据动物肢体局部肿胀和重度跛行而怀疑骨折，触摸患肢异常活动和听到骨摩擦音或有骨摩擦感，即可确诊。X 线摄片检查具有极为重要的诊断价值，通常摄片范围包括患骨及上、下两个关节，并取正位和侧位两个方位观察最为准确。

2. 关节脱位

关节脱位是指关节骨端的正常位置发生改变，即骨间关节面失去原来正常的对合关系而发生的脱位，犬、猫多发髋关节脱位与髌骨脱位，偶发下颌关节脱位，肩关节脱位或肘关节脱位。

（1）症状　因原来解剖学上的隆起与凹陷发生改变，出现关节变形，由于关节错位，加之肌肉和韧带异常牵引，关节活动受到限制，称为异常固定。脱位的关节下方发生姿势改变，如内收、外展、伸展或屈曲等。若伴有严重外伤和周围软组织损伤，关节肿胀、疼痛，综合以上原因，串肢运动时表现跛行。犬、猫多发的髋关节脱位与髌骨脱位特殊症状如下。

① 髋关节脱位　依据股骨头变位方向，有前上方、内方和后方脱位，患肢似缩短或变长，并呈内收，外展或外旋，站立时悬提或趾尖着地，行进中呈混合跛行，观察或触摸患关节可能异常突出或低下，与对侧关节比较容易发现异常变化。

② 髌骨脱位　依据髌骨变位方向，有上方、外方和内方脱位，多见于小型品种犬，以内方或外方脱位多见。发生内、外方脱位后，患肢膝、跗关节高度屈曲，患肢似明显短缩，重度支跛或三脚跳跃着行进。

（2）诊断　依据患肢异常表现及临床检查结果，即可作出初步诊断，但为确认本病，必须行 X 线摄片检查，不仅能够提供确诊的可靠依据，而且可以与靠近关节的骨折准确鉴别。

3. 髋关节发育异常

髋关节发育异常是犬在生长发育阶段出现的一种髋关节疾病，以髋关节周围软组织不同程度松弛，关节不稳定（不全脱位），股骨头和髋臼变形为特征，并以大型或快速生长的幼年犬多见。

(1) 症状　串犬出生时髋关节发育正常，到4～12月龄后，出现活动减少和不同程度的关节疼痛，行走时步态不稳，逐渐发展为后肢拖地，而以前肢负重，起卧困难。触摸或活动髋关节，动物有明显的疼痛反应。久之，患侧股部肌肉萎缩。

(2) 诊断　依据无明显致病因素且表现以上临床症状，可怀疑本病。X线摄片检查可发现髋关节发育异常。

子任务二　肌肉检查

肌肉检查主要有肌肉的丰满度检查和常见病理变化的检查。

一、肌肉丰满度检查

1. 正常状态

健康动物营养良好，肌肉丰满，骨骼棱角不显露，被毛光顺。

2. 病理变化

(1) 营养不良　宠物消瘦，骨骼表露明显，肋骨可数，全身棱角突出，被毛粗乱无光，皮肤缺乏弹性，常伴有精神不振，躯体乏力。营养不良在临床上分三种情况。

① 瘦削　见于轻度营养不良，也与品种有关。表现为体重减轻，体型瘦削。

② 消瘦　见于中度营养不良。动物表现被毛松乱，缺乏光泽，皮肤弹性降低，肌肉松弛，骨骼外露，体重较正常明显降低，体力明显减退。

③ 恶病质　见于高度营养不良。长期严重消瘦，贫血，精神高度沉郁，全身各部骨骼显露，腹部抽缩，眼窝、肋间、腹胁和肛门均下陷，常是预后不良的指征。

营养状态与动物机体的代谢机能、喂养条件有密切的关系。营养不良可见于营养缺乏及代谢紊乱性疾病，长期消化障碍（如慢性胃肠卡他）及慢性消耗性疾病（如寄生虫病等）。

(2) 过肥　过肥常可影响其外表及其繁殖性能，应注意是否由于运动不足和饲喂没有定量的原因所引起。

二、常见肌肉病理变化检查

1. 创伤

根据临床表现又分为新鲜创、化脓创、肉芽创。

(1) 新鲜创　新鲜创是指伤后时间较短，创伤可有污染，但尚未感染，创内各种组织的轮廓仍能识别。一般在伤后6h内进行合理治疗，容易达到第一期愈合。

(2) 化脓创　化脓创是指伤后时间长，创内各组织轮廓不易识别，有明显的创伤感染症状，即创部早期呈现显著的红肿热痛炎症过程，有大量脓液形成；久之脓液黏稠、量少，创缘皮肤干燥，创部呈现不同程度的肿痛反应。一般创伤发生6h以上，感染化脓往往无法避免，大多取第二期愈合形式。

(3) 肉芽创　肉芽创是指随着化脓创炎性渗出减少和组织坏死停止，创内出现新生肉芽组织的阶段。

2. 脓肿

脓肿是指任何组织或器官内形成外有脓肿膜包裹，内有脓汁潴留的局限性脓腔。确诊脓肿最简易的方法是当脓肿局部出现波动后使用粗针头穿刺，一旦有脓汁排出即可确诊。

3. 血肿

血肿是指钝性外力作用于体表造成皮下血管破裂，溢出的血液分离周围组织而形成充满血液的腔洞。血肿常在犬、猫玩耍、坠落或车撞后发生，其特征为受伤后患部迅速出现肿胀并逐渐增大，触摸有明显的波动感，且饱满有弹性，患部有轻度痛感。诊断血肿的简易方法是穿刺，若为血液即可确诊。

技能训练项目一　宠物保定

【目的要求】

1. 了解犬、猫、龟的生活习性、保定注意事项。

2. 掌握犬、猫、龟的常用保定方法。

【实训内容】

1. 犬的保定技术。

2. 猫的保定技术。

3. 龟的保定技术。

【动物与材料】

(1) 动物　犬、猫、龟。

(2) 材料　保定绷带、犬口笼、保定绳、棍套保定器、棉手套、犬颈钳、犬颈圈、诊疗台、猫保定布卷、猫保定袋、猫保定架、猫颈圈、不锈钢或搪瓷方盘、小型水族箱等。

(3) 药品　846 注射液、氯胺酮注射液等。

【方法步骤】

1. 学生分组

老师根据学生人数、实验动物数及器材等对学生进行分组，每组学生再根据实训内容，由组长分配任务，各组学生团结协作完成实训任务。

2. 教师示范

让学生操作之前，教师要将本次实训内容完整操作演示一遍，对操作中容易出现的问题，如学生的安全防护、器械使用要点、药物保定的剂量等要进行详细讲解，以免学生实际操作时出现意外。

示范操作内容有：

① 犬的徒手保定、器械保定和化学保定方法；

② 猫的徒手保定、器械保定和化学保定方法；

③ 龟的保定方法。

3. 学生操作

在教师的指导下，学生动手操作，完成实训任务。

【注意事项】

1. 教师和学生的安全

(1) 犬和猫均有一定的攻击性，教师在示范时以及学生在实训时一定要注意安全，在实训开始前，老师或学生要用接近犬、猫的技巧，稳定犬、猫的情绪，防止犬、猫产生攻击行为，导致危险的发生。

(2) 不选大型犬或有攻击性的犬、猫作为实验动物。

2. 注意实验动物的安全

(1) 化学保定前要对被保定动物称重，按照体重准确计算用药剂量，以免出现保定意外。

(2) 无论徒手保定还是器械保定，保定时的用力程度要适中，不可用力过猛，以免因导致被保定动物的窒息、骨折或内脏损伤等。

3. 保定器械的安全检查

准备保定器械时一定要逐一检查是否有损坏、破洞、不灵活或不牢靠的情况，以免实施保定时出现意外。

【技能考核】

1. 各种保定器械的认识及作用。

2. 各种保定方法的操作要点。

3. 化学保定药物的用法、用量及使用注意事项。

技能训练项目二　犬、猫临床一般检查

【目的要求】

1. 了解宠物临床常用的诊断方法。

2. 掌握问诊、听诊、视诊、触诊、叩诊和嗅诊的操作方法。

3. 掌握问诊、听诊、视诊、触诊、叩诊和嗅诊的注意事项。

【实训内容】

1. 问诊方法与问诊内容。

2. 听诊方法与听诊内容。

3. 视诊方法与视诊内容。

4. 触诊方法与触诊内容。

5. 叩诊方法与叩诊内容。

6. 嗅诊方法与嗅诊内容。

【动物与材料】

(1) 宠物　犬、猫。

(2) 材料　听诊器、叩诊锤、叩诊板、诊断台、一次性手套等。

【方法步骤】

1. 问诊内容登记

登记内容包括以下几项。

(1) 就诊宠物的基本情况　如年龄、体重、性别，是否驱过虫，是否注射过犬猫疫苗，有无与病犬猫接触史，生活环境与食物种类等。

(2) 就诊宠物的病史情况　何时发病，病初情况，病情发展情况，有无呕吐、腹泻、疼痛症状，摄食与饮水情况、体温、呼吸变化，有无排便排尿，是否流涎，有无抽搐症状，是否让人触摸等。

(3) 患病宠物的治疗情况　在哪里看过病，诊断结果，用过什么药物，用药方式与药量，用药后效果如何，用药时间等。

2. 视诊

视诊包括对犬、猫全身情况的检查和对病症有关局部的检查。

3. 触诊

对被检查宠物进行浅表触诊和深部触诊，观察动物的反应，探知发病情况。

4. 叩诊

要掌握直接叩诊法与间接叩诊法。注意了解体会影响叩诊效果的因素。明确心脏、肺脏叩诊的界限及其临床诊断价值。

5. 听诊

熟练掌握心脏的听诊、肺脏的听诊及肠音的听诊方法及其临床诊断价值。

6. 嗅诊

掌握分泌物、排泄物、呼出气体及皮肤气味的嗅诊方法。

【注意事项】

1. 问诊内容要全面、细致。
2. 进行听诊和叩诊时要选择安静的场所，避免外界杂音干扰。
3. 视诊时要选择光线充足的场所。
4. 要详细记录各种诊断方法的检查结果。

【技能考核】

1. 问诊的内容。
2. 听诊的部位、听诊方法、听诊注意事项。
3. 视诊的部侠、视诊方法、视诊注意事项。
4. 叩诊的部位、叩诊方法、叩诊注意事项。
5. 触诊的部位、触诊方法、触诊注意事项。
6. 嗅诊的部位、嗅诊方法、嗅诊注意事项。

技能训练项目三　犬、猫体温、呼吸和脉搏的测定

【目的要求】

1. 熟悉宠物正常的体温、呼吸和脉搏数值。
2. 了解影响体温、呼吸、脉搏数测定的因素。
3. 掌握患病宠物的体温、脉搏及呼吸数的测定方法。

【实训内容】

1. 犬、猫体温测定。
2. 犬、猫呼吸数测定。
3. 犬、猫脉搏（心跳）数测定。

【动物与材料】

（1）动物　犬、猫。

（2）材料　常用体温计或电子体温计、听诊器、夹子、酒精棉球等。

【方法步骤】

1. 体温的测定

将被检查的犬或猫保定好后，体温计用酒精棉球擦拭后缓慢插入直肠内，使体温计在直肠内放置3～5min后取出，读取数值。

2. 脉搏数的测定

一般可在后肢股内侧检查股动脉，计取1min内股动脉的搏动数。宠物过肥、患有皮炎以及有其他妨碍脉搏检查的情况时，可用听诊心搏动数来代替。

3. 呼吸次数的测定

检查者站于动物一侧，观察胸腹部起伏动作，一起一伏即为一次呼吸；在冬季寒冷时可观察呼出气流；也可对肺进行呼吸音听诊测定呼吸数。

【注意事项】

1. 测定动物体温时要待动物安静或歇息15～20min后再进行，尤其是在夏季，以免影响测定结果。

2. 测定体温时注意早晨和晚上的体温差别，以及幼龄犬、猫和成年犬、猫的体温差别。
3. 测定体温时要将水银柱甩至35℃以下。
4. 测定呼吸和脉搏数时要保持动物安静。

【技能考核】

1. 宠物的正常体温、脉搏和呼吸数。
2. 体温、脉搏和呼吸数测定方法和注意事项。

【复习思考题】

1. 犬、猫的生活习性有哪些？
2. 如何接近宠物？
3. 犬常用的保定方法有几种？如何进行保定？
4. 猫常用的保定方法有几种？如何进行保定？
5. 如何进行龟的保定？
6. 在宠物临床诊断时如何进行问诊？问诊有哪些内容？
7. 宠物临床诊断时视诊的内容及注意事项有哪些？
8. 如何进行听诊？听诊检查应注意什么？
9. 触诊检查有几种方法？异常的触诊感觉有哪些？
10. 如何进行叩诊检查？叩诊异常变化有哪些？
11. 如何进行嗅诊检查？
12. 如何进行体温、呼吸、脉搏的测定？注意事项各有哪些？
13. 常见的犬、猫饮食欲异常有哪些？
14. 犬、猫的饮食欲改变时，我们在诊断时应当注意哪些方面的问题？
15. 什么是异食癖？
16. 什么是呕吐和反流？呕吐可以分为哪些种类？
17. 呕吐检查的注意事项有哪些？
18. 口腔黏膜的检查有哪些方面？
19. 什么是流涎？临床上常见于哪些原因？
20. 临床上常见的咽部异常有哪些？
21. 简述犬胃导管插入的操作流程。
22. 异常的腹围增大常见于哪些情况？
23. 简述犬胃扩张-扭转综合征的发病原因。
24. 简述犬的直肠触诊法。
25. 犬、猫临床排便异常常见于哪些情况？
26. 粪便检查时，应注意哪些方面？
27. 试分析混合性呼吸困难出现的原因。各反映什么样的疾病？
28. 上呼吸道杂音主要有哪些类型？
29. 病理性呼吸音主要有哪些类型？
30. 犬、猫等宠物肺部听诊音有何特点？
31. 常见的病理性呼吸音的种类、性质及其临床意义如何？
32. 如何确定犬、猫心音最佳听取点？

33. 试述第一心音、第二心音产生的原因及特点。
34. 临床上如何判断犬心脏功能的好坏？
35. 按照产生杂音的病变所存在部位及性质不同，可以将杂音分为几类？
36. 如何对心杂音进行诊断？
37. 犬的排尿异常有哪几种？各有何临床意义？
38. 健康犬的尿量及排尿次数如何？
39. 尿液的感官检查项目有哪些？各有何临床意义？
40. 健康犬、猫肾脏的位置在哪里？
41. 犬肾脏检查的方法有哪几种？
42. 肾炎时患犬临床有何表现？
43. 触诊膀胱膨大，临床有何诊断意义？
44. 怎样对公犬进行生殖器官检查？
45. 怎样对母犬的乳房进行临床检查？其意义如何？
46. 神经系统的检查内容有哪些？
47. 引起精神兴奋和精神抑制的原因分别是什么？
48. 在进行头和脊柱检查时应注意什么？
49. 宠物异常运动机能表现有几种？分别由什么原因引起？
50. 如何进行感觉检查？常见的感觉异常有哪些？
51. 如何进行听觉、视觉、嗅觉器官的检查？
52. 如何进行运动系统的临床检查？
53. 骨骼和肌肉异常表现有哪些？

【知识目标】

1. 了解宠物临床实验室诊断的基本内容和基本要求。
2. 掌握血液学诊断的方法、步骤和注意事项。
3. 掌握血液生化检验内容及各检测指标的判读标准。
4. 掌握尿液检查的操作方法和注意事项。
5. 掌握粪便检查的操作方法和注意事项。

【技能目标】

1. 能够熟练进行血样、尿样、粪便、皮肤刮取样品的采集和做相应的处理。
2. 能够熟练操作血细胞分析仪、血液生化分析仪、尿液分析仪和伍德灯等实验室诊断常用的诊断仪器。
3. 能解读实验室诊断的各项化验指标。

任务一 血液学检查

血液学检查也称为血常规检查，是宠物临床实验室检验中最为重要、最常见、应用最广的检查方法之一。主要包括细胞和血小板计数、细胞形态检查等相关生理常数的测定。

子任务一 血液样品采集与抗凝

一、血液样品采集

血液学检查首选的血源为静脉血，犬、猫常用的采血部位是前肢的头静脉、后肢的隐静脉和颈静脉等。采血前，根据犬、猫的体形、性情温顺程度采用合适的保定方式，原则是尽量减少对犬、猫的应激。宠物应激往往会造成样品结果误差。目前，宠物临床上常用的采血器具是一次性注射器和头皮针，应根据采血量的需要来选取合适型号的注射器。最好的采血工具是真空采血系统，它是由1个针头、1个持针器和1个采集管组成。采集管有不同的大小，根据需要采集管中会含有抗凝剂，应采集适量的血液以保证抗凝剂和血液成最佳比例。以上方法的优点是可以用采集管或注射器采取多份样品，而不需要反复进行静脉穿刺，所得的血液样品质量最好。将前肢头静脉或后肢隐静脉的向心端用止血带扎紧或者用手握住，使静脉怒张，用酒精棉擦拭采血部位，待酒精挥发后，用右手持注射器或头皮针使针头与皮肤呈30°～45°刺入皮肤和血管，如见回血则将针头稍向前移动，松开止血带，并用右手缓缓向后抽取活塞，采集所需的血量。

二、血液样品抗凝及常用抗凝剂

血液检查多用抗凝血，血液样品采集后要尽快和抗凝剂混合，摇动时要轻柔，以防红细胞发生溶血，从而影响分析结果的准确性。抗凝剂是加入血液样品中防止或延缓其凝集的化学物质。目前，宠物临床上常用的抗凝剂有肝素、乙二胺四乙酸（EDTA)、草酸盐和柠檬酸盐、氟化钠等。

1. 肝素

肝素是最适合血液化学分析的抗凝剂，主要作用机理是通过阻止凝血过程中凝血酶原向凝血酶转化而发挥作用。其优点是抗凝能力强、不影响血细胞体积、不引起溶血。因肝素内含有钠盐、钾盐、锂盐或铵盐制剂，不可用于血涂片的分类计数，可引起白细胞凝集和干扰白细胞正常着色。通常肝素钠粉剂（每毫克含肝素100～125U）配成1g/L溶液，取0.5ml放入小瓶中，37～50℃烘干后，可抗凝5ml血液。

2. 乙二胺四乙酸

乙二胺四乙酸是血液学检查的首选，因为其不改变细胞形态，主要是通过与钙形成不溶的复合物而阻止血液凝固，因此不可用于血钙、钠及含氮物的测定。将其配成100g/L溶液，每2滴可使5ml血液抗凝。一般商品化的真空管内含有适量的EDTA，过量的EDTA可造成细胞收缩，用自动分析仪进行细胞计数时造成结果无效。

3. 草酸盐和柠檬酸盐

草酸盐和柠檬酸盐主要通过与钙形成不溶性复合物而阻止血液凝固，不能用于血细胞比容和红细胞形态学测定，也不能用于血钾和血钠的测定。

4. 氟化钠

氟化钠也有抗凝剂的作用，主要作为葡萄糖防腐剂。作为抗凝剂时，每毫升血液应加入6～10mg。目前商品化的含适量氟化钠的真空采集管已经上市，因氟化钠干扰许多项血清酶检测，不适合做血液生化分析时的血液抗凝剂。

子任务二　红细胞相关性检查

红细胞是血液中细胞数量最多的一种，其主要的生理功能为运输氧气和二氧化碳，维持机体内环境的平衡。通过红细胞计数和血红蛋白测定，发现其变化而借以诊断有关疾病。

一、红细胞计数

1. 显微镜计数法

红细胞计数是血液检查的常规组成部分，有显微镜计数法和自动血细胞分析仪计数法。显微镜计数法是最基本的红细胞计数法，要求理解其原理并能掌握其操作方法。血细胞分析仪法是目前临床上最常见、最简单的红细胞计数法，要求掌握其操作要点。

(1) 原理　血液经稀释后，充入血细胞计数板，用显微镜观察，计数一定容积内的红细胞数并换算成每升血液内的数目。

(2) 器材与试剂

① 改良式血细胞计数板　临床上最常用的是改良纽巴（Neubauer）计数板，它由一块特制的玻璃板构成，玻璃板中间有横沟将其分为三个狭窄的平台，两边的平台较中间的平台高 0.1mm。中央平台又有一纵沟相隔，其上各刻有一个计数室。每个计数室划分为 9 个大方格，每一大方格面积为 1.0mm^2，深度为 0.1mm；四角每一大方格划分为 16 个中方格，为计数白细胞用。中央一大方格用双线划分为 25 个中方格，每个中方格又划分为 16 个小方格，共计 400 个小方格，此为红细胞计数之用（见图 3-1-1、图 3-1-2）。

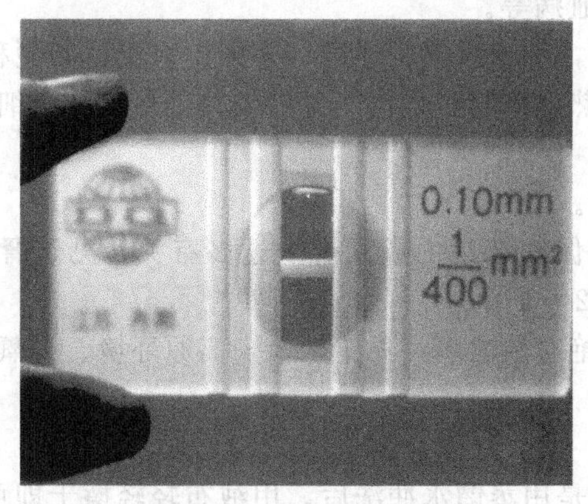

图 3-1-1　红细胞计数板

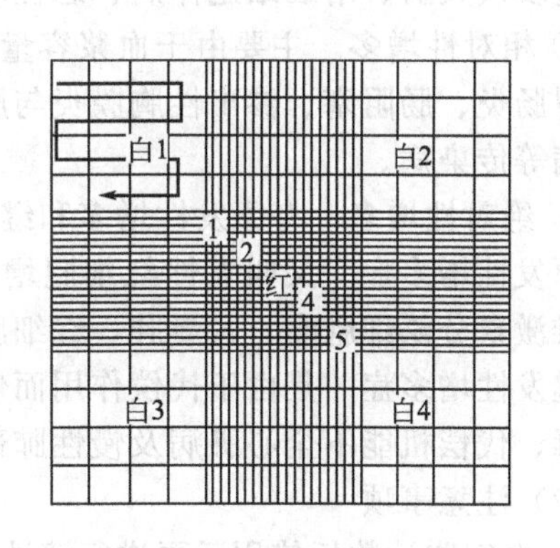

图 3-1-2　红细胞计数室

② 血盖片　专用于计数板的盖玻片呈长方形，厚度为 0.4mm。

③ 红细胞稀释管或沙利吸血管　5ml 吸管、中试管。

④ 显微镜。

⑤ 计数器。

⑥ 稀释液　0.85％氯化钠溶液。

(3) 操作方法

① 稀释　用5ml 吸管吸取红细胞稀释液 3.98ml 置于试管中。用沙利吸血管吸取全血样

品至20μl刻度处。擦去吸管外壁黏附的血液，将血液吹入试管底部，再吹、吸数次，以洗净沙利管内黏附的血细胞，然后试管颠倒混合数次。

② 冲液　用毛细吸管吸取已稀释好的血液，放于计数室与盖玻片接触处，让血液稀释液自然流入计数室中静置1～2min。注意充液不可过多或过少，过多则溢出而流入两侧槽内，如果溢出血细胞计数室应清洁后重新加样；过少则计数池中形成气泡，致使无法计数。

③ 计数　用低倍镜，光线要稍暗些，找到计数室的格后，把中央的大方格置于视野之中，然后转用高倍镜。在中央大方格内选择四角与最中间的五个中方格（或用对角线的方法数五个中方格），每个中方格有16个小方格，所以共计数80个小方格。计数时注意压在左边双线上的红细胞计在内，压在右边双线上的红细胞则不计数在内；同样，压在上线的计入，压在下线的不计入，此所谓"数左不数右，数上不数下"的计数法则（见图3-1-3）。

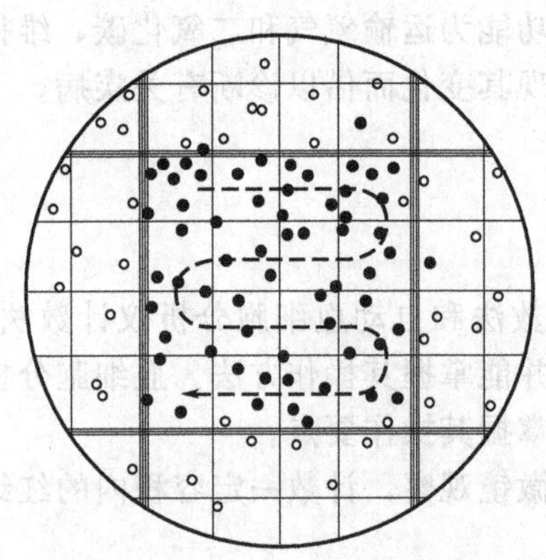

图 3-1-3　红细胞计数方法示意图

(4) 计算　用下列公式计算：

每立方毫米内的红细胞数＝5个中方格内红细胞数/80×400（小方格总数）×稀释倍数（200或100）×10（计数室深度）

如果稀释倍数为200倍，每立方毫米内的红细胞数＝5个中方格内红细胞数×10000。

红细胞用个/L表示。

(5) 正常参考值　健康动物红细胞数（$\times10^{12}$个/L）：犬5.5～8.5；猫5～10。

(6) 临床意义

① 红细胞数减少　见于各种原因引起的贫血，如造血原料不足、营养代谢病；红细胞破坏过多或失血、附红细胞体病、恶性肿瘤及白血病等。

② 相对性增多　主要由于血浆容量减少所致，见于腹泻、呕吐、多尿、多汗、肠便秘、急性胃肠炎、肠阻塞、渗出性胸膜炎与腹膜炎、热射病与日射病、某些发热性疾病及犬细小病毒病等传染病。

③ 绝对性增多　有原发性增多和继发性增多。

原发性增多症　又叫真性红细胞增多症。与促红细胞生成素产生过多有关，见于肾肿瘤、雄激素分泌细胞瘤、肾囊肿，红细胞可增多2～3倍。

继发性增多症　是由于代偿作用而使红细胞绝对数增多，见于缺氧、高原环境、一氧化碳中毒、代偿机能不全心脏病及慢性肺部疾病。

(7) 注意事项

① 血细胞计数板使用后要进行清洗，其方法是用蒸馏水冲洗后，用绒布轻轻擦干即可，切不可用粗布擦拭，也不可用酒精、乙醚等溶液冲洗。

② 计数板和盖玻片都由光学玻璃制成，应无尘无油；显微镜的光圈必须调到细胞能见度最好的程度。

2. 全自动血细胞分析仪计数

详见子任务六　血细胞分析仪的操作使用。

二、红细胞沉降率的测定

红细胞沉降率的测定可以发现贫血和脱水性疾病，发现体内潜在的病理过程，但不能单独用于临床诊断。

测定血沉的方法有很多，除魏（Westergren）氏法外，还有六五型血沉管法、温（Wintrobe）氏法、涅氏法、微量法等。现以魏氏法进行介绍。

1. 测定原理

红细胞沉降是一个比较复杂的物理化学和胶体化学过程，其原理一般认为与血中电荷含量有关。正常时，红细胞表面带负电荷，血浆中的白蛋白也带负电荷，而血浆中的球蛋白、纤维蛋白原却带正电荷。宠物体内发生异常变化时，血细胞数量及血液化学成分也会有所改变，直接影响正、负电荷的相对稳定性。如正电荷增多，则负电荷相对减少，红细胞相互吸附，形成串钱状。由于物理性的重力加速，红细胞沉降速度加快，反之，红细胞相互排斥，其沉降速度变慢。

2. 器材与试剂

（1）魏氏血沉管、采血针头等。

（2）抗凝剂　38g/L 枸橼酸钠溶液。

3. 操作方法

采用魏氏测定法：魏氏血沉管长 30cm，内径为 2.5mm，管壁有 200 个刻度，每个刻度之间距离为 1.0mm，附有特制的血沉架。测定方法如下。

（1）取枸橼酸钠液 0.4ml 置于小试管中。

（2）自颈静脉采血，沿管壁加入上述试管，轻轻混合。

（3）用血沉管吸取抗凝血至刻度 0，用棉花擦去管外血液，直立于血沉架上。

（4）经 15min、30min、45min、60min，分别记录红细胞沉降的刻度数，用分数形式表示（分母代表时间，分子代表沉降毫米数）。

4. 正常参考值

动物因品种不同，血沉率有较大差异。犬的沉降率为 0.2mm/15min，0.9mm/30min，1.2mm/45min，2.0mm/60min；猫的沉降率为 0.1mm/15min，0.7mm/30min，0.8mm/45min，3.0mm/60min。

5. 临床意义

（1）血沉加快

① 各种贫血　因红细胞减少，血浆回流产生的阻逆力也随之减小，细胞下沉力大于血浆阻逆力，故其血沉加快。

② 急性全身性传染病　因致病微生物作用，机体产生抗体，血液中球蛋白增多，球蛋白带有正电荷，使得血沉加快。

③ 各种急性局部炎症　因局部组织受到破坏，血液中 α-球蛋白增多，纤维蛋白原也增多，由于两者都带有正电荷，故使血沉加快。

④ 创伤、手术、烧伤、骨折等　因细胞受到损伤，血液中纤维蛋白原增多，红细胞容易形成串钱状，故使血沉加快。

⑤ 某些毒物中毒　因毒物破坏了红细胞，红细胞总数下降，红细胞数与其周围血浆失去了相互平衡关系，故其血沉加快。

⑥ 肾炎、肾病　血浆蛋白流失过多，使得血沉加快。

⑦ 妊娠　妊娠后期营养消耗增大，造成贫血，使得血沉加快。

（2）血沉减慢

① 脱水　如腹泻、呕吐（犬、猫）、大出汗、吞咽困难、红细胞数相对增多，造成血沉

减慢。

② 严重的肝脏疾病　肝细胞和肝组织受到严重破坏后，纤维蛋白原减少，红细胞不易形成串钱状，因而血沉减慢。

③ 黄疸　因胆酸盐的影响，使得血沉减慢。

④ 心脏代偿性功能障碍　由于血液浓稠，红细胞相对增多，红细胞质相斥性增大，以至血沉减慢。

⑤ 红细胞形态异常　红细胞的大小、厚薄及形状不规则，红细胞之间不易形成串钱状，以至血沉减慢。

三、血细胞比容（PCV）测定

测定血细胞比容的方法很多，如折射计法、比重测定法、温氏法、微量法、放射性核素法和血细胞分析仪等。微量法用血量少、测定时间短、效率高、精密度高，可代替温氏法。

1. 微量测定法

（1）器材与试剂

① 毛细玻璃管　管长75mm，内径0.8～1mm，壁厚0.2～0.25mm。

② 离心机。

（2）操作过程与方法　用毛细玻璃管采集静脉血后置离心机内离心5min，取出后用尺量出血液总长度和血细胞层的长度，或用微量血细胞比容测定读数器报告结果。该法由于相对离心力较大，结果平均比温氏法低2%，且标本用量小，简便，快捷。

（3）正常参考值　用毛细管测定公母成年犬的PCV值（1～5岁）分别为44.0%和43.6%，公母猫分别为37.6%和31.4%。

2. 温氏测定法

（1）原理　血细胞比容是指红细胞在全血中所占的体积百分比，其数值高低与红细胞数量及其大小有关。温氏测定法是将抗凝血置于温氏管中，经一定时间离心后，红细胞下沉并紧压于玻璃管中，读取红细胞柱所占的百分比，即为血细胞比容。

（2）器材与试剂

① 温（Wintrobe）氏管　管长11cm，内径约2.5mm，管壁有100个刻度。一侧自上而下标有0～10，供测定血沉用，另一侧标有10～0，供测定比容用。如无这种特制的管子，可用有100刻度的小玻璃管代替。

② 长针头及胶皮乳头　选用长12～15cm的针头，将针尖磨平，针柄部接以胶皮乳头。也可用细长毛细吸管代替。

③ 水平电动离心机　转速4000r/min。

（3）操作过程与方法

① 用长针头吸满抗凝血，插入温氏管底部，轻捏胶皮乳头，自下而上挤入血液至刻度10处。

② 置离心机中，以3000r/min的速度离心30～45min，取出观察，记录红细胞层高度，再离心45min，如与第一次离心的高度一致，此时红细胞柱层所占的刻度数，即为PCV数值。用%表示。如无离心机，可静置24h后，读取其数值。

（4）临床意义

① 血细胞比容增高

生理性增高　血细胞比容的生理性增高多是宠物兴奋、紧张或运动之后，由于脾脏收缩将贮存的红细胞释放到外周血液所致。

病理性增高　血细胞比容的病理性增高见于各种性质的脱水，如急性肠炎、急性腹膜炎、食管梗死、咽炎、小动物的呕吐和腹泻等。由于血细胞比容的增高数值与脱水程度成正比，所以根据这一指标的变化可客观的反映机体脱水情况，可以推断应该补液的数量。一般血细胞比容每超出正常值最高限的一个小格（1mm），一天之内应补液 800～1000ml。如果其仍在继续失水或饮水困难，则在此数量之外还应酌情增补。

② 压积降低　血细胞比容降低主要见于各种贫血，如马传染性贫血、营养不良性贫血、寄生虫性贫血、溶血性贫血、出血性贫血。

四、血红蛋白测定

血红蛋白检测在兽医临床检验中还没有规定性方法，氰化高铁血红蛋白测定属于参考方法，光度计法属于推荐方法，沙利法属于常规方法。但近年来使用血红蛋白分析仪法逐步取代了手工法。

1. 原理

血液与盐酸作用后，释放出血红蛋白，并被酸化后变为褐色的盐酸高铁血红蛋白，与标准柱相比，求出每升血液中血红蛋白的克数或百分数。

2. 器材与试剂

（1）沙利血红蛋白计一套　在测定管上有两种刻度：一侧表示血红蛋白在每百毫升血液内的克数；另一侧表示百分数。国产的血红蛋白计是以每百毫升血液含 14.5g 血红蛋白作为 100％而设置。

（2）0.1mol/L（或 1％）盐酸　50ml。

3. 操作过程与方法

（1）向沙利比色管内加入 0.1mol/L（或 1％）盐酸 5～8 滴。

（2）用沙利吸血管吸血至 20μl 刻度处，擦去管外黏附的血液。并将血液徐徐吹入沙利比色管内，反复吸、吹数次，以洗出沙利吸血管中的血液，要求不要产生气泡。轻轻振荡比色管，使血液与盐酸充分混合。

（3）静置 10min，待血液变成褐色后，缓缓滴加蒸馏水（或 0.1mol/L 盐酸），并不断用细玻璃棒搅动，直到颜色与标准色柱完全相同为止。液柱凹面所指的刻度数，即为 100ml 血液中血红蛋白的克数，换算成用每升血液中血红蛋白克数，用 g/L 表示。

（4）沙利吸血管的洗涤方法

① 用蒸馏水反复吸吹，甩掉水分。

② 用 95％酒精吸吹 2～3 次，以脱去吸管内的水分。

③ 用乙醚吸吹 2～3 次，以脱去酒精，干后备用。

4. 正常参考值

犬 120～180g/L，猫 80～150g/L。

5. 临床意义

（1）血红蛋白增多　主要见于脱水，血红蛋白相对增加。也见于真性红细胞增多症，是一种原因不明的骨髓增生性疾病，目前认为是多能干细胞受累所致。其特点是红细胞持续性显著增多，全身总血量也增加，见于犬和猫。

（2）血红蛋白减少　主要见于各种贫血。

子任务三　血涂片制作与染色

宠物临床疾病诊断中，用显微镜检查血涂片是血液学检查中最基本的方法。血涂片用于红细胞、白细胞的形态检查、计数。血涂片制作是一项必备的技能。良好的血片和染色是血液学检查的前提。

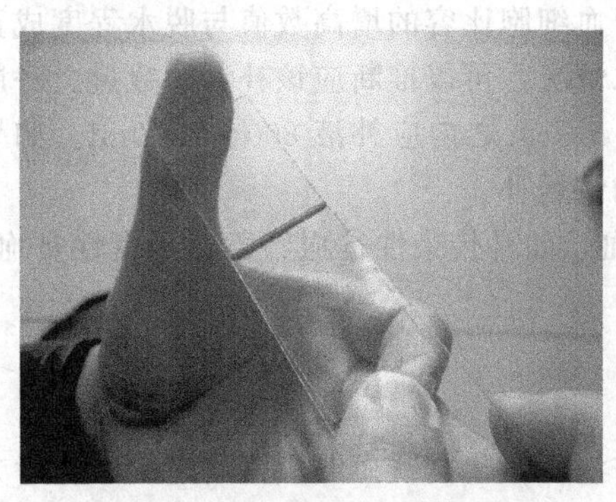

图 3-1-4　血涂片制作

一、血涂片制作

用左手拇指与食指中指夹持一洁净载玻片，用牙签取被检血液一滴，置于其右端；选取边缘光滑平整的载玻片作为推片，右手持推片置于血滴前方，并轻轻向后移动推片，使与血滴接触，待血滴散开后，再以30°～40°角度向前匀速推抹，即形成一血膜，迅速自然风干，以备染色（见图 3-1-4）。

二、血涂片染色

1. 染色液配制

（1）瑞氏染色液配制　取瑞氏染料0.1g，研磨溶解于纯甲醇60ml中，在室温中保存7天后即可应用，保存时间愈久，染色力愈佳。

（2）姬姆萨染色液的配制　姬姆萨染粉0.5g、纯甘油33.0ml、纯甲醇33.0ml。先将染粉置于研钵中，加入少量甘油，充分研磨，然后加入其余的甘油，水浴加热（60℃）1～2h，经常用玻璃棒搅拌，使染色粉溶解，最后加入甲醇混合，装入棕色瓶中保存1周后过滤即成原液。临用时取此原液1ml，加pH值6.8缓冲液或新鲜蒸馏水9ml，即成应用液。

（3）瑞-姬复合染液的配制　瑞氏染料5.0g，姬姆萨染粉0.5g，甲醇500ml。将两种染料置于研体中，加入少量甲醇研磨，倾入棕色瓶中，用剩余甲醇再研磨，最后一并装入瓶中，保存一周后过滤即可。

2. 血涂片染色

先用红蓝铅笔在血涂片血膜两端各画一条线，以防染液外溢，然后将血涂片平放在支架上，滴加染色液，直至将血膜盖满为止，经0.5～1min后，加等量磷酸盐缓冲液，混匀，再染5～10min，水洗，吸干，镜检。

3. 注意事项

（1）血涂片所需的血液量较少，如所取血量较多，则血膜较厚，不易看清细胞形态，也不利于白细胞分类计数。血滴越大，角度越大，推片速度越快则血膜越厚；反之血膜越薄。

（2）推片边缘的不整齐、推片速度的不均匀、载玻片不清洁都是引起血液涂片不均匀的主要原因。一张良好的血涂片的检测标准是：厚薄均匀、头体尾明显、血膜边缘整齐，并留有一定的空隙。

（3）要控制好染色的时间，过长或过短都会影响血涂片染色的效果。

（4）滴加的缓冲液要混合均匀，以免染出的血涂片颜色深浅不一。冲洗时应将蒸馏水直接向血膜上倾倒，使液体从血片的边缘溢出，沉淀物从液面浮去。切勿先将染液倾去再冲洗，否则沉淀物附着于血膜上不易冲掉。

三、血细胞检查

将染色好的血涂片放置于显微镜下观察，对血细胞的分布、形态等进行观察。

1. 红细胞分布

(1) 成串排列　血纤维蛋白原增加(有炎症存在),白蛋白减少。

(2) 凝集反应　球蛋白、特别是自身抗体增加(自身免疫性溶血性贫血)。

2. 红细胞的颜色

(1) 人为因素　血涂片的染色时间、染色液的pH值、水洗时间及水的pH值等都可影响红细胞的颜色,通常染色标本的边缘部红细胞着染较深。

(2) 正色素性　见于正细胞正色素性贫血、再生障碍性贫血。

(3) 低色素性　见于缺铁性贫血(慢性失血,多见于幼龄犬)、铁利用障碍(铜离子或维生素B_6缺乏)。

(4) 高色素性　见于球形红细胞(自身免疫性溶血性贫血、播散性血管内凝血)。

(5) 多染性　见于网织红细胞(再生障碍性贫血)。

3. 红细胞大小

(1) 大细胞　见于网织红细胞(再生障碍性贫血、骨髓增殖性疾病,多见于幼龄犬)。

(2) 高色素性小细胞　见于自身免疫性溶血性贫血、播散性血管内凝血。秋田犬的正常红细胞较其他犬小。

(3) 低色素性小细胞　见于缺铁性贫血,铁利用障碍。

(4) 红细胞大小不同　见于贫血的恢复期。

4. 红细胞的形态异常

(1) 锯齿状红细胞　是人为因素造成的,见于抗凝剂过多、血片干燥太慢或使用高渗液冲洗。

(2) 有突红细胞　见于肝损害、尿毒症等代谢性疾病。

(3) 靶形红细胞　见于肝、脾疾病及其他慢性疾病。

(4) 球状红细胞　见于自身免疫性溶血性贫血、播散性血管内凝血。

(5) 梨形红细胞　见于播散性血管内凝血、高胆固醇血症、高脂血症。

(6) 皱折红细胞　见于血片涂抹过厚、溶血性贫血、烧伤、铅中毒、全身性红斑狼疮。

5. 红细胞内的包涵物

(1) 海恩茨小体　用新甲基蓝作湿片染色易于见到。见于洋葱中毒、海恩茨小体性贫血(原因不明)、高血红蛋白血症、6-磷酸葡萄糖脱氢酶缺乏以及长期投予泼尼松等抑制脾脏功能的药物等。

(2) 嗜碱性斑点　见于铅中毒。

(3) 何乔小体　见于贫血的恢复期。

(4) 犬瘟热包涵体　呈各种形态的粉红色,出现于犬瘟热的某一时期。只有当淋巴细胞渐进性减少时,才具有犬瘟热的诊断价值。

(5) 有核红细胞　见于3月龄之前的幼犬,贫血的恢复期(伴有多染性红细胞)、铅中毒、骨髓增殖性疾病(不伴有多染性红细胞)。

6. 红细胞内寄生虫

(1) 巴贝斯虫　寄生于红细胞内,是犬的地方病。

(2) 犬巴尔通体　呈线状寄生于红细胞表面。并发于脾摘除、肿瘤及长期投予抑制性药物或抗癌药物时。

（3）血红蛋白结晶样物质　见于各种贫血及白血病化疗。

7. 白细胞检查

参照本任务中子任务四　白细胞分类计数。

子任务四　白细胞分类计数

一、白细胞分类计数方法

白细胞分类计数是将血液制成涂片，经瑞氏或姬姆萨染色后在油镜下按白细胞的形态学特征进行分类，求出各类型白细胞比值（百分数）。

1. 器材与试剂

（1）器材　载玻片、染色盆及支架、染色缸、洗瓶（蒸馏水）、显微镜（含油镜头）、香柏油、白细胞分类计数器、吸水纸等。

（2）试剂　瑞氏染液。

2. 操作方法

（1）血涂片的制作　参照本任务中子任务三即可。

（2）分类计数　先用低倍镜检视血片上白细胞的分布情况，一般是粒细胞、单核细胞及体积较大的细胞分布于血片的上、下缘及尾端，淋巴细胞多在血片的起始端。滴加显微镜油（香柏油），在油镜下进行分类计数。

计数时，为避免重复和遗漏，可用四区、三区或中央曲折计数法推移血片，记录每一区的各种白细胞数。连续观察 2～3 张血片，最少计数 100 个细胞，计算出各种白细胞的百分比。

记录时，可用白细胞分类计数器，也可事先设计一表格，用画“正”字的方法记录，以便于统计百分数。

3. 各种白细胞的形态特征

各种白细胞的形态特征主要表现在细胞核及胞浆的特有形状上，并应注意细胞的大小（见图 3-1-5）。

各种白细胞的形态特征描述，详见表 3-1-1。

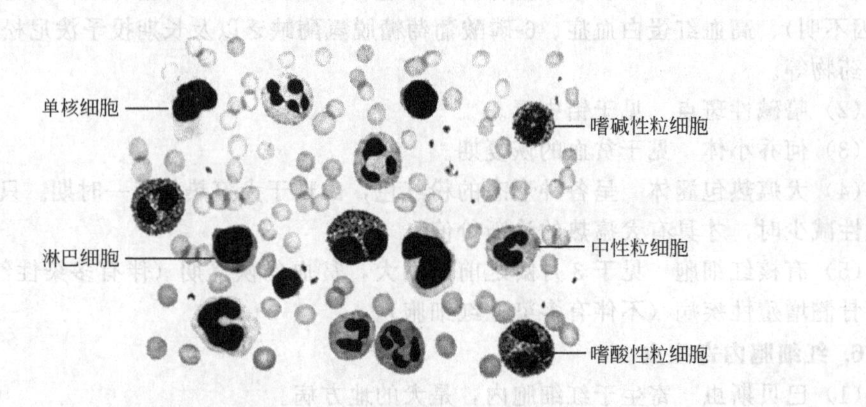

图 3-1-5　各种白细胞形态

表 3-1-1 各种白细胞的形态特征

白细胞分类	细胞核					胞浆			
	位置	形状	颜色	核染色质	细胞核膜	多少	颜色	透明带	颗粒
嗜中性幼年型	偏心性	椭圆形	红紫色	细致	不清楚	中等	蓝色、粉红色	无	红或蓝、细致或粗糙
嗜中性杆状核	中心或偏心性	马蹄形、腊肠形	淡紫蓝色	细致	存在	多	粉红色	无	嗜中性、嗜酸性或嗜碱性
嗜中性分叶核	中心或偏心性	3～5叶者居多	深蓝紫色	粗糙	存在	多	浅粉红色	无	粉红色或紫红色
嗜酸性粒细胞	中心或偏心性	2～3叶者居多	较淡，紫蓝色	粗糙	存在	多	蓝色、粉红色	无	深红，分布均匀，马的最大，其他动物次之
嗜碱性粒细胞	中心性	叶状核不太清楚	较淡，紫蓝色	粗糙	存在	多	淡粉红色	无	蓝黑色，分布不均匀，大多在细胞的边缘
淋巴细胞	偏心性	圆形或微凹入	深蓝紫色	大块、中等块，致密	浓密	少	天蓝色、深蓝色或淡红色	胞浆深染时存在	无或极小数嗜天青颗粒
大单核细胞	偏心或中心性	豆形，山字形，椭圆形	淡紫蓝色	细致网状，边缘不齐	存在	很多	灰蓝色或云蓝色	无	很多，非常细小，淡紫色

二、正常参考值

各种常见宠物白细胞分类平均值（%）见表 3-1-2。

表 3-1-2 各种常见宠物白细胞分类平均值

项目	犬	猫	马	项目	犬	猫	马
嗜中性分叶粒细胞/%	60～70	35～75	30～75	嗜酸性粒细胞/%	2～10	2～12	1～10
嗜中性杆状粒细胞/%	0～3	0～3	0～1	淋巴细胞/%	12～30	20～55	25～40
嗜中性晚幼粒细胞/%	—	—	0～1	单核/%	3～10	1～4	1～8
嗜碱性粒细胞/%	0	0	0～3				

三、临床意义

1. 嗜中性粒细胞

（1）嗜中性粒细胞增多　病理性嗜中性粒细胞增多，见于一些细菌性传染病，急性胃肠炎、肺炎、子宫内膜炎、急性肾炎等急性炎症，化脓性胸膜炎、化脓性腹膜炎、肺脓肿、蜂窝织炎等化脓性炎症及大手术后一周内。

（2）嗜中性粒细胞减少　见于马传染性贫血、传染性肝炎等病毒性疾病，各种疾病的垂危期，砷中毒等。

（3）嗜中性粒细胞的核象变化　在分析中性粒细胞增多和减少的变化时，要结合白细胞总数的变化及核象变化进行综合分析，中性粒细胞的核象变化是指其细胞核的分叶状态，它反映白细胞的成熟程度，而核象变化又可反映某些疾病的病情和预后。

① 如果外周血液中不成熟的中性粒细胞增多，即幼年核和杆状核中性粒细胞的比例升高，称为核左移。

当白细胞总数和中性粒细胞百分率略微增高，轻度核左移，表示感染程度轻，机体抵抗力较强；如果白细胞总数和中性粒细胞百分率均增高，中度核左移及有中毒性改变，表示有严重感染；而当白细胞总数和中性粒细胞百分率明显增高，或白细胞总数并不增高甚至减少，但有显著核左移及中毒性改变，则表示病情极为严重。

② 如果分叶核中性粒细胞大量增加，核的分叶数目增多，则称为核右移。如在疾病期出现核右移，则反映病情危重或机体高度衰弱，预后往往不良。

2. 嗜酸性粒细胞

(1) 嗜酸性粒细胞增多　见于吸虫、球虫、钩虫、蛔虫、疥癣等寄生虫感染，血清过敏、药物过敏及湿疹等疾病。

(2) 嗜酸性粒细胞减少　见于尿毒症、毒血症、严重创伤、中毒、过劳等。

3. 嗜碱性粒细胞

嗜碱性粒细胞在外周血液中很少见到，故其在临床上无多大意义。

4. 淋巴细胞

(1) 淋巴细胞增多　见于结核、鼻疽、布鲁菌病等慢性传染病、急性传染病的恢复期，也可见于淋巴性白血病。

(2) 淋巴细胞减少　多为嗜中性粒细胞增多而造成相对性变化。

5. 单核细胞

(1) 单核细胞增多　见于原虫性疾病、细菌性传染病和马传染性贫血等病毒性传染病，还见于疾病的恢复期。

(2) 单核细胞减少　见于急性传染病的初期及各种疾病的濒危期。

子任务五　血小板计数

用血小板稀释液将血液稀释一定的倍数并破坏红细胞和白细胞而保留血小板，在血细胞计数室内计数，求得每升血液中的血小板数。

一、血小板计数方法

血小板计数常用的方法分为两大类：一是在普通生物显微镜下目视计数法；二是用血细胞分析仪进行。后法除了得到血小板数，还能测得血小板压积、血小板平均体积和血小板体积分布宽度等数据。

1. 器材与试剂

(1) 器材　改良式血细胞计数板，血盖片，显微镜，计数器，1.0ml 或 0.5ml 刻度吸管。

(2) 稀释液　常用复方尿素稀释液：尿素 10.0g，枸橼酸钠 0.5g，40%甲醛 0.1ml，蒸馏水加至 100.0ml。溶解后过滤置于冰箱内可保存 2 周。

2. 操作方法

(1) 于洁净小试管中加入稀释液 0.38ml。

(2) 用沙利吸血管吸取抗凝血至 20μl 处，擦去管外黏附的血液，吹入试管中，反复吸、吹数次，混匀。静置 10～30min，以充分溶解红细胞和白细胞。

(3) 用毛细吸管吸取上述稀释好的血液，充入计数池内静置 10～15min，使血小板下沉。

(4) 在高倍镜下精确计数中间一个大方格（400 个小方格）所得血小板数，乘以 200，或计数 5 个中方格（80 个小方格）的血小板数，乘以 1000，即为每微升的血小板数。

血小板数用个/L表示，即每升血液中血小板数＝每微升血小板数×10^6。

3. 注意事项

(1) 血小板稀释液要清洁，配制后要多次过滤，并要注意不被杂物、酸、碱和细菌污染。

(2) 经常用不加血液的稀释液计数，结果应为“0”。

(3) 血小板为圆形、椭圆形或不规则的折光小体。计数时，应不断调节显微镜的微调螺旋，以便识别血小板或异物。充入计数池前，应将稀释的试管充分振摇，但不能过猛，以防血小板破裂。

(4) 血与稀释液混合要在1h内计数完毕。

(5) 滴入计数池后要静置10～15min。

二、正常参考值

犬、猫正常血小板数：犬 (2～9)×10^{11}个/L、猫 (3～7)×10^{11}个/L。

三、临床意义

1. 血小板减少

血小板生成减少见于再生障碍性贫血、急性白血病、某些真菌中毒、某些蕨类植物中毒等；血小板破坏增多见于原发性血小板减少性紫癜、脾功能亢进；血小板消耗过多见于弥散性血管内凝血、血栓性血小板减少性紫癜。

2. 血小板增多

原发性血小板增多见于原发性血小板增多症；继发性血小板增多多为暂时性的，见于急慢性出血、骨折、创伤等。

子任务六 血细胞分析仪的操作使用

血细胞分析仪（Blood cell analyzer）是临床实验室最常用的仪器，可进行全血细胞计数及其相关参数的检测。1953年美国Coulter公司成功研制第一台电阻抗式血细胞分析仪到现在，经过几十年的反复应用、开发、改进，现已经形成血细胞分析流水线，即把标本识别、标本运输、血细胞分析仪、网织红细胞分析仪、推片机、染片仪联成一线。为临床诊断提供了更多、更新、更有用的指标，对于某些疾病的诊治具有重要的意义，已成为现代兽医临床实验室不可缺少的仪器之一。

一、血细胞分析仪的原理

1. 细胞计数及体积测定原理

(1) 电阻抗检测原理　利用血细胞通过微孔时瞬间的电阻变化产生脉冲电流而计数。白细胞、红细胞的稀释标本在一个负压的控制下，分别通过各自的计数微孔，流入各自通道，然后通过两个光电传感器，将细胞信号甄别、放大、计数。

(2) 流式细胞术加光学检测原理　单个细胞随着流体动力聚集的鞘流液在通过激光照射的检测区时，使光束发生折射、衍射和散射，散射光由光检测器接收后产生脉冲，脉冲大小与被照细胞的大小成正比，脉冲的数量代表了被照细胞的数量。

其优点是：

① 细胞是一个一个通过激光检测区的，避免了细胞重叠的可能性；

② 利用高、低角等前向散射光还可获得这个细胞的各种相关数据，经综合分析可进一

步提高对细胞的鉴别功能。

2. 白细胞分类原理

仪器的白细胞分类计数（DC）由电阻抗法的二分群、三分群发展为多项技术联合同时检测一个细胞，综合分析得到五分类结果。目前细胞计数仪主要有四种检测种类。

（1）电阻抗法　白细胞计数池除加入一定量稀释液外还要加入溶血剂，红细胞迅速溶解，同时使白细胞膜通透性改变，白细胞质经细胞膜渗出，使细胞膜紧裹在细胞核或存在的颗粒物质周围，所以经溶血剂处理后含有颗粒的粒细胞比无颗粒的单核细胞和淋巴细胞要大些。做白细胞体积分析时，仪器可将体积为35～450fl的血细胞，分为256个通道，每个通道为1.64fl，根据细胞大小分别置于不同的通道中，从而得到白细胞体积分布直方图。电阻抗法得到的白细胞分类数据是根据白细胞体积直方图推算得来，以三分类群仪器为例，经溶血处理的白细胞根据体积大小初步分为三群：第一群为小细胞区，体积为35～90fl，主要为淋巴细胞；第二群为中间细胞区也称单个核细胞区，体积为90～160fl，包括幼稚细胞、单核细胞、嗜酸性粒细胞、嗜碱性粒细胞；第三群为大细胞区，体积160fl以上，主要为中性粒细胞。仪器根据各群占总体积的比例计算出百分比，与该标本的白细胞总数相乘，得到各项细胞绝对值。由于幼稚细胞、嗜酸及嗜碱性粒细胞等多出现在中间细胞区，所以这种白细胞分群只能代表分大小细胞群而已，只用于初筛，显微镜下作白细胞分类结果更可靠。

（2）体积、电导、激光散射法　根据流体力学的原理，使用鞘流技术使溶血后液体内剩余的白细胞单个通过检测器接受体积、电导、激光散射法（volume conductivity light scatter，VCS）检测。体积（V）测量使用电阻抗原理。电导性（C）采用高频电磁探针测量细胞内部结构：细胞核、细胞质比例，细胞内的化学成分，以此可辨认体积相同而性质不同的细胞群，如小淋巴细胞和嗜碱性粒细胞两者的直径均在9～12μm，当高频电流通过这两种细胞时，由于它们的核与胞质比例不同而呈现不同信号，借以区分。激光散射（S）具有对细胞颗粒的构型和颗粒质量的区别能力，激光单色光束在70°～100°时对每个细胞进行扫描，细胞粗颗粒的光散射要比细颗粒更强，以此可将粒细胞分开。根据以上三种方法检测的数据经计算机处理得到细胞分布图，进而计算出结果。

（3）电阻抗、射频与细胞化学联合检测技术　该法采用四个不同的检测系统。

① 嗜酸性粒细胞检测系统　血液进入仪器后，血液与嗜酸性粒细胞特异计数的溶血剂混合，由于其特殊的pH，使除嗜酸性粒细胞以外的所有细胞溶解或萎缩，只有完整的嗜酸性粒细胞通过小孔产生脉冲被计数。

② 嗜碱性粒细胞检测系统　原理同嗜酸性粒细胞。血液中嗜碱性粒细胞只存在于碱性溶血剂中，根据脉冲多少以计数嗜碱性粒细胞数。上述两种方法除需要使用专一的溶血剂外，还需特定的作用温度和时间。

③ 淋巴、单核、粒细胞（中性粒细胞、嗜碱性粒细胞、嗜酸性粒细胞）检测系统　此系统采用电阻抗与射频联合检测方式。溶血素作用较轻，对细胞形态改变不大。在测量小孔的内外电极上存在直流和高频两个光射器及直流电和射频两种电流。直流电测量细胞大小，但不能透过细胞质，射频可透入细胞内，测量核的大小及颗粒多少。因此细胞进入小孔时产生两个不同的脉冲信号，脉冲的高低分别代表细胞大小（DC）和核及颗粒的密度（RF），以DC信号为横坐标，RF为纵坐标，用两个信号把同一个细胞定位于二维的细胞散射图上。根据中性粒细胞、淋巴细胞、单核细胞的细胞大小、胞质含量、颗粒大小与密度，核形态与密度不同，得出各类细胞比例。

④ 幼稚细胞检测系统　由于幼稚细胞膜上脂质较成熟细胞少，在细胞悬液中加入硫化氨基酸后，幼稚细胞结合硫化氨基酸较成熟细胞多，且对溶血剂有抵抗作用，当加入溶血剂后成熟细胞易被溶解，幼稚细胞形态不受破坏，因此可通过电阻抗法检测出。

(4) 激光散射与细胞化学染色技术　此类仪器联合利用激光散射和过氧化物酶染色技术进行血细胞分类计数。嗜酸性粒细胞有很强的过氧化物酶活性，其次依次为中性粒细胞、单核细胞，而淋巴细胞和嗜碱性粒细胞无此酶。如果待测细胞质中含有过氧化物酶，能催化一种供氢（电子）体，通常是苯胺或酚等脱氢，当其脱氢后，供氢体分子结构发生了变化，从而出现了色基显色，即可使四氯-萘酚显色并沉积定位于酶反应部位。利用酶反应强度不同（阴性、弱阳性、强阳性）和细胞体积大小不同，激光光束射到细胞上所得前向角和散射角不同，以X轴为吸光率（酶反应强度），Y轴为光散射（细胞大小），每个细胞产生两个信号并结合定位在细胞图上。仪器每秒钟可测定上千个细胞，经计算机处理得出白细胞分类结果。

(5) 多角度偏振光散射白细胞分类技术　多角度偏振光散射白细胞分类技术（Multi-angle polarised light scatter separation of white cell，MAPPS）的基本原理是标本在水动力聚焦系统的作用下进入检测部，在激光束的照射下，细胞在多个角度产生散射光。仪器特别设置了四个角度来收集散射光的信号。

① 0°为前角散射，用于粗略判断细胞体积大小。

② 10°为狭角散射，是用于检测细胞结构及其内部复杂性的指标。

③ 90°为垂直光散射，用于对细胞内部颗粒及细胞核分叶情况分析。

④ 90°偏振光散射基于颗粒可以将垂直角度的激光消偏振的特性，将嗜酸性粒细胞从中性粒细胞和其他细胞中分离出来，根据散射光的角度和位置，仪器内部的四个检测器可以接收到相应的信号，由仪器内部的微处理器进行分析处理，可将白细胞分为嗜酸性粒细胞、中性粒细胞、嗜碱性粒细胞、淋巴细胞和单核细胞5种。

3. 红细胞测试原理

(1) 红细胞和血细胞比容　红细胞和血细胞比容测定与前述细胞计数及体积测定原理一样。红细胞通过小孔，由于电阻抗作用，使电压改变，形成大小不同的脉冲，脉冲的多少与红细胞数目成正比，脉冲高度决定单个红细胞体积，脉冲高度叠加经换算可得到血细胞的比容(有的仪器，先以单个细胞高度计算平均红细胞容积，再乘以红细胞数得出血细胞比容)。在红细胞检测的各参数中均含有白细胞，但因白细胞比例少（红细胞：白细胞为700：1)，这种干扰可忽略不计。但在白血病及严重感染时白细胞数增高，同时又伴有严重贫血时，可造成红细胞各参数的严重误差。此类标本，应该从红细胞计数结果中减去白细胞计数结果。同样由于仪器内存在的脉冲经分析器信号整理，可打出红细胞体积分布直方图。它是反映红细胞体积大小或任何相当于红细胞大小范围内粒子的分布图，横坐标表示红细胞体积，仪器设置范围一般在25～250fl，纵坐标表示不同体积红细胞出现的相对频率。

(2) 血红蛋白测定　任何类型仪器Hb测定原理基本相同。细胞悬液加入溶血剂后，红细胞溶解释放出Hb，并与溶血剂中有关成分形成Hb衍生物，在540nm特定波长下比色，吸光度与Hb含量成正比，可直接反映Hb浓度。国际血液学标准化委员会（ICSH）推荐氰化高铁血红蛋白（HiCN）法，其最大吸收峰在540nm。不同系列血细胞分析仪配套溶血剂配方不同，形成的血红蛋白衍生物亦不同，吸收光谱各异，但最大吸收峰均接近540nm。由于HiCN有毒性，近年来使用非氰化物溶血剂，如十二烷基月桂酰硫酸钠（SLS）溶血剂，形成的衍生物（SLS-Hb）与HiCN吸收光谱相似，实验结果的精确性、准确度达到氰化物溶血剂同等水平。

(3) 各项红细胞指数检测原理　红细胞平均体积（MCV）、红细胞平均血红蛋白含量（MCH）、平均红细胞血红蛋白浓度（MCHC）及红细胞体积分布宽度（Red blood cell volume distribution width，RDW），均根据仪器检测的 RBC、HCT 和 Hb 的实验数据，经仪器内存电脑换算出来的。

4. 血小板分析原理

血小板随红细胞一起在一个系统进行检测，根据不同阈值，分别计数血小板与红细胞数。血小板分布贮存于 64 个通道内，根据所测血小板体积大小自动计算出血小板平均体积（Mean platelet volume，MPV）。血小板直方图也是反映血小板体积分布的直方图，横坐标表示体积，范围一般为 2～30fl，纵坐标表示不同体积血小板出现的相对频数，要注意的是，不同的仪器血小板直方图范围存在差异，为了使血小板计数更准确，有些仪器设置了增加血小板准确性的技术，如鞘流技术、浮动界标、拟合曲线等。

二、血细胞分析仪的类型

血细胞分析仪的类型较多，根据对白细胞分析程度分为二分群、三分群、五分类。根据自动化程度又分为两大类：半自动仪器需手工稀释血标本；全自动仪器可直接用抗凝血进样。不同型号的仪器有不同的分析方法并提供不同数量的参数。

1. 半自动二分类血细胞分析仪

(1) 仪器性能

① 检测速度为每小时 60 份样本，仪器为双通道，容易操作。

② 用血量少，准确性、重复性好。

③ 测定结果超过正常界限和直方图不正常，可出现警示符号提示。

④ 有质控资料及标本检测资料贮存、手工鉴别、设备警告系统等软件程序。

⑤ 对仪器状态可自动监测。

(2) 检测项目　不同仪器可检测 8～15 项参数及 3 个直方图，主要有 WBC、RBC、Hb、HCT、MCV、MCH、MCHC、PLT、小型白细胞比率（W-SCR）、大型白细胞比率（W-LCR）、小型白细胞计数（W-SCC）、大型白细胞计数（W-LCC）、红细胞分布宽度（RDW）、血小板分布宽度（PDW）、血小板平均体积（MPV），并打印白细胞、红细胞及血小板直方图。

2. 全自动三分类血细胞分析仪

(1) 仪器性能

① 检测速度每小时 60～80 份标本，配上自动装置可连续吸取标本，避免实验室内感染。

② 携带有两种溶血素，即白细胞溶血素和红细胞溶血素 SLS-Hb 法（无毒）。

③ 该仪器线性范围宽、重复性好、准确性高、变异范围小。

④ 有的设有浮球式绝对定量检测，每次测定后自动冲洗，避免管道污染和颗粒阻塞，携带污染率几乎为零。

⑤ 自动化程度高，对试剂污染、气泡干扰、异物阻塞有监控系统。自动报警系统，结果异常出现时提示，通过直方图可反映出标本问题或提示某些疾病导致图形异常，如自身免疫性病变、白血病、高免疫球蛋白血症等。

⑥ 有质控资料及标本检测资料贮存等软件程序。

(2) 检测项目　除二分类的 15 项参数外，还增加了中等大小白细胞比率（W-MCR）、中等大小白细胞计数（W-MCC）及大血小板比率（P-LCR），达18项参数及3个直方图。

3. 全自动五分类血细胞分析仪

（1）仪器性能

① 速度快，每小时110～150份标本。

② 具有检测有核红细胞的功能。

③ 专用幼稚细胞检测通道和试剂，包括幼稚细胞在内的十余种异常细胞的检测。

④ 半导体激光技术、荧光染色及流式技术或在增强型流式单通道内采用VCS和AccuFiex分析技术，使白细胞分类更精确，达到最低分类镜检率。

⑤ 强大的网络功能及完善的数据管理系统，可开展远程诊断，远程维护和质控提供软件支持。

⑥ 高效、自动的标本资料管理及强大的工作平台，包括自动质控、实验室质量保证程序和事件记录功能。

⑦ 无错进样管理，包括穿刺进样，条码识别和双重样本完整性探测器。

⑧ 仪器可与网织红细胞分析仪、自动进样仪、自动涂片机相连，形成自动化模块。

（2）检测项目　五分类仪器共可检测25项参数或更多。

4. 全自动五分类连接网织红细胞分析仪

（1）仪器性能

① 准确性高，通过对细胞RNA检测比目测法准确、敏感。

② 精确度达97%以上。并可将网织红分类为HFR、MFR及LFR，对贫血、骨髓移植、白血病、放疗、化疗观察有非常重要意义。

③ 自动化程度高，连续测定每小时可达60份标本。

④ 可与五分类连接形成自动化模块。

（2）检测项目　检测网织红细胞的有关项目10多项。

三、全自动血细胞分析仪的几个关键技术

1. 自动取样技术

由于仪器需要对全血进行自动取样和稀释，因此取样量也同样需要精确控制。最初的仪器是需要进行手工取样和稀释的，后来逐渐有了外置式专用取样稀释器。再后来仪器内部设置了内置式负压取样稀释器，根据负压量的大小来吸取血液样品，这对控制负压的精确度要求很高，此外还有微量注射器取样技术，依靠光电管控制血液取样量的技术等。目前认为采用旋转阀取样技术是比较精确的方法，旋转阀内部有多个按一定体积设计的小孔，当血液进入后，旋转阀从吸入的小孔转向排出的小孔，此时血液不能再进入，而孔内保留的固定量的血液进入仪器的稀释部，然后清洗，再进入下一次循环。目前许多更加先进的血液分析仪均采用陶瓷制的旋转阀来分配血液标本。

进样方式也从最初的单一预稀释方式演化为预稀释和全血方式两者兼有。现在许多先进的五分类血液分析仪还采取了更多种进样方式，如末梢血方式、开盖手工进样、闭盖手工进样、急诊检验进样、全自动进样等方式以及连接到全自动流水线的自动进样技术等。进样设备有的采用旋转式进样盘，如MEDONIC CA570和SWELA-BAC 920/970，这种旋转式进样器多是选立件。更多的血液分析仪采用了平推式的自动进样系统，即将待检样品插在专用试管架上，仪器将试管架一步步送入仪器的取样口，测定完毕后自动推出。平推式自动进样系统在有些厂家的仪器上是可选择的配件，而在某些仪器上则是必备件。

2. 仪器的清洗技术

最初的仪器清洗靠人工浸泡或使用毛刷清洗，如果测定完一个很高值的标本，则需要用空白液清洗一下，以防止对下一个标本的携带污染。而现在许多仪器在完成一个标本的检测后可自动对计数小孔、管道进行冲洗，还可同时对取样器、稀释器、取样针内外进行全面清洗，减少交叉污染的机会。许多仪器在开机和关机时可自动执行清洗程序或按事先设定的清洗程序进行定时清洗，保证仪器正常工作。

3. 扫流技术

为减少已通过计数小孔后由于液流的回流而重新返回计数区造成重复计数，在小孔后面增加一个扫流液系统，将计数过的细胞通过扫流液冲进废液管道。

4. 防反流装置

为防止细胞返回到计数敏感区，在小孔后面加一个带孔的挡板，用负压将已经计数过的细胞阻挡后直接收集到废液管道中。

5. 水动力聚集技术

是目前认为最为有效的方法，也叫鞘流技术。它利用流体动力学原理，既可保证细胞位于鞘液中心并排成一列通过检测孔中心或通过激光束中心，又保证它不会返回敏感区，目前许多高级的血液分析仪一般采用此种技术。

6. 质控程序的进展

血液分析仪需要进行日常质量控制，以监控其测定结果的准确性。早期的血液分析仪一般没有质控程序，是依靠人工记录质控数据，人工绘制质控图。20 世纪 90 年代以来由于微机技术的发展，使得包括质控程序在内的许多功能得以在血细胞分析仪上实现。例如浮动均值质控法，自动将符合条件的每 20 个样本的 MCV、MCH、MCHC 数值求出均值并贮存，最后绘制为浮动均值质控图，如 Sebia 的 Hemalyser3 型就有这个功能。近年来的许多仪器都增加了多种质控程序，例如 ADVIA 120 型血液分析仪和 Sysmex XE-2100 型血液分析仪，可以将日常质控的多达 20 组的质控数据贮存在机内，或传入相连的电脑处理，甚至通过网络直接发送到厂家的服务器，设备厂商可通过网络直接了解每台设备每天的质控情况，必要时对用户进行指导和对仪器进行校正、检修。

任务二 血液生化检验

血液生化学检验是宠物临床上一个非常重要的诊断手段，对于疾病的诊断和治疗具有重要的意义。血液生化分析仪在临床上应用比较广泛，具有操作简单、方便的优点。

子任务一 血糖的测定

血糖测定的方法有光电比色法、已糖激酶法、葡萄糖氧化酶法和便携式血糖仪快速测定法等。血糖正常参考值：犬 4.1～7.94mmol/L、猫 3.94～8.83mmol/L。

进行血糖测定的临床意义如下。

(1) 血糖含量增高　见于酸中毒、脑脊髓炎、肾上腺素分泌增加及胰岛素分泌不足等；呕吐、腹泻和高热等，也可使血糖轻度增高。

(2) 血糖含量减少　见于肝脏疾病、毒物中毒性疾病、营养不良与衰竭、饥饿等。

子任务二　血清总蛋白、白蛋白及球蛋白的测定

一、测定原理和方法

蛋白质中的肽键与碱性酒石酸钾、碱性酒石酸钠、碱性酒石酸铜作用，产生紫色反应，称为双缩脲反应。根据颜色深浅，与经同样处理的蛋白标准溶液比色，即可求得血蛋白质含量。

二、正常参考值

犬总蛋白为54～78g/L，白蛋白为24～38g/L；猫的总蛋白为58～78g/L，白蛋白为26～41g/L。

三、临床意义

1. 总蛋白增高

见于重症脱水、水分摄入障碍的失水、糖尿病、酸中毒和休克。

2. 总蛋白减少

见于长时间重度蛋白尿的各种肾病、肝硬化、营养不良、重度甲状腺功能亢进、中毒、大量出血及贫血。

3. 白蛋白增高

见于严重腹泻、呕吐、饮水不足、烧伤造成脱水及大出血，致使血浆浓缩而白蛋白相对增高。

4. 白蛋白减少

见于以下几种情况。

(1) 白蛋白丢失过多　肾病综合征时由于大量排出蛋白而使白蛋白极度减少，另外严重出血，大面积烧伤和胸腔、腹腔积水可使白蛋白减少。

(2) 白蛋白合成功能不全　慢性肝脏疾病、恶性贫血和感染。

(3) 蛋白质摄入量不足　营养不良、消化吸收功能不良、哺乳期蛋白质摄入量不足。

(4) 蛋白质消耗过大　糖尿病及甲状腺功能亢进，各种慢性、热性、消化性疾病，感染和外伤等。

5. 球蛋白增高

见于肝硬化、丝虫病、肺炎、结核病等。

子任务三　血清各类离子的测定

一、血清钠的测定

常用的测定方法有醋酸铀镁比色法、火焰光度计法、原子吸收分光光度计法和离子选择电极法等。

1. 参考值

犬138～156mmol/L，猫：147～156mmol/L。

2. 临床意义

(1) 血清钠含量升高　临床上少见，但也可见肾上腺皮质功能亢进或原发性醛固酮增多症、失水性脱水和过多输入高渗盐水及食盐中毒。

(2) 血清钠含量降低

① 胃肠道失钠　幽门梗阻、呕吐、腹泻、引流等都可丢失大量消化液而发生缺钠。

② 钠排出增多　可见于严重肾盂肾炎、肾小管严重损害、肾上腺皮质功能不全、糖尿病、应用利尿剂治疗、皮肤失钠等。

③ 抗利尿激素过多　肾病综合征的低蛋白血症、肝硬化腹水等。

二、血清钾的测定

常用的测定方法有四苯硼钠比浊法、亚硝酸钴钠法、火焰光度计法、原子吸收分光光度计法和离子选择电极法等。

1. 参考值

犬 3.80～5.80mmol/L，猫 3.80～4.60mmol/L。

2. 临床意义

（1）血清钾含量增高　见于肾上腺皮质功能减退症、急性或慢性肾功能衰竭、休克、组织挤压伤、严重溶血、口服或注射含钾液过多等。

（2）血清钾含量降低　常见于钾盐摄入不足，严重腹泻、呕吐、肾上腺皮质功能亢进、服用利尿剂、胰岛素作用等。

三、血清镁的测定

常用的测定方法有钛黄比色法和原子吸收分光光度计法等。

1. 参考值

犬 0.79～1.06mmol/L，猫 0.62～1.03mmol/L。

2. 临床意义

（1）血清镁含量升高　见于肾衰竭、甲状腺功能减退症、甲状旁腺功能减退症及多发性骨髓瘤。

（2）血清镁含量降低　消化道丢失、消化吸收不良、尿路丢失、甲状腺功能亢进症、甲状旁腺功能亢进症等。

四、血清钙的测定

常用的测定方法有乙二胺四乙酸二钠滴定法、火焰分光光度计法、高锰酸钾滴定法和离子选择电极法等。

1. 参考值

犬 2.57～2.97mmol/L，猫 2.09～2.74mmol/L。

2. 临床意义

（1）血清钙含量升高　见于甲状旁腺功能亢进症、内服和注射维生素 D 过量、多发性骨髓瘤、胃肠炎和由于脱水而发生酸中毒时。

（2）血清钙含量降低　见于甲状旁腺功能减退症、维生素 D 缺乏、骨软病、产后低钙血症、慢性肾炎及尿毒症等。

子任务四　血浆二氧化碳结合力的测定

一、测定方法

1. 测定原理

血浆中的碳酸氢钠与加入过量已知量的盐酸反应，释放出二氧化碳。剩余的盐酸用标准的氢氧化钠液滴定，根据盐酸的消耗数量即可推算出血浆中二氧化碳的含量。

$$NaHCO_3 + HCl \longrightarrow H_2CO_3 + NaCl$$

$$H_2CO_3 \xrightarrow{\text{振荡}} CO_2 + H_2O$$

$$HCl + NaOH \longrightarrow NaCl + H_2O$$

2. 材料

（1）0.05%酚红氯化钠溶液　称取酚红 500mg 于烧杯中，加 0.1mol 氢氧化钠 14.1ml 及蒸馏水约 300ml，加热煮沸溶解。冷后加氯化钠 8.5g，并加蒸馏水至 1000ml，过滤，贮棕色瓶中。本试剂应呈微黄之红色。

（2）0.1mol/L 盐酸氯化钠溶液　氯化钠 8.5g，1mol/L 盐酸 10.0ml，蒸馏水加至 1000ml。此液应予以标定。

（3）0.01mol/L 氢氧化钠溶液　氯化钠 8.5g，1mol/L 氢氧化钠 10.0ml，蒸馏水加至 100ml。此液应予以标定。

（4）生理盐水（中性）液。

（5）乙醚。

3. 操作方法

（1）于草酸钾抗凝管中加入中性液体石蜡 0.5ml，采取静脉血 2～3ml，注入上述试管中，混匀。

（2）离心沉淀，分离血浆。

（3）另取口径、厚度相同的试管 3 支，按表 3-2-1 操作。

表 3-2-1　血清中二氧化碳结合力测定步骤　　单位：ml

步　骤	测定管	测定管	对照管
0.05%酚红	0.1	0.1	0.1
三支试管所显颜色应一致，其红色既不加深又不变黄，否则表示试管不洁，应换试管			
血浆	0.1	0.1	0.1
0.01mol/L 盐酸	0.5	0.5	—
剧烈振荡 1min	要	要	不要
0.9%氯化钠	2.0	2.0	2.5
乙醚	1滴	1滴	1滴
用 0.01mol/L 氢氧化钠溶液滴定两支测定管至色泽与对照管一致，分别记录两支测定管消耗的氢氧化钠毫升数，求平均值后计算			

4. 计算

$$(0.5-\text{氢氧化钠消耗量}\times\text{校正系数})\times\frac{100}{0.1}\times 0.224$$

$$=\text{每 100ml 血浆中二氧化碳毫升数}$$

0.01mol/L 氢氧化钠，应予以校正，求得校正系数。其方法是：取 0.01mol/L 盐酸 1.0ml 于清洁试管中，加入酚红指示剂 0.1ml，中性生理盐水 2.0ml，以 0.01mol/L 氢氧化钠滴定至微红色，保持 15s 不退色为止，盐酸用量被用去氢氧化钠量除，即为校正系数。例如：

用去氢氧化钠 0.9ml，则校正系数$=\frac{1}{0.9}=1.11$

用去氢氧化钠 1.1ml，则校正系数$=\frac{1}{1.1}=0.91$

二、临床意义

1. 二氧化碳结合力增加

（1）代谢性碱中毒　由于碳酸氢钠过多所致，如胃酸分泌过多、小肠阻塞、呕吐、摄入碱过多等。

（2）呼吸性酸中毒　由于二氧化碳过多所致。当呼吸发生障碍时，二氧化碳不能自由呼出，血液中碳酸浓度增加，见于肺气肿、肺炎、心力衰竭等。

2. 二氧化碳结合力降低

（1）代谢性酸中毒　由于碳酸氢钠不足所致，见于长期饥饿、肾炎后期、严重腹泻、服用氯化铵过多等。

（2）呼吸性碱中毒　由于二氧化碳不足所致，如换气过度呼出二氧化碳过多，见于发热性疾病、脑炎等。

子任务五　血清酶学检验

小动物临床检验常测定的血清酶有转氨酶、肌酸磷酸激酶、乳酸脱氢酶同工酶等。主要了解以上酶的测定方法、理解其临床意义。

一、肌酸磷酸激酶（CPK）测定

常用的测定方法为肌酸显色法。

1. 正常参考值

犬 60～359IU/L，猫 95～1294IU/L。

2. 临床意义

对心肌、骨骼肌损失及肌营养不良的诊断有特异性。当各种类型进行性肌萎缩、脑损伤时，CPK 增高；不适当地注射抗生素可引起 CPK 增高。CPK 数值降低时，无临床意义。

二、谷草转氨酶（GOT）测定

又称为天门冬氨酸转氨酶，常用的测定方法有金氏比色法和赖氏比色法。

1. 正常参考值

犬 23～56IU/L，猫 26～43IU/L。

2. 临床意义

血清 GOT 活性升高，见于急性肝炎、肝硬变、心肌炎及骨骼肌损伤。血清 GOT 活性降低，见于吡哆醇缺乏和大面积肝坏死。

三、谷丙转氨酶（GPT）测定

GPT 又称丙氨酸氨基转氨酶（ALT）。

常用金氏比色法和赖氏比色法。

1. 正常参考值

犬 21～66IU/L，猫 6～64IU/L。

胰腺炎的诊断与治疗

2. 临床意义

犬许多组织、器官中含有 GPT，其中以肝脏中含量最高。血清 GPT 活性升高，见于犬传染性肝炎、猫传染性腹膜炎、肝脓肿和胆管阻塞、甲状腺功能降低、心脏功能不足、严重贫血和休克等。

四、血清乳酸脱氢酶（LDH）测定

常用的测定方法为醋酸纤维薄膜电泳法。

1. 正常参考值

犬 45～233IU/L，猫 63～273IU/L。

2. 临床意义

LDH 存在于肝脏、心肌、骨骼肌、肾脏等组织、器官。肌肉损伤、肝脏疾病、贫血或急性白血病时，血液中 LDH 会升高。

任务三 尿液检查

子任务一 尿液物理检查

一、尿量检查

各种动物的排尿量在 24h 内变化较大，排尿量的变化会受到诸多因素的影响，与肾脏的分泌功能、饮水量、饲料含水量、尿路状况、体型大小，以及气温、运动等因素有密切关系。一般冬季尿多，夏季尿少；活动量大时，因汗多而尿少。健康犬每昼夜排尿量为 0.5～1L，猫为 0.05～0.2L。不同的个体差异变化较大，所以应根据具体情况判断异常与否。

在病理状态下，宠物每天的排尿量会显著增多或减少。排尿次数增多，尿量也增多，称为尿多，见于大量饮水后、肾小管吸收功能障碍、慢性肾病及应用利尿剂、糖尿病、尿崩症等。排尿次数多，但每次排尿量不多，称为尿频，见于膀胱炎、尿道炎、肾盂炎等。排尿次数减少，尿量也减少，称为少尿；排尿停止则称为无尿，常由肾小球的滤过率降低所致，见于肾结核、肾炎、磺胺类药物中毒、烧伤、心力衰竭、休克、肾盂、输尿管或尿道结石及各种原因引起的脱水等。

二、尿色检查

正常动物尿色，因动物种类不同而存在差异，尿的颜色是由尿中尿色素和尿胆素的浓度决定的，从无色水样到深黄色。健康犬、猫的尿液一般为淡黄色至黄褐色。

尿液呈棕黄色、黄褐色，振荡后产生黄色泡沫，提示有胆红素，见于肝病及各型黄疸；尿液呈乳白色，见于肾脏及尿路的化脓性炎症；尿液呈绿色或淡蓝色，见于色素污染或铜绿假单胞菌感染；尿液呈红色疑为血尿、血红蛋白尿或肌红蛋白尿等。血尿混浊而不透明，镜检尿中有红细胞，放置后有沉淀，见于泌尿器官的出血性病变（如膀胱结石、肾炎、肾衰竭、膀胱炎、尿道结石、尿路出血等）；若为鲜血，多为尿道损伤；若混有大量凝血块，则多为膀胱出血或肿瘤；若尿液发红透明，静置后无沉淀产生，尿中含有大量血红蛋白，见于各种溶血性疾病，如犬巴贝斯虫病、血孢子虫病、附红细胞体病、钩端螺旋体病、洋葱中毒等；内服或注射某些药物时，也会引起药物性红尿，如盐酸克林霉素、大黄、酚红等，不要误认为是病理状态。尿液呈黄绿色荧光，见于服用维生素 B_2。此外，尿液的颜色深浅变化与尿量有关，尿液少，尿色深；反之，尿色变浅。

三、透明度检查

动物的正常尿液应透明澄清，经静置后微混。若刚排出的尿液变混浊，多见于肾脏和尿道疾病，常为肾脏及尿路的炎性变化使尿液中含有白细胞、上皮细胞、脓细胞及管型增加的结果。

尿液混浊原因的鉴别（见表 3-3-1）。

（1）尿液经滤过而变透明，提示含有细胞、管型及各种不溶性盐类。

（2）尿液加热后混浊不消失，加醋酸后不产生气泡而透明，提示尿液中混有不溶性磷酸盐类；尿液加醋酸后产生气泡而透明的，提示含有碳酸盐。

（3）尿液加热后混浊不消失，加 2%盐酸而变透明的，提示含有草酸钙结晶；加热或加碱而变透明的，提示含有尿酸盐。

（4）尿液加 20%的氢氧化钾或氢氧化钠振荡后，变透明呈脓胶样的，提示含有脓汁。

（5）尿液加等量乙醚振荡后变透明，提示含有脂肪。

（6）尿液用上述方法处理后皆不透明的，提示含有细菌。要想确诊具体原因，最好进行尿沉渣的显微镜检查。

表 3-3-1　尿液混浊原因鉴别

尿液处理	直观性状	指示意义
尿液过滤	变透明	含有细胞、管型及各种不溶性盐类
尿液加热、加醋酸，混浊不消失	不产生气泡而透明	混有不溶性磷酸盐类
	产生气泡而透明	含有碳酸盐
尿液加热	混浊不消失，加 2%盐酸变透明	含有草酸钙结晶
	加碱而变透明	含有尿酸盐
尿液加 20%氢氧化钾或氢氧化钠振荡	变透明呈脓胶样	含有脓汁
尿液加等量乙醚振荡	变透明	含有脂肪
尿液用上述方法处理	皆不透明	含有细菌

四、气味检查

各种动物的新鲜尿液，由于含有挥发性有机酸，因此，具有各自的特殊气味。犬、猫的尿正常时有臭味。在病理情况下，尿液的气味常常会发生改变。如尿液有氨臭味，多是由于膀胱炎或尿潴留，尿素分解成氨或代谢性酸中毒所致。若尿液有腐败臭味，多是由于膀胱、尿道有溃疡、坏死或化脓性炎症，大量的蛋白质分解所致。总之，尿液的气味会在病理情况下随着病理变化而产生不同的气味。

五、尿比重检查

尿液比重是指每 1ml 尿中含固体物质的克数。一般情况下，尿中溶质与排尿量的多少成反比（但糖尿病例外），且与饮水量、出汗以及经肺和肠道的排水量等因素有关。测定尿比重最好用折射仪，也可利用比重计，尿比重计一般以液体 15℃或 20℃为标准制成。液体的温度可影响比重，为精确起见，应根据尿液温度将测定结果加以校正，即温度较标准温度每高 3℃，尿比重应加 0.001，每低 3℃则应减 0.001。正常情况下，犬的尿液比重为 1.025（1.015～1.045），猫约为 1.045（1.035～1.060）。

如果排出的尿液，其比重是 1.010 时，应疑为肾脏疾病。如果尿比重高，同时尿素含量也增高，表明动物机体脱水，如果动物已经发生脱水，尿量少，比重很低，应怀疑为肾炎，其原因在于肾炎时其功能降低，肾脏无能力浓缩尿液，所以尿比重低。如果多尿，比重在

1.001～1.006 时，应怀疑为尿崩症。多尿而比重高，应怀疑为糖尿病，再检查糖，以求确诊。

在生理情况下，尿液比重增加见于动物饮水过少、气温过高、尿量减少等。在病理情况下，见于热性病、剧烈腹泻、呕吐、急性肾炎、心脏衰弱、渗出性疾病及糖尿病等。比重降低见于慢性肾小管性肾炎、白血病、尿崩症、尿毒症、渗出液的吸收期以及服用利尿剂之后。

子任务二　尿液化学检查

一、尿蛋白检查

正常情况下，肾小球滤液中含有少量蛋白质，通过肾小管时被再吸收，最后残留在尿液中的蛋白质很少，用普通方法一般不能测出。尿中蛋白质可用目测尿蛋白试纸检测。能检测出尿蛋白时，称为蛋白尿。导致宠物出现蛋白尿的原因如下。

1. 肾小球通透性改变

肾小球通透性增加是形成蛋白尿的主要原因，如各种急、慢性肾脏疾病、各种热性病、多发性骨髓瘤等。

2. 肾小管重吸收减少

如铀或汞中毒，肾小管受损伤，对蛋白质重吸收减少而形成蛋白尿。

检查尿中蛋白质时，被检尿必须澄清透明。因此，对碱性及不透明的尿液，必须先过滤、沉淀或加热使之透明。临床上多采用操作方便、准确的试纸法或尿分析法来检验。兽医临床上有许多疾病都可以引起蛋白尿，因此，出现蛋白尿时必须仔细检查发生的原因和临床表现，并结合其他尿液检查做综合分析。

二、尿潜血检查

健康动物的尿液不含有红细胞或血红蛋白。尿液中若含有但不能用肉眼直接观察出来的红细胞或血红蛋白时，称为潜血或隐血。可用化学方法检验出来，临床上多采用试纸法或尿分析仪法来进行。

在病理情况下，尿中潜血呈阳性，多见于泌尿系统各部位的出血，如急性肾炎、肾盂肾炎、膀胱炎、尿结石等。此外，出血性败血症、溶血性黄疸、血孢子虫病、中毒等，亦为阳性反应。

三、尿胆红素检查

尿中胆红素都是直接胆红素，间接胆红素不能通过肾小球毛细血管壁。检验尿液时必须新鲜，否则尿中胆红素氧化成胆绿素或水解成间接胆红素而检验不出来。正常犬尿中含有微量胆红素，公犬微量胆红素阳性率为77.3%，母犬为22.7%，公犬比母犬高，犬尿比重超过1.040时更多见。其他动物尿中不含有任何胆红素。在尿pH值低时，氯丙嗪等类药物的代谢会产生假阳性反应，尿中含有大量维生素C和硝酸盐时，会出现假阴性反应。临床上检测尿胆红素时可用目测八联试纸检查。

在病理情况下，如阻塞性或肝细胞性黄疸时，血液中结合胆红素增加超过肾阈，可以从尿中排出，使试验呈阳性反应，且较黄疸出现早；溶血性黄疸时试验呈阴性反应。导致出现病理性胆红素的原因如下。

(1) 溶血性黄疸　见于巴贝斯虫病、自体免疫性溶血、肝脏损伤等。此外，糖尿病、猫传染性腹膜炎、猫白血病等，尿中直接胆红素也会增多。

(2) 肝细胞疾病　见于犬传染性肝炎、肝坏死、钩端螺旋体病、肝硬化、新生瘤、毒物中毒等。

(3) 胆管阻塞　见于结石、胆道瘤或寄生虫等。

(4) 发热和饥饿　有时也会引起轻度胆红素尿。

四、尿胆素原检查

肠道细菌还原胆红素成尿胆素原。尿胆素原部分随粪便排出，部分进入血液。进入血液部分，有的又重新入肝脏进胆汁，另一些循环进入肾脏，少量被排入尿中，所以正常动物尿中含有少量尿胆素原，但用试条法检验为阴性。尿胆素原在酸性尿中和在光照情况下易发生变化，所以采尿后应立刻用尿液分析仪检测。

尿胆素原减少或缺乏（尿试条法不能检验出），见于胆道阻塞、腹泻、使用广谱抗生素（如四环素）、肾炎等。尿中尿胆素原增加见于肝炎、肝硬化、溶血性黄疸、便秘、肠阻塞等。

五、尿糖检查

尿糖一般指尿中的葡萄糖。正常动物尿液中仅含微量葡萄糖，用一般方法不能测出。但如果动物过度兴奋或食入过量葡萄糖或果糖，以及摄入大量含碳水化合物的食物，血糖水平超过正常肾阈值时，尿中就可出现葡萄糖。正常情况下，犬的血糖参考值为60～100mg/dL，肾阈值为175～200mg/dL。在病理情况下，能导致动物尿中出现葡萄糖的原因如下。

(1) 高血糖性糖尿　见于血糖升高（180mg/dL）、糖尿病、急性胰腺坏死或炎症、肾上腺皮质功能亢进、应激、垂体功能亢进或下丘脑损伤、脑内压增高、甲状腺功能亢进、慢性肝病等。

(2) 正常血糖性糖尿　见于原发性肾性糖尿、先天性肾性疾病、急性肾衰竭、范康尼综合征（也称氨基酸性糖尿）等。

(3) 药物性糖尿　见于当使用某些药物时，由于还原反应，使尿中出现了假性葡萄糖反应。如抗生素（青霉素、链霉素、四环素、氯霉素等）、糖类（乳糖、半乳糖、果糖、麦芽糖等）、维生素C、阿司匹林、类固醇等。

冷藏尿液会出现假阴性反应，因此，须加热到室温再测。

六、尿酮体检查

正常动物尿液中可含有少量酮体，如β-羟丁酸、乙酰乙酸和丙酮，一般方法检查不出来。当大量脂肪分解导致这些物质氧化不全时，使血内浓度增高而由尿排出，此时可用试纸条检验出尿中的乙酰乙酸和丙酮。如糖尿病、生产瘫痪、酮血病等。此外，长期饥饿、持续性发热、衰竭症、慢性代谢性疾病、恶性肿瘤、长时间呕吐或腹泻、某些传染病、产乳热、内分泌紊乱、酸中毒和氯仿或乙醚麻醉时，尿中酮体也会增多。

七、尿液酸碱度测定

尿液的酸碱度，主要取决于饲料种类、运动强度和动物代谢中酸性产物和碱性产物的量。肉食兽由于食物蛋白质中的硫和磷被氧化生成硫酸和磷酸，形成酸性盐类，故尿呈酸性反应。犬、猫的正常尿pH值是5.5～7.5，肾脏有能力将尿液的pH值调节在4.5～8.5。检查尿液的酸碱反应，常用广泛pH试纸测定。

肉食兽的尿液变为碱性，见于碱中毒、剧烈呕吐、膀胱炎、尿道感染、细菌感染（如变形杆菌、假单孢菌），以及使用碱性药物治疗（如碳酸氢钠）等。

子任务三　尿液显微镜检查

尿液显微镜检查包括无机沉渣（盐类结晶）和有机沉渣（细胞、管型及微生物等）的检查。尿沉渣的显微镜检查可以弥补理化检验的不足，能查明理化检查所不能发现的病理变化，不仅可以确定病变部位，还可阐明疾病的性质，对肾脏和尿路疾病的诊断具有十分重要的意义。

一、无机沉渣检查

尿液的无机沉渣多为盐类结晶，盐类结晶从尿中析出受尿液浓度、温度、酸碱度及胶体情况等溶解度条件的影响较大，因此尿内盐类结晶的诊断意义不是很大。除正常马尿中含有大量无机沉渣外，其他动物尿中如出现大量无机沉渣，应视为病理状态（图 3-3-1）。

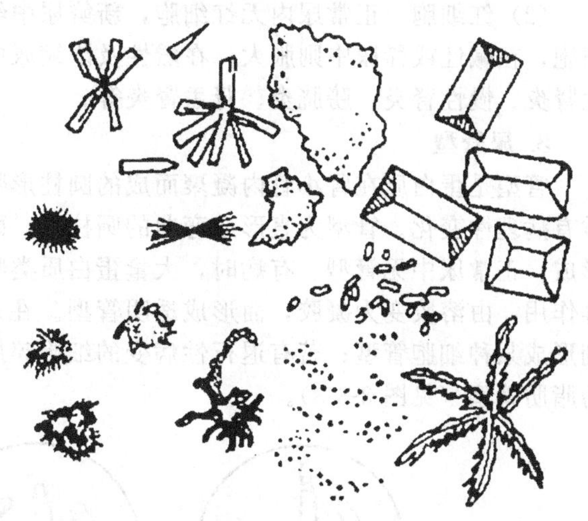

图 3-3-1　尿无机沉渣图

二、有机沉渣检查

包括细胞、管型及其他的混合物。尿中发现有机沉渣，对泌尿器官疾病的诊断有很大意义。

1. 上皮细胞（见图 3-3-2）

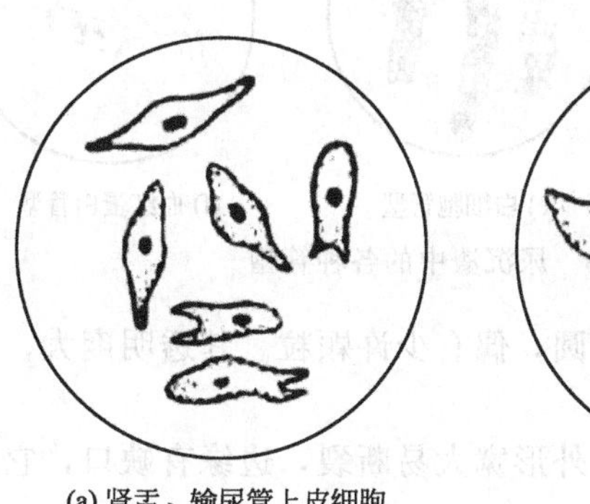

(a) 肾盂、输尿管上皮细胞　　(b) 膀胱上皮细胞

图 3-3-2　尿液中上皮细胞

(1) 鳞状上皮细胞　又称扁平上皮细胞。呈多角形，扁平较大，核小。来自膀胱、尿道的浅层。正常少量，大量出现提示泌尿生殖道有炎症。

(2) 移行上皮细胞　又称肾盂、尿路上皮细胞。呈圆形或多角形，比白细胞略大，核大而位于中央，胞浆中有小颗粒，主要来自尿道、膀胱、肾盂、输尿管。在肾盂肾炎，尿中可成片脱落。

(3) 小圆上皮细胞　又称肾小管上皮细胞。呈圆形或多角形，比白细胞稍大，核大而明显位于中央，胞浆有小颗粒，主要来自肾小管，在肾脏损坏的疾病可大量出现。

2. 血细胞

（1）白细胞及脓细胞　多是中性粒细胞，两种细胞无明显界限。白细胞多外形完整，胞浆清晰，可看到细胞核，数量少而分散存在；脓细胞外形常不规则，胞浆内充满颗粒，看不清细胞核，数量多且簇集成团。肾脏及尿路炎症可见大量脓细胞。

（2）红细胞　正常尿内无红细胞，新鲜尿中红细胞为淡黄色至橘黄色、大小均匀的无核细胞，在碱性或稀尿中则胀大；在酸性及浓缩尿中多为皱缩状态，边缘呈锯齿状。常见于急性肾炎、慢性肾炎、膀胱炎、肾盂肾炎等。

3. 尿管型

管型是蛋白质在肾小管内凝聚而成的圆柱形物体。当尿中有大量管型出现时，表示肾实质有病理性变化。管型为直形或弯曲的圆柱形，两端除折断外都为钝圆形。管型在肾小管中形成，正常尿中无管型。有病时，大量蛋白质类物质进入到肾小管，水分被吸收，通过浓缩等作用，由溶胶变为凝胶，而形成透明管型。在透明管型形成过程中，若有某种细胞参加，则形成某种细胞管型；若有退行性病变的细胞碎屑参加，即为颗粒管型，若有脂肪滴参加则为脂肪管型（见图 3-3-3）。

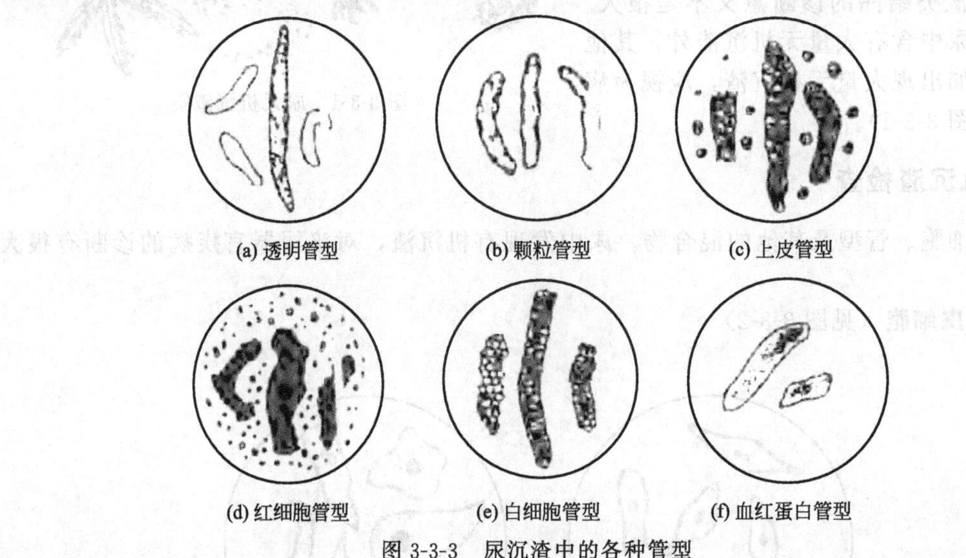

图 3-3-3　尿沉渣中的各种管型

（1）透明管型　无色透明，两端钝圆，偶有少许颗粒。其透明度大，容易忽略，须在弱光下观察。

（2）蜡样管型　浅灰色、蜡黄色，外形宽大易断裂，边缘有缺口，它的出现表示肾脏有长期严重病变，愈后不良。

子任务四　尿液分析仪的操作使用

尿液分析仪（Urine analyzer）（见图 3-3-4）是用化学方法检测尿中某些成分，有半自动和全自动两大类仪器。干化学分析诞生于 1956 年，美国的 Alfred Free 发明了尿液分析史上第一条试带（Reagent strip 或 Test strip），为尿液自动化检测奠定了基础。这种“浸入即读”（dip and read）的干化学试带条操作方便，测定迅速，结果准确，且因为这种方法既可以目测，也可以进行大批量自动化分析，因而得到了迅速发展。随着高科技及计算机技术的高度发展和广泛应用，尿液分析已逐步由原来的半自动分析发展到全自动分析，检测项目由原来的单项分析发展到多项组合分析，尿液分析由此进入了一个崭新阶段。

一、尿液分析仪组成

尿液分析仪通常由机械系统、光学系统、电路系统三部分组成。

1. 机械系统

主要作用是在微电脑的控制下，将待测的试带传送到预定的检测位置，检测后将试带传送到废物盒中。不同厂家、不同型号的仪器可能采取不同的机械装置，如齿轮传输、胶带传输、机械臂传输等。全自动的尿液分析仪还包括自动进样传输装置、样本混匀器、定量吸样针等。

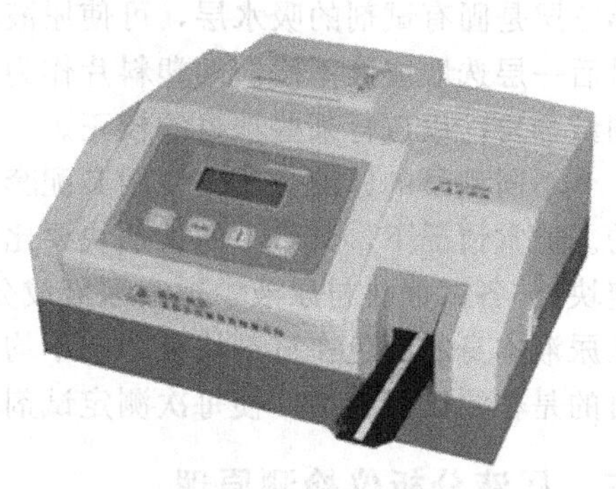

图 3-3-4　尿液分析仪

2. 光学系统

光学系统一般包括光源、单色处理、光电转换三部分。光线照射到反应物表面产生反射光，光电转换器件将不同强度的反射光转换为电信号进行处理。

尿液分析仪的光学系统通常有3种：发光二极管（LED）系统、滤光片分光系统和电荷耦合器件（CCD）。

（1）发光二极管系统　采用可发射特定波长的发光二极管作为检测光源，两个检测头上都有3个不同波长的LED，对应于试带上特定的检测项目分为红、橙、绿单色光（660nm、620nm、555nm），它们相对于检测面以60°照射在反应区上。作为光电转换的光电二极管垂直安装在反应区的上方，在检测光照射的同时接收反射光。因光路近，无信号衰减，使用光强度较小的LED也能得到较强的光信号。以LED作为光源，具有单色性好、灵敏度高的优点。

（2）滤光片分光系统　采用高亮度的卤钨灯作为光源，以光导纤维传导至两个检测头。每个检测头有包括空白补偿的11个检测位置，入射光以45°角照射在反应区上。反射光通过固定在反应区正上方的一组光纤传导至滤光片进行分光处理，从510nm～690nm分为10个波长，单色化之后的光信号再经光电二极管转换为电信号。

（3）电荷耦合器件　以高压氙灯作为光源，采用电荷耦合器件技术进行光电转换，把反射光分解为红、绿、蓝（610nm、540nm、460nm）三原色，又将三原色中的每一种颜色细分为2592色素，这样，整个反射光分为7776色素，可精确分辨颜色由浅到深的各种微小变化。

3. 电路系统

将转换后的电信号放大，经模数转换后送中央处理器（CPU）处理，计算出最终检测结果，然后将结果输出到屏幕显示并用打印机打印。CPU的作用不仅是负责检测数据的处理，而且要控制整个机械系统、光学系统的运作，并通过软件实现多种功能。

二、尿液分析仪试剂带

单项试带是干化学发展初期的一种结构形式，也是最基本的结构形式。它以滤纸为载体，将各种试剂成分浸渍后干燥，作为试剂层，再在表面覆盖一层纤维膜，作为反射层。尿液浸入试带后与试剂发生反应，产生颜色变化。

多联试带是将多种检测项目的试剂块，按一定间隔、顺序固定在同一条带上的试带。使用多联试带，浸入一次尿液可同时测定多个项目。多联试带的基本结构采用了多层膜结构：第一层尼龙膜起保护作用，防止大分子物质对反应的污染；第二层绒制层，包括碘酸盐层和试剂层，碘酸盐层可破坏维生素C等干扰物质，试剂层与尿液所测定物质发生化学反应；

第三层是固有试剂的吸水层，可使尿液均匀、快速地浸入，并能抑制尿液流到相邻反应区；最后一层选取尿液不浸润的塑料片作为支持体。有些试带无碘酸盐层，但相应增加了一块检测试剂块，以进行某些项目的校正。

不同型号的尿液分析仪使用其配套的专用试带，且测试项目试剂块的排列顺序是不相同的。通常情况下，试带上的试剂块要比测试项目多一个空白块，有的甚至多参考块（又称固定块）。各试剂块与尿液中被测尿液成分反应呈现不同的颜色变化。空白块的目的是为了消除尿液本身的颜色在试剂块上分布不均等所产生的测试误差，以提高测试准确性；固定块的目的是在测试过程中，使每次测定试剂块的位置准确，降低由此而引起的误差。

三、尿液分析仪检测原理

尿液中相应的化学成分使尿多联试带上各种含特殊试剂的试剂块发生颜色变化，颜色深浅与尿液中相应物质的浓度成正比；将多联试带置于尿液分析仪比色进样槽，各试剂块依次受到仪器光源照射并产生不同的反射光，仪器接收不同强度的光信号后将其转换为相应的电讯号，再经微处理器由下列公式计算出各测试项目的反射率，然后与标准曲线比较后校正为测定值，最后以定性或半定量方式自动打印出结果。

反射率分式：$R(\%)=T_m \cdot C_s / T_s C_m \times 100\%$

式中的 R（%）为反射率：T_m 为试剂垫对测定波长的反射强度：T_s 为试剂垫对参考波长的反射强度；C_m 为较准垫对测定波长的反射强度；C_s 为校准对参考波长的反射强度。

尿液分析仪测试原理的本质是光的吸收和反射。试剂块颜色的深浅对光的吸收、反射是不一样的；光量值越小，反射光量值越大，反射率也越大。换言之，特定试剂块颜色的深浅与尿样中特定化学成分浓度成正比。尽管不同厂家的尿液分析仪对光的判位形式不一样，但不同强度的反射光都需经光电转换器件转换为电信号进行处理却是一致的。

1. 采用发光二极管光学系统的尿液分析仪

检测头含有3个LED，在特定波长下把光照射到试带表面，引起光的反射，反射光被试带上方的探测器（光电二极管）接收，将光信号转换为电信号，经微处理器转换成浓度值。

2. 采用滤光片光学系统的尿液分析仪

以高亮度的卤钨灯为光源，经光导纤维将光传到两个监测头来检测试剂块的颜色变化。试带无空白块，仪器采用双波长来消除尿液颜色的影响。所谓双波长，是指一种光为测定光，是被测试剂块敏感的特征光；另一种光为参考光，是被测试剂块不敏感的光，用于消除背景光和其他杂散光的影响。

3. 采用电荷耦合器件光学系统的尿液分析仪

由尖端光学元件CCD来对测试块的颜色进行判读。CCD的基本单元是金属-氧化物-半导体（MOS），它最突出的特点是不同于其他大多数器件以电流或电压为信号，而是以电荷为信号。当光照射到CCD硅片上时，在栅极附近的半导体体内产生电子-空穴对，其多数载流子被栅极电压排开，少数载流子则被收集形成信号电荷。将一定规则变化的电压加到CCD各电极上，电极上的电子或信号电荷就能沿着半导体表面按一定方向移动形成电信号。CCD的光电转换因子可达99.7%，光谱响应范围从0.4～1.1nm，即从可见光到近红外光。CCD系统检测灵敏度较LED系统高2000倍。

四、临床应用

（1）酸碱度　主要用于了解体内酸碱平衡情况，监测泌尿系统病畜的临床用药情况，了解尿pH变化对试带上其他试剂块区反应的干扰作用。

(2) 尿比重　主要用于了解尿液中固体物质的浓度，估计肾脏的浓缩功能。在出入量正常的情况下，比重增高表示尿液浓缩，尿比重降低则反映肾脏浓缩功能减退。

(3) 尿糖　主要用于内分泌性疾病如糖尿病及其他相关疾病的诊断与治疗监测等。

(4) 蛋白质　主要用于肾脏疾病及其他相关疾病的诊断、治疗、预后等。

(5) 酮体　主要用于糖代谢障碍和脂肪不完全氧化的疾病或状态的诊断及其他相关疾病的诊断和治疗。

(6) 胆红素与尿胆原　主要用于消化系统肝脏、胆道疾病及其他相关疾病的诊断、治疗，尤其对于黄疸的鉴别有特殊意义。

(7) 隐血　主要用于肾脏、泌尿道疾病及其他相关疾病的诊断、治疗。

(8) 亚硝酸盐　用于尿路细菌感染的快速筛检试验，采用亚硝酸盐还原法，灵敏度为0.3～0.6mg/L。尿亚硝酸盐试验是细菌感染的指标。

(9) 白细胞　主要用于肾脏、泌尿道疾病的诊断、治疗等。干化学法检测尿液中白细胞采用中性粒细胞酯酶法，灵敏度为5～10mg/L。

(10) 维生素C　干化学法维生素C的检测采用还原法，灵敏度依所用试带的不同而有所不同，一般为50～100mg/L。

任务四　粪便检查

粪便检验是临床最常用的检验方法之一。对于许多疾病，特别是对消化系统疾病及寄生虫病的诊断具有重要意义。正常粪便是由未消化的食物残渣（如淀粉颗粒、肉类纤维、植物细胞和植物纤维）、消化道分泌物、分解产物、肠壁脱落的上皮细胞、肠道细菌及水分等组成。食物的质和量，胃肠、胰腺、肝、胆的功能状态或某些器质性病变均可影响粪便的性状与组成。

粪便检验的目的在于：了解消化道及相连器官（如肝、胆、胰腺等）有无炎症、出血和寄生虫感染等情况；了解消化状况，粗略地判断胰腺外分泌功能；用隐血试验检查，作为肠道恶性肿瘤的筛选试验；检查粪便中有无肠道传染病致病菌等。

子任务一　粪便的物理学检查

粪便的物理学检查包括排粪量、形状和硬度、粪色、气味及异常混杂物（黏液、伪膜、血液、脓汁、寄生虫、异物残渣等）。犬、猫的正常粪便呈圆柱状，有一定硬固感，一般为褐色，因采食肉类和脂肪，粪便多有特殊的恶臭味。

一、粪便的数量、形状和硬度

与动物的种类、饲料性质和饮水等因素有关，观察时要全面考虑。地球上有成千上万种动物，各种动物因食物种类、采食量和消化器官功能状态不同，其每天排粪次数和排粪量也不相同，即使是同一种动物也有差别，平时应多注意观察。正常的犬便呈长条状，表面光滑。

临床意义：①排粪量或次数增加　当胃肠道或胰腺发生炎症或功能紊乱时，因有不同数量的炎症渗出、分泌增多、肠道蠕动亢进，以及消化吸收不良；②排粪量减少　见于便秘和饥饿；③粪便干硬或呈球状　见于肠便秘等。

二、粪便颜色和性状

粪便的颜色因食物种类、胆汁多少、肠分泌液及粪便在肠管中停留时间的长短而有不同，一般为褐色。粪便在肠管内停留时间过长，颜色较黑；胆汁排出障碍（如阻塞性黄疸），颜色灰白；胃和上部肠道出血时为黑褐色；下部肠道出血时，血液多附着于粪便表面，呈红色；患肠炎时，粪稀并混有少量血液或脓液，恶臭；胰腺炎等病，粪呈灰色，状如油膏，带有特殊的脂肪闪光，其中除含有少量脂肪酸和皂类外，还含有大量脂肪团及没有消化的肉类纤维等；钩端螺旋体病等时，粪呈黄绿色；服用某些药物（如铁、炭、铵等）时，粪为黑色；内服甘汞时为绿色。

临床上病理性粪便有以下变化。

1. 稀便或水样便

多由于肠道蠕动亢进引起。见于肠道各种感染性或非感染性腹泻，尤其多见于急性胃肠炎、服用导泻药后等。幼龄动物肠炎，由于肠蠕动加快，多排绿色稀便。出血坏死性肠炎时，多排出污色样粪便。

临床意义：见于各种肠炎、胃肠型感冒、应用泻下药及采食冰冻食物等。

2. 黏液粪便

动物正常粪便中只含有少量黏液，因和粪便混合均匀而难以看到，如果肉眼看到粪便中的黏液，说明黏液增多。小肠炎时，多分泌的黏液和粪便均匀混合。直肠炎时，黏膜附着于粪便表面。单纯的黏液便，稀、黏稠且无色透明。粪便中含有膜状或管状物时，见于伪膜性肠炎或黏液性肠炎、细菌性痢疾、应激综合征等。

临床意义：见于大肠炎、伪膜性肠炎、黏液性肠炎、细菌性痢疾、应激综合征等。

3. 血便

动物患有肛裂、直肠息肉、直肠癌时，有时可见鲜血便，鲜血常附在粪便表面，当犬感染细小病毒时，排黑红色稀便。

临床意义：见于肛裂、直肠息肉、直肠癌、细小病毒感染、犬瘟热、沙门菌感染及某些寄生虫病等。

4. 黑便

多见于上消化道出血，粪便潜血检验阳性。服用活性炭或次硝酸铋等铋剂后，也可排黑便，但潜血检验阴性。动物采食肉类、肝脏、血液或口服铁制剂后，也能使粪便变黑，潜血检验也呈阳性，临床上应注意鉴别。

临床意义：见于上消化道出血及采食肝脏、肉类或口服铁制剂等。

5. 白陶土样粪便

见于各种原因引起的胆道堵塞。因无胆红素排入肠道所致。消化道钡剂造影后，因粪便中也含有钡剂，也呈白色或黄白色。

临床意义：见于胆道阻塞等。

6. 凝乳块粪便

哺乳幼龄动物，粪便中也见有黄白色凝乳块，或见鸡蛋白样便，表示乳中酪蛋白或脂肪消化不全，多见于幼龄动物消化不良和腹泻。

临床意义：见于消化不良和腹泻等。

7. 伪膜粪便

随粪便排出的伪膜是由纤维蛋白、上皮细胞和白细胞所组成，常为圆柱状，见于纤维素性或伪膜性肠炎。

临床意义：见于伪膜性肠炎或纤维素肠炎。

8. 脓汁粪便

直肠内有脓肿破溃时，粪便中混有脓汁。

临床意义：见于直肠脓肿等。

三、粪便的气味

动物正常粪便中因含有蛋白质分解产物，如吲哚、粪臭素、硫醇、硫化氢等而有臭味，草食动物因食碳水化合物多而味轻，肉食动物因食蛋白质多而味重。

临床意义：①粪便呈酸臭味　食物中脂肪和碳水化合物消化吸收不良时；②产生恶臭味　肠炎，尤其是慢性肠炎、犬细小病毒病、大肠癌、胰腺疾病等，由于大量蛋白质腐败。

四、粪便异常混杂物

正常粪便表面有极薄的黏液层。在某些疾病的情况下粪便可混有：血液、脓汁、黏液膜（纤维素伪膜）、寄生虫（蛔虫、绦虫体节等）。粪便中混有物和性状的变化，对于区别胃肠炎的种类和类型具有重要意义。

临床意义：黏液量增多，表示肠管有炎症或排粪迟滞。肠便秘时，黏液往往被覆整个粪球，并可形成较厚的胶冻样黏液层，类似剥脱的肠黏膜。卡他性胃肠炎时，粪便稀软，并有黏液；急性、重度的肠炎，粪便呈粥样或水样；粪便中混有血液或呈黑色，则为出血性炎症（如犬细小病毒感染、犬瘟热、沙门菌病、钩端螺旋体病等）。如血液只附于粪球外部表面，并呈鲜红色时，是后部肠管出血的特征，而均匀混于粪中并呈黑褐色时，说明出血部位在胃及前段肠道。粪便中混有脓液是化脓性炎症的标志，如直肠脓肿；粪便中混有脱落的肠黏膜，则为伪膜性与坏死性炎症的特征。患消化不良及牙齿疾病时，粪便内含有多量粗纤维及未消化的食物碎片。混有破布、被毛等，是由于营养代谢障碍发生异嗜所致。粪便呈灰色，软如油膏，带特殊的脂肪闪光，混有大量脂肪团及未消化的肉食纤维，见于胰腺炎。

五、粪便寄生虫

蛔虫、绦虫等较大虫体或虫体节片（绦虫节片似麦粒样），肉眼可以分辨。口服涂布或注射驱虫药后，注意检查粪便中有无虫体、绦虫头节等。

临床意义：见于肠道寄生虫病。

子任务二　粪便潜血检验

粪便潜血检查又称粪便隐血试验。当上消化道出血量较少时，外观可无异常改变，肉眼不能辨认。因此，对疑有上消化道出血的患畜，应进行粪便潜血检查。通常用联苯胺作试剂，因血红蛋白中的铁有过氧化酶的作用，能分解过氧化氢而放出氧，将联苯胺氧化为联苯胺蓝而显蓝色，即为阳性。根据颜色出现的速度和深度，可将阳性结果分为弱阳性、阳性、强阳性。近年来对潜血检查开始建立了免疫学检查法，可检出消化道任何部位的出血。

一、检测方法

粪便中不能用肉眼直接观察出来的少量血液叫做潜血。整个消化系统不论哪一部分出血，都可使粪便含有潜血。这项检查对于消化系统出血性疾病的诊断、治疗及预后都有重要价值。最常用的检验方法是联苯胺试验。

二、临床意义

（1）粪便潜血试验阳性　见于胃肠道各种炎症或出血、溃疡、犬钩虫病以及消化道恶性肿瘤等。

（2）粪便潜血试验假阳性　凡采食动物血液、铁剂、各种肉类，以及采食大量植物或蔬菜时，均可出现假阳性反应。因此，采食血液和肉类的动物（犬、猫），应素食 3 日以后才检验，采食植物或蔬菜的动物，其粪便应加入蒸馏水，经煮沸破坏了植物中过氧化氢酶后，方可进行检验。

（3）粪便潜血试验假阴性　服用铋剂、糖皮质激素、维生素 C 等具有还原作用的药物时，会呈现出假阴性反应。

三、注意事项

由于氧化酶或触酶并非血液所特有，在动物组织或植物中也有少量，部分微生物也能产生类似的酶，所以必须将粪配制成悬浊液，事先煮沸，以破坏这些酶类；被检动物在试验前 3～4 日，应禁食肉类以及富含叶绿素的青绿饲草；检查肉食兽的粪便时，如未禁食肉类则必须用粪的乙醚提取液做试验。即取粪约 3g 加冰醋酸及乙醚各 1ml，搅成乳状，静置，取上层乙醚层做检查。

子任务三　粪便酸碱度测定

一、检测方法

健康宠物的粪便呈碱性，当肠内发酵旺盛、脂肪消化不全时，由于形成多量有机酸，粪便呈酸性反应；当肠内蛋白质腐败分解旺盛时，由于形成游离酸，使粪呈碱性反应。一般是用万用 pH 试纸测定粪便的 pH 值。先将试纸用中性蒸馏水浸湿，然后贴在被检粪便表面，根据试纸颜色，判定其酸碱度。

采用试纸法测定粪便酸碱度：取粪 2～3g 于试管内，加中性蒸馏水 4～5 倍，混匀，用广谱范围试纸测定其 pH 值。

采用试管法测定粪便酸碱度是取粪 2～3g 于试管内，加中性蒸馏水 4～5 倍，混匀，置 37℃温箱中 6～8h，如上层液透明变清亮，表明为酸性（是因为粪中磷酸盐和碳酸盐在酸性液中溶解）；如液体变混浊，颜色变暗，表明为碱性（是因为粪中磷酸盐和碳酸盐在碱性液中不溶解）。

二、粪便酸碱度的临床意义

（1）强酸性　常由于肠内发酵旺盛所致，见于胃肠卡他。

（2）强碱性　常由于肠内蛋白质腐败分解旺盛所致，见于胃肠炎。

子任务四　粪便中寄生虫卵检查

无论是寄生动物消化道内的寄生虫和某些寄生在呼吸器官的寄生虫，他们的卵都会以各种方式混合在粪便中排出体外。所以，采取患病动物的粪便进行虫卵检查，是诊断寄生虫病的一种常用方法。

一、虫卵检查

1. 镜检法

在载玻片上滴加甘油和常水的等量混合液数滴，用干净的小棒从供检粪便各处取少量与载玻片上的水滴充分混合，去除粗大多余的粪渣，使载玻片上留下一层均匀的粪液薄膜，其厚度以能透视书报上的字迹为宜。加盖玻片，置于显微镜下检查。镜检时，应先低倍镜后高倍镜，顺序检查玻片上的所有部分。本法简单易行，但往往因寄生虫在体内的数量少，排在粪便中的虫卵少，而检出率较低。

2. 漂浮法

用密度较大的饱和盐水稀释粪便，可将粪中密度较小的虫卵浮集到盐水的表面，取表面的盐水镜检虫卵。此法只适用于密度较小的虫卵，如线虫、绦虫等虫卵。

在供检粪便各处取粪 2～5g，放入容量为 300ml 的烧杯或广口烧瓶内，先加少量饱和盐水，用小棒将粪便捣成糊状，然后添加饱和盐水，其量为粪便的 10～20 倍，充分搅拌，用数层纱布或铜丝网过滤后，将滤液装入平稳放置的直径约为 1cm 的平底试管或小瓶中，使液面稍凸出于管口或瓶口。10min 后，用清洁无油脂的盖玻片平平地接触管口或瓶口液面，立即提起，盖在载玻片上即可镜检。也可取一细铁丝，一端做成 7～8mm 的小环，使小环与铁丝呈 90°角，小环轻轻接触液面后，立即提起，然后把环内蘸取的滤液放到载玻片，加盖玻片后镜检。

3. 沉淀法

对于一些密度较大的虫卵，用密度较小的液体处理粪便供检，使虫卵沉淀集中。此法适用于吸虫、棘头虫等的虫卵。

取粪便 2～5g，装入容量 500ml 的烧杯或其他容器内，加入少量水搅成糊状，然后加水至 400～500ml，充分搅拌，用两层纱布或铜丝网过滤到另一容量为 1000ml 的尖底量杯内，静置 10～20min，小心倾去上层液，保留沉淀物。也可用一根胶管插到距沉淀物上方 1cm 的滤液中，吸出上层液体。然后再注满清水，静置 10～20min，再倾去上层液，如此反复 3～4 次，至上层液体透明无色时，最后一次倾去上层液体后，用吸管吸取沉淀物检查。

犬、猫等宠物粪便中各种寄生虫卵的形态见图 3-4-1～图 3-4-6。

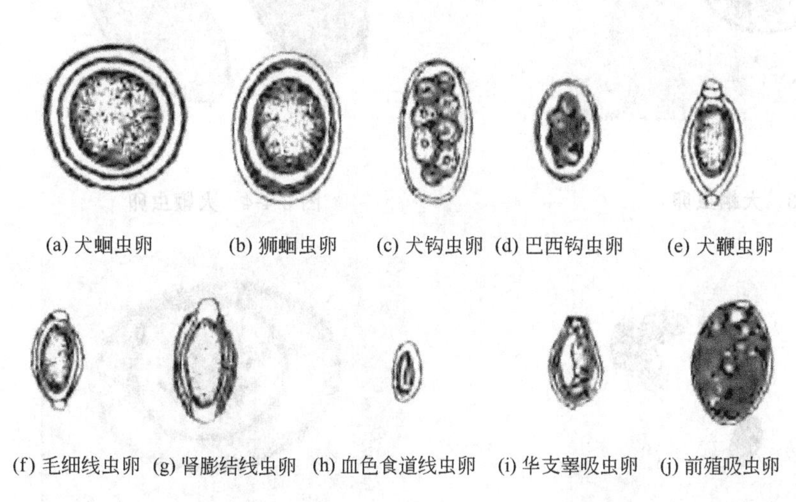

(a) 犬蛔虫卵 (b) 狮蛔虫卵 (c) 犬钩虫卵 (d) 巴西钩虫卵 (e) 犬鞭虫卵

(f) 毛细线虫卵 (g) 肾膨结线虫卵 (h) 血色食道线虫卵 (i) 华支睾吸虫卵 (j) 前殖吸虫卵

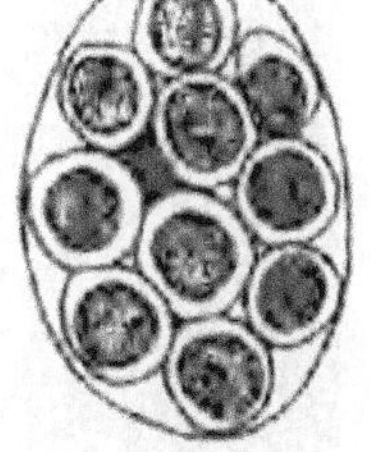

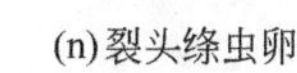

(l) 泡状带绦虫卵 (m) 细粒棘球绦虫卵 (n) 裂头绦虫卵 (k) 犬复孔绦虫卵

图 3-4-1 犬体内寄生虫卵图

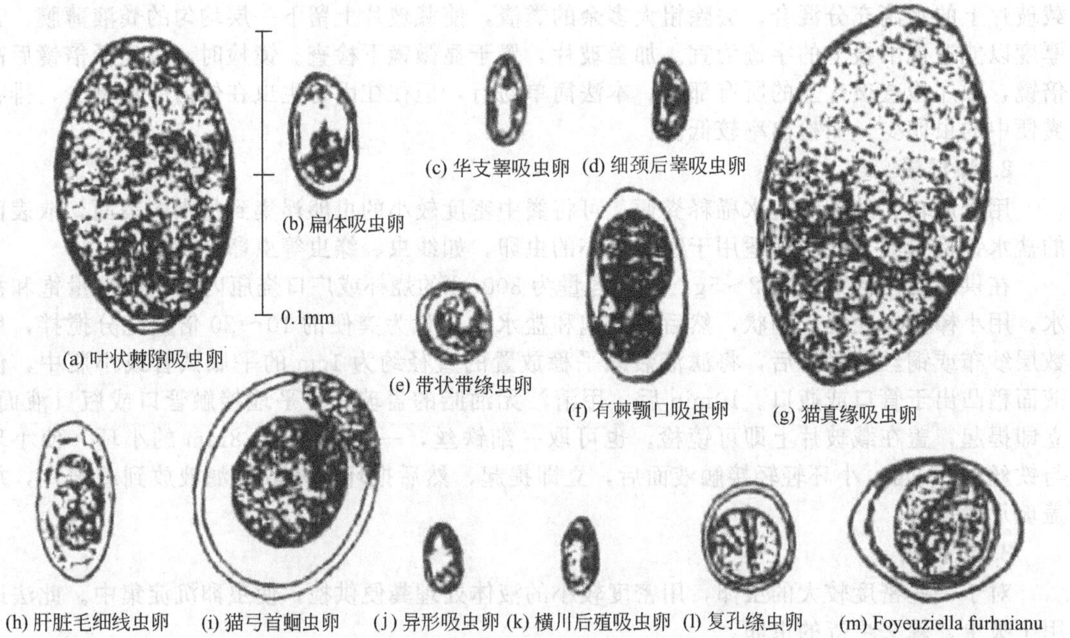

0.1mm

(a) 叶状棘隙吸虫卵 (b) 扁体吸虫卵 (c) 华支睾吸虫卵 (d) 细颈后睾吸虫卵 (e) 带状带绦虫卵 (f) 有棘颚口吸虫卵 (g) 猫真缘吸虫卵

(h) 肝脏毛细线虫卵 (i) 猫弓首蛔虫卵 (j) 异形吸虫卵 (k) 横川后殖吸虫卵 (l) 复孔绦虫卵 (m) Foyeuziella furhnianu

图 3-4-2 猫体内寄生虫卵图

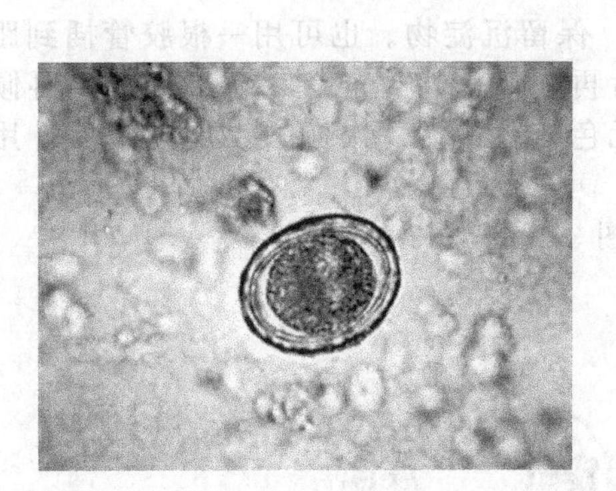

图 3-4-3 犬蛔虫卵

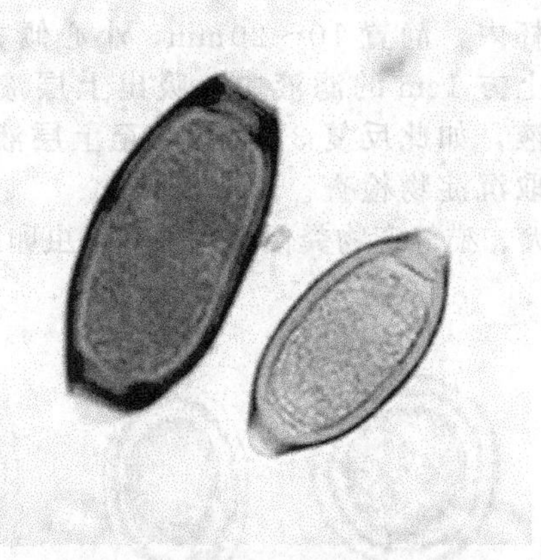

图 3-4-4 犬鞭虫卵

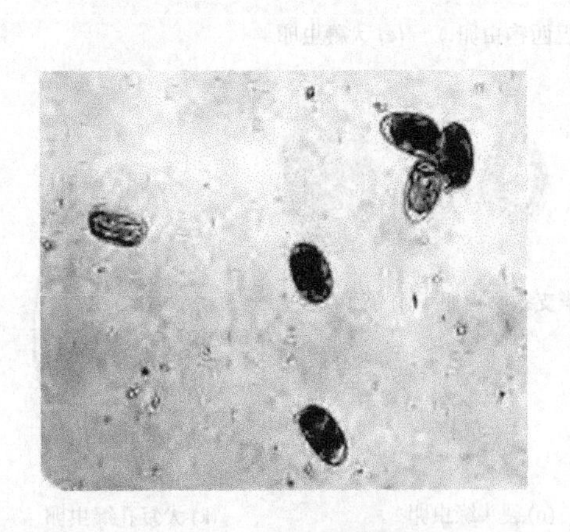

图 3-4-5 犬钩虫卵

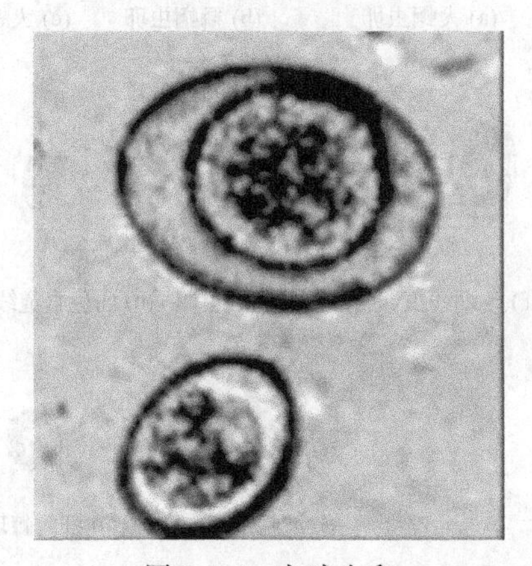

图 3-4-6 犬球虫卵

二、虫卵计数

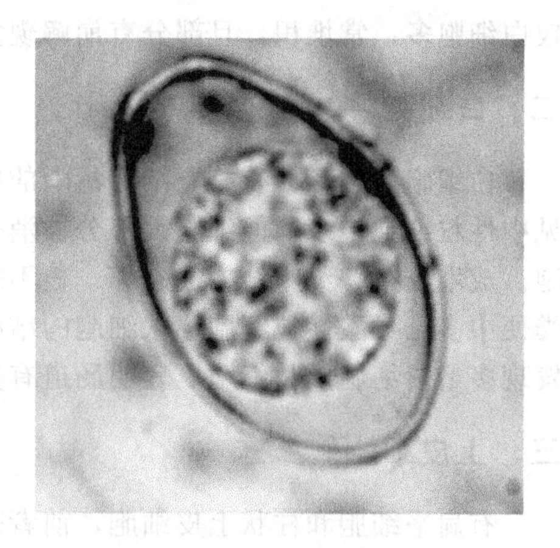
图 3-4-7　猫球虫卵

虫卵计数法是测定每克动物粪便中的虫卵数（见图 3-4-7），以此推断动物体内某种寄生虫的寄生数量，有时还用于使用驱虫药前后虫卵数量的对比，以检查驱虫效果。虫卵计数受很多因素影响，只能对寄生虫的寄生数量做大致判断。影响因素首先是虫卵总量不准确，此外寄生虫的年龄、宿主的免疫状态、粪便的浓稠度、雌虫的数量、驱虫药的服用等很多因素，均影响虫卵数量和体内虫体数量的比例关系。虽然如此，虫卵计数仍常被用为某种寄生虫感染强度的指标。虫卵计数结果，常以每克粪便中卵数表示，简称 EPG。

1. 斯陶尔法

在一小玻璃容器（如三角烧瓶或大试管）的 56ml 和 60ml 容量处各做一个标记；先取 0.4%的氢氧化钠溶液注入容器内（到 56ml 处），而后再加入被检粪便溶液（升到 60ml 处），加入一些玻璃珠，振荡使粪便完全破碎，混匀；用 1ml 吸管取粪液 0.15ml，滴于 2～3 张载玻片上，覆以盖玻片，在显微镜下顺序检查，统计虫卵总数时注意不可遗漏和重复。因 0.15ml 粪液中实际含有粪量是 $0.15\times4/60=0.01$g。因此，所得虫卵总数乘 100 即为每克粪便中的虫卵数。此法适用于大部分蠕虫卵的计数。

2. 麦克马斯特法

本法是将虫卵浮集于一个计数室中记数。计数室是由两片载玻片制成。为了使用方便，制作时常将其一片切去一条，使之较另一片窄一些。在较窄的玻片上刻以 1cm 见方的区域 2 个，然后选取厚度 1.5mm 的玻片切成小条垫于两玻片间，以环氧树脂黏合。取粪便 2g 于乳钵中，加水 10ml 搅匀，再加饱和盐水 50ml。混匀后，吸取粪液注入计数室，置显微镜台上静置 1～2min 后，在显微镜下计数 $1cm^2$ 刻度中的虫卵总数，求 2 个刻度室中虫卵数的平均数，乘以 200 即为每克粪便中的虫卵数。此法只适用于可被饱和盐水浮起的各种虫卵。

3. 片形吸虫卵计数法

取粪便 10g 于 300ml 容量瓶中，加入少量 1.6%氢氧化钠溶液，静置过夜。次日，将粪块搅碎，再加 1.6%氢氧化钠溶液到 300ml 刻度处，摇匀，立即吸取此粪液 7.5ml 注入到离心管内，1000r/min 离心 2min，倾去上层液体，换加饱和盐水再次离心，再倾去上层液体，再换加饱和盐水，如此反复操作，直到上层液体完全清澈为止。倾去上层液体，将沉渣全部分滴于数张载玻片上，检查统计虫卵总数，以检查统计总数乘以 4，即为每克粪便中的片形吸虫卵数。

子任务五　粪便中细胞的检查

粪便中的体细胞，有红细胞、白细胞、脓细胞、巨噬细胞。由于粪便中的细胞在涂片上分布不均、差别较大，故计数意义不大。

一、红细胞

正常粪便中无红细胞，如粪便中发现大量形态正常的红细胞，可能为肠道下段出血。有少量散在、形态正常的红细胞，而同时又有大量的白细胞，说明肠道有炎症疾患：若红细胞较白细胞多，常堆积，且部分有崩解现象时，提示肠管出血性疾患。

二、白细胞

白细胞为圆形、有核、结构清晰的细胞。正常粪便中没有或偶尔看到。肠道炎症时，常见中性粒细胞增多，但细胞因部分被消化，难以辨认。细菌性大肠炎时，可见大量中性粒细胞。成堆分布、细胞结构被破坏、核不完整，称为脓细胞。过敏性肠炎或肠道寄生虫病时，粪便中多见嗜酸性粒细胞。脓细胞的结构不清晰，常常聚集在一起，甚至堆积存在。粪便中发现多量白细胞及脓细胞，表明肠道有炎症和溃疡。

三、上皮细胞

有扁平细胞和柱状上皮细胞，前者来自肛门附近，后者来自肠黏膜。生理情况下，少量脱落的柱状上皮细胞多已破坏，故正常粪便中难以见到。当有多量柱状上皮细胞同时有白细胞、脓细胞及黏液时，见于肠道的炎症疾患。

四、肿瘤细胞

大肠癌症时，粪便中可见此细胞。

五、吞噬细胞

吞噬细胞增加时，临床可见于细菌性痢疾、直肠炎等。

子任务六　粪便中其他项目的检查

一、粪便食物残渣的检查

1. 淀粉颗粒

见于慢性胰腺炎、胰腺功能不全和各种原因引起的腹泻。

2. 脂肪小滴

见于急性或慢性胰腺炎、胰腺癌等。

3. 肌肉纤维

见于肠蠕动亢进、腹泻、胰腺外分泌功能降低及胰蛋白酶分泌减少等。

二、粪便细菌学的检查

粪便中出现大肠杆菌、沙门菌、变形杆菌、铜绿假单胞菌等，多见于细菌性肠炎。

三、粪蛋白的检查

正常宠物粪中蛋白质含量较少，对一般蛋白沉淀剂不呈现明显反应。当胃肠有炎症时，粪中有血清蛋白和核蛋白渗出，上述蛋白试验可呈现阳性反应。健康宠物粪便中没有胆红素，仅有少量的粪胆素；发生小肠炎症及溶血性黄疸时，粪中可能出现胆红素，粪胆素也增多。

四、粪有机酸的检查

可以作为评价小肠发酵程度的指标，含量增高，表明肠内发酵过程旺盛。

五、粪氨的检查

粪中氨的含量可作为肠内腐败分解强度的指标，氨含量增高，表明肠内蛋白质腐败分解旺盛，形成大量游离氨，胃肠炎时，粪便中氨含量明显增加。

任务五 皮肤刮取物检查

子任务一 皮肤样品采集

对于皮肤样品的收集，可使用10号灭菌钝头手术刀片，与皮肤呈45°～90°夹角刮取病变皮肤的皮屑、组织渣、脓血或分泌物等。要求始终沿同一方向运刀，不得有切割运动，力量均匀柔和。一般要求将皮肤刮到渗血为止。

子任务二 螨虫性皮肤病检验

螨类有记载的有3万多种，有的对动物有害，有的对动物无害。寄生于犬猫皮肤和耳内的螨，有犬蠕形螨、犬疥螨、猫背肛螨、猫耳痒螨亚种等（见图3-5-1～图3-5-5）。

刮取皮屑时应在患病皮肤和健康皮肤交界处，先剪毛，用凸刃小刀，刀刃和皮肤面垂直，刮取皮屑，直到皮肤轻微出血，或用手挤压。将刮的皮屑、挤压物或取的耳内分泌物放在载玻片上，加10%氢氧化钠或氢氧化钾溶液、石蜡油或水滴在病料上，加一张盖玻片，搓压分散开，置低倍或高倍显微镜下，观察螨虫或椭圆形淡黄色的薄壳虫卵。

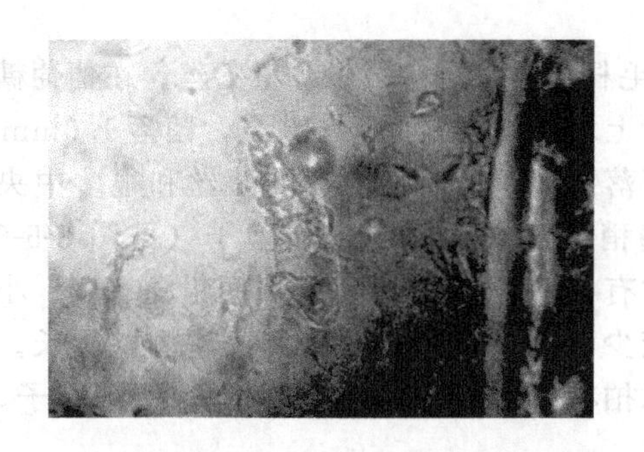

图3-5-1 犬蠕形螨

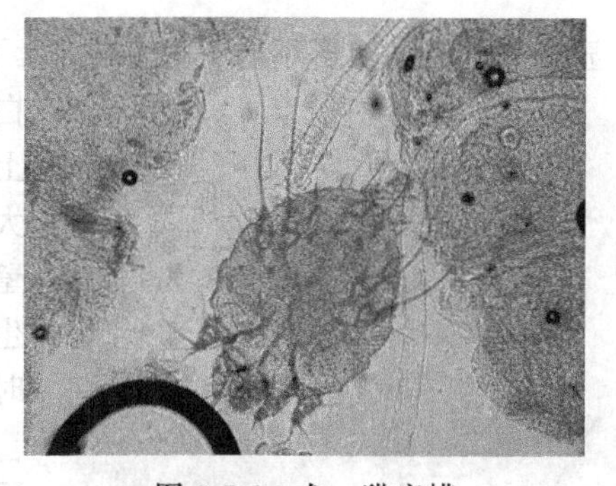

图3-5-2 犬、猫疥螨

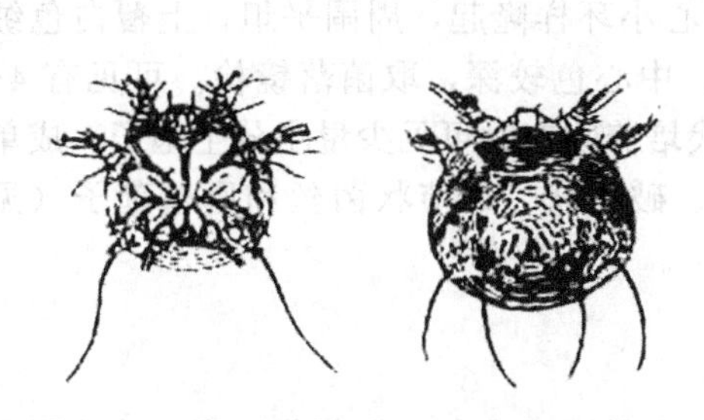

图3-5-3 犬、猫背肛螨

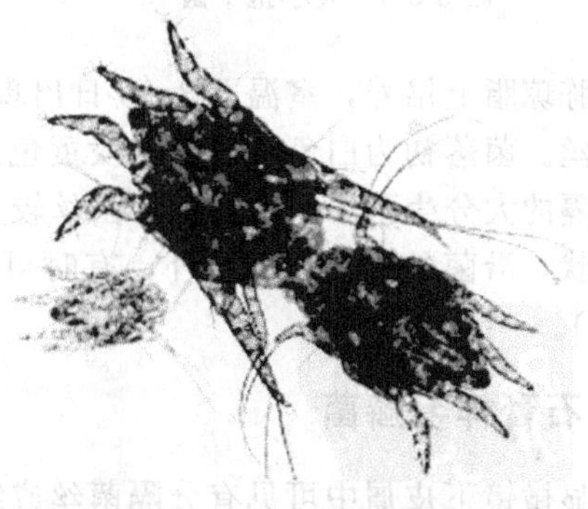

图3-5-4 犬、猫耳痒螨

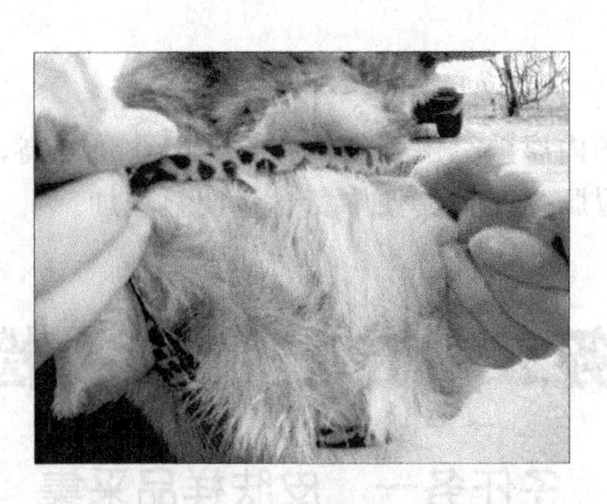

图 3-5-5 皮肤蠕形螨

子任务三 真菌性皮肤病检验

真菌遍布自然界，在已记载的5万多种真菌中，与人类和动物疾病有关的不到200种，与犬、猫皮肤疾病有关的主要是三种。

犬小孢子菌、石膏样小孢子菌和石膏样毛癣菌。猫皮肤真菌病多由犬小孢子菌（占98%）、石膏样小孢子菌（占1%）和石膏样毛癣菌（占1%）引起，犬皮肤真菌病也多由这三种真菌引起，它们分别占70%、20%和10%左右。

刮取皮屑和在显微镜下检查方法基本上同检查螨，只是在镜检前，微微加热一下载玻片，然后置低倍或高倍显微镜下观察。

一、犬小孢子菌

显微镜下可见圆形小孢子密集成群，围绕在毛杆上，皮屑中可见少量菌丝。在葡萄糖蛋白胨琼脂上培养，室温下5～10日，菌落1.0mm以上。取菌落镜检，可见直而有隔菌丝和很多中央宽大、两端稍尖的纺锤形大分生孢子（见图3-5-6），壁厚，常有4～7个隔室，末端表面粗糙有刺。小分生孢子较少，为单细胞棒状，沿菌丝侧壁生长。有时可见球拍状、结节状和破梳状菌丝和厚壁孢子。

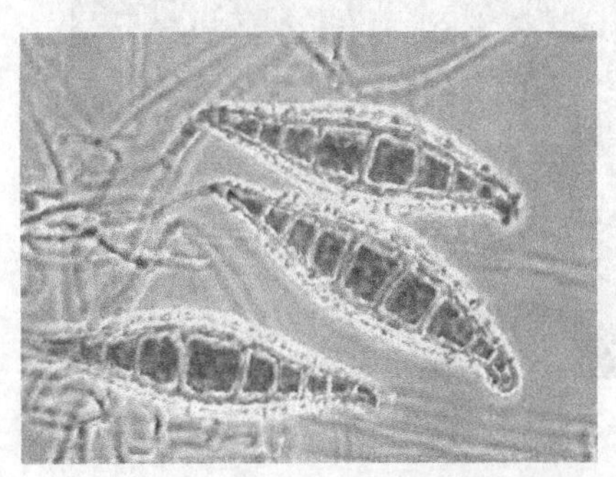

图 3-5-6 犬小孢子菌

二、石膏样小孢子菌

显微镜下可见病毛外孢子呈链状排列或密集成群包绕毛干，在皮屑中可见菌丝和孢子。在葡萄糖蛋白胨琼脂上培养，室温下3～5日出现菌落，中心小环样隆起，周围平坦，上覆白色绒毛样菌丝。菌落初为白色，渐变为淡黄色或棕黄色，中心色较深，取菌落镜检。可见有4～6个分隔的大分生孢子，纺锤状，菌丝较少。第一代培养物有时可见少量小分生孢子，成单细胞棒状，沿菌丝壁生长。此外，有时可见球拍状、破梳状、结节状菌丝和厚壁孢子（见图3-5-7）。

三、石膏样毛癣菌

显微镜下皮屑中可见有分隔菌丝或结节菌丝，孢子排列成串。在葡萄糖蛋白胨琼脂上培养，25%生长良好，有两种菌落出现。①绒毛状菌落：表面有密短整齐的菌丝，雪白色，中央可有乳头状突起。镜检可见较细的分隔菌丝和大量洋梨状或棒状小分生孢子。偶见球拍状和结节状菌丝。②粉末状菌落：表面粉末样，较细，黄色，中央有少量白色菌丝团。镜检可见螺旋状、破梳状、球拍状和结节状菌丝。小分生孢子球状，聚集成葡萄状。有少量大分生孢子（见图 3-5-8）。

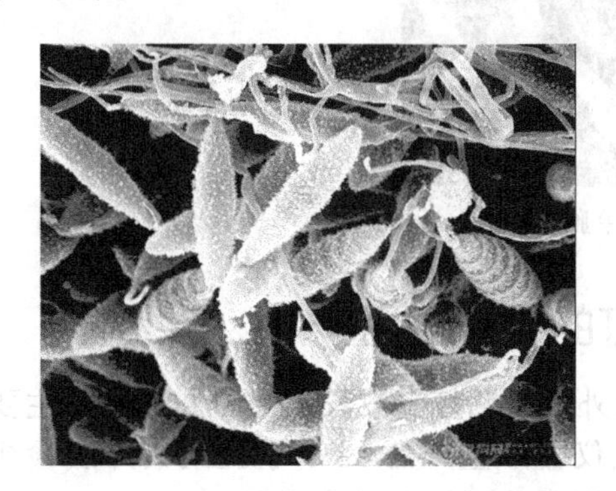

图 3-5-7　犬石膏样小孢子菌

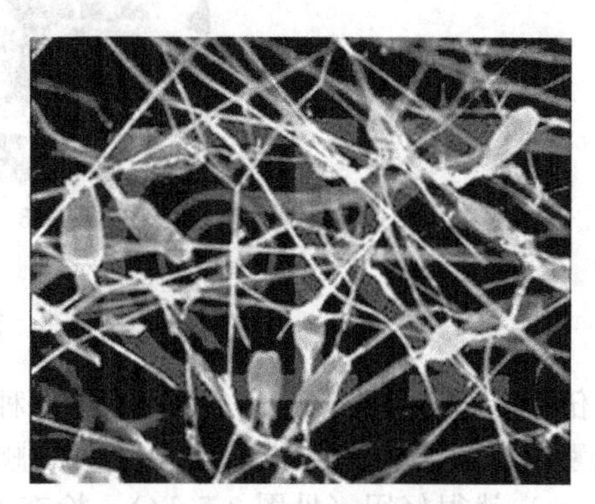

图 3-5-8　石膏样毛癣菌

子任务四　细菌性皮肤病检验

犬、猫被毛里常蓄积大量的葡萄球菌、链球菌、棒状杆菌、假单胞菌、寻常变形杆菌、大肠杆菌、铜绿假单胞杆菌等。因此，一般皮屑检验都能看到不同种型的细菌。如果皮肤有损伤，在损伤处刮取的病料，更能在镜下看到不同种类的细菌（见图 3-5-9～图 3-5-13）。

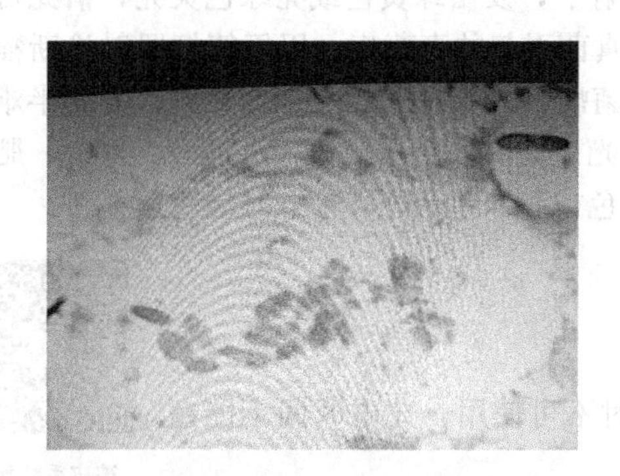

图 3-5-9　马拉色菌

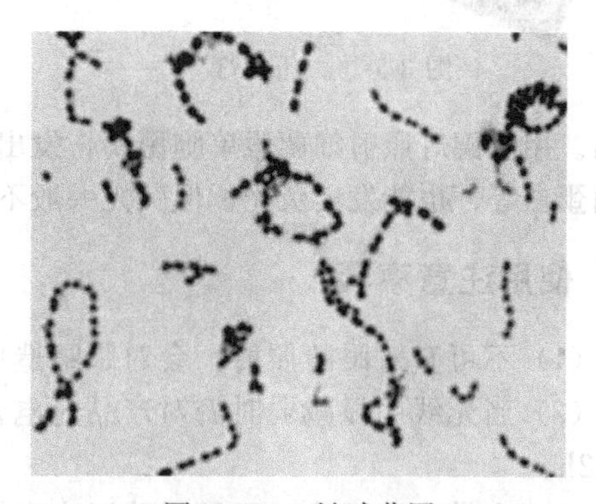

图 3-5-10　链球菌图

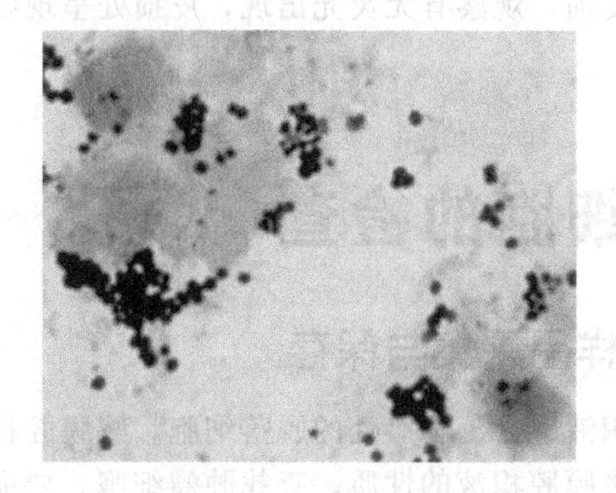

图 3-5-11　葡萄球菌图

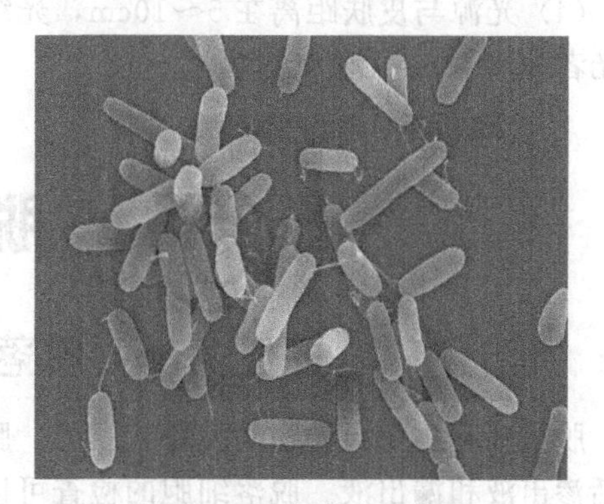

图 3-5-12　假单胞杆菌图

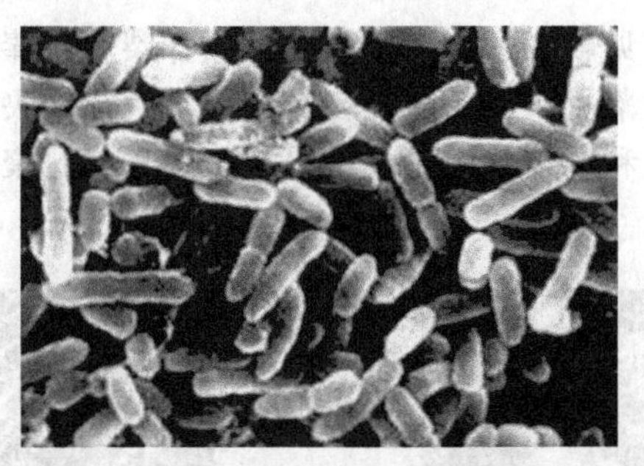
图 3-5-13 铜绿假单胞杆菌图

子任务五 伍德灯的操作使用

伍德灯（Wood's light）实际上是一种滤过紫外线检测灯（波长 320～400nm），主要用于色素异常性疾病、皮肤感染等。上海顾村电光仪器厂生产的 12W 手提式紫外线检测灯（365nm）就很好用（见图 3-5-14）。检查人民币真假的检测机也可试用。

图 3-5-14 伍德灯

一、工作原理与使用方法

在暗室里，用灯照射患病处，观察荧光型，真菌犬小孢子菌、石膏样小孢子菌和铁锈色小孢子菌由于侵害了正在生长发育的被毛，利用被毛中色氨酸进行代谢，其代谢物为荧光物质，在伍德灯照射下，发出绿黄色或亮绿色荧光，借此可诊断三种真菌引起的真菌病。用伍德灯照射诊断猫大小孢子菌病，只能检出带菌猫的 50%，另一半难以检出。用伍德灯照射细菌假单胞菌属，发出绿色荧光。局部外用凡士林、水杨酸、碘酊、肥皂和角蛋白等，也能发出荧光，但荧光一般不是绿黄色或亮绿色荧光，检查时应注意鉴别。

二、使用注意事项

被皮系统疾病的诊断与治疗

（1）不可直对眼睛照射，会对眼睛造成伤害。

（2）当光线明显减弱时需对产品充电，充电时不可使用，充电时间不能超过 12h。

（3）自带充电插头，无需另购置充电设备。

（4）光源与皮肤距离在 5～10cm，光线对准皮损，观察有无荧光出现，皮损处呈现各色荧光者为（+），无荧光者为（-）。

任务六 脱落细胞的检查

子任务一 脱落细胞样品采集与保存

脱落细胞主要指动物浆膜腔（腹腔、胸腔）积液、分泌物等处的脱落细胞。浆膜腔积液包括渗出液和漏出液。脱落细胞的检查可以鉴定浆膜腔积液的性质、查找肿瘤细胞，协助临床诊断。浆膜腔积液是一种常见的临床症状。多种疾病都可造成浆膜腔积液，如炎症、肿瘤、循环障碍等。

正确地采集样品是细胞学诊断的基础和关键之一，故要准确地选择部位，尽可能在病变区直接采集细胞。采集的样品必须保持新鲜，尽快制得，以免细胞自溶或腐败。尽可能避免血液、黏液等混入标本内，采集方法应简便，操作轻柔，避免病畜痛苦和引起严重并发症及促进肿瘤扩散。常用的标本采集方法如下。

一、穿刺法

浆膜腔积液的采取，须经穿刺抽取。腹腔穿刺时应使动物保持站姿或卧姿，穿刺部位须在动物腹正中线两侧较低的位置；胸腔穿刺时应使动物保持站姿，从该姿势下胸腔最低处进针；穿刺前对术部消毒；抽取时用力须较缓慢、温和。遇网膜等组织吸附于针头时，液体流出停止，可将已吸出的液体适量推回体腔，使吸附的组织脱离，稍变动针头位置后再行吸取。浆膜腔积液，尤其是黏度较大的渗出液，吸取后应采取抗凝措施，以防凝固。积液抽出后立即送检，不宜放置过久，否则其中的细胞成分易坏死溶解，影响观察结果。如暂时无法送检，应保存在4℃，24h内检验。

对细胞成分较少的积液，可进行离心沉淀后制片镜检。离心及制作压片、涂片的操作方法基本同尿沉渣检验。注意，切忌在积液样品中加入固定液放置后再观察，这样对细胞形态的影响很大，不利于鉴别观察。细胞密度过大时，可对积液进行适当的稀释，混匀后镜检，以涂片后细胞不堆积成团为宜。

二、直接采集法

对阴道等处的分泌物，可用吸管吸取、消毒棉签蘸取或用载玻片直接蘸取。将分泌物在载玻片上涂匀，扇干，瑞氏染色，镜检。

三、手术法

对手术中切除的可疑肿物，可切取其内部一小块组织，在载玻片上涂抹，使部分细胞脱落，风干后瑞氏染色，镜检。

四、自然分泌物的采集

(1) 痰液涂片检查　痰液为支气管等呼吸的分泌物，对支气管炎症和其他呼吸道疾病细胞学诊断具有重要价值。

(2) 尿液涂片检查　收集尿液中脱落的泌尿道细胞成分，做泌尿道肿瘤和某些疾病的细胞学诊断。

五、灌洗法

向空腔器官或腹腔、盆腔灌注一定量生理盐水冲洗，使其细胞成分脱落于液体中，收集灌洗液离心制片，做细胞学检查。

子任务二　脱落细胞镜检样品制备

制备时应保证标本新鲜，取材后尽快制片；涂片操作要轻巧，避免挤压以防止损伤细胞；玻片要清洁无油渍；含蛋白质的标本可直接涂片，缺乏蛋白质的标本，涂片前先在玻片上涂薄层黏附剂，以防止染色时细胞脱落，常用黏附剂为蛋白甘油，由等量生鸡蛋白和甘油混合而成。每次检测标本至少涂两张玻片，以避免漏诊。

一、涂片制备

1. 推片法

用于稀薄的标本，如血液、胸水、腹水等。取标本一小滴滴在玻片偏右侧端，以30°夹角将玻片上检液轻轻向左推。

2. 涂抹法

适用于稍稠的检液，如鼻咽部标本。用竹棉签在玻片上涂布，涂抹要均匀，不宜重复。

3. 压拉涂片法

将标本夹于横竖交叉的两张玻片之间，然后移动两张玻片，使之重叠，再边压边拉，获得两张涂片。适用于较黏稠标本，如痰液。

4. 吸管推片法

用吸管将标本滴在玻片一端，然后将滴管前端平行置于标本滴上，平行向另一端匀速移动滴管即可推出均匀薄膜。适用于胸、腹水标本。

5. 喷射法

用配细针头的注射器将标本从左至右反复均匀地喷射在玻片上，适用于各种吸取的液体标本。

6. 触片法

将病变组织切开，直接触片。适用于活体组织检查。

二、涂片固定

细胞学检查常用的固定液有三种：乙醚酒精、氯仿酒精和95%酒精。固定方法如下。

1. 带湿固定

即涂片尚未干燥即行固定，适用于痰液、宫颈刮片及食管刷片等较黏稠的标本，适用于巴氏或HE染色。

2. 干燥固定

即涂片自然干燥后，再行固定，适用于较稀薄的标本，如尿液、浆膜腔积液等，也适用于瑞氏染色和姬姆萨染色。固定时间一般为15～30min。

三、涂片染色

常用染色方法有巴氏染色法，适用于上皮细胞染色；苏木精-伊红（HE）染色法，适用于痰液涂片；瑞氏染色法多用于血液，骨髓细胞学检查。

子任务三　检查结果及临床意义

一、脱落细胞染色检查结果

以巴氏染色为例。

(1) 上皮细胞　胞核染成深蓝色或深紫色，核仁染成红色，胞受染色根据细胞类型和分化程度的不同，可染成橘黄色、粉红色或蓝绿色。

(2) 红细胞　呈鲜红色。

(3) 白细胞　细胞浆淡蓝色、绿色，核深蓝黑色。

(4) 黏液　淡蓝色或粉红色。

二、胸、腹腔液的检查

可以从穿刺液的颜色、透明度、气味、相对密度、凝固性等方面鉴别是漏出液还是渗出液（见表 3-6-1）。

表 3-6-1　渗出液和漏出液的区别

性　质	渗　出　液	漏　出　液
性质	炎性产物，呈酸性	非炎性产物，呈碱性
颜色	淡黄、淡红、红黄	无色或淡黄
透明度	混浊或半透明，浓稠	透明，稀薄
气味	有的有特殊臭味	无特殊气味
相对密度	1.018 以上	1.015 以下
凝固性	在体外与尸体内均易凝固	不凝固或含微量纤维蛋白
浆液黏蛋白试验	阳性	阴性
蛋白质定量	4%以上	2.5%以下
细胞	含多量中性粒细胞、间皮细胞和红细胞	含有间皮细胞、淋巴细胞及少量中性粒细胞、红细胞

(1) 漏出液　细胞较少，主要是来自浆膜腔的间皮细胞（常是 8～10 个排成一片）及淋巴细胞，红细胞和其他细胞甚少。少量的红细胞，常由于穿刺时受损伤所致。多量红细胞则为出血性疾病或脏器破损伤所致。大量的间皮细胞和淋巴细胞，见于心、肾等疾病。

(2) 渗出液　细胞较多。中性粒细胞增多，见于急性感染，尤其是化脓性炎症。在结核性炎症（结核性胸膜炎初期）时，反复穿刺可见中性粒细胞也增多。淋巴细胞增多，见于慢性疾病，如慢性胸膜炎及结核性胸膜炎等。间皮细胞增多，为组织破坏过程严重之征象。

技能训练项目一　血常规检查

【目的要求】

1. 了解血常规检查的内容。
2. 掌握血样的采集和抗凝处理方法。
3. 掌握红细胞沉降率、血细胞比容、血红蛋白及血细胞计数的基本原理与测定方法。

【实训内容】

1. 血样的采集和抗凝处理。
2. 红细胞沉降率（ESR）测定。
3. 血细胞比容测定。
4. 血红蛋白测定（Hb）。
5. 血细胞计数。

【动物与材料】

(1) 实验动物　犬、猫。

(2) 材料　针头（6 号或 7 号）、抗凝剂（乙二胺四乙酸盐、草酸盐、肝素、枸橼酸盐）；魏氏血沉管与血沉架；红细胞压积管（温氏管）、毛细玻璃吸管、毛细滴管、5ml 注射器、电动离心机、双草酸混合液或 10%乙二胺四乙酸钠；血红蛋白吸管、小试管、沙利血红蛋白计、0.1mol/L 盐酸、蒸馏水、水滴管；显微镜、沙利吸血管、中试管（1.2cm×

11cm)、盖玻片、血细胞计数板、5ml 刻度吸管、红细胞稀释液（0.9%生理盐水）；小试管（0.6cm×8cm）、白细胞稀释液（3%冰醋酸溶液）、瑞氏染色液、缓冲液、姬姆萨染色原液、甲醇等。

【方法步骤】

1. 血样的采集和抗凝

(1) 血样的采集　犬自前臂内侧皮静脉，后肢趾背外侧静脉，后腹下皮静脉采血；猫自前臂内侧皮静脉，后肢趾背外侧静脉，股静脉采血。

(2) 抗凝剂的制备及抗凝

参照项目三　任务一　子任务一　血液样品采集与抗凝。

2. 血细胞形态学检查

(1) 血涂片的制作　取无油脂的洁净载玻片，选一张边缘光滑的作为推片。取被检血 1 滴，放在载玻片右端，用左手拇指与食指夹持载玻片，右手持推片，将推片倾斜 30°～40° 角，使其一端与载玻片接触并放在血滴之前，向右拉动推片使与血滴接触，待血液扩散形成一条线之后，以均匀的速度轻轻向左推动，此时血液被涂于载玻片上而形成一薄膜。将涂好的血片，迅速左右晃动，促使血膜干燥。

(2) 血涂片染色

① 瑞特染色法　又称瑞氏染色法。用蜡笔在血膜两端各划一道横线，以防染液外溢。将血片平放在染色容器的水平架上，滴加瑞氏染液，以盖满血膜为度。染色 1min 后，再往血膜上滴加等量的缓冲液，用洗耳球或嘴轻轻吹动，使缓冲液与瑞氏染液充分混合，再染 3～6min。用水冲洗，滤纸吸干后，油镜观察。

注意：滴加瑞氏染液的量 1 张血片，可滴加 2～3 滴染液，不能太少以防止蒸发干燥。滴加缓冲液后要混合均匀，以免染出的血片颜色深浅不一。冲洗时应将蒸馏水直接向血膜上倾倒，使液体从血片边缘溢出，沉淀物从液面浮去。切勿先将染液倾去再冲洗，否则沉淀物附着于血膜上不易冲掉。

② 姬姆萨染色法　于血膜上滴加甲醇 2～3 滴，固定血膜 3～5min，待甲醇挥发后直立于姬姆萨应用液（1∶20）染色缸中染色。根据室温的高低，染色 20～30min，必要时可延长至 60min。用蒸馏水或常水冲洗，干后油镜观察。

③ 瑞-姬复合染色法　单纯的瑞氏或姬姆萨染色法各有优缺点，为取两者之长，把两种染色法结合起来应用。

于血片上滴加瑞氏染液一厚层，染色 10min，水洗后将血片直立于姬姆萨应用液染色缸中染色 10min，水洗，干燥，油镜检查。复合染色时，也可在临染时向瑞氏染液中加入适量的姬姆萨原液（每 10ml 瑞氏染液中，可加入 0.5～1ml 姬姆萨原液），制成复合染色液，按瑞氏染色法的步骤进行染色。

3. 红细胞沉降率测定

采用魏氏法测定。

魏氏血沉管长 30cm、内径 2.5cm，管壁有 200 个刻度，每一刻度距离为 1mm，容量为 1ml，附有特制血沉架。

测定前，先向 10ml 刻度试管中加入 3.8%枸橼酸钠 1.0ml，再加静脉血 4.0ml，颠倒混合数次后用魏氏血沉管吸取抗凝血至 0 处，室温垂直放于血沉架上，经 15min、30min、45min、60min 各观察一次，分别记录红细胞沉降的数值。

健康犬、猫血沉正常参考值见实训表 3-1。

实训表 3-1 健康犬、猫血沉正常参考值

动物	15min	30min	45min	60min
犬	0.20	0.90	1.20	2.50
猫	0.10	0.70	0.80	3.00

血细胞比容测定　用毛细滴管将血液灌入红细胞压积管至刻度“10”处，先插入管底，再慢慢灌注血液，随血平面上升的同时，边提毛细滴管，使血自下而上渐渐充满红细胞压积管而又不致产生气泡，将此红细胞压积管放入离心机中，以3000r/min离心30min，读取红细胞柱的高度。

血细胞比容＝红细胞高度÷10×100％

离心后，管内血液分为5层：第一层为血浆；第二层白色乳糜层为血小板；第三层灰红色层为白细胞及有核红细胞；第四层为氧合血红蛋白红细胞层；第五层为带氧红细胞。

正常参考值犬：37％～55％；猫：25％～45％。

4. 血红蛋白测定

于测定管内加0.1mol/L盐酸3～5滴，用血红蛋白吸管取血至20mm处，擦净管壁外的血液，将吸管尖端插入管底，轻轻放出血液并用上层清澈的盐酸液清洗吸管数次，至吸管中血液洗净为止，随即摇动试管，使血液与盐酸混匀而呈褐色；静置10～15min后，把试管内的混合液倾入比色计的比色管内，同时用数滴蒸馏水洗试管，洗液倾入比色管中，并用玻璃棒搅匀。若比色管液体较标准比色柱为深时，则将蒸馏水直接分次滴入比色管内，边滴边搅匀，直至比色管内液体色泽与标准比色柱相同为止。

最后比色管内液体凹面高度处所示的数字，即为每100ml血液所含血红蛋白的克数或百分数。

5. 血细胞计数

(1) 红细胞计数（RBC）

① 在试管内加上述稀释液2.0ml，用吸管取血液10mm^3，擦净吸管外血液，将吸管插入试管底，轻轻吹出血液，并用上述稀释液清洗吸管2～3次，随手将试管轻轻摇动1～2min，使血液与稀释液混匀；用玻棒蘸取（或用血红蛋白吸管吸取）少量混悬液，一次向计算器内滴入2滴，使之灌满，静置2～3min：待红细胞下沉后进行计数。

② 计数方法　先用低倍镜巡视计算盘内红细胞分布状况，并把计算盘中央大方格置于视野内；换取高倍镜，计数这一大方格中的四角及中间的5个小方格（每一中方格有16个小方格）内的红细胞总数。计数时应按顺序进行，切勿将红细胞重复计数或遗漏。计数器的小方格均有双线或二线划分，一般压在上侧及左侧线上的红细胞应该计入，压在下侧及右侧线上的红细胞则不计数。把所得的总数乘以10000，即为每立方毫米血细胞所含红细胞数。

③ 计算原理　计算器中央的大方格面积为1mm^2，分为25个中方格（每个中方格又分为16个小方格），每个中方格的面积为1/25mm^2，计算盘深度为1/10mm，故每一中方格的容积为1/25×1/10＝1/250mm^3。5个中方格的容积为1/50mm^3。血标本稀释200倍，因此，每立方毫米中红细胞应为5个中方格的红细胞数×50×200，即5个中方格的红细胞数×10000。

(2) 白细胞计数（WBC）

① 用血红蛋白吸管取血10.0mm^3，擦净吸管外血液，将血轻轻吹入盛有0.2ml白细胞稀释液的试管中，并用上清液洗试管2～3次，摇匀，用玻璃棒蘸取（或用血红蛋白吸管吸取）少量混悬液滴入计算盘内，静置2～3min，待白细胞沉下后，进行计数。

② 计数方法　在显微镜低倍镜下，计数计算盘内四角的4个大方格所有的白细胞数，

将所得的总数乘以50即得每立方毫米血中的白细胞数。如宠物白细胞数超过3万/mm^3，可按红细胞计数法计数。所得结果乘以1000，即为每立方毫米血液中的白细胞数。

③ 计算原理 每个大方格面积为1cm^2，计算深度为0.1mm，血标本稀释20倍，故每立方毫米血中白细胞数为4个大方格的白细胞数/4×10×20。

【注意事项】

1. 采血时若用血量较少，可刺破组织取毛细血管的血；若需血量较多时，可做静脉采血，且要多次采血，从远离心脏端开始，以免发生栓塞影响静脉回流。

2. 测定血沉时，血沉管必须垂直静立；测定时室温最好在20℃左右；血液柱面上不应有气泡；血液采取后，采血与测定的间隔最长不超过3h；经过冷藏的血液，血液温度回升到室温再进行测定。

3. 红细胞压积管必须清洁干净；灌血时需自管底灌起，避免产生气泡；离心的条件尽可能恒定。

4. 血细胞计数时所有器材应清洁，干燥，符合标准，无损坏。试剂、血液符合检验要求。吸血前混匀血液。吸稀释液和吸血要准。血柱中应无气泡，无血块，同时不要吸得过多。管外壁血迹要擦净。充液前混匀检液。检液中应无沉淀。充液要均匀，不多，不少，无气泡。充液后不再振动计算板。操作要快，最好重复检验2～3次，以验证准确性。

【技能考核】

1. 根据血液检验项目的不同，能分别对血样进行采集和抗凝处理。

2. 各种血液检验项目所需器材的准备、试剂的配制及各实验方法，掌握各实验操作的注意事项。

3. 血涂片的制作和血涂片的染色。

4. 检验结果的判读。

技能训练项目二　血液生化检验

【目的要求】

1. 了解血液的生化检验项目。

2. 掌握血液生化检测仪的使用方法。

3. 解读血清酶检测指标。

【实训内容】

血清酶检测。

【动物与材料】

(1) 实验动物 犬、猫。

(2) 材料 血液生化分析仪、酒精棉球、采血管若干。

【方法步骤】

(1) 待检血采集 犬、猫前肢头静脉、后肢隐静脉或颈静脉采血。

(2) 血清制备 将采集的血液管置离心机中按3000r/min离心血清，备用。

(3) 血清酶检测 按照血液生化分析仪的操作方法与步骤对被检血清进行检测，读取检测数值。

检测项目：

① 肌酸磷酸激酶（CPK）测定；

② 谷草转氨酶（GOT）测定；

③ 谷丙转氨酶（GPT）测定；

④ 血清乳酸脱氢酶（LDH）测定。

血清酶正常值如下。

① CPK 正常参考值：犬 60～359IU/L；猫 95～1294IU/L。

② GOT 正常参考值：犬 23～56IU/L；猫 26～43IU/L。

③ GPT 正常参考值：犬 21～66U/L；猫 6～64U/L。

④ LDH 正常参考值：犬 45～233U/L；猫 63～273U/L。

【注意事项】

1. 血液样本采集后要正确保存和处理。
2. 血液生化分析仪使用前应提前 20～30min 开机预热。
3. 严格操作程序，减少结果误差。

【技能考核】

1. 血液生化检验项目所需材料的准备。
2. 全自动血液生化分析仪的操作方法。
3. 血液生化检测指标的判读。

技能训练项目三　犬、猫导尿

【目的要求】

1. 了解犬、猫外生殖器官的特点。
2. 掌握犬、猫导尿技术。

【实训内容】

1. 公犬导尿。
2. 母犬导尿。
3. 公猫导尿。

【动物与材料】

（1）动物　公犬、母犬、公猫。

（2）材料　导尿管、开膛器、灭菌乳胶手套、注射器、洗涤器、灭菌润滑油、0.1%新洁尔灭、灭菌手套、灭菌止血钳、20ml 注射器、集尿杯、呋喃西林溶液、温水、液体石蜡、生理盐水、2%硼酸溶液、0.1%～0.5%高锰酸钾溶液、1%～2%石炭酸溶液、0.1%～0.2%雷佛奴尔溶液、2%盐酸利多卡因等。

【方法步骤】

1. 准备

根据动物种类及性别使用不同类型的导尿管，公犬、公猫选用不同直径的橡胶或软塑料导尿管，母犬、母猫选用不同直径的特制导尿管，用前将导尿管放在 0.1%高锰酸钾溶液或温水中浸泡 5～10min，插入端蘸液体石蜡。冲洗药液应选择刺激性或腐蚀性较小的消毒、收敛剂，常用的有生理盐水、2%硼酸、0.1%～0.5%高锰酸钾、1%～2%石炭酸、0.1%～0.2%雷佛奴尔等溶液，也常用抗生素及磺胺制剂的溶液。选择合适的注射器与洗涤器。术者的手、母犬、猫外阴部及公犬、猫阴茎、尿道口要清洗消毒。

2. 公犬导尿

犬施以侧卧保定，上后肢前方转位，暴露腹底部，长腿犬也可站立保定。助手一手将阴茎包皮向后退缩，一手在阴囊前方将阴茎向前推，露出龟头。用低刺激消毒液（0.1%新洁尔灭）清洗尿道外口，并将导尿管前端涂以少量润滑剂。导尿管、注射器和其他用具应煮沸消毒，操作者应外科洗手消毒。操作者一手固定阴茎龟头，一手持导尿管从尿道口内插入尿道或用止血钳夹持导尿管徐徐推进。导尿管通过坐骨弓尿道弯曲部时，可用手指按压会阴部皮肤以便导尿管通过，缓慢插至膀胱，即有尿液排出，其外端置于盛尿器内以收集尿液或连接20ml注射器抽吸。抽吸完毕，注入抗生素溶液于膀胱内，拔出导尿管（见实训图3-1）。

3. 母犬导尿

术前准备好导尿管（可用人用橡胶导尿管）、注射器、润滑剂、照明光源、0.1%新洁尔灭溶液、2%盐酸利多卡因、收集尿液的容器。

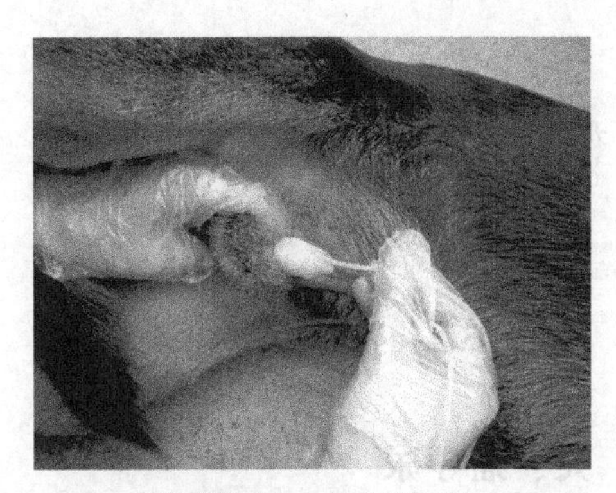

实训图3-1　公犬导尿图

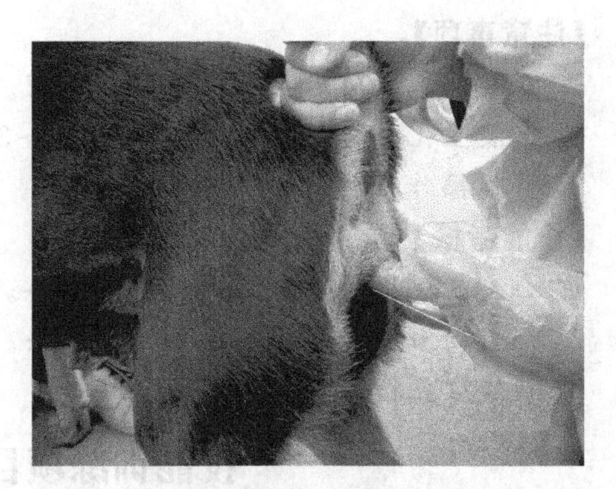

实训图3-2　母犬导尿图

犬以站立保定，先用0.1%新洁尔灭溶液清洗阴门，然后用2%盐酸利多卡因溶液滴入阴道内进行表面麻醉。操作者戴灭菌乳胶手套，将导尿管顶端涂以润滑剂。一手食指伸入阴道，沿尿生殖前庭底壁向前触摸尿道结节（其后方为尿道外口），另一手持导尿管插入阴门内，在前食指的引导下，向前下方缓缓插入尿道外口直至膀胱内。对于去势母犬，采用上述导尿法，其导尿管较难插入尿道外口。故对动物应仰卧保定，两后肢前方转位。用附有光源的阴道开口器或鼻孔开张器打开阴道，观察尿道结节和尿道外口，再插入导尿管。接注射器抽吸或自动放出尿液。导尿完毕向膀胱内注入抗生素药液，然后拔出导尿管，解除保定（见实训图3-2）。

4. 公猫导尿

可用静松灵进行全身麻醉。病情重或有尿毒症病猫可用5%普鲁卡因或2%利多卡因对尿道外口黏膜进行表面麻醉，仰卧保定，后肢向后方牵引。助手将包皮向后推迟，拉出阴茎，用0.1%新洁尔灭消毒阴茎。术者用消毒过的导尿管（直径0.1～0.2cm），经尿道外口插入，逐渐向膀胱内推进。导尿管与脊柱平行插入。用力要适当，千万不可强行插入。当尿道有血凝块时，可用生理盐水或稀醋酸冲洗出来，以便导尿管能顺利通过。导尿管一旦进入膀胱内，即有尿液经导尿管流出，导尿完毕经导尿管向膀胱内注入青霉素20万单位，以防止继发感染。拔除导尿管，消毒尿道外口，松解保定。见实训图3-3。

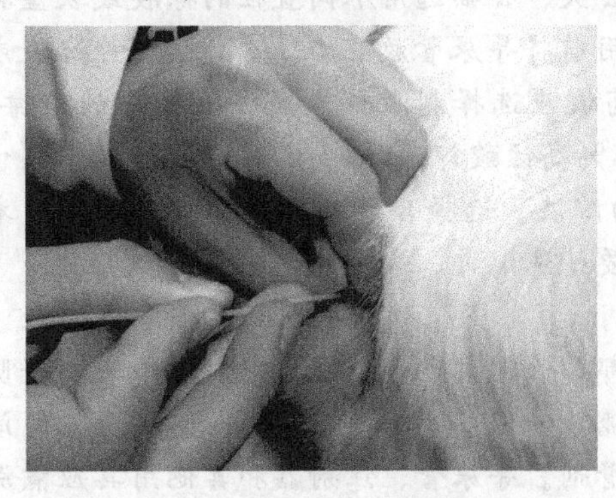

实训图3-3　公猫导尿图

【注意事项】

1. 所用物品必须严格灭菌，并按无菌操作进行，以防止尿路感染。

2. 选择光滑和粗细适宜的导尿管，插管动作要轻柔。防止粗暴操作，以免损伤尿道及膀胱壁。

3. 插入导尿管时前端宜涂润滑剂，以防损伤尿道黏膜。

4. 对膀胱高度膨胀且又极度虚弱的病犬、

猫，导尿不宜过快，导尿量不宜过多，以防腹压突然降低引起虚弱或膀胱突然减压引起黏膜充血，发生血尿。

【技能考核】

1. 犬、猫外生殖器官特点。
2. 犬、猫导尿所需器材的准备、试剂的配制及操作要点。
3. 导尿注意事项。

技能训练项目四　尿液检查

【目的要求】

1. 了解尿液检查项目。
2. 掌握宠物尿液的检查方法。

【实训内容】

1. 尿液采集和保存。
2. 尿液比重测定。
3. 尿液化学检验。

【动物与材料】

(1) 动物　公犬。

(2) 材料　常用防腐剂、试管、量筒、吸管、尿比重计、温度计；广泛 pH 试纸；尿蛋白检验试纸；10%硝酸溶液、10%醋酸溶液；1%邻联甲苯胺甲醇溶液（取 0.5g 邻联甲苯胺溶于 50ml 甲醇中，贮于棕色磨口瓶；过氧化氢乙酸溶液：取冰醋酸 1 份，3%的过氧化氢 2 份，混合贮棕色磨口瓶中）；5%匹拉米同酒精溶液与 50%冰醋酸液等量混合液、3%过氧化氢液；尿糖单项试纸；5%卢戈液（碘片 5g，碘化钾 15g，蒸馏水 100ml）、离心机、显微镜等。

【方法步骤】

1. 尿液采集和保存

将犬牵到墙根或其他物体处，看到排尿时，用清洁容器直接取，也可用塑料或胶布制成的集尿袋，固定在阴茎下接取尿液。必要时可以人工导尿。

采取尿液，以晨尿为好，因为晨尿较浓缩，对细胞和管型的检出率较高。若做其他代谢物的检查时，采集饲后 2～3h 的尿液为好，因此时尿液中的糖、蛋白质及尿胆素原等含量较高。尿采取后应立即检查，如不能及时检查或需送检时，为防止尿液发酵分解，须加入适量的防腐剂。但做细胞学检查的尿不可加入防腐剂。常用的防腐剂如下。

(1) 甲苯　每 100ml 尿液中加入 0.5～1.0ml，使其尿液的表面形成薄膜，可防止细菌生长，检验时吸取下面尿液。

(2) 硼酸　每 100ml 尿液中加入 0.25g，或按尿量的 1/400 加入。

(3) 樟脑粉　每 100ml 尿液加入微量。

(4) 麝香草酚　每 100ml 尿液中加 0.1g，但可引起蛋白质试验的假阳性反应。

(5) 甲醛　每 200ml 尿液中加 3～4 滴，因甲醛能凝固蛋白质，故可抑制细菌生长，对细胞和管型有固定作用，用于尿液有形成分的检验。

2. 尿液比重测定

将尿液振荡后，放于量筒内（如液面有泡沫，可用乳头吸管或吸水纸吸除泡沫），先用温度计测尿温，并作记录，小心地将尿比重计浸入尿液中，使之不与瓶壁相接触，经 1min，待尿比重计稳定后，读取液面半月形面的最低点与尿比重计上相当的刻度，即为尿的相对密度数。

如尿量不足时，可将尿液用水稀释后测定，然后，将测得相对密度的小数部分乘以稀释倍数，即得原尿的相对密度。比重计上的刻度，是以尿温在15℃时制定的，故当尿温高于15℃时，则每高3℃加0.001，每低3℃减0.001。

3. 尿液化学检验

(1) pH测定　用广泛pH试纸测定尿液酸碱度，将被检尿液涂于尿pH试纸条上后，根据试纸的颜色改变与标准色板比色，以判定尿液的pH。

(2) 蛋白质定性试验　采用试纸法试验：用尿蛋白检验试纸。取试纸1条，用吸管吸取被检尿涂于尿液试纸条上，约30s后与标准比色板比色，按实训表3-2判定结果。

实训表3-2　尿蛋白试纸法结果判定

颜色	结果判定	蛋白含量/(g/L)
淡黄色	—	<0.01
淡黄绿色	±(微量)	0.01～0.03
黄绿色	+	0.03～0.1
绿色	++	0.1～0.3
绿灰色	+++	0.3～0.8
蓝灰色	++++	<0.8

4. 尿液中血液及血红蛋白检查

(1) 邻联甲苯胺法　取1支小试管，加入1%邻联甲苯胺甲醇溶液和过氧化氢乙酸溶液各1ml，再加入被检尿液2ml，呈现绿色或蓝色为阳性（即有血红蛋白）。若保留原来试剂颜色，为阴性，表示无血红蛋白。根据显色的快慢和深浅，用符号表示反应的强弱。

++++　立刻显黑蓝色。

+++　立刻显深蓝色。

++　1min内出现蓝绿色。

+　1min以上出现绿色。

—　3min后仍不显色。

(2) 匹拉米同法　取尿3ml放入试管内，加入5%匹拉米同酒精液与50%冰醋酸等量混合液1ml，再加3%过氧化氢液1ml，混合。尿中有多量血红蛋白时呈紫色；少量时，经2～3min呈淡紫色。

5. 尿葡萄糖检查

取试纸1条，浸入被检尿内，5s后取出，1min后在自然光或日光灯下，将所呈现的颜色与标准比色板比较，判定结果。

6. 尿沉渣的显微镜检查

(1) 离心沉淀　将新鲜尿液混匀，取5～10ml盛于沉淀管中，以1000r/min转速离心沉淀5～10min，吸去上清液，留0.5ml尿液。摇动沉淀管，使沉淀物均匀地混悬于少量剩余尿中。用吸管吸取沉淀物置载玻片上，加1滴卢戈液，盖上盖玻片即成（注意防止产生气泡）。

(2) 镜检　将集光器降低，缩小光圈，使视野稍暗，便于发现无色而屈光力弱的成分（透明管型等）。先用低倍接物镜全面观察标本的情况，找出需要详细检查的区域后，再换高倍接物镜，仔细辨认细胞成分和管型等。如遇尿内有大量盐类结晶，遮盖视野而妨碍对其他物质的观察时，可微加温或滴加1滴5%的乙酸，除去这类结晶后，再镜检。

（3）报告检查结果　细胞成分按各个高倍视野内最少至最多的数值报告，管型及其他结晶成分，按偶见、少量、中等量及多量报告。偶见为整个标本中仅见几个，少量为每个视野见到几个，中等量为每个视野数十个，多量为占据每个视野的大部，甚至布满视野。

【注意事项】

1. 尿蛋白检查用试纸为淡黄色，带色部分不可用于触摸，试纸应干燥密封贮存；被检尿应新鲜；尿液 pH 值在 8 以上可呈假阳性，应滴加稀醋酸校正 pH 值为 5～7 后再测定。

2. 邻联甲苯胺法测定尿液中血液和血红蛋白时，试验用器材必须清洁。过氧化氢液要新鲜。尿中盐类过多，妨碍反应的出现时，可加冰醋酸酸化后再作试验。

3. 测定尿糖时，尿标本应新鲜；服用大量抗坏血酸和汞利尿剂等药物后，可呈假阴性反应。因本试纸起主要作用的是葡萄糖氧化酶和过氧化氢酶，而抗坏血酸和汞利尿剂可抑制酶的作用；试纸应在阴暗干燥处保存，不得暴露在阳光下，不能接触煤气，有效期一年。试纸变黄，即已失效。

【技能考核】

1. 尿液采集和保存。

2. 不同尿液检验项目所需器材的准备、试剂的配制、检测方法和注意事项。

3. 尿液检测结果的判读。

技能训练项目五　粪便检查

【目的要求】

1. 了解粪便检查的临床意义。

2. 掌握粪便采集方法。

3. 掌握宠物粪便检验项目和检验方法。

【实训内容】

1. 粪便的采集。

2. 粪便物理学检查。

3. 粪便化学检查。

4. 粪便虫卵检查。

【动物与材料】

（1）动物　犬或猫。

（2）材料　烧杯、pH 试纸、试管、蒸馏水、玻璃棒、显微镜、载玻片、盖玻片、胶头小滴管、接种环、1%联苯胺冰醋酸液、3%过氧化氢液、酒精灯、研钵、30%三氯化铁液、1%酚酞酒精液、氢氧化钙粉、0.1mol/L 盐酸溶液、0.5%二甲基氨基偶氮苯酒精液、中性甲醛液（甲醛液 50ml，加蒸馏水 50ml，加 1%酚酞酒精液 2 滴，用 0.1mol/L 氢氧化钠滴定至微红色）、0.1mol/L 氢氧化钠液、饱和食盐水等。

【方法步骤】

1. 粪便的采集

粪便采集前要明确目的，寄生虫检查时应将全部粪便送检；细菌学、病毒学检验时，应将标本放于消毒的清洁器皿口内，做化学和显微镜检验时，应采集新排出且未接触地面的部分，放入清洁的器皿。必要时可由直肠直接采取。

2. 物理学检查

主要是检查粪便的硬度、颜色、气味、异常混合物等。参照前述内容。

3. 化学检查

(1) 酸碱度测定　用试纸法和试管法测定，方法同技能项目四　尿液检查技术。

(2) 粪潜血试验　原理同技能项目四　尿液检查技术。

① 取粪便2～3g于试管中，加蒸馏水3～4ml，搅拌，煮沸后冷却破坏粪便中的酶类；取洁净小试管1支，加1%联苯胺冰醋酸液和3%过氧化氢液的等量混合液2～3ml，用1～2滴冷却粪悬液，滴加于上述混合试剂上。如粪中含有血液，立即出现绿色或蓝色，不久变为乌红紫色。

② 结果判定　(＋＋＋＋) 立即出现深蓝色或深绿色；(＋＋＋)0.5min内出现深蓝色或深绿色；(＋＋)0.5～1min出现深蓝色或深绿色；(＋)1～2min出现浅蓝色或浅绿色；(—)5min后不出现蓝色或绿色。

③ 临床意义　潜血阳性见于各种消化道出血疾患，如消化道溃疡、出血性胃肠炎及钩虫病、球虫病等。

4. 粪便虫卵检查

(1) 漂浮法检查　取粪便5～10g置于试管内，将试管放于试管架上直立，向试管中加入饱和食盐水至1/2处，用玻璃棒搅拌使粪便溶解，再向试管中加满饱和食盐水，静置15～20min后，用接种环蘸取试管表层液体放置于载玻片上，加盖玻片，于显微镜下观察有无虫卵或做虫卵鉴定。或用载玻片轻轻接触试管表层液体，并迅速翻转使液面朝上，加盖玻片，于显微镜下观察有无虫卵或做虫卵鉴定。

(2) 沉淀法检查　取粪便5～10g置于烧杯内，先加少量蒸馏水或自来水，用玻璃棒搅拌使粪便溶解，然后再向烧杯内加入适量的蒸馏水或自来水，静置30min左右，倒去上清液，再向烧杯内加水，再静置30min左右，倒去上清液，再向烧杯内加水，静置，依此反复操作，最后取沉渣显微镜下检查虫卵。

【注意事项】

1. 盛放粪便的器皿必须要清洁。

2. 做潜血检查取样时，要注意挑取有脓血或特别异样的部位，不要挑取大量粪便残渣或黏液，以提高检出阳性率。

3. 粪便样品力求新鲜，取样品后要及时送检，以免样品久置，因pH及消化酶等影响，而使粪便中细胞成分破坏分解；避免降低潜血反应的敏感度。

【技能考核】

1. 粪便的采集方法。

2. 粪便检验项目所需器材的准备、试剂的配制、操作技术、注意事项等。

3. 粪便检测的临床意义。

技能训练项目六　皮肤刮取物检查

【目的要求】

1. 了解皮肤刮取物的检查内容。

2. 掌握宠物皮肤刮取物的检查技术。

【实训内容】

1. 螨虫检查技术。

2. 真菌性皮肤病皮肤刮取物检查。

3. 细菌性皮肤病皮肤刮取物检查。

【动物与材料】

(1) 动物　皮肤病犬或猫。

(2) 试剂　生理盐水、乳酸酚棉蓝染色液（石炭酸10g、甘油20ml、乳酸10g、棉蓝0.025g、蒸馏水10ml）、10%氢氧化钾（或钠）液、50%甘油、沙氏葡萄糖琼脂培养基、血琼脂培养基、60%的硫代硫酸钠溶液。

(3) 器材　组织分离针、铂金耳、载玻片、胡特滤光板、凸刃小刀、棉签、培养皿、酒精灯、离心机、试管、盖玻片、显微镜、恒温培养箱、真菌培养菌箱、伍德灯等。

【方法步骤】

1. 螨虫检查

(1) 病料采集　检查皮肤疥螨时，可在患病犬皮肤患部与健康部交界处先用水洗湿，用手术刀蘸少量20%甘油在采样部位的表皮进行轻轻地刮取，直至稍微刮到出血为止，将刮取的病料装入试管内，加入皮肤病诊断液。检查蠕形螨，可在患部用力挤压，挤出皮脂腺的分泌物、脓汁。

(2) 直接镜检　将采刮的病料置于载玻片上，加一滴清水或50%的甘油，加盖玻片并用力按压盖玻片，使病料展开，用显微镜观察虫体和虫卵。如果是螨虫感染，在显微镜下可见到活的螨体。

(3) 虫体浓集法　将采集的病料置试管中，加入10%氢氧化钠溶液，置酒精灯上煮沸至皮屑溶解，冷却后以2000r/min离心5min，虫体沉于管底，弃上层液，吸取沉渣于载玻片上待检。或在沉渣中加入60%的硫代硫酸钠溶液，试管直立5min，待虫体上浮，用铂金耳蘸取表层溶液置于载玻片上加盖玻片镜检。

(4) 直接法　在没有显微镜的条件下，对于较大的痒螨检查可只刮干燥皮肤屑，放于培养皿内，并衬以黑色背景，在日光下暴晒或加温至40～50℃，30～40min后，移去皮屑，用肉眼观察，可看到白色虫体在移动。

2. 真菌性皮肤病皮肤刮取物检查

(1) 皮肤刮取物采集　用牙刷在犬、猫患部、病健结合部刷梳，刷梳时稍用力，其总体方向是从前到后，从上到下，直到牙刷上粘有被毛和皮肤碎屑。刷梳结束后，再用塑料外罩将牙刷封好，送至实验室检验。

(2) 直接镜检　从患病皮肤边缘采集被毛或皮屑，放在载玻片上，滴加几滴10%～20%氢氧化钾溶液，在弱火焰上微热，至其软化透明后，覆以盖玻片，用低倍或高倍镜观察。犬小孢子菌感染，可见到许多呈梭状、厚壁、带刺、多分隔的大分生孢子。石膏样小孢子菌感染，多可看到呈椭圆形，壁薄，带刺，含有达6个分隔的大分生孢子。须毛癣菌感染，可看到毛干处呈链状的分生孢子。亲动物型的须毛癣菌产生圆形小分生孢子，它们沿菌丝排列成串状；而大分生孢子呈棒状，壁薄，光滑。有的品系产生螺旋菌丝。

(3) 真菌培养　将标本接种于沙氏葡萄糖琼脂培养基，置于28℃恒温培养3周。培养期内逐日观察，并钓取单个菌落接种于上述培养基的试管斜面上进行纯培养。在犬小孢子菌感染时，可见到培养基中心无气生菌丝，覆有白色或黄色粉末，周围为白色羊毛状气生菌丝的菌落。在石膏状小孢子菌感染时，可见到中心隆起一小环，周围平坦，上覆有白色绒毛样气生菌丝，菌落初呈白色渐变为棕黄色粉末状，并凝成片。石膏状毛癣菌菌落呈绒毛状，菌丝整齐，可表现多种色泽，中央突起。疣状毛癣菌在沙氏培养基上生长极为缓慢，分离阳性率甚低，添加盐酸硫胺-肌醇酪蛋白琼脂培养基或添加硫酸铵-脑心浸液琼脂培养基37℃分离培养良好。

(4) 荧光性检查　取病料在暗室里用伍德灯照射检查。开灯5min得到稳定波长以后再使用，可见到犬小孢子菌感染发出黄绿色的荧光；石膏样小孢子菌感染则少见到荧光；须发毛癣菌感染则无荧光。

3. 细菌性皮肤病皮肤刮取物检查

(1) 病料采集　用灭菌手术刀片刮取皮肤病变与健康部位交界处，直至有血液渗出为止，然后用灭菌棉拭子蘸取皮肤刮取物，并放回试管中（试管内事先放入1ml生理盐水）。

（2）分离鉴定 取样后，充分振荡、摇匀；然后将菌液接种于血琼脂培养基上进行分离培养，置37℃恒温培养箱培养24～48h后，根据菌落形态、颜色和溶血情况，挑取不同的单个菌落再接种于血琼脂培养基上进行纯培养24～48h；然后涂片、革兰染色、镜检，根据菌体形态、溶血情况及染色特性初步判定细菌种属进行鉴定。

【注意事项】

1. 病料的采集部位必须在皮肤病变与健康部位交界处。
2. 采集的病料用于培养时，必须保证无菌操作。

【技能考核】

1. 皮肤刮取物不同检验项目的病料采集方法。
2. 皮肤刮取物检验项目所需器材的准备、试剂的配制、检验方法和操作注意事项。
3. 皮肤真菌和细菌的分离培养。
4. 皮肤刮取物检测的临床意义。

【复习思考题】

1. 如何根据检验目的正确选择供检血样？
2. 血液常规检验项目有哪些？各项检测方法及临床诊断意义是什么？
3. 进行血常规检验时，应注意哪些事项？
4. 犬、猫导尿前的准备工作有哪些？具体操作方法和注意事项是什么？
5. 如何根据尿液检验项目的不同，对尿液进行采集和保存？
6. 血液生化主要检验项目有哪些？各项检测方法及临床诊断意义是什么？
7. 尿液物理检查的项目有哪些？各有什么临床诊断意义？
8. 尿液化学检查的项目有哪些？各有什么临床诊断意义？
9. 尿液显微镜检查的项目有哪些？各有什么临床诊断意义？
10. 如何根据尿液的外观性状，来判断尿液混浊的原因？
11. 尿液分析仪在兽医临床上如何应用？
12. 粪便物理检查的项目有哪些？各有什么临床诊断意义？
13. 粪便化学检查的主要项目有哪些？各有什么临床诊断意义？
14. 如何检查粪便中的潜血？有什么临床诊断意义？
15. 如何检查粪便的酸碱度？有什么临床诊断意义？
16. 如何根据寄生虫的种类选择虫卵检查方法？如何进行虫卵计数？
17. 粪便检查有什么临床学意义？
18. 如何采集皮肤刮取物检查样品？
19. 如何对螨虫性皮肤病进行检验？有什么临床诊断意义？
20. 如何对真菌性皮肤病进行检验？有什么临床诊断意义？
21. 如何对细菌性皮肤病进行检验？有什么临床诊断意义？
22. 如何采集和保存脱落细胞样品？
23. 如何制备脱落细胞的镜检样品。
24. 脱落细胞检查的临床诊断意义有哪些？

【知识目标】

1. 了解宠物临床影像学诊断的临床意义。
2. 了解X线、B超、心电图、内镜、核磁共振和CT检查的基本原理。
3. 掌握X线机操作、X线摄像技术、暗室技术和造影技术。
4. 掌握宠物疾病X线片的质量评价和解读技能。
5. 掌握B超仪、心电图仪和内镜临床操作方法。
6. 掌握宠物常见疾病的X线征象、超声声像图和心电图的识别。

【技能目标】

1. 能够熟练操作X线机、B超仪、心电图仪、内镜。
2. 能够进行犬、猫不同疾病的最佳体位X线拍摄和造影。
3. 能熟练进行暗室洗片。
4. 能熟练进行犬、猫的B超和心电图检查。
5. 能熟练进行X线片的阅片、B超图像的识别和心电图的解读。

任务一　X线诊断

子任务一　认识和使用X线机

一、X线的产生及其性质

1. X线的产生

自从1895年物理学家伦琴发现用高速度的电子束撞击金属面产生X线以来，经过科学家们的研究，现已从理论上明确了伦琴发现的X线，是由于在真空条件下，高速飞驰的电子，撞击到金属原子内部，使原子核外轨道电子发生跃迁现象而放射出的一种能。可见要产生X线，必须具备三个条件。

(1) 有电子源。

(2) 必须有在真空条件下高速向同一方向运动的电子流。

这是因为原子核外轨道电子与原子核之间有一定的结合能，若改变轨道电子的轨道，击入原子内部电子必须有一定动能传递给被撞击物质的核外轨道电子，若击入原子内部的电子动能不够大，只能使原子的外层电子发生激发状态，产生可见光或紫外线；若击入原子内部的电子是高速的，它的动能能够把原子的内层电子击出，产生轨道电子跃迁，放出X线。

(3) 必须有适当的障碍物　即靶面来接受高速电子所带的能量，使高速电子的动能转变为X线的能量。根据计算可知，低原子序数的元素内层电子结合能小，高速电子撞击原子内层电子所产生的X线其波长太长，即能量太小；原子序数较高的元素如钨，其原子内层结合能大，当高速电子撞击了钨的内层电子，便产生了波长短、能量大的X线。所以现在用于X线诊断与治疗的X线管的靶面是由钨制成的。另有特殊用途的X线管靶面是由钼等金属制成的，钼的原子序数比钨低，能产生较长波长的X线，即所谓“软射线”，用于乳腺等软组织摄影。

2. X线的作用

X线属于电磁波，其波长范围在0.006～500Å。用于X线医学成像的波长为0.08～0.31Å(相当于40～150kVp)。在电磁辐射谱中居于γ射线和紫外线之间，比可见光的波长短，肉眼看不见。除上述一般物理特性外，X线还具有以下几方面与X线成像相关的特性。

(1) 穿透作用　X线波长很短，具有很强的穿透力，能穿透一般可见光不能穿透的各种不同密度的物质，并在穿透过程中受到一定程度的吸收。X线的穿透能力与X线管电压密切相关，电压愈高，所产生的X线波长愈短，穿透力也越强；反之，电压低，所产生的X线波长长，其穿透力也较弱。据此常把X线分成软、中、硬三类。软X线指的是能量较小、穿透力较弱的X线；相反，硬X线则是能量较大的穿透力较强的X线。另一方面，X线的穿透力还与被照物体的密度和厚度相关。X线的穿透作用是X线成像的基础。

(2) 荧光效应　X线能激发荧光物质（如硫化锌镉及钨酸钙等），使之产生肉眼可见的荧光。即使波长短的X线转换成波长长的可见荧光。荧光效应是进行透视检查的基础。

(3) 感光效应　涂有溴化银的胶片，经X线照射之后，感光而生成潜影，经显影、定影处理，感光的溴化银中的银离子（Ag^{+}）被还原成金属银（Ag），并沉积于胶片的胶膜内。此金属银的微粒在胶片上呈黑色。而未感光的溴化银，在定影及冲洗过程中，从X线胶片上被冲洗掉，因而显出胶片片基的透明本色。依金属银沉积的多少，便产生了由黑至白的影像。所以感光效应是X线摄影的基础。

(4) 电离效应 X线通过任何物质都可产生电离效应。X线的光子撞击原子时，能使原子外层轨道上的电子被击出而成为正离子。一部分被击脱的电子又附着在其他原子上，使其成为负离子。空气电离程度与空气所吸收的X线的量成正比，因而通过测量空气电离的程度可测出X线的量。

(5) 生物效应 X线射入机体也产生电离效应，可引起生物学方面的改变，即生物效应。X线对细胞产生各种伤害，抑制生长，甚至坏死。损害的程度视X线的量及组织对辐射的敏感性而不同。少量X线不会引起机体组织产生明显的变化，大量即可产生影响，但还是可以恢复的；如果接收过量的X线照射可以造成不可恢复的结果。生物效应是放射治疗的基础，也是进行X线检查时需要注意防护的原因。

二、X线机类型及基本构造

1. X线机的类型

目前兽医临床使用的X线机主要是普通诊断用X线机，根据动物X线检查的特点及实际生产需要，兽医使用的X线机主要有三种类型。

(1) 固定式X线机 一般来说固定式X线机多为性能较高的机器，这种X线机的组成结构包括机头、可使机头多方位移动的悬挂、支持和移动的装置、诊视台、摄影台、高压发生器和控制台等。机器安装在室内固定的位置，机头可做上下、前后、左右的三维活动，摄影床也可做前后、左右运动，这样在拍片时方便摆位。可做大、小动物的透视和摄影检查。这种机器的最大管电压为100～150kVp，管电流在100～500mA以上。为克服动物活动造成的摄影失败或影像模糊，中型以上机器的曝光时间应能控制到0.01s。机器的噪声要小，机头的机动性要好。中型以上的机器一般有两个焦点，即大、小焦点。有些机器还有影像增强器和电视设备，从而方便透视和造影检查，保证了工作人员的安全。

(2) 携带式X线机 这是一种便于携带的小型X线机，全部机器装在一个箱子中，方便搬运。使用时从箱中取出进行组装，也包括X线机头、支架和小型控制台。这种机器适合流动检查和小的兽医诊所使用。机动灵活，既可透视又可拍片。有些机器的最大输出可达到90kVp，10mA，电子限时器在0.2～10.0s内可调。使用普通的单相电源，有的还可用蓄电池供电，因此外出拍片十分方便，可做大动物的四肢下部摄影检查和小动物身体各部的检查。但胸部摄影效果较差。携带式X线机只配备一个简单的透视屏，其防护条件较差，只宜做短时间的透视。

(3) 移动式X线机 移动式X线机多为小型机器，机器底座安有三个或四个轮子，可以将机器推到病厩、畜舍或手术室。支持机头的支架有多个活动关节，可以进行屈伸，便于确定和调整投照方位。移动式X线机的管电压一般在90kV左右，管电流有30mA、50mA等。电子限时器在0.1～6s可调。

2. X线机的组成

X线机主要由以下这三部分组成。

(1) X线管 X线管是X线机的主要组成部件之一，其基本作用是将电能转换成X线。从结构上看，X线管本身是一个具有特殊用途的真空玻璃二极管，将其放在一个特别的X线管封套内，和其他附属结构一起组成X线机头。

(2) 直流高压发生器 直流高压发生器是X线机的一个重要组成部分，它能把供给的220V或380V电升高到几万伏至十几万伏，并把高压交流电整流成直流电。高压直流电通过高压电缆连接在X线管的阴极和阳极上，这是X线管内的电子能够以极高的速度由阴极向阳极运动撞击靶面所必需的条件。

(3) 控制台　控制台是X线机的控制中枢，它与X线机的各个部分都有电的联系，是操作人员设定各种功能、选择投照条件和操纵机器的地方。控制台上有许多开关、旋钮和指示电表，它们都连接在低压电路上，这是出于安全考虑而特别设计的。

三、X线机的使用方法

为了充分发挥X线机的设计效能，拍出较满意的X线片，必须掌握所用X线机的特性；同时，为了保证机器的安全及延长其使用寿命，还必须严格按照操作规程使用X线机，才能保证工作的顺利进行。

1. X线机的使用原则

(1) 首先对X线机有基本认识，了解机器的性能、规格、特点和各部件的使用及注意事项。

(2) 严格遵守操作规程，正确而熟练地操作，以保证机器的安全。

(3) 工作人员在操作过程中，认真负责，耐心细致。

(4) 使用过程中，必须严格防止过载。

2. 操作技术

X线机的种类繁多，但主要工作原理相同，控制台的各种调节器也基本相似。每部机器都要按其操作规程进行工作。各种X线机，一般操作步骤如下。

(1) 闭合外接电源总开关。

(2) 将X线管交换开关或按键调至需用的台次位置。

(3) 根据检查方式进行技术选择，如是否用滤线器、点片等。

(4) 接通机器电源，调节电源调节器，使电源电压表指示针在标准位置上。

(5) 根据摄片位置、被照动物的情况调节千伏、毫安和曝光时间。

(6) 曝光完毕，切断电源。

3. 注意事项

(1) 在没有详细了解所用X线机的性能、使用方法及操作规程之前，严禁拨动控制台面、摄影台及点片架等处的各个旋钮和开关。

(2) X线机是要求电源供电条件较严格的电器设备，在使用中必须先调整电源电压至标准位置。电源电压不可超出规定电压的±10%。频率波动范围不可超出±1Hz。

(3) 在曝光过程中，不可临时调动各调节旋钮。因为在X线照射过程中各调节器都影响高压的发生，高压初级接触点有较大的电流通过，此时调动旋钮，可使接触点发生较大电弧，产生瞬间高电压，损坏X线机主要部件。

(4) 为了正确地使用X线管和延长其寿命，必须严格按X线管的规格使用。在条件允许的情况下，尽可能利用低毫安投照。每次投照后，要有必要的间歇冷却时间。连续工作时，要注意X线管的热量贮存，X线管套表面的温度不得超过50～60℃。

(5) 在使用过程中，注意控制台各仪表指示的数值，熟悉各电器部件的工作声音，有无其他异味。

(6) 移动式X线机，移动前应将X线管及各种旋钮固定，避免搬运中受损。

(7) 随时注意机器清洁，避免水分、潮湿空气及酸碱性蒸气侵蚀机器。

(8) 高压电缆的弯曲弧度不宜过小，一般弧度直径不得小于15cm。同时严禁与油类物质接触，以免电缆橡胶受侵蚀变质而损坏。

四、X线防护

X线穿透机体会产生一定的生物效应。如果使用的X线量过多，超过允许剂量就可能产生放射反应，严重时会造成不同程度的放射损害。但是，如果X线的使用剂量在允许范围内，并进行适当的防护，一般影响很小。

1. X线的辐射作用

(1) 主要作用于工作人员的射线　在进行X线检查时，作用于工作人员的X线可来自以下几个方面。

① 原射线　由X线窗口射出的射线，辐射强度很大。因此，对于原射线的防护是兽医放射安全的主要目标。

② 漏出射线　原射线应从X线管窗口发出，但如果X线管封套不合格，原射线也会穿过封套而成为漏出射线。

③ 散射线　当原射线照射到动物机体、物体、用具或建筑物上后会激发产生次级射线，这种射线称为散射线。散射线的能量随原射线能量变化而增减。散射线的强度在距离原射线照射目标1m远处约为原射线照射强度的千分之一，并随着距离的增加而递减。

(2) 辐射伤害的反应

① 早发反应　当机体受到大剂量的辐射以后，在几天到几个星期内出现的伤害称为辐射的早发反应。辐射使细胞内有生命的分子被电离而引起机体近期内出现病理变化，伤害的严重程度因照射剂量、照射方式和照射部位而不同。轻者出现红斑，严重者可在数天内死亡。人若一次全身遭受600rad剂量的照射，必致死亡。局部照射比全身照射引起的后果要轻得多，如动物肿瘤局部能接受500rad的照射，每周3次，四个星期照射总量可达6000rad。局部的肿瘤组织被抑制甚至死亡，全身也出现反应，但并不影响动物的生命。

身体不同部位对X线的敏感程度差异很大，生殖器官、眼的晶体、造血组织和胃肠道非常敏感，四肢组织的敏感性则低得多。此外，不同种属的动物对辐射的敏感程度差异也很大。

最严重的早发反应是造成急性死亡，但这种情况在医学X线应用中是绝对不会发生的；第二种情况是发生局部组织损伤，当身体的某一局部组织受到较大的辐射剂量照射时，该组织会发生细胞死亡、组织或器官皱缩、萎缩，并丧失正常的组织或器官的功能。但这局部遭受的伤害，经过一段时间后有一些是可以康复的。

② 迟发反应　迟发反应是机体在较长时间内受到低剂量的电离辐射作用引起的一种远期效应，常在照射后数月到数年发生。迟发反应主要表现在对局部组织的伤害、致癌和对寿命的影响。

皮肤出现迟发反应的总照射剂量要大于500～1000rad，在照射后数年出现皮肤粗糙、皲裂、角化过度，甚至在皮肤上出现长期不愈合的溃疡。眼晶体是对电离辐射比较敏感的组织，其辐射损伤主要表现为晶体混浊，形成白内障。辐射所致的另一个主要迟发效应是致癌，调查资料表明白血病发病率与受照射的剂量成正比，在受照射群体中，除白血病外，甲状腺癌、乳腺癌、肺癌、骨肉瘤和皮肤癌等的发病率也明显增高。

③ 辐射遗传效应　辐射遗传效应的结果是流产、胎儿先天畸形、不发育或死亡及发生某些遗传性疾病。这是由于电离辐射损伤了受照者生殖细胞的遗传物质造成的。

2. X线检查中的防护措施

在进行X线检查时，工作人员应采取以下防护措施。

(1) 工作之中除操作人员和辅助人员外，闲杂人员不得在工作现场停留，特别是孕妇和儿童。检查室门外应设警示标示。

(2) 在符合检查要求的情况下，可对动物进行镇静或麻醉，利用各种保定辅助器材进行摆位保定，尽量减少人工保定。

(3) 参加保定和操作的人员尽量远离机头和原射线以减弱射线的影响。

(4) 参加X线检查的工作人员应穿戴防护用具如铅围裙、铅手套，透视时还应带铅眼镜。利用检查室内的活动屏风遮挡散射线。

(5) 为减少X线的用量，应尽量使用高速增感屏、高速感光胶片和高千伏摄影技术。正确应用投照技术条件表，提高投照成功率，减少重复拍摄。

(6) 在满足投照要求的前提下，尽量缩小照射范围，并充分利用遮线器。

子任务二 X线检查

一、X线检查的应用原理

X线之所以能使机体组织结构在荧光屏上或胶片上形成影像，一方面是基于X线的穿透性、荧光效应和感光效应；另一方面是基于机体组织之间存有密度和厚度的差别。当X线透过机体不同组织结构时，被吸收的程度不同，所以到达荧光屏或胶片上的X线量有差异。这样，在荧光屏或X线片上就形成了明暗或黑白对比不同的影像。因此，X线影像的形成是基于以下三个基本条件：第一，X线具有穿透能力，能穿透机体的组织结构；第二，被穿透的组织结构中，存在着密度和厚度的差异，X线在穿透的过程中被吸收的量不同，所以剩余的X线的量有差异；第三，这个有差别的剩余射线是看不见的，只有经过显像过程，如激发荧光或经X线片的显影，才能获得具有黑白对比、层次差异的X线影像。

机体组织结构由不同元素组成，各种组织结构之间存在着密度差异。机体组织结构的密度可归纳为三类：属于高密度的结构有骨组织和钙化灶；中等密度的有软骨、肌肉、神经、实质器官、结缔组织和体液等；低密度的有脂肪组织以及存在于呼吸道、胃肠道和鼻窦等处的气体。

当强度均匀的X线穿透厚度相等而密度不同的组织结构时，由于吸收程度不同，则会出现黑、白、灰亮度不同的影像。在荧光屏上亮的部分表示该部结构密度低，如空气、脂肪等，吸收X线量少，透过的多；黑影部分表示该部结构密度高，如骨骼、金属和钙化灶，对X线的吸收多，透过的量少。在X线片上其透光强的部分代表物体密度高，透光弱的部分代表物体密度低。与荧光屏上的影像正好相反。

高密度组织对X线吸收多，到达X线胶片的剩余射线少，感光量小，银离子还原少，在X线胶片上为白影；低密度组织对X线的吸收少，到达X线胶片的剩余射线多，感光量大，银离子还原多，在X线片上为黑影；中等密度组织则介于中间。

病变可以使机体组织密度发生改变。如肺肿瘤病变可在低密度的肺组织中产生中等密度的改变，在胸片上，于肺的黑色背景上出现代表病变的灰影或灰白影。

机体组织结构和器官形态不同，厚度也不一样。厚的部分，吸收X线多，透过的X线少，薄的部分则相反，于是在X线片上和荧光屏上显示出黑白对比和明暗差异的影像。所以X线成像与组织结构和器官厚度也有关。

二、摄影检查方法

摄影是把动物要检查的部位摄制成X线片，然后再对X线片上的影像进行研究的一种方法。X线片上的空间分辨率较高，影像清晰，可看到较细小的变化，身体较厚部位以及厚度和密度差异较小的部位病变也能显示。因此，对病变的发现率与准确率均较高。同时X线片可长期保存，便于随时研究、比较和复查时参考。尽管此法需要的器材较多，费时较长，成本也高，但它还是兽医影像检查技术中最常用的一种方法。

1. 摄影技术

摄影前应了解摄影检查的目的和要求，以便决定摄影的位置和使用的胶片大小。与透视前要准备的一样，要把患畜被检部位皮肤上的泥土、污物和药物（特别是含碘制剂）清除干净，防止在X线片上留下干扰的阴影。还要确实地保定好动物，必要时可使用化学保定，甚至全身麻醉。

摄影时要使X线机头、检查部位和X线胶片三者排在一条直线上，在摆位时可利用各种形状的塑料、海绵块、木块、沙袋以及绷带、绳索等辅助摆正和固定好动物；大动物摄影时常由辅助人员手持片盒，为防止摄影时片盒晃动，应使用带支杆的持片架。摄影距离即焦点到胶片的距离，它的大小应根据所用X线机的容量决定，一般为75～100cm。管电压则根据被照部位的厚度决定。由于动物不能主动配合，所以在兽医X线检查中多采用高千伏、大电流、短时间的摄影模式，以抓住动物安静的时机进行曝光。曝光后的胶片经过暗室冲洗晾干后才能成为诊断用的X线片。

（1）X线摄影步骤

① 确定投照体位　根据检查目的和要求，选择正确的投照体位。

② 测量体厚　测量投照部位的厚度，以便查找和确定投照条件。测量所拍摄部位的最厚处。

③ 选择适当的遮线器胶片尺寸　根据投照范围选用适当的遮线器和胶片尺寸。

④ 安放照片标记　诊断用X线片必须进行标记，否则出现混乱造成事故。X线片用铅字号码标记，将号码按顺序放在片盒的边缘。

⑤ 摆位置，对中心线　依投照部位和检查目的摆好体位，使X线管、被检机体和片盒三者在一条直线上，X线束的中心应在被检机体和片盒的中央。

⑥ 选择曝光条件　根据投照部位的位置、体厚、生理、病理情况和机器条件，选择大小焦点、千伏（kV）、毫安（mA）、时间（s）和焦点到胶片的距离（FFD）。

⑦ 在动物安静不动时曝光。

⑧ 曝光后的胶片送暗室冲洗，晾干后剪角装套。

（2）X线片标记法　每张X线片都必须有它的识别标记，以便查找，没有标记的X片不能作为正式诊断用X线片使用。一张X线片的标记内容有：X线片号码、摄片日期、投照体位；完整的标记还应有医疗机构名称、畜主姓名、住址、畜别、品种、性别、年龄等，这些可以在X线片专用袋上记载。

X线片的标记方法有多种，常用的是铅字标记法，即将需要标记的号码、日期、左或右的铅字排列起来，用胶布贴在片盒的正面，或把铅字放在塑料片或铝片做成的夹子上并卡在片盒上。摄影时，不透射线的铅字即被印在胶片上。铅字应放在没有投照组织的片盒边缘部位，要避免发生铅字与影像重印在一起的现象。

另一种是打印标记法。摄影前先在一张印有医疗机构名称的透明标签纸上填好各项要标记的内容。在每一个片盒的一角或边缘也都有一块与标签纸同样大小被铅皮遮挡的固定地方，摄影时此处不被曝光。摄影后，片盒连同上述填好的透明标签纸送暗室加工。在暗室中先把透明标签纸放在一个特制的印像机上，取出曝光后的胶片，把胶片被铅皮遮挡未曝光的部分重叠在透明标签纸上放到印像机上进行局部再曝光。这样就把标记的内容印到胶片上，冲洗后，在X线胶片上就印有标记的内容。此法不仅能把X线片号、摄片日期、左侧或右侧，而且可把畜主姓名、地址、畜别、品种、年龄、医疗机构等必要的标记全部印在X线胶片上。

(3) 摄影检查的优缺点

① 优点

可做永久记录，便于复查对照。

可以观察微细病变。

一般曝光时间短，便于防护。

② 缺点

每次检查范围小，而且受胶片大小之限制。

每次只能从一个角度投照。

手续繁琐，除有自动洗片机外，不能立即获得结果。

费用较透视检查高。

一般不能显示器官的动态功能。

只能作为诊断与治疗技术操作的参考。

2. 摄影的方位名称及表示方法

(1) 解剖学方位和术语

① 背切面　是与正中矢状面、横断面互相垂直的面，把头和躯干分为背侧部和腹侧部。

② 背侧　是朝向或接近背部，以及头、颈和尾的相应侧。在四肢，背侧是指腕（跗）、掌（跖）、指（趾）的前面或上面（与着地指相对的一侧）。

③ 腹侧　是朝向或接近腹部，以及头、颈、胸、尾的相应侧。不用于四肢。

④ 内侧　朝向或相对接近正中矢状面者。

⑤ 外侧　远离或距正中矢状面较远者。

⑥ 颅侧　是躯干向头方向或相对地接近头部者，习惯上称前侧。此术语也用于四肢腕、跗以上的部分。在头部的前方则以吻（口）侧代替。

⑦ 尾侧　是躯干向尾方向或相对地接近尾侧。也用于四肢腕关节和跗关节以上部分和头部。

⑧ 吻侧　是头部朝向或接近鼻端的一侧。

⑨ 近端　相对地接近躯干或起始部，在四肢和尾是指附着端。

⑩ 远端　相对地远离躯干或起始部者，在四肢和尾是指游离端。

⑪ 掌侧　是指站立时前爪着地的一侧，对面为背侧。

⑫ 跖侧　是指站立时后爪着地的一侧，对面为背侧。

(2) 摄影的方位名称　X线摄影时要用解剖学上的一些通用名词来表示摆片的位置和射线的方向，如腹背位、前后位等。如背腹位的第一个背字表示射线从背侧进入，第二个腹字表示射线从腹侧穿出，因此，摆位时X线机的发射窗口要对准动物某一部位的背侧，而X线胶片则要放在该部位的腹侧。以前兽医X线技术中使用的一些方位名称不太规范，很多名称是从人医引用而来，这就忽视了动物和人类的体位差别。经过多次有关国际会议的讨论，对兽医X线摄影的方位逐步形成一些一致的意向并逐渐规范化。

用于表示X线摄影的方位名称如下。

左（Le）—— 右（Rt）　　用于头、颈、躯干及尾

背（D）— 腹（V）　　用于头、颈、躯干及尾

头（Cr）—— 尾（Cd）　　用于颈、躯干、尾及四肢的腕、跗关节以上

嘴（R）— 尾（Cd）　　用于头部

内（M）——外（L）　　　用于四肢
近（Pr）——远（Di）　　用于四肢
背（D）——掌（Pa）　　用于前肢腕关节以下
侧位（L）　　　　　　　用于头、颈、躯干及尾，配合左右方位使用
斜位（O）　　　　　　　用于各个部位，配合其他方位使用

（3）表示方法

① 方位　名称的第一个字表示X线的进入方向，第二字表示射出方向，如背腹位（DV）表示X线从背侧进，由腹侧出。

② 非正方向方位　用复合词表示射线的进入和射出方向，进与出之间加一条横线，最后加斜字，如背外-掌内斜位（DL-PaMO）。

③ 斜位　需要明确指出倾斜角度者，在复合词之间加角度，如背60°外-掌内斜位（D60°L-PaMO）。即X线射入方向自背侧向外转60°，射向掌内的斜位。

④ 在头、颈、躯干及尾进行左右或右左侧位投照时，需在左右字后面加个侧字，如左右侧位（Le-RtL），也可简写为右侧位（Rt-L）。

⑤ 蹄部斜位摄影的表示方法与上相同，但转动角度都从支持的地面开始。如背65°近-掌远斜位（D65°Pr-PaDiO），即X线自蹄背侧地面向近侧转动65°角，射向蹄的掌侧远端斜位。又如外45°背50°近-内掌远斜位（L45°D50°Pr-MPaDiO），即X线自蹄外侧缘支持面向背侧转45°角，再向近侧转50°，射向蹄内侧的掌侧远端的斜位。

⑥ 头部斜位摄影的表示方法亦同，但转动角度的基线根据情况可分为头横断面、头背平面和头硬腭面。如左20°嘴-右尾斜位（Le20°R-RtCdO），即X线从头的左侧以头的横断面为基线向嘴的方向转20°，射向右后方的斜位。又如左10°背-右腹斜位（Le10°D-RtVO），即X线从头的左侧以头背平面为基线向背侧转10°，射向右腹侧的斜位。又如嘴20°腹-尾背斜位（R20°V-CdDO），即X线从嘴前部以硬腭面为基线向腹侧转20°，射向尾背侧的斜位。

三、暗室技术

胶片冲洗即暗室技术，是X线技术工作的一个重要组成部分。照片质量的优劣，除胶片特性和曝光条件外，与暗室技术有着极其重要的关系。如果暗室技术处理不当，即使投照条件相当完善，也会降低照片的质量，甚至成为废片。相反，暗室技术处理得好，便可弥补部分摄影中的不足，而获得较为满意的照片。洗像包括显影、漂洗、定影、流水冲洗及干燥五个步骤。前三个步骤须在暗室内进行。

1. 显影

显影是将X线胶片药膜中的潜影经化学反应还原成可见的黑色金属银组成的影像。显影时将曝光后的X线片从暗盒中取出，然后选用大小相当的洗片架，将胶片固定四角，先在清水内润湿1～2次，除去胶片上可能附着的气泡。再把胶片轻轻放入显影液内，进行显影。可以采取边显边观察的方法，也可以采取定时的显影方法。但后者必须保持恒定的照射量，否则难以保证照片的密度一致。在这一过程中应该注意显影液的新鲜程度、显影效果、显影时间的控制和显影液的搅动。通常以固定的温度、显影时间和搅动方式为好。

显影效果受显影药液的温度，显影时间及药液效力的影响。正确的显影时间，能获得密度深浅和对比度适中的影像，显影时间过长，往往造成影像密度过深，对比度过大，灰雾增高，层次遭到破坏；时间不足则会造成影像密度太淡，对比度过小，层次也受到损失。因而，适当延长或缩短显影时间，可以对曝光不足或过度的照片有一定的补救。一般显影时间为5～8min。最适的显影温度在18～20℃，温度过高或过低，其结果与显影过长和不足相

同，即显影过度或不足。另外，温度过高易使显影液氧化，影像被染上棕黄色污斑，并降低显影液的使用寿命；温度过低，对苯二酚的显影能力大减，当温度在12℃以下时，几乎不起显影作用。显影液的药力，随洗片数量的增加而逐渐减弱，通常在药液的整个使用期间，可分为甲、乙、丙三期，各期中洗片数不同，显影时间也不同。一般来说，温度、时间和药力三者的关系是在温度相对稳定不变的情况下，显影时间的长短就取决于药力的衰减程度。在显影中活动洗片架2～3次，可以加速显影液的循环，使乳剂膜经常接触新鲜显影液，提高显影速度。

2. 漂洗

即在清水中洗去胶片上的显影剂。漂洗时把显影完毕的胶片放入盛满清水的容器内漂洗10～20s后拿出，滴去片上的水滴即行定影。

3. 定影

定影的作用是将X线胶片上未曝光的卤化银溶去，而剩下完全由金属银颗粒组成的影像。将漂洗后的胶片浸入定影箱内的定影液中，定影的标准温度和定影时间不像显影那样严格，一般定影液的温度以16～24℃为宜，定影时间为15～30min。当胶片放入定影液中时，不要立即开灯，因为定影不充分的胶片，残存的溴化银仍能感光，如果过早地在灯下暴露，会使影像发灰。如连续洗片时，应按顺序排列，在晃动和观片时要避免划伤药膜及相互粘连。

4. 流水冲洗

定影后的乳剂膜表面和内部，残存着硫代硫酸钠和少量银的络合物。水洗时把定影完毕的胶片放在流动的清水池中冲洗0.5～1h。若无流动清水，则需延长浸洗时间。

5. 干燥

冲影完毕后的胶片，可放入电热干片箱中快速干燥。或放在凉片架上自然干燥，禁止在强烈的日光下暴晒及高温烘烤，以免乳剂膜溶化或卷曲。

四、造影检查

1. 造影剂及种类

对于缺乏自然对比的结构或器官，利用透视及平片检查不易辨认。为扩大检查范围，提高诊断效果，可将高于或低于该结构或器官的物质引入器官内或其周围间隙，使之产生对比以显影，此即造影检查。引入的物质称为对比剂（Contrast medium），也称造影剂。

理想的造影剂应符合下列要求：①无毒性，不致引起反应；②对比度强，显影清楚；③使用方便，价格低廉；④易于吸收和排泄；⑤理化性能稳定，久贮不变。但目前所用对比剂，不能完全满足上述要求。

根据组成造影剂物质的原子序数的高低和吸收X线能力的大小，可分为低密度造影剂和高密度造影剂。低密度造影剂也称阴性造影剂（Negative contrast），主要是各种气体。高密度造影剂也称阳性造影剂（Positive contrast），主要为钡制剂和碘制剂。

2. 造影检查法

(1) 食管造影　食管造影（Esophagography）检查是把阳性造影剂（通常为硫酸钡）引入到食管腔内，以观察、了解食管的解剖学结构与功能状态的一种X线检查技术。对食管的可透性异物、食管狭窄、阻塞、扩张、痉挛和食管壁的溃疡、憩室、破裂穿孔、肿瘤，食管壁外的占位性压迫等疾病的诊断有重要价值。

造影前动物一般无需做特别的准备，对拒不合作的动物，可轻度镇静。牛、马等大动物一律采用站立保定，左侧位观察。犬以自然站立侧位观察为主，猫在必要时可做卧位观察。食管造影检查原则上以透视为主，如发现异常，必要时则在异常部位摄片，以显示病变细节。如单纯做摄片检查，应在投钡后或在大动物钡液灌注过程中曝光，并拍摄适当数量照片。如有点片装置，在透视过程中可根据需要随时摄片。食管造影的投钡，通常有如下方式。

① 稀钡胶浆灌投　稀钡胶浆［硫酸钡与水之比为1∶(3～4)］流动性能较好，常用于观察食管腔的形态学状况。犬、猫等小动物可用接有短胶管的塑料瓶盛造影剂，胶管从嘴角插入口内，缓慢灌注。用量10～100ml。

② 稠钡剂喂投　稠钡剂［硫酸钡与水之比为(3～4)∶1，呈糊状］黏度大，流速较慢，易于黏附在食管壁上，可较好地显示食管黏膜的细节。小动物则用小汤匙喂在舌根背面上，然后人工合上动物嘴，让其自行咽下，同时进行透视或摄片。

③ 含钡食团的喂饲　因投灌稀钡胶浆时，动物缺乏吞咽动作，食管腔扩张及蠕动不明显；投喂稠钡时，因其量少，也有类似情况。为观察吞咽动作及食管的蠕动扩张情况，以了解其功能，可将钡粉或浓钡液与动物喜食的饲料混合，使其采食或置动物口中，让其自然吞咽，同时做透视观察或拍摄照片。

食管造影的透视检查，小动物用50～65kVp，管电流2～3mA。造影前先对食管透视一遍，然后投钡。从颈部开始，依次观察钡剂经过颈段食管、胸段食管至通过膈肌进入胃的情况。在观察形态变化的同时，也要注意其蠕动功能状态。如观察食管内径的大小，钡流的速度与流通情况，以发现是否有狭窄、扩张、阻滞或充盈缺损。钡剂经过后，注意食管黏膜情况，是否留下龛影、憩室或挂钡影像。如有异常，必要时在异常处摄片（点片）。或在体表局部剪毛标记，重新投造影剂后，拍摄该部照片。对怀疑食管内刺有密度不高的细小异物时，可在稀钡中拌入少许棉花纤维一起投服，观察有无阻挡或勾挂征象。对有食管气管瘘或食管穿孔的病畜，不宜使用钡剂，应选用水溶性有机碘剂作造影剂。

(2) 胃肠钡饲造影　胃肠钡饲造影(Barium meal examination of gastrointestinal tract)是将钡剂引入胃内，以观察胃及肠管黏膜的状态、充盈后的轮廓及蠕动与排空功能的一种X线检查方法。钡饲造影使观察胃及十二指肠的大小、形态、位置及黏膜状况等成为可能，对胃、十二指肠内的异物、肿瘤、溃疡、幽门部病变及膈疝等的诊断具有重要意义。目前钡饲造影主要应用于犬、猫等小动物。

被检动物造影前应禁饲24h，禁水12h，如有必要还需进行清洁灌肠。为避免麻醉剂对胃肠功能的干扰，做胃肠功能观察的动物不做麻醉。造影前先做常规透视观察，或拍摄腹部正、侧位照片，以排除胃内不透性异物及检视胃和小肠内容物排空情况。造影剂最好选择医用硫酸钡造影剂成品，因其颗粒在1mm以下，其混悬液不易分层。配成钡与水之比为1∶(1～2)的混悬液。小动物用量为10～100ml。检查时宜先给予少量浓稠钡糊（见食管造影的稠钡剂喂投)，观察食管和胃的黏膜，然后插入胃导管至颈食管中段，注入钡剂，并边灌注边透视观察。不能插入胃导管的，可用一塑料瓶或大注射器连接一短胶管，将胶管由嘴角插入口腔，然后先注入少量钡剂，在其吞咽之后，再给完预定全量。注入速度不应太快，以防钡剂进入气管或溢出沾污检查部被毛。对旨在观察胃的轮廓及充盈状态者，可于注完全量后，即拍摄前腹部的背腹位及自然站立侧位照片。如同时需了解胃的功能时，应在透视下观察，可按先贲门端后幽门端的顺序进行。为使钡剂聚集在贲门端，并阻止钡剂过快排到十二指肠，检查时首先应将动物置于左侧卧位或仰卧位，以显示贲门端与胃底的影像。为观察幽门端的轮廓时，动物可置于直立位或右侧卧位。通常钡剂很快地通过幽门到达十二指肠和空肠，通过速度与钡剂的浓稠度有关，一般约30min胃可排空，钡剂到达回肠。在胃内钡剂基本排清时，留下的残钡可显示出胃黏膜病变或异物的影像。但某些个体，钡剂可能在胃内停留较长的时间，而呈现幽门阻塞的假象，这种情况，可通过间隔 0.5～1h 后做跟踪复查的办法进行鉴别。60～90min，钡剂集中在回肠并到达结肠。4h 后，小肠已排空，钡剂集中在结肠并已到达直肠。

(3) 钡剂灌肠造影　钡剂灌肠造影（Barium enema）简称钡灌，是将稀钡剂经直肠逆行灌入结肠及盲肠，以了解结肠器质性病变的一种 X 线检查方法。对肠腔狭窄、肠壁肿瘤、黏膜病变或外在的占位性肿块和先天性畸形等，可提供诊断。此外，对回、结肠套叠，除提供诊断外，有时尚可同时起整复的作用。钡剂灌肠主要应用于小动物。

被检动物禁食 24h，造影前 12h 投服轻泻剂，麻醉前先用温生理盐水做清洁灌肠，直至清除肠管内容物，并尽量排出肠管内残留液体。动物做全身麻醉，置右侧卧位，将带有气囊的双腔导管插入直肠。双腔导管的气囊部位抵达耻骨前沿，通过阀门向气囊内充入空气，使气囊扩张而紧闭肠腔。关闭阀门后把双腔导管稍向后拉至气囊紧贴肛门括约肌前缘。把双腔导管的外接漏斗的位置提高，钡剂即向肠内慢慢注入。注入量以使结、盲肠全部充盈扩张为度，一般需 300～500ml。边注入边透视，注意观察钡柱前端前进有无受阻或分流现象，钡柱边缘是否光滑，有无残缺、狭窄或充盈缺损等。灌肠毕立即拍摄腹部腹背位及侧位照片。随后将体外灌肠管外口及漏斗置于低位，引流肠管内的钡剂，并适当按摩腹部或变换体位，促其尽量多地将钡剂排出。最后，再透视观察肠内残钡影像或拍摄腹背位、侧位照片，即完成造影检查。在此基础上，如要更细致地观察肠黏膜情况，可从导管注入同等量的空气进行结肠充气造影，造成双重对比。夹住导管口后拍摄腹部腹背位及侧位照片。最后打开导管阀门，排出气囊内空气，拔除双腔导管。

灌肠用的稀钡混悬液温度应达 37℃左右。在灌肠过程中，若偶尔发生钡剂进入小肠，将影响对小结肠壁细小病变的诊断，可通过灌肠管吸出部分造影剂予以排除。结肠、直肠穿孔的病畜，不应进行此项检查；有结肠、直肠损伤，或近期内做过组织活体检查的患畜，应待组织修复后再做灌肠；在钡灌插管时不能用油类润滑剂，应改用甘油。

(4) 排泄性肾盂尿路造影　排泄性肾盂尿路造影（Pyelography and Excretory Urography）是利用某些造影剂静脉注射后迅速经肾排泄，使尿路各部分（包括肾盂、输尿管、膀胱）显影的一种技术方法。临床上应用于犬等小家畜的泌尿系统检查，可观察整个泌尿系统的解剖结构，肾的分泌机能及各段尿路的病变。能对肾盂积水、肾囊肿、肿瘤、可透性结石、输尿管阻塞、膀胱肿瘤、前列腺疾病及尿路先天性畸形等做出诊断。

被检动物术前禁饲 24h，禁水 12h，必要时术前做清洁灌肠及膀胱导尿。为便于操作，一般做全身麻醉。造影前拍摄腹部腹背位及侧位平片做比较。动物采取仰卧位，于腹中线两侧相当于输尿管处，各放置一衬垫，并用固定在床上的宽压迫带横过腹部，压住衬垫，然后将压迫带收紧，即可阻止造影剂通过输尿管，使造影剂能在肾盂充盈而不进入膀胱。完成上述准备后，即从外周静脉缓慢注入 50%泛影酸钠或 60%碘肽葡胺。剂量为 2ml/kg 体重。注射完毕后 5min 和 15min，分别拍摄腹部腹背位照片，并立即冲洗。以充分显示肾盂充盈为止，否则需重复拍片。肾盂充盈后，补拍一张腹部侧位照片。最后，解除压迫带，并立即拍摄腹部腹背位、侧位及腹背斜位照片，以显示下段输尿管。解除压迫带 5～10min 后，再拍摄后腹部腹背位及侧位照片，以显示膀胱的影像。

对上述腹部加压的造影方法，有人认为系非正常生理状态的肾排泄功能，应以在自然状态下不加压进行为好，因此还研究了一些其他造影方法，如大容量慢速静脉滴注腹部不加压肾盂造影等，患畜不需禁水及压迫腹部。造影剂用生理盐水稀释成 16%～30%的浓度作静脉滴注，用量为 100～250ml，滴注时间 20～45min，注毕即可拍摄 X 线照片，可同时显示肾盂、输尿管及膀胱的影像。但肾盂、输尿管显影密度不高，影像欠清晰。

(5) 膀胱造影　膀胱造影（Cystography）是将导尿管经尿道插入膀胱，然后注入造影剂，使膀胱充盈显影，以观察其大小、形态、位置及与周围的毗邻关系的一种技术方法。用于小动物的膀胱肿瘤、息肉、炎症、损伤、结石和发育畸形等的诊断，并可用以查明盆腔占位性病变和与前列腺病变的关系。

被检动物禁食12～24h，术前轻度麻醉，并用温等渗盐水清洁灌肠。按膀胱导尿术安插导尿管，排空膀胱内尿液后，保留导尿管。如膀胱内有血凝块或其他沉积物存在，应用灭菌生理盐水冲洗出来。动物于仰卧位保定，将导尿管与连续注射器连接。注入10%碘化钠水溶液，同时用手在腹壁触诊膀胱，以掌握其充盈程度，防止过度充盈导致膀胱胀裂。造影剂的注入量一般为40～100ml。注毕，用钳子夹住管口，并用胶水纸固定导尿管，防止滑脱。拍摄腹背位及侧位照片，必要时加拍斜位照片。立即冲洗，显影满意后，松开夹子，通过导尿管排出造影剂，膀胱造影即告完成。如需更详细观察膀胱黏膜病变，可在阳性造影剂排出之后，经导尿管注入同等量的过滤空气，再行拍片观察。对不能插入导尿管的动物，可按前述排泄性尿路造影方法拍摄膀胱照片。

(6) 脊髓造影　脊髓造影（Myelography）又称椎管造影。是通过穿刺将造影剂直接注入蛛网膜下腔，使椎管显影的X线检查方法。用于犬等小动物检查椎管内的占位性病变、椎间盘突出或蛛网膜粘连，评估脊髓的位置和结构。当动物呈现脊髓病的临床症状而X线平片又显示不清，或在病变实质已明确而正待手术时，在术前进行此项检查。

医学上脊髓造影所用的油脂类碘剂，其刺激性虽较小，但不能和脑脊液相混合，在椎管内形成小球状，扩散缓慢，需时较长，病变轮廓显示欠清楚，且吸收缓慢，可长期残留在椎管内。而犬的蛛网膜间隙相对较窄，有碍造影剂的连续柱状轮廓的形成，故医用的油脂类造影剂不适宜在犬应用。因此近年来，兽医临床上对脊髓造影，油类造影剂已禁忌使用，而为刺激性较小的非离子型水溶性造影剂所代替。

被检动物需全身麻醉，以头部向上的侧卧姿势放置于可做45°倾斜的检查床上。通常在5、6或6、7腰椎棘突之间穿刺，以观察腰段或胸段脊髓，也可在小脑延髓池穿刺检查颈段和胸段脊髓。穿刺局部按常规外科要求处理。使用22号7.5～9.0cm脊髓穿刺针。当针头穿进椎管时，会产生后肢的反射，此时针头稍推进，大多数情况下都有脊髓液流出，据此位置即可确定。但也有不见脊髓液者，根据后肢的反射也可判断位置正确。若流出的是全血，则系刺穿了静脉窦，必须适当调整针头，以免造影剂注入静脉窦内，否则拍摄的椎管影像密度不够。如针头穿透脊髓，可增加患并发症的机会。小脑延髓池的穿刺，应先将动物头部屈曲，使与颈部脊髓呈垂直角度，在寰椎翼连线中点与枕嵴的中间进针，穿过皮肤后对准椎管方向直插，如遇骨组织，即调整针头再行推进。根据针头穿过硬膜外腔阻力消失的感觉和脊髓液流出而可确定位置。

注射含碘量为200～300mg/ml的碘葡酰胺，剂量为0.3～0.5ml/kg。注射前可先抽出等量的脊髓液。注毕即调整床面角度，控制造影剂流向，在透视监控下检查已充盈的椎管，即迅速拍摄其侧位和腹背位照片，避免造影剂流入颅腔或被吸收。

(7) 瘘管造影　瘘管造影是将高密度造影剂灌注入瘘管腔内进行摄片的方法。可了解瘘管盲端的位置、方向、分布范围及与邻近组织器官或骨骼的关系，有助于在瘘管手术治疗中决定做反对孔的位置，或瘘管切除的径路和范围。

瘘管造影可使用多种阳性造影剂，如为准备切除的瘘管，可使用硫酸钡悬液、碘油、10.0%～12.5%碘化钠液；如为结合治疗，也可使用10%碘仿甘油或铋碘仿糊。造影前先用双氧水后用灭菌生理盐水冲净瘘管腔内的分泌物，并用一根细导管伸入瘘管深部，尽量吸出腔内液体，然后再经该导管缓慢注入造影剂，使其充满瘘管腔。对碘仿甘油或铋碘糊剂要加适当压力才能注入。注入速度不宜过快，以防造影剂溢出而沾污周围皮肤，造成伪影。注毕小心拔出导管，立即用棉栓填塞瘘管口。周围如沾有造影剂，应用棉花小心揩净。为指示瘘管口的位置，局部可附一金属标记物。瘘管造影应尽可能拍摄两张互相垂直的X线照片，以反映瘘管的全貌。检查结束后，造影剂应尽量排出。

五、X线诊断的原则与程序

X线诊断是重要的临床诊断方法之一。X线诊断是以X线检查所发现的阴影为主要依据，结合解剖、生理、病理和临床资料，进行综合分析和研究，做出结论的过程。它的诊断准确性在相当程度上与观察者的思维方法正确与否有关。为了做到正确诊断，在诊断过程中应遵循一定的诊断原则和程序。

诊断以X线图像为基础，因此，需要对X线影像进行认真、细致的观察，分辨正常与异常，并恰当地解释影像所反映的病理变化，综合所见，以推断它的性质。然后需与临床资料以及其他临床检查结果进行对照分析。这样才有可能得到比较正确的X线诊断。

在进行X线诊断时应注意以下几点。

1. 首先对X线片的整体质量进行评价

在观察分析X线片时，首先应对X线片的质量进行评价，包括投照条件是否准确，摆位是否正确及特殊体位的摆放，X线片上是否有伪影，以免影响诊断。

2. 全面观察

按一定顺序进行系统的观察，既要仔细的观察病变局部，也不要忽略其他部位；既要注意主要病变，也不要忽略次要的或续发的病变；既要注意解剖形态上的改变，也不能忽略功能方面的变化。观察胸片时应包括胸廓、肺脏、心脏、大血管及胸段食管；观察肺脏时应按顺序分别观察每一个三角区。对于骨骼的观察应包括骨皮质、骨松质、骨髓腔和骨膜。在进行初步观察的基础上，再根据临床检查所见，着重于某一局部仔细观察。

3. 掌握正常解剖和了解可能的变异

熟悉正常的X线解剖，并注意因动物种类、品种不同而出现的解剖变异。同时应注意区分正常与异常影像。

4. 具体分析

运用所掌握的解剖、生理、病理及X线诊断的知识，对所观察到的X线征象进行具体分析。观察异常X线表现，认识影像的病理学基础。对于异常X线影像，应注意观察它的部位和分布、数量多少、形状、大小、边缘是否锐利、密度是否均匀。注意器官的功能变化，相邻器官组织的形态变化。

X线诊断是一种重要的辅助诊断方法，但也有一些不足之处。如一些疾病的早期或很小的病变，利用X线可能检查不出，以至不能做出诊断，需辅助其他方法加以弥补，临床资料中动物的年龄、性别、品种，对确定X线诊断具有重要意义。

子任务三　骨骼、关节常见疾病的X线诊断

一、骨骼、关节的X线检查方法

骨骼中含有大量的钙盐，是动物体中密度最高的组织，与其周围的软组织有鲜明的天然对比。在骨的自身结构中，骨皮质和松质骨及骨髓腔也有明显的密度差别。由于骨与软组织有良好的天然对比，因此，一般X线摄影就能对骨与关节疾病进行诊断。

需要指出的是，某些疾病在病变的早期，X线检查可能表现为阴性，随病情的发展会逐渐表现出X线征象，故应定期复查以免发生遗漏造成误诊。

1. 普通检查

普通检查包括透视和拍摄X线平片，但透视一般很少应用。透视仅在检查疑为明显的骨折或脱位、进行异物定位及监视手术摘除异物、监视矫形手术方面才有意义。

普通摄影是骨与关节的X线检查法中最常用的技术。拍片时要注意以下几点。

(1) 任何部位都要拍摄正、侧两个方位的X线片，有些部位可能要加拍斜位、切线位或轴位以及关节伸展和屈曲位。

(2) 摄影范围应当包括骨骼周围的软组织。除拍摄病变部位外还应包括邻近的一个关节。

(3) 拍摄关节时，应设法使X线束的中心平行通过关节间隙。检查关节的稳定性及关节间隙的宽窄时，应在关节负重的情况下进行拍摄。

(4) 两侧对称的骨关节，病变在一侧而症状不明显或经X线检查有疑虑时需摄取对侧相同部位的X线片进行比较。

2. 特殊检查

当普通摄影检查不能满足诊断需要时，选择性地应用一些特殊检查技术则更具有诊断意义。常用的方法有关节造影、血管造影以及体层摄影和放大摄影。

关节造影可对关节面、滑膜囊及关节内结构进行详细显示；血管造影多用于肢体动脉，主要用于血管疾病的诊断和良、恶性肿瘤的鉴别。

二、正常骨骼的X线解剖

动物骨与关节共同完成了对机体的支持和运动等多种重要功能。掌握动物骨、关节的正常解剖结构和生理功能，特别是掌握与X线诊断密切相关的骨与关节的解剖特征，是对骨与关节疾病进行X线检查与诊断的基础。

1. 骨骼

动物的骨骼由于机能不同而有不同的形态，基本可分为四类，它们是：长骨，呈长管状，四肢的大部分骨属于此类，主要作用是支持体重和形成运动杠杆；短骨，形状略呈立方形，大部分位于承受压力较大而又运动较复杂的部位，多成群分布于四肢的长骨之间，如腕骨和跗骨，有分散压力和缓解震动的作用；扁骨，呈宽扁板状，分布于头、胸等处，常围成腔以支持和保护重要器官，如颅骨；不规则骨，形状不规则且功能多样，一般构成动物体的中轴，如椎骨。

(1) 骨的结构　长骨的结构典型，按其结构分为骨密质、骨松质、骨髓腔和骨膜。在未成年动物还有骨骺、骺板（生长板）和干骺端（见图4-1-1）。

① 骨密质（Compact bone substance）　长骨的骨皮质和扁骨的内外板为骨密质，主要由哈氏系统组成。哈氏系统包括哈氏管和以哈氏管为中心的多层环形同心板层骨。管状骨骨干的骨皮质较厚，骨结构密实，X线片显影密度高而均匀。

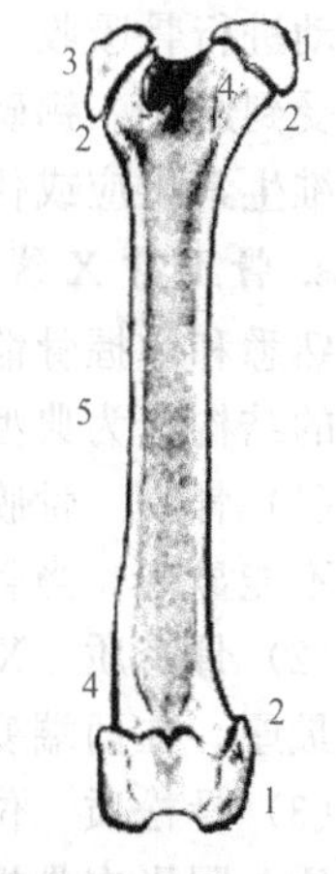

图4-1-1　正常长骨解剖结构示意图
1—骨骺；2—骺板；3—骨突；4—干骺端；5—骨干

② 骨松质（Spongy bone）　位于骨密质的内侧，由多数骨小梁组成，骨小梁自骨皮质向骨髓腔延伸互相连接成网状结构，骨小梁的排列方式与受力的作用方向一致，其间充以骨髓。

③ 骨髓腔（Medullary cavity） 骨髓腔位于骨干的中央，腔内充有骨髓。

④ 骨膜（Periosteum） 这里指的是骨外膜，是致密结缔组织构成的膜，被覆于除骨端关节面之外的所有骨的表面。骨膜分为内外两层，外层为纤维层，对骨膜有固定、营养和保护作用。内层为成骨层，富有细胞，在幼龄期非常活跃，直接参与骨的生长。它始终保持分化能力，在骨受损时能参与骨质的再生和修补。

⑤ 骨骺（Epiphysis） 为继发骨化中心，只存在于未成年动物的关节骨端和骨的突出部。在胎儿和幼龄时期多为软骨，即骺软骨。骺软骨有骨化功能，随年龄的增长逐渐骨化。到成年后骨骺完全骨化变成松质骨与骨干或骨体融合在一起。

⑥ 骺板（Epiphyseal plate，Physis） 骺板又称为生长板（Growth plate），是位于骨骺和干骺端之间的一层软骨组织，是骨生长最活跃的部位。随年龄的增长骺板不断变薄，成年后完全骨化消失，即骨骺与骨干结合，完成骨的发育。

⑦ 干骺端（Metaphysis） 为骨干两端的粗大部分，靠近骺板，由松质骨形成，骨小梁彼此交叉呈海绵状，周边为薄的骨皮质，是骨干纵径延长的部位。

（2）骨的发育 骨组织起源于中胚层。骨的发育包括早期的骨化与生长和后期的塑形。骨化与生长在胚胎期就开始进行。骨化有两种形式。第一种为膜化骨，如颅顶骨、颅侧骨和大部分面骨。膜化骨是间充质细胞演变为成纤维细胞，形成结缔组织膜，在膜的一定部位开始骨化，成为骨化中心，再逐步扩大完成骨的发育。第二种为软骨内化骨，四肢骨等均属此类形式的化骨。软骨内化骨是由间充质细胞演变为软骨并形成骨化中心，并通过该骨化中心内软骨细胞的成骨活动而成骨。骨化中心不断扩大最后全部成骨。

骨的生长是长骨纵径的延长，是一个软骨内化骨的过程。依靠骺板内软骨细胞的不断增殖，干骺端旁的软骨即不断被骨化，骨干会延长，此过程至骨骺闭合后终止。长骨横径的增粗是一个膜内化骨的过程，依靠骨膜内层成骨细胞的活动，骨皮质的外层不断形成新骨使骨增粗，这个过程也是到骨骺闭合后才终止。

骨骼在生长发育过程中不断增大，为适应生理功能的需要，通过破骨细胞的活动而进行塑形。塑形最突出的表现是随着长骨的增长，干骺端逐渐变细且骨髓腔不断增大。

（3）影响骨发育的因素 骨组织的形成和生长过程是在成骨细胞活动中向细胞外分泌骨基质，将细胞埋于其中后形成骨样组织。然后矿物盐在骨样组织上沉积矿化，同时有破骨细胞活动进行骨吸收，成骨和破骨始终处于一种动态平衡。一旦这种动态平衡被打破，骨的发育将受到影响。钙磷代谢平衡失调、由于其他内科疾病或内分泌器官的病变引起内分泌紊乱、维生素供应或代谢障碍都会影响骨的正常发育。

2. 骨正常 X 线解剖

熟悉和掌握骨骼的正常 X 线解剖结构是诊断骨病的基础，在骨骼 X 线解剖结构中管状长骨的结构最为典型。可分为以下几个部分。

（1）骨膜 骨膜属于软组织结构，在 X 线片上不易与骨周围的软组织相区别，故 X 线影像不能显现，当骨膜发生病变后则可以显现。

（2）骨密质 X 线影像称为骨皮质，位于骨的外围，呈带状均匀致密阴影。阴影在骨干中央最厚，在两端变薄。外缘光滑整齐，在肌、腱或韧带附着处粗糙。

（3）骨松质 位于长骨两端骨密质的内侧，呈网格状有一定纹理的阴影，影像密度低于骨密质。阴影在骨端最厚，到骨干中段变薄。

（4）骨髓腔 骨髓腔位于骨干骨密质的内侧，呈带状边缘不整的低密度阴影，阴影两端消失在骨松质当中。骨髓腔常因骨密质及骨松质阴影的遮盖而显现不清。

（5）骨端 骨端位于骨干的两端，体积膨隆，表层为致密阴影，其余为骨松质阴影。

3. 未成年动物骨骼的X线解剖特点

(1) 由于处于生长发育阶段，骨皮质较薄，密度较低，骨髓腔相对增宽。

(2) 在长骨的一端或两端存在骨骺。为继发骨化中心，动物在出生时大多数骨骺已有骨化，随年龄的增长逐渐增大。骨骺在X线片上表现为与骨干或骨体分离的孤立致密阴影。

(3) 骺板（生长板）为位于骨骺和干骺端之间的软骨，X线片上显示为一低密度带状阴影。随年龄的增长逐渐变窄，成年后消失，不同部位的骺板消失的时间不同。

(4) 干骺端　是幼年动物骨干两端的较粗大部分，由松质骨形成，顶端的致密阴影为临时钙化带。骨干与干骺端无明显分界线。

三、正常关节的X线解剖

关节是连接两个相邻骨的一种结构，根据其能否活动及活动程度分成三种类型：即不动关节、微动关节和能动关节。四肢关节多为能动关节，结构典型。见图4-1-2。

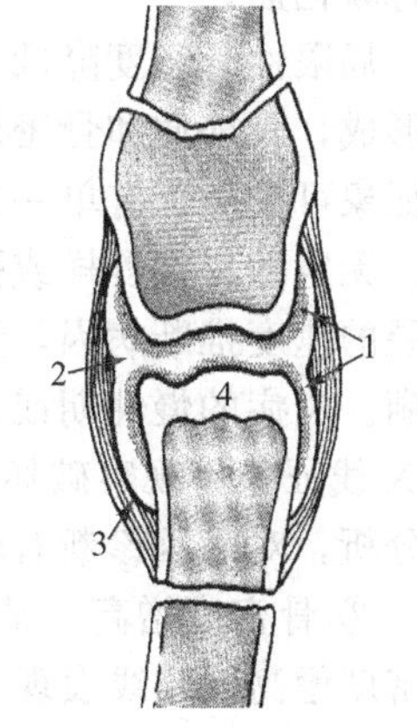

图4-1-2　关节解剖结构示意图

1—关节软骨；2—关节腔；3—关节囊；4—软骨下骨

1. 能动关节的解剖结构

关节有两个或两个以上的骨端，每个骨端的骨性关节面上覆盖着透明软骨。表面光滑，具有较强的弹性，在功能范围内滑动自如，并能承受重力，对骨性关节面具有保护作用。

(1) 关节囊　是结缔组织膜，附着于关节面的周缘及附近的骨面上，形成囊状并封闭关节腔。关节囊的滑膜层由疏松结缔组织构成，附着于关节软骨的周缘，能分泌滑液，有营养软骨和润滑关节的作用。

(2) 关节腔（Joint cavity）　是由关节囊的滑膜层和关节软骨共同围成的密闭腔隙，其内含有少量的滑液。有的关节腔内还含有关节内韧带、半月板等结构。

(3) 在关节内还有丰富的血管、淋巴管和神经纤维分布。

2. 能动关节的X线解剖结构

一般能动关节可表现如下的X线影像。

(1) 关节面（Articular surface）　X线片上表现的关节面为骨端的骨性关节面，由骨密质构成，呈一层表面光滑整齐的致密阴影。

(2) 关节软骨（Articular cartilage）　大体解剖上见到的关节软骨在X线片上不显影，但在关节的造影影像上可以在关节面和造影剂之间显示出一条低密度线状阴影。

(3) 关节间隙（Joint space）　由于关节软骨不显影，在X线片上显示的关节间隙包括大体解剖中见到的微小间隙和少量滑液以及关节软骨。正常的关节间隙宽度均匀，影像清晰，呈低密度阴影。关节间隙的宽度在幼年时较大，老年后变窄。

(4) 关节囊（Joint capsule）　关节囊包围在关节间隙的外围，属于软组织密度，正常关节囊在普通的X线影像上不显影，经关节造影可显示关节囊内层滑膜的轮廓。

四、骨骼、关节病变的X线解读

1. 骨骼系统病变的基本X线征象

(1) 骨密度的变化　许多内外科疾病都可以引起骨密度的变化，因此，骨密度的变化是各种原因所致骨疾病的主要的X线征象。

① 骨密度降低　在某些病理过程中，出现骨基质分解加速或骨盐沉积减少，吸收增多，

使骨组织的量减少或单位体积骨组织内的骨盐含量减少，导致骨组织的X线密度下降。密度下降可呈广泛性发生或局限性发生。

广泛性骨密度降低　可见于某一整块骨骼，也可发生在全身骨骼。X线征象为广泛性骨密度下降，骨皮质变薄，骨小梁稀疏、粗糙、紊乱或模糊不清。常见于废用性骨质疏松，老龄性全身骨质疏松，肾上腺皮质肿瘤，长期服用皮质类固醇及因钙磷代谢障碍所致的佝偻病或骨软化症。

局限性骨密度降低　只发生于骨的某一局部，常因骨组织被破坏，病理组织代替骨组织而形成，骨松质和骨密质均可发生破坏。常见的原因有感染、骨囊肿、肿瘤和肉芽肿等。X线征象可见患部有单一或多发的局限性低密度区。形状规则、界限清楚的多为非侵袭性病变；无定型、蚕食样或弥散性边界不整的低密度区可能为侵袭性病变。另外也可以根据病变发展的速度推断病因，如炎症的急性期或恶性肿瘤骨质破坏常较迅速，轮廓多不规则，边界模糊。炎症的慢性期或良性肿瘤则骨质破坏进展缓慢，边界清楚。骨质破坏是骨骼疾病的重要X线征象，观察破坏区的部位、数目、大小、形状、边界及邻近组织的反应等，进行综合分析，对病因诊断有较大的帮助。

② 骨密度增高　某种病理过程造成骨组织内骨盐沉积增多或骨质增生而使骨组织的X线密度增高。X线表现为骨质密度增高，伴或不伴有骨骼的增大，骨小梁增多增粗、密集，骨皮质增厚、致密，骨皮质与骨松质界限不清，长骨的骨髓腔变窄或消失。局限性骨密度增高可发生在骨破坏区的周围，这是机体对病变的一种修复反应。广泛性骨密度增高可见于犬全骨炎、犬肥大性骨病及氟中毒等疾病。

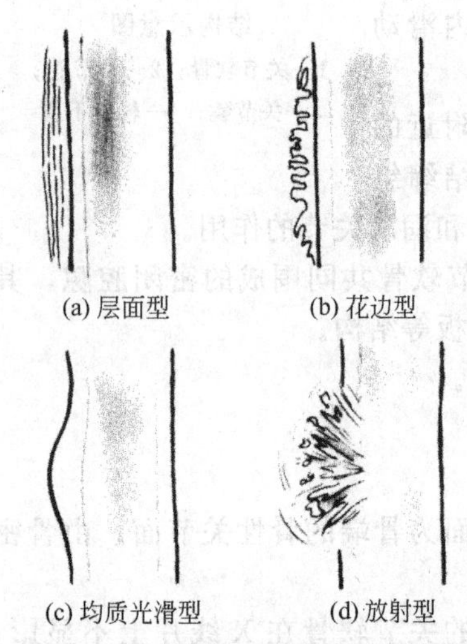

图 4-1-3　骨膜增生反应类型示意图

（2）骨膜增生　正常骨膜在X线片上不显影，当骨膜受到刺激后，骨膜内层成骨细胞活动增加产生新生骨组织，发生骨膜骨化。骨化后的骨膜便呈现出X线可识别的阴影。骨膜增生多见于炎症、肿瘤、外伤、骨膜下血肿等情况。

骨膜增生的X线表现形状各异，这与病变的性质有一定关系。骨膜增生的常见类型（见图 4-1-3）如下。

① 均质光滑型　骨膜骨化后形成的新骨形态厚而致密，边缘光滑，与骨皮质的界限清楚。此为非侵袭性疾病或慢性疾病的征象，如慢性非感染性骨膜炎、骨折愈合、慢性骨髓炎。

② 层面型　新生骨沿骨干逐层沉积，呈层片状，层次纹理清楚。当疾病呈间歇性反复发作，每次发作就会出现一次沉积而形成。常见病种有反复创伤、细菌性骨髓炎、某些代谢性骨病等。

③ 花边型或不规则型　形成的新骨呈花边形，沿骨干分布，边缘清楚、界限明显。常见于骨髓炎和肥大性骨病。

④ 放射型　骨膜骨化形成的新骨呈放射状从骨皮质发出，形如骨针或骨刺，密度不均，与骨皮质的界限不清。这种类型常表明疾病病程急，发展快，具侵袭性。见于恶性骨肿瘤或急性骨髓炎。

（3）骨质坏死　当骨组织局部的血液供应中断后，骨组织的代谢停止，失去血液供应的组织则发生坏死。坏死的骨质即为死骨。在骨坏死的早期尚无X线异常表现，随时间的推移肉芽组织长向死骨，死骨骨小梁表面有新骨形成、骨小梁增粗，骨髓腔内也有新骨形成，在肉芽、脓液包绕衬托下X线片上死骨的密度增高且局限化。骨质坏死常发生于慢性化脓性骨髓炎，也见于骨缺血性坏死和骨折后。

(4) 骨骼变形　骨骼变形常与骨骼大小改变并存，可发生在单一骨骼，也可多个骨或全身骨同时发生。局部病变或全身性疾病均可引起骨骼变形。各种先天性骨发育不良可致先天性畸形；佝偻病、骨骺提前闭合或骺板延缓钙化、骨折畸形愈合等可引起长骨弯曲变形；骨膜骨化、肥大性骨病、骨质软化、骨应力线改变等可引起骨皮质宽度的改变；骨皮质宽度的改变、骨髓腔内骨质增生可致骨髓腔宽度改变；佝偻病、骨软骨病等导致干骺端膨隆；完全骨折可引起骨结构破坏性变形，骨肿瘤、骨囊肿、骨髓炎等疾病引起局灶性骨结构破坏性变形。

(5) 骨病变的部位和轮廓　掌握某些骨病变的常发部位和病灶的轮廓特征对于推断病因、了解病性很有帮助。原发性骨肿瘤、血源性骨髓炎的易发部位为骨端或干骺端；骨软骨病、增生性骨发育不良的常发部位在骺板和干骺端；犬全骨炎、肥大性骨病、转移性骨肿瘤的易发部位则在骨干。

骨病灶的边缘整齐、轮廓清晰，预示病变是良性的或非侵袭性的；如果病灶边缘模糊不清，与健康组织界限不明显，说明病变发展迅速且极有可能是恶性、侵袭性病变。

2. 关节病变的基本X线征象

关节发生病变时经X线检查所能见到的主要X线影像变化有以下四个方面。

(1) 关节外软组织阴影的变化

① 关节肿胀　主要原因是关节发生炎症所致。由于关节积液或关节囊及其周围软组织充血、出血、水肿和炎性渗出，导致关节周围软组织肿胀。X线表现可见关节外软组织阴影增大、密度升高及组织结构不清。

② 关节萎缩　关节外软组织萎缩可引起关节外软组织阴影缩小，密度降低。常见于关节废用，如长时间的骨折固定。

③ 软组织内异物　关节发生开放性损伤，软组织内进入异物，关节外软组织阴影内出现气影或异物阴影。

④ 出现骨性阴影　关节囊或关节韧带的撕脱性骨折以及肌、腱、韧带或关节囊在关节骨抵止点处的骨化，会使关节外软组织阴影内出现高密度的骨性阴影。

(2) 关节间隙的变化

① 关节间隙增宽　由于炎症造成关节大量积液，可见关节囊膨隆、关节间隙增宽。见于各种积液性关节炎和关节病。

② 关节间隙变窄　当关节发生退行性变时，关节软骨变性、坏死和溶解，引起关节间隙变窄。见于化脓性关节炎的后期、变性性关节病等。

③ 关节间隙宽窄不均　当关节的支持韧带如侧韧带发生断裂时，关节失去稳定性，关节则会表现出一侧宽一侧窄的X线影像。

④ 关节间隙消失　多为关节发生骨性连接即关节骨性强直的X线表现。当关节明显破坏以后，关节骨端由骨组织连接导致骨性愈着。多见于急性化脓性关节炎愈合后、变性性关节疾病。

⑤ 关节间隙内异物　关节内骨折的结果是骨折片游离于关节腔内，出现骨影；关节透创时外界异物可进入关节腔，可见异物阴影；关节感染产气菌后则在关节间隙内出现气影。

(3) 关节面的变化

① 关节面不平滑　关节软骨及其下方的骨性关节面骨质被病理组织侵蚀、代替，导致关节破坏，关节面不平滑。在疾病早期只破坏关节软骨时出现关节间隙变窄，骨性关节面受

破坏后呈蚕食状毛糙不平或有明显缺损。病见化脓性关节炎后期、变性性关节病、犬类风湿关节炎等。

② 关节缘骨化　关节面周缘有新骨增生，形成关节唇或关节骨赘。见于变性性关节病、肌腱、韧带抵止点骨化。

③ 关节骨囊腔　关节软骨下骨出现圆形或类圆形缺损区阴影，阴影边缘清楚，与关节腔相通或不相通，称为骨囊肿。常见于犬的骨软骨病和骨关节病。

④ 关节面断裂　关节面出现裂缝或关节骨有较大的缺损。见于关节内骨折或骨端骨折。

(4) 关节脱位　关节脱位是组成关节的骨骼脱离、错位。根据关节骨位置变化的程度分为全脱位和半脱位两种。关节脱位多为外伤性，也有先天性和病理性关节脱位。

五、骨骼、关节常见疾病的X线征象

1. 骨折

(1) 骨折线　骨骼断裂以后，断面多不整齐，X线片上呈不规则的透明线，称为骨折线。骨皮质显示明显，在骨松质则表现为骨小梁中断、扭曲、错位。当X线中心通过骨折断面时则骨折线显示清楚，否则可显示不清，甚至难以发现。嵌入性骨折或压缩性骨折骨小梁紊乱，甚至骨密度增高看不到骨折线。

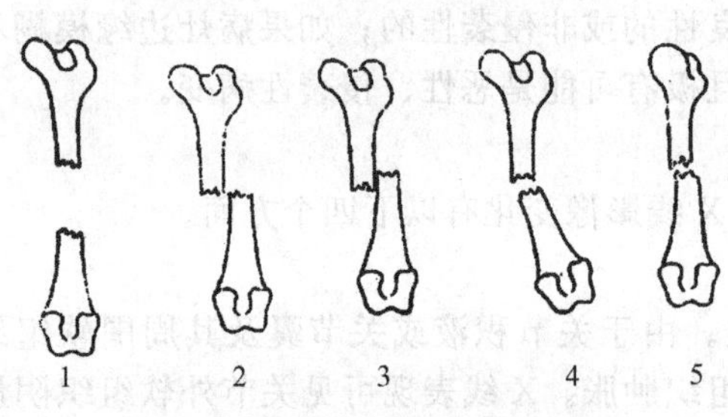

图 4-1-4　骨折移位类型示意图
1—分离移位；2—水平移位；3—重叠移位；4—成角移位；5—旋转移位

(2) 骨变形　骨折（Fracture）后由于断端移位可使骨骼变形。X线可见的移位种类有分离移位、水平移位、重叠移位、成角移位和旋转移位等（见图 4-1-4）。

(3) 软组织肿胀　外伤性骨折常伴有骨折部软组织损伤肿胀，X线影像密度增高，层次不清。

2. 化脓性骨髓炎 (Pyogenic osteomyelitis)

炎症早期X线检查仅见软组织肿胀，经7～10天可见骨骼变化，骨松质出现局限性骨质疏松，继续发展则出现多数分散不规则的骨质破坏区，骨小梁模糊、消失，破坏区边缘模糊，区内可见有密度较高的死骨阴影。由于骨膜下脓肿的刺激，骨皮质周围出现骨膜增生，表现为一层密度不高的新生骨与骨干平行。

慢性化脓性骨髓炎时，骨破坏区界限清楚，破坏区周围骨质增生反应明显，死骨阴影仍可见到。

骨髓炎的病理过程随病原、感染途径、动物种类、发病部位、机体反应及治疗情况不同而不尽一致，骨质破坏与骨质增生可相继出现、交错出现或单独出现。所以上述X线征象在有的病例不可能都表现出来。在犬和猫，急性骨髓炎的X线征象与骨肿瘤的X线征象类似，容易混淆，故需进行鉴别诊断（见图 4-1-5）。

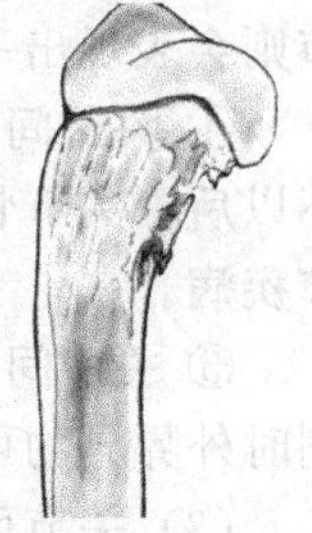
图 4-1-5　急性骨髓炎

3. 骨肿瘤 (Bone neoplasia)

(1) 骨肿瘤影像学检查的意义　影像学检查对于诊断骨肿瘤有重要的意义，不仅能准确地显示出肿瘤的部位、大小、邻近骨骼和软组织的改变，对多数病例还可初步判断肿瘤的性质、原发性或转移性，为确定治疗方案和估计预后提供了有价值的信息。

对于骨肿瘤影像诊断所要求：判断骨骼病变是否为肿瘤；初步确定肿

瘤的性质、是原发性还是转移性；肿瘤的侵犯范围。

(2) 恶性骨肿瘤的X线征象　恶性骨肿瘤的X线征象见图4-1-6。恶性骨肿瘤生长快，破坏性强，较早出现肿瘤转移。

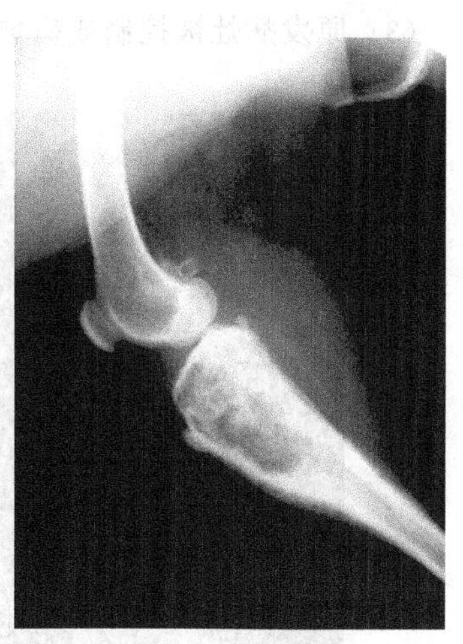
图4-1-6　骨肿瘤

① 肿瘤常位于长骨的干骺端。肱骨的近1/3、桡尺骨的远1/3、股骨近1/3或远1/3、胫骨近1/3或远1/3、尺骨近1/3。

② 肿瘤灶周围软组织阴影增厚、浓密，有时可见肿瘤性软组织块阴影。

③ 肿瘤浸润性生长。在肿瘤灶和正常骨之间有一块界限不清的过渡区；骨皮质破坏；不同程度的骨质增生，新生骨可伴随肿瘤生长侵入周围软组织。

④ 骨膜浸润性骨化。肿瘤灶处及邻近骨膜多呈放射状、花边状骨化或考德曼三角（Codman's triangle）型骨化，是恶性骨肿瘤常见的骨膜骨化。

⑤ 可见病理性骨折。

⑥ 通常不累及关节或越过关节累及其他各骨。

⑦ 肿瘤的晚期多发生肺转移，胸部X线片上可见多量、大小不等、分布范围较广的球形高密度阴影。

(3) 良性肿瘤的X线征象　良性肿瘤的发生一般无明显的品种、年龄和部位的好发性，肿瘤生长缓慢，可引起病理性骨折。

① 肿瘤灶不侵袭周围软组织，故无炎性肿胀，仅有因肿瘤推移而突出。

② 肿瘤灶骨质密度降低或增高，范围小界限清晰。邻近骨皮质膨胀或受压变薄，但骨皮质不中断。

③ 单发或多发，但不转移。

(4) 骨肉瘤的影像学特征　除具备前述的X线征象外，骨肉瘤尚有其发病特点。肿瘤灶起源于骨髓腔，表现为骨髓腔内不规则的骨破坏和骨增生；骨皮质破坏；不同形式的骨膜增生和骨膜新生骨的再破坏；软组织肿胀并在其中形成肿瘤骨，确认肿瘤骨的存在是诊断骨肉瘤的关键，肿瘤骨表现为云絮状、针状和斑块状致密影。骨肉瘤可有成骨型、溶骨型和混合型，以混合型多见。见图4-1-7。

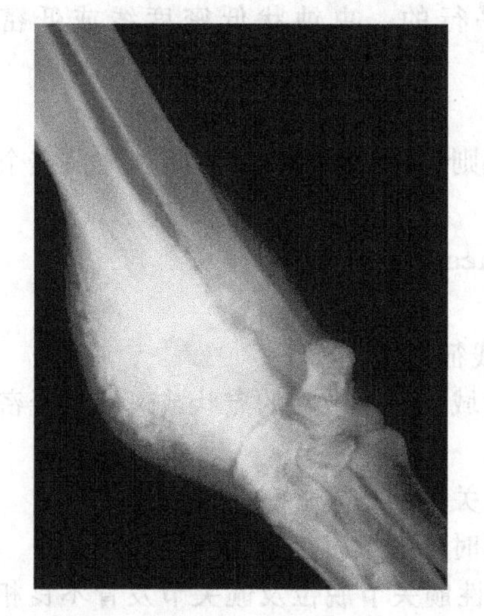
图4-1-7　骨肉瘤

4. 肥大性骨病（Hypertrophic osteopathy）

X线片可见如下影像特征（见图4-1-8）。

(1) 四肢远端长骨，尤其是掌（跖）骨及第一、二指（趾）骨上出现双侧肢对称的骨膜骨化阴影　早期骨膜骨化多发生在指（趾）骨及非轴向骨，如第二、四（马）或二、五（犬）掌（跖）骨上，以后则逐渐波及整个四肢远端长骨上。

(2) 骨膜骨化阴影光滑或不规则，呈现“栅栏型”或花边型　病程长久者，新生骨逐渐增厚、致密、表面平滑。骨内膜及骨髓腔无异常，但可因骨外膜下新生骨的遮蔽而轮廓不清。患部软组织阴影稍微增厚。

（3）原发病灶被控制或痊愈以后，骨膜骨化的阴影迅速消退，一般需 3～4 个月时间。

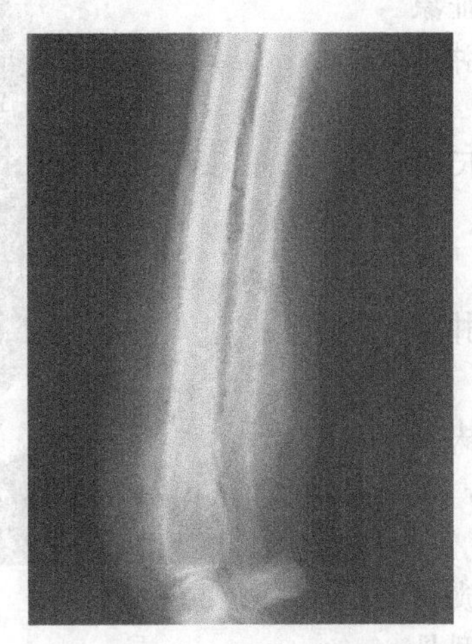
图 4-1-8 肥大性骨病

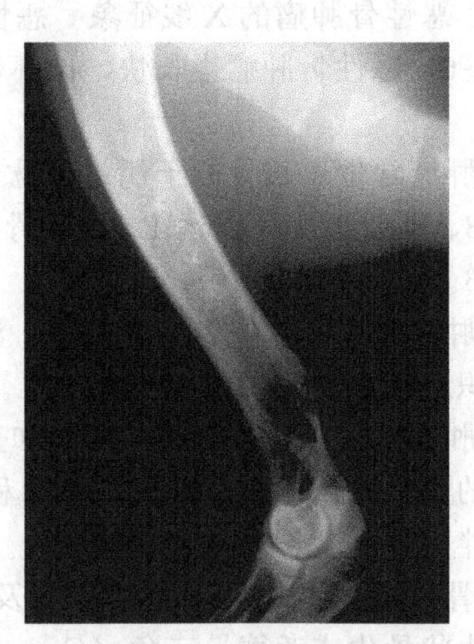
图 4-1-9 犬全骨炎

5. 犬全骨炎 (Canine panosteitis)

X 线征象见图 4-1-9。

（1）骨髓腔内密度增高，骨小梁结构消失代之以模糊不清的高密度阴影，此为早期影像。

（2）骨髓腔内出现弥散性颗粒状或轮廓清晰的、独立的高密度阴影。多个阴影可融合成片状骨影。

（3）骨皮质内侧增厚，骨外膜增生骨化，新骨呈均质光滑型或层面型。

（4）滋养孔附近病灶明显。

（5）后期炎症开始消退，骨髓腔内的骨影逐渐消散，骨髓腔密度低于正常密度；骨皮质内侧仍粗糙不平，骨皮质比正常厚。

6. 犬肥大性骨营养不良 (Hypertrophic osteodystrophy)

X 线征象见图 4-1-10。

（1）所有骨的干骺端均可发病，但以桡骨和尺骨最常见，通常为双侧对称性发生。

（2）典型的 X 线征象是在干骺端出现与生长板平行的、虫蚀状低密度线或低密度带。

（3）干骺端硬化。

（4）干骺端区域有骨膜下新骨形成，伴有光滑或不规则的骨膜骨化反应，可能累及整个骨干。

7. 缺血性股骨头坏死 (Ischemic femoral of the head necrosis)

X 线征象见图 4-1-11。

最初 X 线表现可能不明显，但随病情的发展可见 X 线征象变化如下。

（1）早期阶段股骨头骨骺出现不规则的骨溶解吸收区域，呈现散在的点状或斑块状低密度区。

（2）随病情的发展，则出现骨骺变形、股骨颈变厚、关节腔增宽。

（3）在严重的病例表现为股骨头塌陷和骨折碎裂，同时伴有继发性变性性骨关节炎。

（4）本病的影像学表现应与股骨近端骨骺骨折、创伤性髋关节脱位及髋关节发育不良相区别。

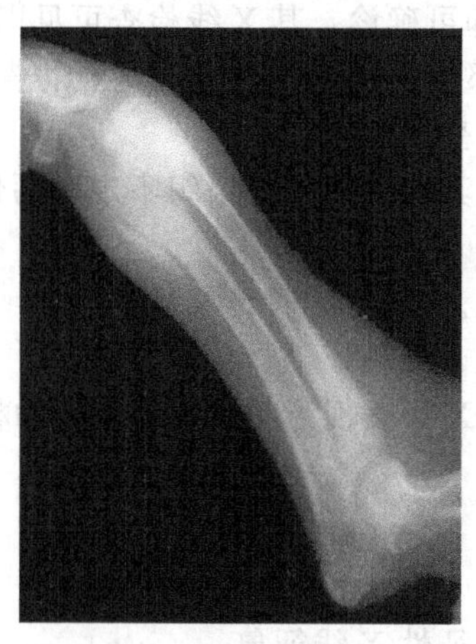
图 4-1-10 犬肥大性骨营养不良

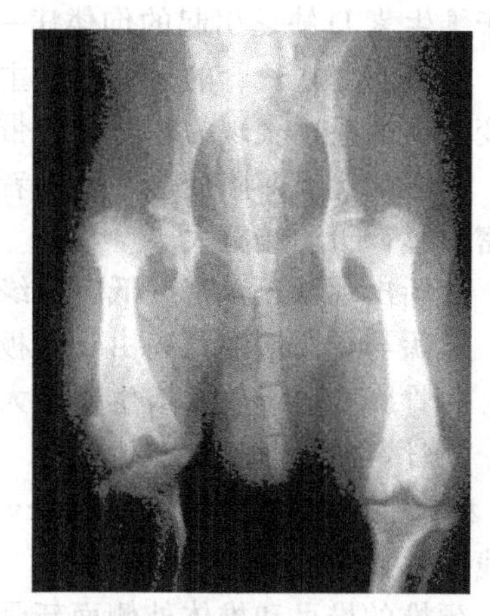
图 4-1-11 缺血性股骨头坏死

8. 桡尺骨发育不良（Radial and ulnar dysplasia）

X线征象见图 4-1-12。

在对该病进行X线检查时，投照时应将桡骨和尺骨的远、近端关节包括在同一张X线片上，同时要拍摄对侧桡、尺骨X线片进行对照。

（1）尺骨远端骺板提前闭合 尺骨远端骺板钙化，桡骨远端骺板仍为线状软骨低密度阴影。由于桡骨长度大于尺骨而被动向前突出弯曲，远端后方骨皮质增宽。尺骨骨干缩短、变直、横径可增大，远端茎突上移。桡、尺骨间隙增大、桡腕关节及臂尺关节的关节间隙增大，关节骨对位不良，关节处于半脱位状态。

（2）桡骨远端骺板提前闭合 桡骨远端骺板钙化，尺骨远端骺板仍有线状阴影。桡骨骨干失去正常生理弧度而变直、缩短，尺骨远端茎突下移。桡腕关节的关节间隙增大，肘关节半脱位。

（3）桡骨近端骺板提前闭合 桡骨近端骺板提前钙化，桡骨短缩，尺骨向后方隆突弯曲，桡、尺骨间隙增大，臂桡关节、桡腕关节半脱位。此类病变不常发生。

9. 维生素D缺乏症（Hypovitaminosis D）

X线征象见图 4-1-13。

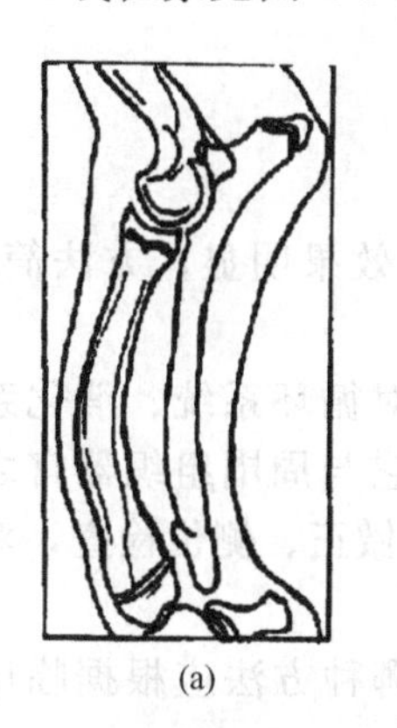
(a)

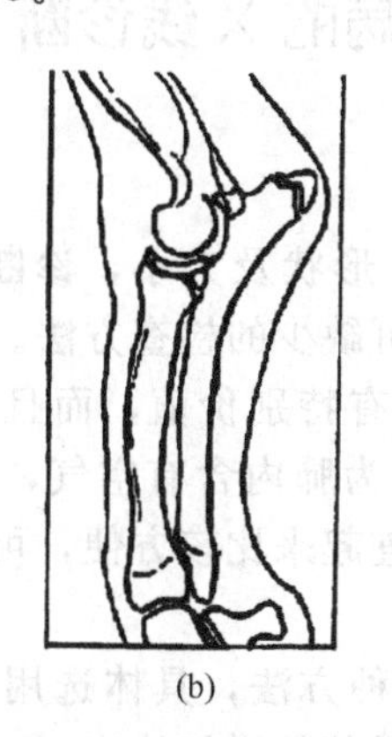
(b)

图 4-1-12 桡尺骨发育不良

（a）尺骨远端骨骺提前闭合，桡骨前弯，臂尺关节变宽；

（b）桡、尺骨远端骨骺提前闭合，桡、尺骨变短，臂尺关节半脱位

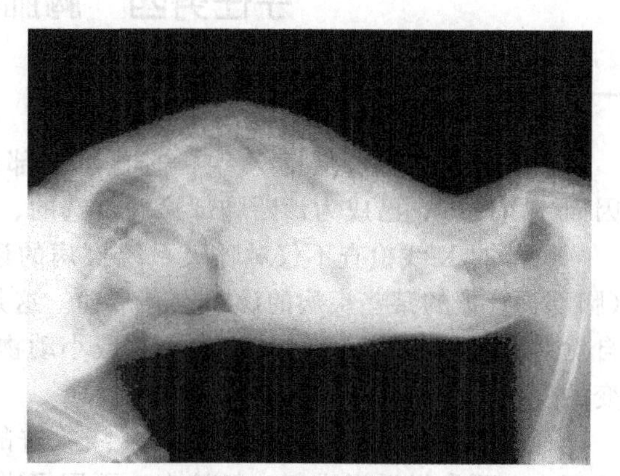
图 4-1-13 佝偻病

由于维生素D缺乏引起的佝偻病一般做X线检查即可确诊，其X线检查可见以下征象。

(1) 典型病变在长骨的干骺端，主要的X线检查部位为桡骨、尺骨远端及肋骨的胸端。较早的变化在骺板，表现为临时钙化带不规则、模糊、变薄以至消失。

(2) 干骺端边缘凹陷变形，明显者呈杯口状变形，其边缘因骨样组织不规则钙化而呈毛刷状致密阴影，干骺端宽大。

(3) 骨骺出现延迟，密度低、边缘模糊以至不出现。

(4) 骨骺与干骺端的距离由于骺板软骨增生、肥大、堆积、不骨化而增宽。

(5) 肋骨胸端由于软骨增生而膨大，形成串珠肋，X线表现为肋骨胸端呈宽的杯口状。

(6) 长骨弯曲变形。

10. 猫维生素A过多症 (Hypervitaminosis A)

X线征象如下。

(1) 颈椎的椎弓和椎体外侧面新骨增生是本病的特征性X线征象。

(2) 新骨增生量大，可导致椎体腹侧面骨化性椎体连接，即形成骨桥。

(3) 在四肢，骨质增生多发生在肘关节周围，引起关节周围骨化性关节强硬。

(4) 在胸椎、腰椎、肋椎关节、荐髂关节、髋关节及四肢其他关节也可能发生骨质增生。

(5) 可能伴有废用性骨质疏松。

(6) 本病应与变形性椎体间关节硬化病相区别，变形性椎体间关节硬化病多发生在老龄猫的腰、荐椎上，且椎体腹侧的新生骨增生程度比维生素A过多症的轻。

(7) 对于孤立的骨骼病变应注意与骨肿瘤相区别。

11. 椎间盘疾病 (Intervertebral disk disease)

X线征象如下。

X线平片显示椎间隙狭窄，椎间孔形状与大小改变，椎管中有椎间盘脱出的致密阴影。椎间隙呈楔状，背侧端较腹侧端狭窄。但有20%～30%的椎间盘突出在X线平片上不显示有任何异常。

脊髓造影检查可准确地确定椎间盘突出部位。椎间盘突出显示为硬膜外病灶，脊髓受压移位，造影剂在椎管内的柱状影像向背侧突起或分布中断。

子任务四 胸肺疾病的X线诊断

一、胸部X线检查方法

很多肺部病变可借助X线检查显示其部位、形状及大小，诊断效果明显，方法简单，因而应用最广，已成为诊断胸部疾病首选的、不可缺少的检查方法。

胸部的X线检查不仅对呼吸系统疾病的诊断有特别价值，而且对循环系统、消化系统(胸部食管)的某些疾病的诊断也有帮助。这是因为肺内含有空气，它与周围组织器官之间自然对比明显；对于体形较小的动物或小动物检查起来比较方便，可做正、侧位检查，对病变的发现率和诊断的准确性都比较高。

透视和摄影是小动物进行胸部X线检查的两种方法，具体选用哪种方法应根据临床需要而定。可先做透视进行一般检查，再用摄影做局部的详细检查。

1. 胸部透视

方法简单，可以在移动体位的情况下进行观察，并可观察呼吸时膈的运动及心脏和大血管的功能状态。缺点是不能发现微细病变，被检动物和工作人员接受的放射线剂量较大。

(1) 透视前的准备　做透视，一般均应在专门的暗房中进行（如为带电视的影像增强装置则在明室中进行）。在将动物带进暗房之前，应将动物身体清扫干净，以免污物干扰影像造成误诊。

透视者在透视前必须做好暗适应，这对透视检查和正确诊断都非常重要，也关系到检查者和X线机的使用安全。

(2) 透视方法　根据宠物大小，可进行自然站立的侧位透视，也可将宠物两前肢向上提举，两后肢向下垂直立姿势做背腹位、侧位和斜位透视；还可进行倒卧下的侧位、背腹位透视。由于侧位的影像重叠，当要决定病变存在于哪一侧时，须进行两个侧位的透视比较。因为投照物在荧光屏上的清晰度受投照物与荧光屏距离的影响，距离近者成像清晰，若在两侧位透视比较时，左-右侧位检查病变阴影清晰度高于右-左侧位检查，则病变在右侧肺内。

透视时应先浏览一下整个胸部和肺野的透明度，然后按一定顺序进行观察。先观察心脏的位置、形态、边界，进而观察肺门、后腔静脉、主动脉和横膈。对肺野和肺纹理的观察，若为背腹位检查，应从肺野的上方向下观察，再从肺野的外侧向心脏方向观察。侧位检查时，先从背侧开始向胸骨方向观察，然后从横膈向头侧方向观察。

透视用的X线机头上应装有可变孔隙遮线器，以便随时调节透视范围。

2. 胸部摄影

胸部摄影能更清晰地观察微细病变，动物接受的放射剂量低。但只为静态图像，影像重叠。

(1) 胸部摄影的技术要求　由于呼吸运动胸部始终处于运动状态，除非在麻醉状态下，动物不会控制自己的呼吸动作，更不能与检查人员配合，所以给动物拍摄胸片多在呼吸的瞬间进行。因此为避免呼吸的影响而降低胸片的清晰度，胸部摄影的曝光时间应在0.04s以下。一般中型机器的管电流可达200mA，曝光时间可以短到0.04s以下，而小型机器达不到这个条件，故难以保证X线片的质量。所以有条件者应使用中型以上的X线机拍摄胸片。滤线器可减少散射线在胶片上产生的雾影，动物胸厚超过15cm时就应使用滤线器；如怀疑有较大面积的肺实变或胸水时，应将胸厚标准降低为11cm。

(2) 常规摄影体位　在小动物胸部摄影时，标准位置是左侧位或右侧位和背腹位。侧位投照时应将怀疑病变的一侧靠近胶片。拍摄侧位片时，动物取侧卧姿势，用透射线软垫将胸骨垫高使之与胸椎平行。颈部自然伸展，前肢向前牵拉以充分暴露心前区域，X线中心对准第四肋间。拍摄背腹位X线片时，动物取腹卧姿势，前肢稍向前拉，肘头向外侧转位，背腹位能较准确地表现出心脏的解剖位置。腹背位投照时两前肢前伸，肘部向内转，胸骨与胸壁两侧保持等距离，胸骨与胸椎应在同一垂直平面。除标准位置外，还可以根据临床诊断需要拍摄站立或直立姿势的水平侧位、直立背腹位或腹背位以及背腹斜位片。

3. 造影检查

胸部的造影检查方法有呼吸系统的支气管造影和心血管系统造影。

(1) 支气管造影　支气管造影是为通过支气管导管注入造影剂，非选择性或选择性地使两肺或某一肺叶显影的方法。可直接显示支气管的病变，如支气管扩张、狭窄及梗阻等。

(2) 心血管系统造影　心血管系统造影是将造影剂快速注入心脏或大血管，借以显示其内部的解剖结构、运动及血流情况的影像学检查方法。心血管系统造影检查可分为常规造影如右心造影、左心室造影和选择性造影（如冠状动脉造影）。数字减影心血管造影术所获得的影像，无心血管以外的组织结构影像干扰，可进行心脏大血管壁的形态、功能及腔内结构的运动和血流动力学研究。

二、正常胸部的X线解剖

动物种类虽然不同，但其胸部结构基本一样，均由软组织、骨骼、纵隔、横膈、肺及胸膜组成。这些组织和器官在X线片上互相重叠构成胸部的综合影像。然而不同的动物种类、不同的年龄之间也存在着解剖形态、位置和大小比例上的差异。

1. 胸廓（Thorax）

胸廓是胸腔内器官的支撑结构，保护胸腔器官免受侵害。X线片上的胸廓是由骨骼结构和软组织结构共同组成的影像，在读片时不能忽略这些结构的存在及可能发生的病变。

（1）骨骼　骨骼构成胸廓的支架和外形，主要的骨骼有以下几个。

① 胸椎（Thoracic spine）　在侧位片上位于胸廓的背侧，排列整齐，轮廓清晰，椎间隙明显。

② 胸骨（Sternum）　在侧位片上位于胸廓的腹侧，密度稍低于胸椎。在正位片上胸骨与胸椎重叠。

③ 肋骨（Ribs）　肋骨左右成对，为弓形长骨。在侧位片上常为左右重叠影像，近胶片侧肋骨影像边缘清晰，远胶片侧影像边缘模糊且影像增宽。在正位片上可见肋骨由胸椎两侧发出，上段平直，下段由外弯向内侧，影像不太清楚。在肋软骨钙化之前，肋骨末端呈游离状态。肋软骨钙化程度大致与年龄成正比，钙化形式有两种，一种是沿类软骨边缘的条索状钙化，并与肋骨皮质相通，另一种是肋软骨内部的斑点状钙化。

（2）软组织　胸部的软组织主要有由背阔肌等构成的胸部肌群和臂后部肌群，X线表现为灰白的软组织阴影，有时会遮挡一部分前部肺叶。

2. 心脏与大血管（Heart and Great vessels）

心脏与大血管示意图见图4-1-14。

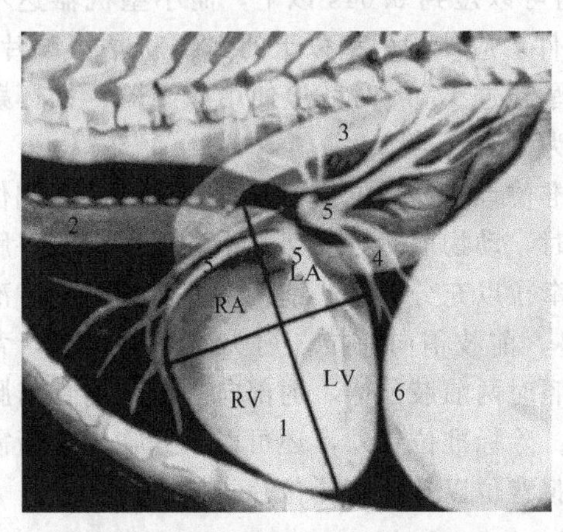

图4-1-14　心脏与大血管示意图

1—心脏；2—前腔静脉；3—主动脉；4—后腔静脉；5—肺血管；6—横膈；RA—右心房；LA—左心房；RV—右心室；LV—左心室

心脏的形态大小和轮廓因动物品种、年龄的不同而变化很大。就犬来说，胸深的犬（雪达犬、柯利犬和阿富汗犬）心脏影像在侧位片上长而直，约为2.5肋间隙宽，正位片上心脏显得较圆较小［图4-1-15(a)、(b)］；呈圆桶状宽胸动物（腊肠犬、斗牛犬）心脏影像在侧位片上右心显得更圆，与胸骨接触面更大，气管向背侧移位更明显，心脏宽度为3～3.5肋间隙宽，正位片上右心显得扩大而且更圆［图4-1-16(a)、(b)］。幼年动物的心脏与胸的比例比成年动物大，心脏收缩时的形态比舒张时小，但一般在X线片上不易显示。拍片时动物处于吸气状态，心脏较小［图4-1-17(a)、(b)］；呼气时则右心与胸骨的接触面增加，气管向背侧提升，心脏显得增大［图4-1-18(a)、(b)］。

犬侧位拍摄的心脏影像，其头侧缘为右心房和右心室，上为心房，下为心室，在近背侧处加入前腔静脉和主动脉弓的影像。头侧缘向下（即右心室）以弧形与胸骨接近平行，若在胸骨下有较多的脂肪蓄积时，心脏下缘影像将变得模糊，这在左侧位片上尤为明显。心脏的后缘由左心房和左心室影像构成，与膈影的顶部靠近，其间的距离因呼吸动作的变化而不同。心脏后缘靠近背侧（左心室）的地方加入了肺静脉的影像，从后缘房室沟的腹侧走出后腔静脉。心脏的背侧由于有肺动脉、肺静脉、淋巴结和纵隔影像的重叠而模糊不清。主动脉与气管交叉后清晰可见，其边缘整齐，沿胸椎下方向后行。

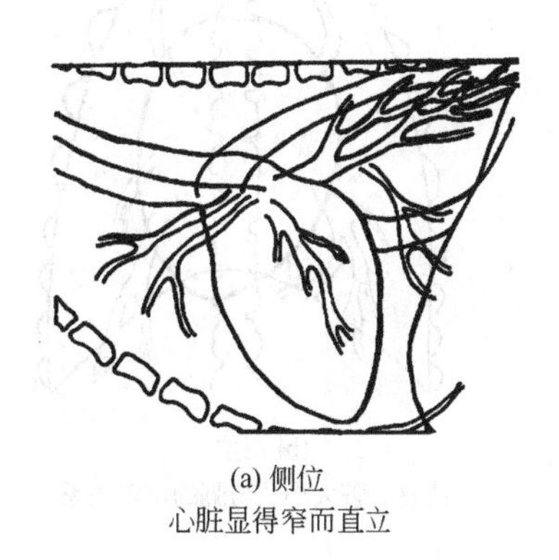

(a) 侧位
心脏显得窄而直立

(b) 正位
心脏显得圆而小

图 4-1-15　深胸犬的心脏形态

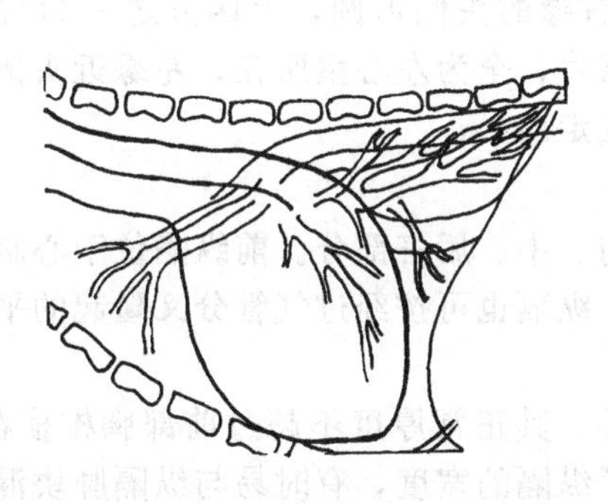

(a) 侧位
心脏显得较大，有心室更圆，
气管与胸椎的夹角小

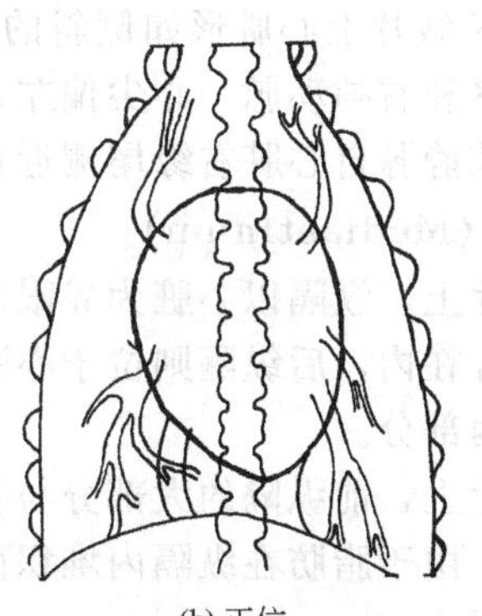

(b) 正位
心脏显得大而圆

图 4-1-16　浅胸犬的心脏形态

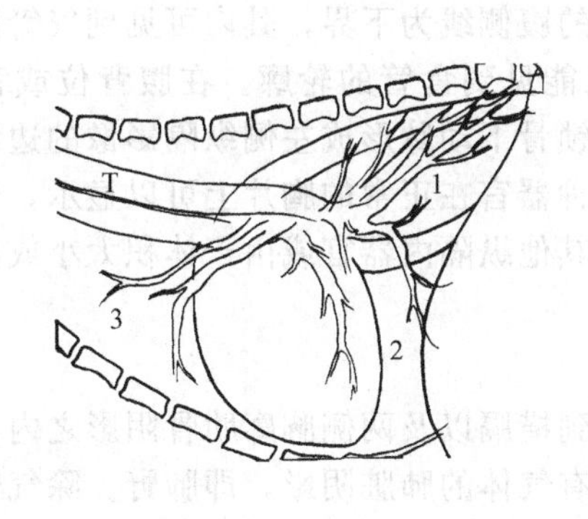

(a) 侧位
吸气时心脏显得小，心
尖与膈之间距离较大

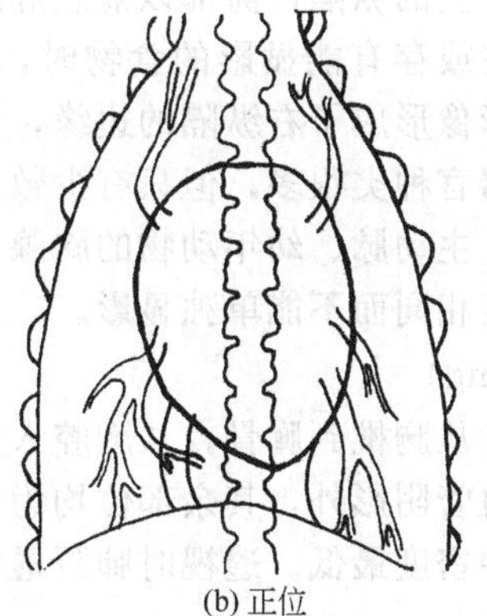

(b) 正位
注意心脏大小及与
膈的位置关系

图 4-1-17　吸气时的心脏形态
T—气管；1—椎膈三角区；2—心膈三角区；3—心胸三角区

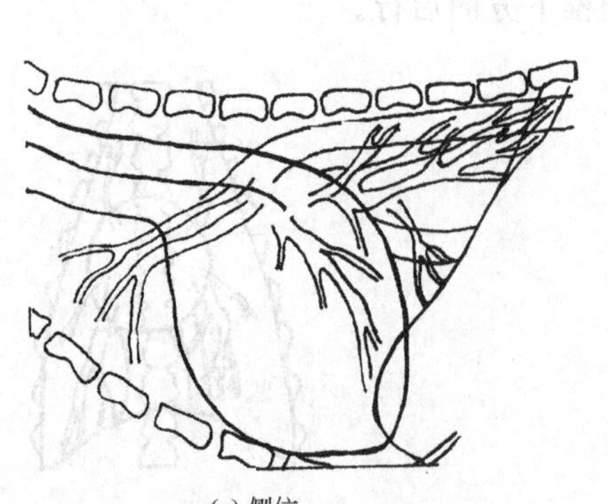

(a) 侧位
呼气时心脏显大，右心与胸骨接触增加，
心尖与膈重叠，气管向背侧提升

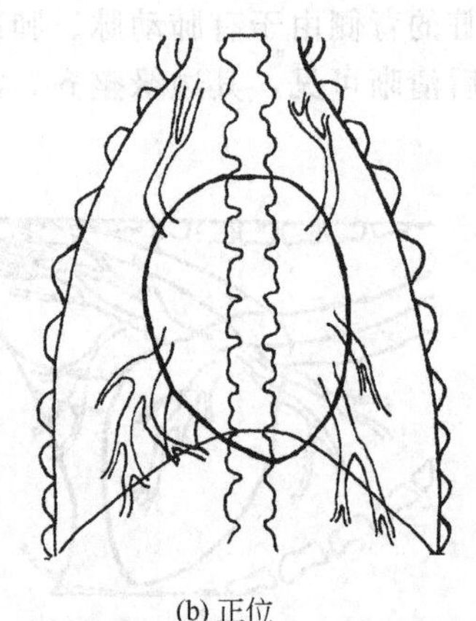

(b) 正位
注意心脏大小及与膈的位置关系

图 4-1-18 呼气时的心脏形态

背腹位X线片上心脏形如侧斜的蛋状，右缘的头侧形圆，上四分之一为右心房，向尾侧则为右心室和右肺动脉。心尖偏左，左缘略直，全为左心室所在，左缘近头侧的地方为左肺动脉。后腔静脉自心脏右缘尾侧近背中线处走出。

3. 纵隔 (Mediastinum)

在侧位片上，纵隔以心脏为界限可分为前、中、后三部分。前纵隔位于心脏之前，中纵隔将心脏包含在内，后纵隔则位于心脏之后。纵隔也可按经过气管分叉隆起的平面分为背侧部和腹侧部两部分。

在正位片上，前纵隔的大部分与胸椎重叠，其正常厚度不超过前部胸椎横截面的两倍。在肥胖的犬，由于脂肪在纵隔内堆积而增加了纵隔的宽度，有时易与纵隔肿块混淆，应注意鉴别，以免误诊。

犬和猫后纵隔的腹侧部分存有孔隙使两侧胸膜腔相通。另外纵隔与胸膜腔不同，纵隔不是一个密闭的腔，前面通过胸腔入口与颈部筋膜面相通；后面通过主动脉裂孔与腹膜后腔隙相通。因此这些部位的病变可能互相传播。

犬侧位胸片上的纵隔，前部以前腔静脉的腹侧线为下界，其内可见到气管阴影，如果食管内有气体存在或存有能显影的食物时，也能见到食管的轮廓。在腹背位或背腹位的胸片上，前腔静脉影像形成了右纵隔的边缘，左锁骨下动脉形成左侧纵隔影像的边缘。

纵隔内的器官种类很多，但只有少数几种器官在正常的胸片上可以显示，包括心脏、气管、后腔静脉、主动脉、幼年动物的胸腺。其他纵隔内器官或由于体积太小或由于器官之间界限不清、密度相同而不能单独显影。

4. 肺 (Lung)

在胸片上，从胸椎到胸骨，从胸腔入口到横膈以及两侧胸廓肋骨阴影之内，除纵隔及其中的心影和大血管阴影外，其余部位均为含有气体的肺脏阴影，即肺野。除气管阴影外，肺的阴影在胸片中密度最低。透视时肺野透明，随呼吸而变化，吸气时亮度增加，呼气时稍微变暗。

侧位胸片上，常把肺野分为三个三角区。

(1) 椎膈三角区　此三角区的面积最大，上界为胸椎横突下方，后界为横膈，下界是心脏和后腔静脉。三角形的基线在背侧，其顶端被后腔静脉切断。椎膈三角区内有主动脉、肺门和肺纹理阴影。

(2) 心膈三角区　此区涵盖后腔静脉下方，膈肌前方和心脏后方的肺野。这个三角区比椎膈三角区小得多，几乎看不到肺纹理，其大小随呼吸而变化。

(3) 心胸三角区　胸骨上方与心脏前方的肺野属于心胸三角区，此区一部分被臂骨和肩胛骨阴影遮挡，影像密度较高。在投照时应将两前肢尽量向前牵拉，否则臂部肌肉将遮挡该区，影响诊断。

在正位胸片上，由于动物的胸部是左右压扁，故肺野很小，不利于观察。一般将纵隔两侧的肺野平均分成三部分，由肺门向外分别为内带、中带和外带。

肺门是肺动脉、肺静脉、支气管、淋巴管和神经等的综合投影，肺动脉和肺静脉的大分支为其主要组成部分。在站立侧位片上，肺门阴影位于气管分叉处，心脏的背侧，主动脉弓的后下方，呈树枝状阴影。在小动物正位片上，肺门位于两肺内带纵隔两旁。多种肺部疾病可引起肺门大小、位置和密度的改变，也是心源性肺水肿的易发部位。

肺纹理是由肺门向肺野呈放射状分布的干树枝状阴影，是肺动脉、肺静脉和淋巴管构成的影像。肺纹理自肺门向外延伸，逐渐变细，在肺的边缘部消失。在侧位胸片上，肺纹理在椎膈三角区分布最明显。在正位片上观察可见肺纹理始于内带肺门，止于中带，很少进入外带。所以中带是评价肺纹理的最好区段。观察肺纹理时应注意其数量、粗细、分布和有无扭曲变形。

5. 气管和支气管 (Trachea and bronchus)

气管由喉头环状软骨后缘向后延伸，经颈部腹侧正中线在胸腔入口处进入胸腔，然后进入前纵隔后行，在心基部背侧分成两条主支气管进入左右肺。

气管在侧位片上看得最清楚，在颈部它几乎与颈椎平行，但到颈后部则更接近颈椎。进入胸腔后，在胸椎与气管之间出现夹角，胸椎向背侧而气管走向腹侧。

气管的影像特征为一条均匀的低密度带，其直径相对恒定。在小动物，气管的变化受呼吸的影响不大，所以管径也无变化。头部过度伸展会使胸腔入口处气管变窄，为避免与相关疾病混淆，在拍片时应注意摆位姿势，不可造成人为假象。

气管在颈部的活动范围不大，但在前纵隔内有较大的活动度，所以一些纵隔占位性病变会使气管的位置偏移，这在正位片上观察更清楚。在正位片上气管处于正中偏右，偏移的程度在一些体形较短品种的犬就更明显。有时在一些老年动物还可见气管环钙化现象。

支气管由肺门进入肺内以后反复分支，逐级变细，形成支气管树。支气管在正常 X 线片上不显影，可通过支气管造影技术对支气管进行观察。

6. 膈 (Diaphragm)

膈是一层肌腱组织，位于胸腔和腹腔之间。在透视下观察膈的运动清晰可见，它是呼吸运动的重要组成部分，其运动幅度因动物种类不同而异，一般为 0.5～3.0cm。膈呈圆弧形，顶部突向胸腔。

背腹位片膈影左右对称，圆顶突向头侧接近心脏，与心脏形成左右两个心膈角。外侧膈影向尾侧倾斜，与两侧胸壁的肋弓形成左右两个肋膈角。侧位检查时，横膈自背后侧向前腹侧倾斜延伸，表现为边界光滑、整齐的弧形高密度阴影。

横膈的形态、位置与动物的呼吸状态有很大关系，吸气时，横膈后移，前突的圆顶变钝，呼气时横膈向前突出。另外动物种类、品种、年龄和腹腔器官的变化都会影响横膈的状态。

三、肺部病变的基本 X 线表现

1. 胸廓

(1) 软组织包块　胸壁发生的突出性肿胀以及乳腺、乳头等都可以在胸部 X 线片上形成软组织密度的包块影像，使该区肺的透明度降低。对于经产母犬或哺乳期的动物做背腹位投照时可在两侧心膈角部见到乳房及乳头的影像。

(2) 胸壁肿胀 在小家畜背腹位检查时，若胸壁发生水肿或严重挫伤，可见胸壁软组织层次不清，皮下脂肪层消失。

(3) 胸壁气肿 胸壁外伤导致肋骨骨折刺透胸膜而形成气胸时，气体可窜至胸壁软组织间，形成胸壁气肿。在X线下见皮下或肌间有线条状或树枝状透明阴影。

(4) 肋骨 肋骨的病变包括肋骨局部密度增高，多见于肿瘤、细菌性骨髓炎、肋骨骨折愈合期或异物存留；局部密度降低，常发生于骨折、肿瘤和骨髓炎；局部肋间隙密度降低，当发生穿透性创伤时可见肋间隙增宽，密度低于邻近组织，此时可能伴有肋骨骨折或胸膜穿透，若发生产气菌感染也会出现肋间密度降低，但形状规则。

2. 肺部

肺部发生疾病后会产上各种病理变化，而X线影像则是对其病理变化的反映。病理变化的性质不同表现出的X线影像也不同。

(1) 渗出性病变 (Exudative lesion) 多见于肺炎的急性期，炎性细胞及渗出液代替空气而充满于肺泡内，同时也在肺泡周围浸润。当炎症发展到一定阶段时，肺组织出现渗出性实变。造成渗出性实变的液体可以是炎性渗出液、血液或水肿液，可见于肺炎、渗出性结核、肺出血和肺水肿等。病变区域可以互相蔓延，所以在正常与病理组织间无明显界限。实变区域大小、形状不定，多少不等。在X线片上渗出性病变的早期，表现为密度不太高的较为均匀的云絮状阴影，边缘模糊，与正常肺组织无明显界限，称为软性阴影。发生实变后阴影密度增加，一般阴影中心区密度较高，边缘区淡薄。以浆液性渗出或水肿为主的实变密度较低；以脓性渗出为主的实变密度较高；以纤维素渗出为主的实变密度最高。当实变扩展至肺门附近，则较大的含气支气管与实变的肺组织形成对比，因而可在实变的影像中可见到含气的支气管分支影，称支气管气象或空气支气管征 (Air bronchogram)。

(2) 增殖性病变 (Proliferative lesion) 在急性肺炎转变成慢性炎症过程中，肺泡内的炎性渗出物被上皮细胞、纤维素和毛细血管等代替而形成肉芽组织增生性病变。增殖性病变形成的影像密度比渗出性阴影高，因而影像浓厚，由于病变进展缓慢，病灶常为孤立型，病灶界限分明，没有明显的融合趋势。在X线下表现为斑点状或梅花瓣状的阴影，密度中等，边界清楚。

(3) 纤维性病变 (Fibrotic lesion) 纤维性病变在病理上为肉芽组织被纤维组织所代替或被纤维组织所包围，是肺部病变的一种修复愈合的结果，原病灶形成瘢痕。小范围的纤维性病变多为肺的急性或慢性炎症病变愈合的结果，X线表现为局限性的条索状阴影，密度较高，边缘清楚锐利，称为硬性阴影。较广泛的纤维性病变是由于肺部慢性炎症反复发作，病变被纤维组织所代替后，肺组织收缩呈致密的、边缘清楚的块状阴影。如病变累及一叶或一叶大部时，可使部分肺组织发生瘢痕性膨胀不全，则呈大片状致密阴影，密度不均，其中可见条索状及蜂窝状支气管扩张的影像。

弥漫性纤维性病变的范围广泛，以累及肺间质为主，X线表现为不规则的条索状、网状或蜂窝状阴影自肺门向外延伸，多见于慢性支气管炎。

(4) 钙化病变 (Calcified lesion) 钙化病变是由于组织的退行性变或坏死后钙盐沉积于病变破坏区内所致。钙化为病变愈合的一种表现，常见于肺和淋巴结的干酪性结核灶的愈合阶段。某些肿瘤、寄生虫病等也可产生钙化。另一种钙化为钙磷代谢障碍引起的血钙增高，见于甲状旁腺功能亢进、长期大量服用维生素D等。

钙化灶在X线片上表现为密度极高的致密阴影。形状不规则、数量大小不等，可为小点状、斑点状、块状或球形，边缘清晰。

(5) 空洞与空腔（Cavitary lesion） 空洞是肺组织坏死液化，内容物经支气管排除后形成的，常见于异物性肺炎的病例。空洞周围的肺组织常有不同程度的炎性反应而形成不同厚度的空洞壁，空洞内可有液体。在X线下空洞多呈圆形结构，密度甚低，若洞内有液体则可见液状平面。依病理变化可分为三种类型。

① 虫蚀样空洞 又称无壁空洞，是大片坏死组织内的空洞，较小，形状不规则，常多发，洞壁由坏死组织形成。X线表现为实变肺野内多发小的透明区，轮廓不规则，如虫蚀状，见于干酪性肺炎。

② 薄壁空洞 洞壁薄，由薄层纤维组织和肉芽组织形成。X线表现为内壁光滑的透明区，内无液面，周围很少有实变影，常见于肺结核。

③ 厚壁空洞 较厚，空洞呈形状不规则的透明区，周围有密度较高的实变区。内壁光滑或凹凸不平，其中可见液平面。常见于肺脓肿、肺结核和异物性肺炎后期。

空腔是由局限性肺气肿、肺泡破裂等引起的肺部空腔，空腔内只有气体，没有坏死组织和其他病理产物，周围也没有炎性反应带。因此在X线下，空腔是一圆形或椭圆形的透明区，透明区内无其他结构，外壁很薄，周围多为正常的肺野。

(6) 肿块状病变（Massive lesion） 肺内肿块性病变可分为以下两种情况。

① 瘤性肿块 可以分成原发性和继发性两种。原发性者包括良性或恶性肿瘤，良性肿瘤生长慢、有包膜，X线片上显示为边缘锐利的清晰的圆形阴影；恶性肿瘤生长速度快、无包膜、呈浸润性生长，X线片上显示为边缘不规则、不锐利的圆形或椭圆形阴影，可见短毛刺征，因生长不均衡还可出现分叶征象；继发性肿瘤多由血行转移而来，在X线上呈多个大小不等的球形阴影。

② 非肿瘤性肿块 常见于炎性假瘤、肺内囊性病变等，在X线片上均可呈密度增高的块状阴影，其密度均匀或不均匀，边缘可清楚规则。要结合其他临床表现和临床资料做出正确诊断。

3. 膈

膈的变化有以下几种类型。

(1) 胸膜面膈影轮廓广泛性消失 膈影变得无法识别是由于在胸腔出现病变而使膈的影像失去正常对比所致，如两侧胸膜腔积液、肺膈叶广泛性病变等均可使肺的含气减少或不含气体而失去膈的对比。

(2) 胸膜面膈影轮廓局限性消失 与膈相邻的胸腔内肿瘤、膈疝、肺膈叶局限性病变均可使膈影轮廓局限性消失。

(3) 膈影形态的变化 形态的变化主要出现在膈顶，常见原因有横膈附近的胸腔肿块、裂孔处赫尔尼亚、胸膜炎症引起的粘连、肿瘤。影位置的变化：膈影前移的主要原因有肥胖、腹腔积液、腹痛、腹腔肿块或器官肿大、肝肿大及肿瘤、广泛性膈麻痹；膈影后移常见于呼吸困难和气胸。

4. 纵隔

在胸片上，大部分纵隔是不显影的。但纵隔内所含的一些器官能够显示出来，据此可以辨认纵隔的大致轮廓。纵隔影像的常见变化包括纵隔移位、纵隔肿大和气纵隔。

(1) 纵隔移位 单纯性纵隔移位是由于胸腔内一侧压力偏大或偏小造成的。在发生纵隔移位的同时可见纵隔内的组织结构也偏向一侧。出现胸腔内一侧压力增大的原因可能是胸内发生肿瘤将纵隔挤向一侧或在发生膈疝时腹腔内容物进入胸腔推压一侧纵隔偏向另一侧。

(2) 纵隔肿大 纵隔肿大可能是生理性的也可能是病理性的。生理性纵隔肿大主要是因为青年犬的胸腺较大，使纵隔偏向左侧扩大，在腹背位X线片上，可在心脏的前方左侧见到向左扩大的三角形软组织阴影即胸腺的影像。此外在某些肥胖的小动物，由于纵隔内蓄积脂肪使得前纵隔变宽。病理性纵隔肿大可由纵隔炎、淋巴结病、食管扩张以及外伤所致的纵隔血肿引起。纵隔炎可由食管穿孔引起，也可能由于颈部的深层炎症沿筋膜面进入纵隔引发。正常情况下，前纵隔淋巴结比较小，X线片不能显示，但肿大后或瘤变后的淋巴结可致纵隔肿大和移位，此时气管的位置会发生明显的变化。

(3) 气纵隔　气纵隔是继发于气管或在食管损伤以后，气体进入纵隔形成的。由于气体进入纵隔，使纵隔内的结构如食管、头臂动脉、前腔静脉等都能比较清楚地显示出来。若进入纵隔的气体很多，压力较大，气体可向后进入腹膜外间隙，这时在腹部侧位片上可见到腹膜外有气体存在，有时在胸部和颈部皮下也可见到有气体存在。

5. 胸膜腔

胸膜腔病变在X线上的表现主要有气胸和胸腔积液。

(1) 气胸　空气进入胸膜腔则形成气胸，进入胸腔的气体改变了胸腔的负压状态，肺可被不同程度的压缩。气体可经壁层胸膜进入胸腔，如创伤性气胸、人工气胸及手术后气胸。气体也可因脏层胸膜破裂而进入胸腔，如肺破裂。X线片上由于气体将肺压缩，肺内空气减少，肺的密度比周围气体明显增高，可见压缩的肺脏与胸壁间出现透明的含气区，其中无肺纹理存在。在萎缩肺的周围出现密度极低的空气黑带。侧位检查时，随动物的位置不同而有不同的影像特点。侧卧位时，在肺的周围有空气黑带区，心脏明显向背侧移位与胸骨分离。如在动物站立侧位投照时，心脏的位置仍能保持正常，空气则集中在胸腔的背侧。

(2) 胸腔积液　胸腔积液是指在胸膜腔内出现不同数量的液体。液体的性质在X线片上很难区分，可能是炎性渗出液、漏出液、血液或乳糜液。胸腔积液的X线征象与液体的量、投照体位有直接关系，如果液体量比较少，在水平直立腹背位检查时，由于液体积聚于肋膈脚而使肋膈脚变钝或变圆。当液体量比较大时，站立侧位投照时可见液平面和渐进性肺不张；腹背位投照时，心脏轮廓仍清楚，可见许多叶间裂隙，肺叶也被液体与胸壁分开，其间为软组织密度；背腹位投照时，心脏影像模糊不清，膈影轮廓消失，肺回缩而离开胸壁，整个胸腔密度增加；侧卧位投照时，由于心脏周围有液体存在心影部分模糊或消失，胸腔密度增加，叶间裂隙明显，通常在胸骨背侧出现一扇形高密度区，此为液体积聚于胸腹侧所致。

四、胸肺常见疾病的X线征象

1. 支气管炎（Bronchitis）

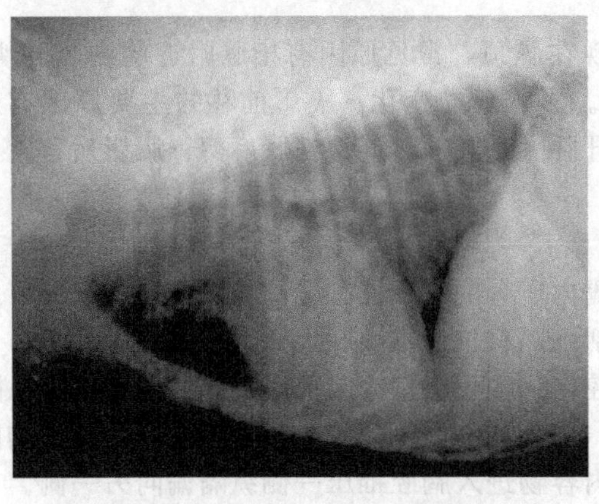

图 4-1-19　支气管炎X线征象

X线征象见图 4-1-19。

支气管炎在X线上缺乏明显表现，而X线检查的目的主要是为了排除其他疾患，进行鉴别诊断。急性支气管炎时，肺组织和支气管的密度不发生明显的改变，有时可见肺纹理增重现象。在慢性支气管炎时，由于长期发炎的结果，肺纹理增粗、紊乱或肺门扩大，肺纹理增重，呈粗乱的条索状阴影。严重的慢性支气管炎，可见大支气管壁明显增厚，密度增高，管腔变得较为狭窄，内壁粗糙不平。在透亮的肺野和支气管内空气的对照及衬托下，显示两条平行的粗线条状致密阴影，呈现明显的“双轨征”现象。增厚的支气管外壁亦表现为粗糙不整。若病蔓延到细支气管和肺泡壁，则可呈现不规则的网状阴影。

2. 肺气肿（Pulmonary emphysema）

肺气肿的X线表现为肺野透明度显著增高，显示为非常透亮的区域，膈肌后移，且活动性减弱。气肿区的肺纹理特别清楚，并较疏散。吸气和呼气时肺野的透明度变化不大。小动物发生广泛性肺气肿时，背腹位上可见胸廓呈桶状，肋间隙变宽，膈肌位置降低，呼吸动作明显减弱。

（1）一侧性肺气肿　一侧性肺气肿时纵膈被迫向健侧移位。在站立侧位时可见膈肌后移，膈圆顶变直，椎膈角变大，肋间隙变宽，呼吸运动亦明显减弱。有时可以看到在透明区周围，由于被肺大泡挤压而引起部分不张，肺纹理相互靠拢，透明度减低。

（2）代偿性肺气肿　在X线下，除原发病部位密度增加的阴影外，其余的肺组织透明度增高，如果原发病变为一侧性，于背腹位观察时，则健侧透明度增高，纵膈向对侧移位。

（3）间质性肺气肿　一般肺内无改变，膈、心脏和大血管外缘呈窄带透亮影，颈部或胸壁皮下小泡状透光区，可有肌间隙透光增宽。

3. 肺水肿（Pulmonary edema）

X线征象见图4-1-20。

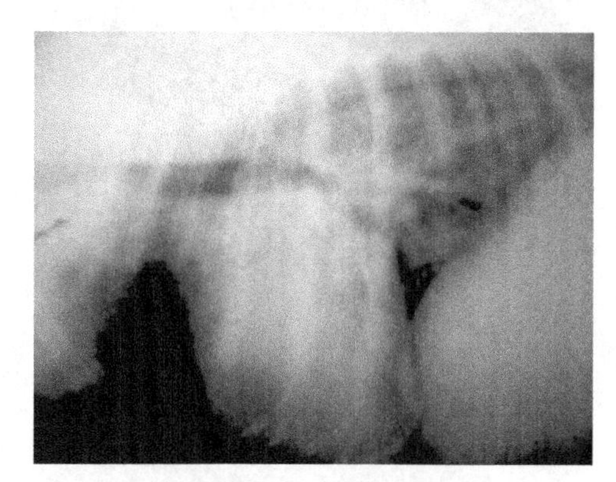

图4-1-20　肺水肿X线征象

（1）肺泡性肺水肿　肺泡性肺水肿的X线表现主要是腺泡状增密阴影、代表一组肺泡为渗出液体所充填。但在大多数病例中，这些阴影已相互融合而成为片状不规则模糊阴影，可以见于一侧或两侧肺野的任何部位，但以围绕两肺门的两肺野的内、中带较为常见。如果水肿范围较广，则往往显示为均匀密实的阴影，中间可以看见含气的支气管影。

（2）间质性肺水肿　间质性肺水肿X线表现较为特殊。肺血管周围的渗出液可使血管纹理失去锐利的轮廓而变得模糊，并使肺门阴影变得亦不清楚。小叶间隔中的积液可使间隔增宽，形成小叶间隔线，即Kerley B线和Kerley A线。

Kerley B线常见于二尖瓣狭窄病例，以在两侧下肺野肋膈脚区显示最为清楚，与胸膜垂直，在肋膈脚区呈横行走向，在膈面上呈纵行走向。Kerley B线也可见于两肺中、上肺野的外带，亦呈横向走行。

Kerley A线较Kerley B线少见，多出现于肺野中央区，显示为细而增密的线条状阴影，较Kerley B线为长，往往略呈弧形，或有屈曲现象，斜向肺门，与Kerley B线的横行和纵行方向不同。间质性肺水肿以在慢性左心功能衰竭的病例中最为常见。在这类病例中，于胸片上除见有上述的肺门阴影模糊、边界不清、肺纹理模糊、Kerley B线和Kerley A线以及肺野的透亮度和清晰度减低外，还有可能会见到下列改变。

① 心影一般有增大现象，但在心肌梗死的病例中可不明显。

② 胸腔内可行少量积液存在，以使肋膈脚区和肺基底部的Kerley B线不易察出。

③ 可见有肺动脉高压征象，即两上肺野的静脉阴影的宽度显示正常或增粗，而下叶肺静脉的宽度往往变窄，称之为“鹿角征”或称为“倒八字征”。间质性肺水肿一般多随着慢性肺淤血的发展而产生，故两者之间不易划清明显的界限。

经过适当的治疗，肺淤血和肺水肿可于短期内即行减轻以至消失。

4. 小叶性肺炎（Lobular pneumonia）

X线征象见图4-1-21。

小叶性肺炎的X线表现，在透亮的肺野中可见多发的大小不等的点状、片状或云絮样渗出性阴影，多发生在肺心叶和膈叶，常呈弥漫性分布或沿肺纹理的走向散在于肺野。支气管和血管周围间质的病变，常表现为肺纹理增多、增粗和模糊。小叶性肺炎的密度不均匀，中央浓密，边缘模糊不清，与正常的肺组织没有清晰的分界。大量的小叶性病灶可融合成大片浓密阴影，称为融合支气管肺炎。X线上像大叶性肺炎，其密度不均匀，不是局限在一个肺的大叶或大叶的一段，往往在肺野的中央、肺门区、心叶和膈叶的前下部，致心脏的轮廓不清，后腔静脉不可见，但心膈脚尚清楚。在膈叶的后上部显得格外透亮时，表示伴有局限性肺气肿。

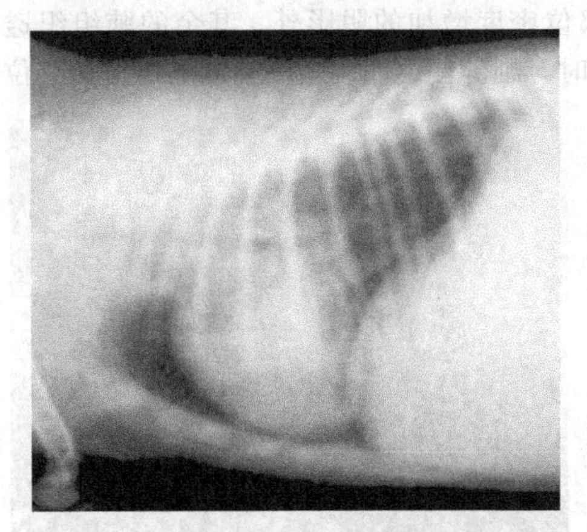

图4-1-21　小叶性肺炎X线征象

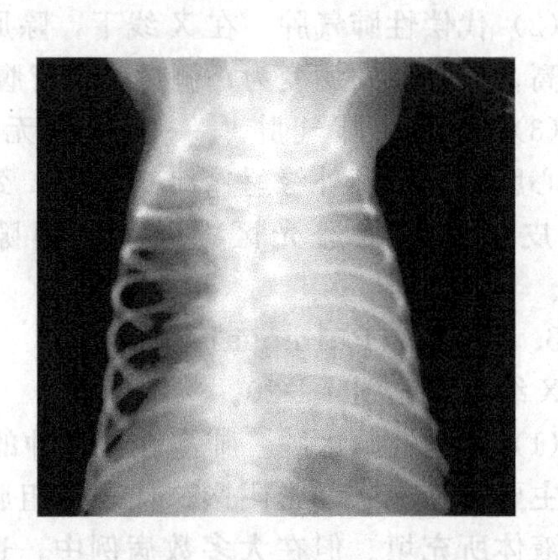

图4-1-22　大叶性肺炎X线征象

5. 大叶性肺炎（Lobar pneumonia）

X线征象见图4-1-22。

本病的病理过程十分典型，而且带有明显的阶段性，所以在其病理经过的各个阶段，具有较典型的X线表现。

（1）充血期　发病在数小时至一昼夜之间。此期可能无明显的X线征象，或仅可发现病变部的肺纹理略有增加、增重或增粗，肺部的透亮度稍降低，表示肺泡内有浸润和水肿。如果在临床上怀疑本病或为了系统观察和研究，应定期进行X线复查。

（2）红色肝变期　肝变期病程4～5天，在病理上分红色肝变期和灰色肝变期，但X线检查不能区分各种肝变期，只能显示肺的实变。为大片浓密阴影，密度均匀一致。其形态可呈三角形、扇形或其他不规则的大片状，与肺叶的解剖结构或肺段的分布完全吻合。其边缘一般较为整齐而清楚，但有的则较模糊。

（3）灰色肝变期　肝变期X线呈现最典型的表现，在肺野的中、下部，相当于肺体的中下部，显示大片广泛而均匀致密的阴影。阴影上缘（背侧）呈弧形向上隆起，为其特殊表现，此征可与叩诊出现的弓形浊音区符合。心脏及心膈三角区、后腔静脉等，皆因与病变重叠而不能显现。膈叶的大叶性肺炎时，显示肺门后上部的大片状广泛浓密的阴影，密度均匀一致，边缘模糊不清，此即所谓非典型性大叶性肺炎。当实变扩展至肺门附近时，在大片状均质性阴影中，含气支气管与实变的肺组织形成明显的对比，从而出现空气支气管征。在大叶性肺炎时，肺膈叶的后缘可有局部透明度增高和膈后移的表现，表示有代偿性肺气肿的存在。

(4) 消散期　大叶性肺炎通常在发病两周内即可消散和吸收，称为消散期。由于吸收的先后不同，X线表现常不一致。吸收初期可见原来的肺叶内阴影，由大片浓密、均质，逐渐变为疏松透亮淡薄，其范围亦明显缩小。而后显示为弥散性的大小不等、不规则的斑片状阴影，最后变得淡如飞絮而全部消失。

但是近年来由于各种抗菌药物的广泛应用，往往使大叶性肺炎的发展受抑制，而失去典型临床经过和X线表现，此时应进行综合性诊断。另外，在大叶性肺炎时常常发生胸膜炎，伴发胸膜增厚和胸腔积液，在X线上亦有相应的改变。经过不良的大叶性肺炎，消散作用延迟，宜特别注意继发肺脓肿、肺坏疽和肺硬变等并发症。

犬大叶性肺炎在军犬及警犬中也常有发生，一侧性的居多。有时病变部相当广泛，可占据一侧肺脏或/和整个肺野，呈均质致密阴影。

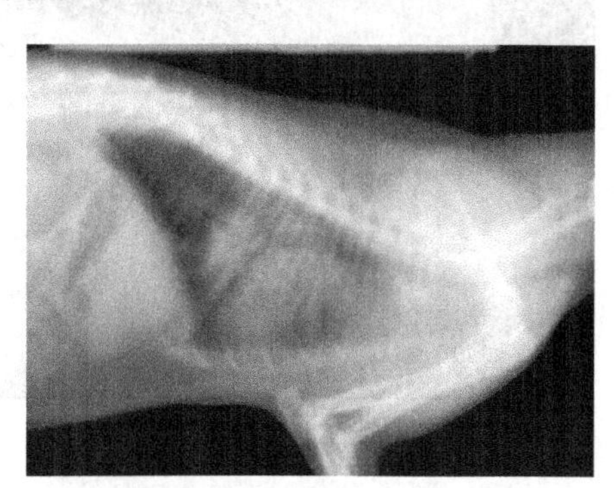

图 4-1-23　肺脓肿 X线征象

6. 肺脓肿 (Pulmonary abscess)

X线征象见图 4-1-23。

在急性化脓性肺炎阶段，肺内出现大小不等的致密阴影，边缘模糊不清，密度比较均匀，与一般肺炎无明显区别。病变中心组织发生坏死、液化后，则在致密的实变区中出现含有液平面的空洞，呈现为圆形或椭圆形透亮区，大小不等，壁内缘可光滑或不规则。

慢性肺脓肿时，周围炎性浸润大部被吸收，纤维结缔组织增生，表现为厚壁空洞。空洞壁清楚，多数空洞内有液平面。空洞周围有紊乱的条索状及斑片状阴影，少数空洞由于周围纤维组织的牵拉而形状不规则。若肺组织多处被破坏可形成多房性空洞，空洞内的液平面表现为高低不一。

7. 心脏增大 (Cardiac enlargemet)

用X线对心脏进行检查时，很难将心脏肥厚和心脏扩张区别开，因此就X线表现而言，一般统称之为心脏增大，而不是区别肥厚和扩张。

在兽医临床上对于动物心脏疾病的研究还不够深入，多限于对心脏大小做出判断。由于动物的种类、品种、体形和大小差异很大，心脏正常的形态大小也存在较大差别，故对心脏增大尚无统一的判定标准。在进行胸部X线摄影时多采用右侧卧位或背腹位的投照体位，而腹背位会使心脏移位和轮廓变形。目前临床对心脏大小的判定多依心脏与胸廓的比例大小而定。一般认为心脏的最大宽度等于第五肋骨水平胸廓宽度的 1/2～2/3，为心脏正常大小的范围，然而这只是个粗略的范围。

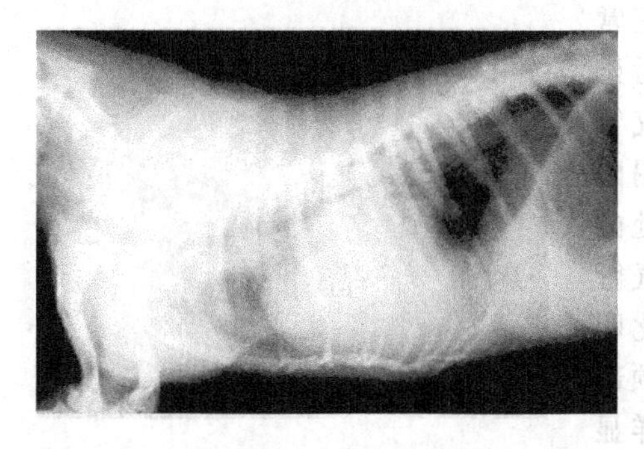

图 4-1-24　全心增大

(1) 全心增大　全心增大（见图 4-1-24）常见于心肌肥大或心室扩张，除使用心血管造影技术外，普通X线检查不能区分两者。全心增大的主要X线征象包括在正、侧位X线片上均见心脏变圆，心脏明显占据胸腔的绝大部分。在侧位片上心脏后界变得更直且将要与膈线重叠，气管和大血管向背侧移位；背腹位观察心脏轮廓几乎与胸壁接触，心脏后移。全心增大的最主要原因是瓣膜关闭不全或动脉导管未闭所引发的充血性心力衰竭。

(2) 左心房增大　左心房紧位于左支气管的腹侧，侧位片上由于左心房增大而使左主支气管向背侧偏移，同时心脏的后背部也增大；因气管被向背侧顶起而显得心脏的高度增加。背腹位片上，心脏占据胸腔的2/3～3/4宽；当涉及到左心耳的增大时，在腹背位或背腹位片上可见肺动脉和心尖之间出现局部膨大。二尖瓣闭锁不全常导致左心房增大。

(3) 左心室增大　由于左心室的壁相对较厚，心肌肥厚在侧位片上也不会引起轮廓的变化，但此时心尖到心基的距离增长，心脏看起来比正常时长高，同时使气管向背侧偏移。气管向背侧偏移可见于整段胸部气管，气管与胸部脊柱所形成的夹角变小或消失。心脏的后界变得凸圆。在正位片上显示心脏的左后区域增大，心脏轮廓与左侧胸壁和横膈的距离缩短，心尖部变圆。二尖瓣闭锁不全、主动脉狭窄和动脉导管未闭均可引发左心室增大（见图 4-1-25）。

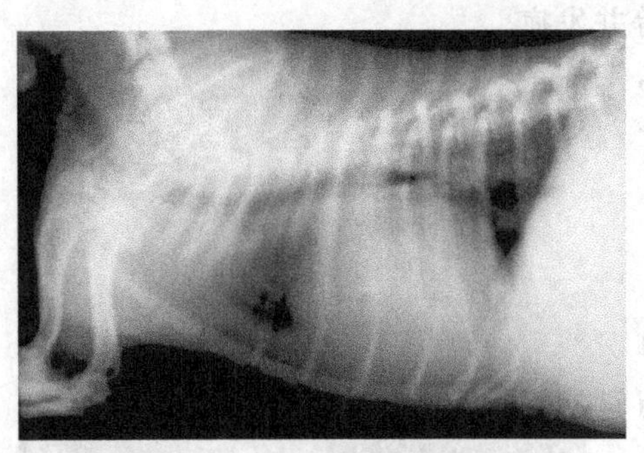

图 4-1-25　左心室增大

(4) 右心房增大　右心房增大的侧位片征象具有诊断意义。表现为气管末段向背侧弯曲，如果未并发左心房增大，则气管隆突仍保持在正常位置。心脏的前背部增大。背腹位观，可见心脏右前区突出，气管向左偏移。右心房增大很少单独发生，常与右心室增大同时发生。

(5) 右心室增大　侧位片可见心前界变圆，心与胸骨的接触范围加大，在正位片上右心区域隆突，其形状如反写的“D”。在有些病例，心尖部明显脱离与胸骨的接触。右心室增大一般不影响心基部的结构。右心室增大常见于间隔缺损、肺动脉狭窄、动脉导管未闭、三尖瓣闭锁不全和法洛四联症。

8. 心包积液 (Pericardial effusion)

在正常情况下，由于在心包腔内存在少量液体而使心脏边缘显影不清楚，这些液体只显示了心包与心脏边缘的轮廓。当心包腔内积聚大量液体后，导致心脏轮廓增大、变圆，X线影像表现为球形。在正位片上，心包的边缘几乎与两侧肋骨接触。由于心包液在心脏跳动时移动性很小，所以其边缘轮廓较清楚。直立背腹位检查时，由于重力关系液体积聚于心包腔下部，心影正常弧度消失，下宽上窄，呈烧瓶状。心搏动减弱或消失而主动脉搏动表现正常。体静脉血液回流到右心房受阻，右心房排出量减少，因而肺纹理减少或不显。如合并左心衰竭则有肺淤血现象。

9. 气管塌陷 (Trachea collapse)

X线征象见图 4-1-26。

气管的影像在侧位X线片上看得最清楚。正常气管基本上与颈椎和前部胸椎平行排列由前向后延续。气管的直径均匀一致，呼气与吸气动作对气管的影响在影像形态学上没有明显的变化。气管塌陷导致呼吸不畅，其典型X线征象是在胸腔入口处的气管呈上下压扁性狭窄。但需引起注意的是，气管直径的变化，特别是胸腔入口处气管直径的变化明显受拍片时颈部所处位置的影响。拍片时头和颈部过度向上方伸展则可导致气管在胸腔入口处同样显示上下压扁的气管塌陷、狭窄现象。因此，在拍片

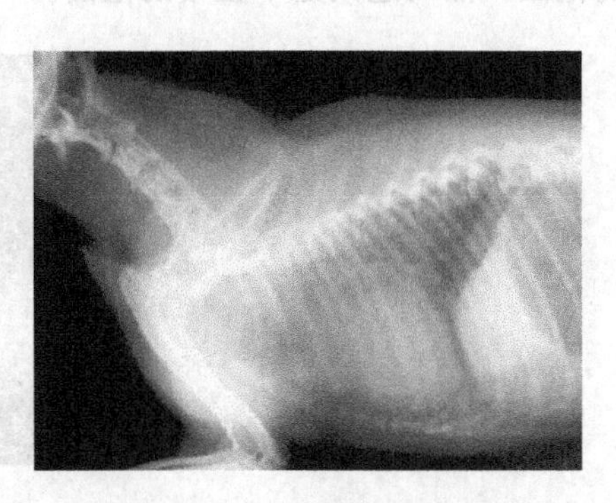

图 4-1-26　气管塌陷X线征象

时必须注意正确摆放体位，以免误诊。

10. 胸部食管扩张与阻塞（Thoracic esophageal dilation and obstruction）

X线征象见图4-1-27。

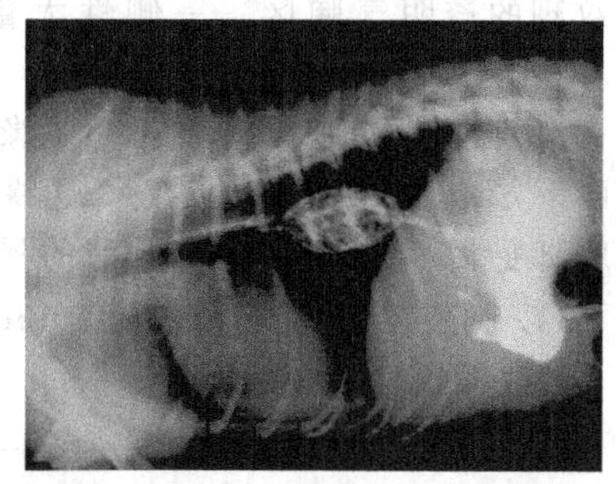
图4-1-27 食管阻塞X线征象

金属异物、骨头、石块呈高度致密阴影，边缘锐利清楚，在常规X线片上即可根据其形状而确定。

X线可透性异物如木块、布片、塑料、块根、饲料等，因缺乏密度异常的阴影，在常规X线检查中不易检出。可灌服少量钡剂，借助残钡涂布而显示异物。如食管完全阻塞，则阻塞上段的食管可有扩张、积液，X线显示食管阻塞部前段的粗大带状阴影。

食管的造影检查，可准确显示阻塞的部位，钡流到达异物阻塞处而停止，不能通过。如食管不完全阻塞，钡流经过异物后附着在异物表面，可显示阻塞物的轮廓。如继发食管穿孔、破裂或形成瘘管，钡剂可从破损溢出胸部食管外的胸腔内，故胸部食管造影检查时应慎重。

11. 犬巨食管症（Megaesophagus）

X线征象见图4-1-28。

（1）常规X线检查　显示从胸腔入口至膈裂孔处有一条横置的高度扩大的软组织密影。如扩大的食管有液体和气体时，可见其气液面。背侧的食管壁因气体存在而清晰可见。

（2）造影检查　显示食管异常扩张，呈横置的宽带状密影，可出现气液面。食管的贲门部明显狭窄，边缘光滑整齐。

12. 膈疝（Diaphragmatic hernia）

X线征象见图4-1-29。

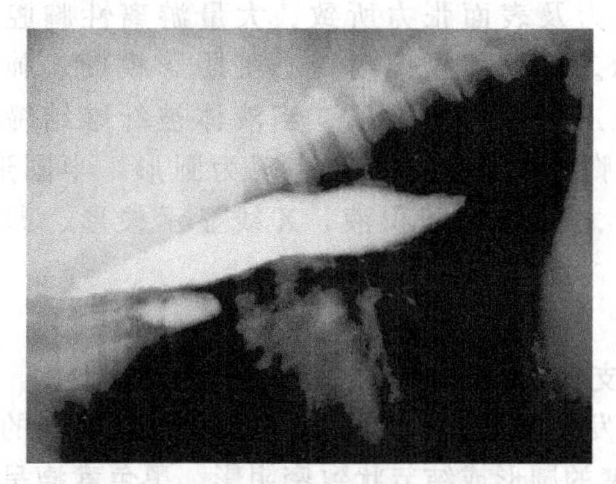
图4-1-28 巨食管症X线征象

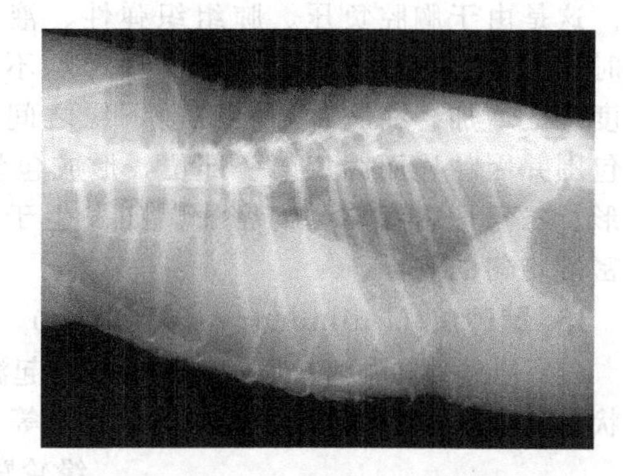
图4-1-29 膈疝X线征象

X线检查，膈肌的部分或大部分不能显示，肺野中下部密度增加，胸、腹的界限模糊不清。因常并发血胸或胸积液，肺野中下部出现广泛性密影，胸腔内的正常器官影像不能辨认。如胃肠疝入，在胸腔内可显示胃的气泡和液平面、软组织密度的肠曲影及其中的气影。先天性心包疝时，心脏阴影普遍增大，密度均匀，边界清晰，或可同时显示疝入肝脏的块状影像或疝入肠管的气体阴影。

13. 气胸（Pneumothorax）

X线征象见图4-1-30。

气胸可经放射检查确诊。小型犬、猫肺野显示萎陷肺的轮廓，边缘清晰、密度增加，吸气时稍膨大，呼气时缩小。在此萎陷肺的轮廓之外，显示比肺密度更低的、无肺纹理的透明气胸区。一侧性大量气胸时，纵隔可向健侧移位，肋间隙增宽，横膈后移。

大型犬气胸时，显示胸椎下侧缘特别清晰，上部肺野呈一无肺纹理的高度透明区。透明区的下方，显示萎陷肺的轮廓，边缘清晰、密度增加。大量气胸时膈肌后移，膈圆顶变直，椎膈脚变大，肋间隙增宽，膈肌的呼吸运动减弱。

14. 胸腔积液（Pleural effusion）

X线征象见图4-1-31。

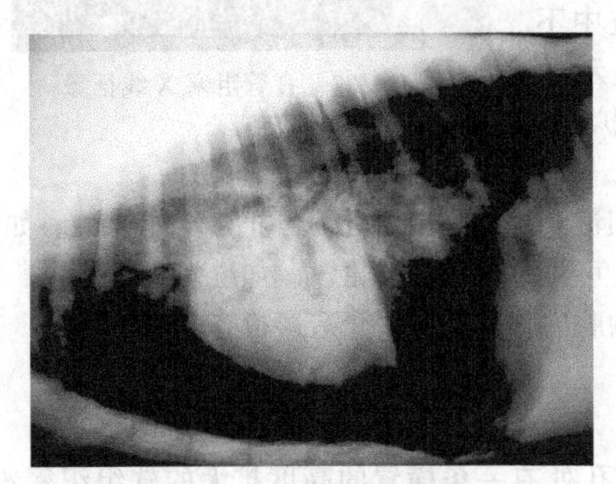
图4-1-30　气胸X线征象

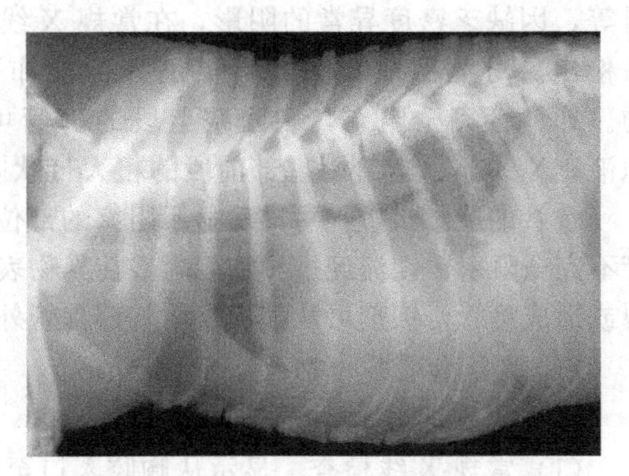
图4-1-31　胸腔积液X线征象

X线检查仅可证实胸腔积液，但不能区别液体性质。

胸腔积液包括游离性、包囊性和叶间积液。胸腔积液多为双侧发生。极少量的游离性胸腔积液（小型犬、猫＜50ml；中大型犬＜100ml），在X线上不易发现。游离性胸腔积液量较多时，站立侧位水平投照显示胸腔下部均匀致密的阴影，其上缘呈凹面弧线。这是由于胸腔负压、肺组织弹性、液体重力及表面张力所致。大量游离性胸腔积液时，心脏、大血管和中下部的膈影均不显示。侧卧位投照时，心脏阴影模糊、肺野密度广泛增加，在胸骨和心脏前下缘之间常见三角形高密度区。当液体被纤维结缔组织包围并因粘连而固定某一部位，形成包囊性胸腔积液时，X线表现为圆形、半圆形、梭形、三角形密度均匀的密影。如发生于肺叶之间的叶间积液，X线显示梭形、卵圆形密度均匀的密影。

15. 肺肿瘤（Pulmonary neoplasia）

（1）原发性肺肿瘤　原发性肺肿瘤多起源于支气管上皮、腺体、细支气管肺泡上皮，如鳞状上皮瘤、腺瘤、淋巴肉瘤和黑色素瘤等。原发性肺肿瘤X线显现为多位于肺门区的边缘轮廓清楚的圆形或结节状致密阴影。黑色素瘤呈边缘不平、密度均匀、典型块状阴影。恶性肺肿瘤则呈现边缘分叶状或粗糙毛刷状。肺肿瘤可产生支气管阻塞，导致肺气肿和肺不张。

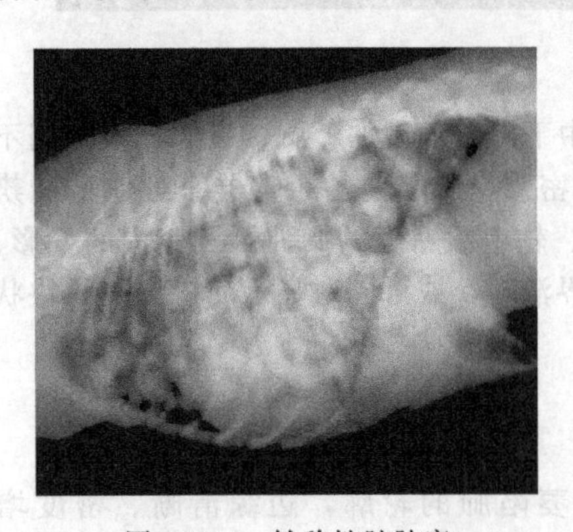
图4-1-32　转移性肺肿瘤

（2）转移性肺肿瘤　转移性肺肿瘤（见图4-1-32）是由恶性肿瘤经血液、淋巴或邻近器官蔓延至肺部。因此，肺部X线检查是恶性肿瘤诊疗的常规检查手段。应注意肺肿瘤与肺结核、肺棘球蚴、真菌性肺炎、肺炎、肺脓肿做鉴别。转移性肺肿瘤可见肺野内单个或多个、大小不一、轮廓清楚、密度均匀的圆形、类圆形阴影。转移性肺肿瘤可侵犯胸膜，引起胸腔积液。

子任务五 腹部疾病的X线诊断

一、腹部X线检查技术

1. 被检动物的准备

一般情况下，若在消化道内存有过多的内容物和粪便，在进行X线检查时这些物质的影像会将病灶遮挡，所以通常在X线检查之前，要清理消化道。常用方法是在检查前12～24h禁食、1～2h前灌肠，如果动物已有废食或呕吐病史则不必禁食。禁食期间可以供应饮水，但在检查前不能过多饮水。对于患有诸如糖尿病等对生命有严重威胁疾病的动物，不要禁食，可喂给低残渣食物。

检查腹部，特别是要进行造影检查的动物均需做灌肠。应用等渗灌肠液，液体温度应低于动物体温。

对于某些疾病（如胃扩张-扭转综合征）为了不改变腹部的自然状态应立刻进行X线检查。患急腹症的动物也应立即检查。

2. 曝光技术

要想得到比较优良的腹部X线片，关键是控制横膈的运动，而动物是不能自我控制的，这就要求操作者在曝光时掌握好时机。曝光的最好时机是在动物呼气末，此时横膈的位置相对靠前，腹壁松弛，从而避免了内脏器官的拥挤，也避免了因膈的运动所造成的影像模糊。呼气末曝光的另一个好处是在侧位片上还能见到两个分离程度较大的肾脏阴影。

腹部厚度的测量位置应选择在最后肋骨，此处腹部的宽度最大，同时避免前腹部中密度相对较大的器官曝光不足。对于那些明显的深胸动物，在投照后腹部时要适当降低曝光条件。

腹部投照时，为增加X线片的对比度，应适当降低管电压，而增加照射量。

3. 投照方位

（1）侧位投照　动物取左侧卧或右侧卧（Left-right lateral or Right-left lateral view），用透射线的衬垫物将胸骨垫高至与腰椎等高水平。将后肢向后牵拉使之与脊柱约成120°角。射线束中心对准腹中部，照射范围包括前界含横膈，后界达髋关节水平，上界含脊柱，下界达腹底壁。

（2）腹背位投照（Ventrodorsal view）　动物取仰卧位，前肢向前拉，后肢自然屈曲呈“蛙腿”状，以避免皮褶影像的干扰。动物体位一定要摆正，避免扭曲。X线束中心对准脐部，投照范围包含剑状软骨至耻骨的区域。

（3）背腹位投照（Dorsoventral view）　动物取腹卧位，前肢自然趴卧，后肢呈“蛙腿”姿势。X线束中心对准第十三肋弓后，投照范围包括剑状软骨至耻骨的区域。

（4）水平X线投照　水平X线投照（Horizontal view）主要用于检查腹腔内积气、积液及肠梗阻后肠道内液气的界面，从而建立影像诊断。动物自然站立或取直立、仰卧体位，X线自动物体一侧射入，可拍得腹部侧位X线片。动物取直立、侧卧体位，用水平X线投照可拍得腹部正位X线片。

二、腹部正常X线解剖

影响腹腔脏器正常位置和外观的因素有：投照体位、呼吸状态、动物的生理状况及X线束几何学因素。一般来说，位于前腹部的横膈、肝脏、胃、降十二指肠、脾脏和肾脏的位置最易发生变化。腹腔器官的基本位置和轮廓见图4-1-33、图4-1-34。

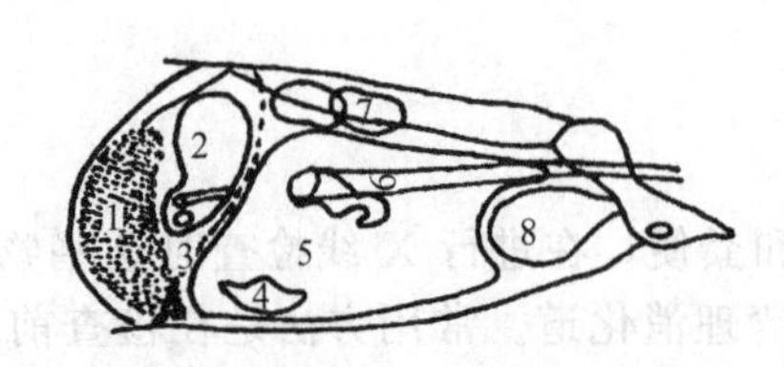

图 4-1-33 犬腹部侧位 X 线解剖示意图

1—肝脏；2—胃；3—最后肋骨；4—脾脏；5—小肠；6—大肠；7—肾；8—膀胱

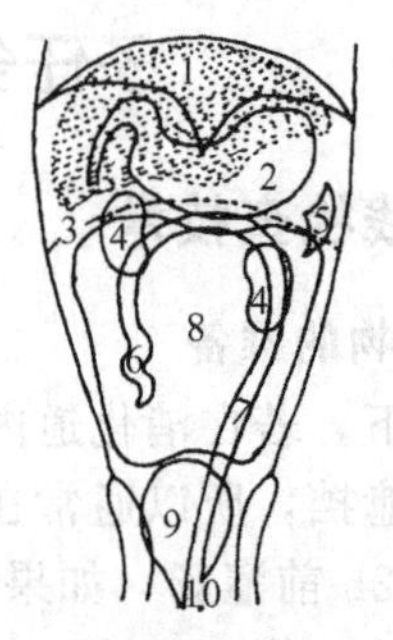

图 4-1-34 犬腹部腹背位 X 线解剖示意图

1—肝脏；2—胃；3—最后肋骨；4—肾；5—脾脏；6—盲肠；7—结肠；8—小肠；9—膀胱；10—直肠

1. 胃（Stomach）

胃的解剖结构包括胃底、胃体和幽门窦三个区域（见图 4-1-35，见图 4-1-36）。大多数情况下胃内都存在一定量的液体和气体，所以在 X 线平片上可以据此辨别胃的部分轮廓，但不可能显示出胃的全部轮廓。胃位于前腹部，前面是肝脏，胃底位于体中线左侧，直接与左侧膈相接触。由于胃内存有一定的气体和液体，且气体常分布在液体上面，故在拍片时选取不同的体位显示胃的不同区域。在侧位投照时，可见充有气体或食物的胃与左膈脚相接触。在左侧位 X 线片上，左膈脚和胃位于右膈脚之前。在右侧位 X 线片上，胃内存留的气体主要停留在胃底和胃体，从而显示出胃底和胃体的轮廓；在左侧位 X 线片上，胃内气体则主要停留在幽门，显示为较规则的圆形低密度区。通过胃造影术可以清楚地显示胃的轮廓、位置、黏膜状态和蠕动情况。

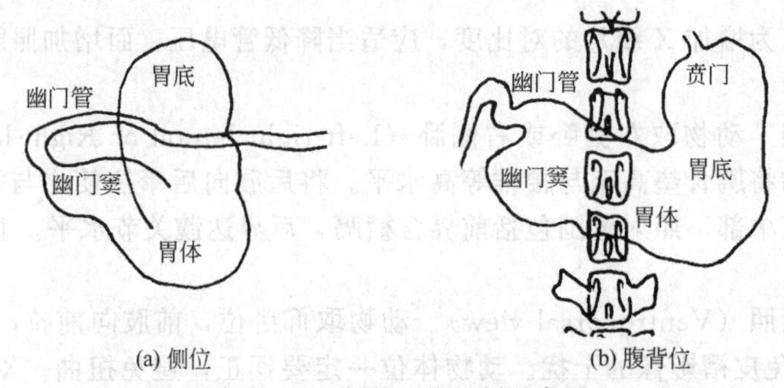

图 4-1-35 犬胃 X 线解剖示意图

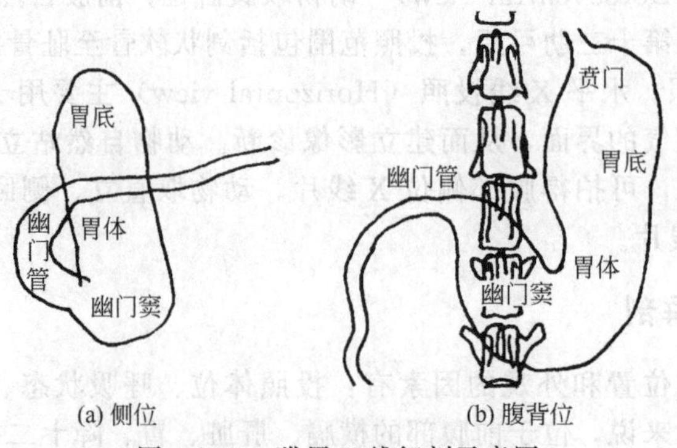

图 4-1-36 猫胃 X 线解剖示意图

不论在侧位片还是在正位片，均可自胃底经胃体至幽门引一条直线，侧位片上此直线几乎与脊柱垂直，与肋骨平行；正位观察，则见此线与脊柱垂直。

胃在空虚状态下一般位于最后肋弓以内，当胃充满时则有一小部分露出肋弓以外。胃的初始排空时间为采食后15min，完全排空时间为1～4h。

2. 脾脏（Spleen）

脾脏为长、扁的实质器官，分脾头、脾体和脾尾。脾头与胃底相连，脾体和脾尾则有相当大的游离性。在右-左侧位投照时，整个脾脏的影像可能被小肠遮挡而难以显现。在左-右侧位投照时，在腹底壁、肝脏的后面可见到脾脏的一部分阴影。脾脏的形态常表现为月牙形或弯的三角形软组织密度阴影。

当做腹背位或背腹位投照时，脾脏显示为小的三角形阴影，位于胃体后外侧。

3. 肝脏（Liver）

肝脏位于前腹部膈与胃之间，其位置和大小随体位变化和呼吸状态而发生变化。肝的X线影像呈均质的软组织阴影，轮廓不清，可借助相邻器官的解剖位置、形态变化来推断肝脏的位置。肝的前面与膈相贴，可借助膈的阴影识别。肝的左右缘与腹壁相接，在腹腔内脂肪较多的情况下可清晰显示。肝的下缘可借助镰状韧带内脂肪的对比清楚显现。肝的背缘不显影，后面凹与胃相贴，可借助胃、右肾和十二指肠的位置间接估测。在侧位X线片上，肝的后缘一般不超出最后肋弓，后上缘与右肾相接。后下缘呈三角形，显影清晰、边缘锐利，其边缘稍微超出最后肋弓。左-右侧位投照时，使得肝的左外叶后移，故其阴影比右-左侧位投照时大。

在腹背位X线片上，肝主要位于右腹，其前缘与膈接触，右后缘与右肾前端相接。左后缘与胃底相接，中间部分与胃小弯相接（见图4-1-34）。气腹造影可以显示肝叶的轮廓及表面形状。

胆囊在X线片上不显影，胆囊造影或胆囊内存有结石则可以将胆囊显示出。在侧位X线片上，胆囊位于肝区前下方，在腹背位X线片上显现于肋弓内右腹中部。

4. 肾脏（Kidney）

肾脏位于腹膜后腔胸腰椎两侧，左右各一，为软组织密度。在平片上其影像清晰程度与腹膜后腔及腹膜腔内蓄积的脂肪量有关，脂肪多影像清晰。若平片显示不良，可通过静脉尿路造影显示肾脏和输尿管（Ureter）。

通常在质量较好的X线平片上可以识别出肾脏的外部轮廓，据此估测肾脏的大小、形状和密度。正常犬、猫的肾脏有两个，左、右肾的大小及形状相同，但位置不同。犬的右肾位于第13胸椎至第1腰椎水平处，猫的右肾位于第1～4腰椎水平处约。左肾的位置变异较大，而且比右肾的位置更靠后。在犬位于第2～4腰椎水平处，在猫位于第2～5腰椎水平处。

目前广泛使用的测定犬、猫肾脏形态、大小的方法是测定肾脏长度。测定方法是将肾脏的长度与腰椎椎体的长度进行比较。正常犬肾脏的长度约为第2腰椎长度的3倍，变化范围在2.5～3.5也属正常。猫肾的长度为第2腰椎的2.5～3倍，幼小的仔猫和大公猫的肾脏相对较大。

肾脏的宽度和形状随体位的变化而变化。在侧位片，靠上面的肾脏会沿长轴转动而显现出肾门，影像为豆形。膈的运动也会使肾脏位置发生变化，变化范围通常在2cm左右。在左-右侧位片上，右肾前移1/2～1个椎体的距离。因此在实际投照时为使左右肾更明显分开，多采用左-右侧位。静脉尿路造影可清楚地显示肾实质、肾盂憩室（Pelvic diverticula）、肾盂（Renal pelvic）的大小和形状，也能显示出输尿管的位置、通畅性和形状。

5. 小肠（Small bowel）

小肠包括十二指肠（Duodenum）、空肠（Jejunum）和回肠（Ileum）。在腹腔中小肠主要分布于那些活动性比较小的脏器之间。小肠位置的变化往往提示腹腔已发生病变。小肠内通常含有一定量的气体和液体，通过气体的衬托在X线平片上小肠轮廓隐约可见。显示为平滑、连续、弯曲盘旋的管状阴影，均匀分布于腹腔内。在营养良好的成年犬、猫，小肠的浆膜面也清晰可见。各段小肠的直径及肠腔内的液气含量大致相等，由于犬的体型相差很大，无法用具体数值表示，通常用肋骨的宽度表示。一般犬小肠的直径相当于两个肋骨的宽度，猫小肠直径不超过12mm。

十二指肠的位置相对固定，十二指肠前曲位于肝右叶后面；降十二指肠沿右侧腹壁向后延续；十二指肠后曲位于腹中部，由此转换为升十二指肠直达胃的后部。

经造影技术可显示出小肠黏膜的影像，正常小肠黏膜平滑一致，而降十二指肠的对肠系膜侧黏膜则呈规则的假溃疡征。造影剂通过小肠的时间，犬为2～3h，猫为1～2h。

6. 大肠（Large bowel）

犬、猫的大肠包括盲肠（Cecum）、结肠（Colon）、直肠（Rectum）和肛管（Anal canal）。犬和猫盲肠的X线影像不同，犬盲肠的形状呈半圆形或“C”形，肠腔内常含有少量气体。所以在X线平片上可以辨别出盲肠位于腹中部右侧。猫的盲肠为短的、锥形憩室，内无气体，故X线平片难以辨认。

结肠是大肠最长的一段，为一薄壁管道，由升结肠、横结肠和降结肠三部分构成。结肠的形状犹如一个“?”号，升结肠与横结肠的结合部叫肝曲或结肠右曲，横结肠与降结肠结合部叫脾曲或结肠左曲。升结肠和肝曲位于腹中线右侧；横结肠在肠系膜根前由腹腔右侧横向左侧；脾曲和降结肠前段位于腹中线左侧，降结肠后段位于腹中线，后行进入骨盆腔延续为直肠。直肠起于骨盆腔入口止于肛管（见图4-1-37）。

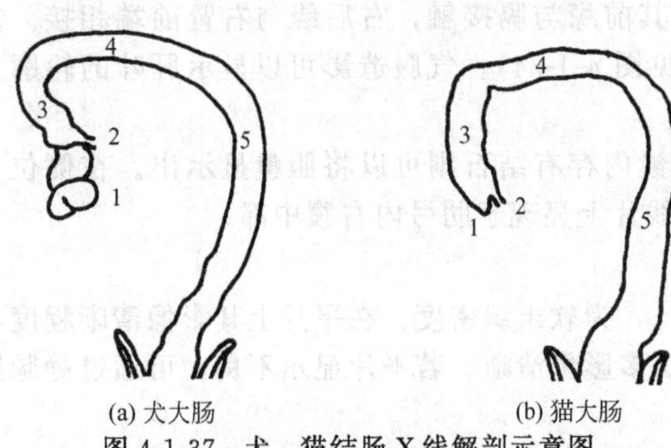

(a) 犬大肠　　(b) 猫大肠

图4-1-37　犬、猫结肠X线解剖示意图

1—盲肠；2—回盲瓣；3—升结肠；4—横结肠；5—降结肠

大肠与其相邻器官的解剖位置关系对于大肠及其邻近脏器病变的影像学鉴别有非常重要的意义。升结肠与降十二指肠、胰腺右叶、右肾、肠系膜和小肠为邻；横结肠与胃大弯、胰腺左叶、肝脏、小肠和肠系膜根相邻；降结肠前段与左肾、输尿管、脾脏和小肠紧密接触；降结肠中段与小肠、膀胱、子宫相邻，此段结肠的活动性较大，邻近器官的变化会导致其位置的变化；降结肠后段、直肠、尿道、髂骨、腰椎腹侧、荐淋巴结、前列腺、子宫阴道和盆膈紧密接触。

7. 膀胱（Urinary bladder）

膀胱可分为膀胱顶、膀胱体和膀胱颈三部分。正常膀胱的体积、形状和位置处在不断变化之中，排尿后膀胱缩小，故在X线平片显示为不显影；充满尿液时膀胱增大，X线平片显示为位于耻骨前方、腹底壁上方、小肠后方、大肠下方的卵圆形或长椭圆形（猫）均质软组织阴影。极度充盈时，膀胱可向前伸达脐部的上方。

膀胱造影可以清楚地显示膀胱黏膜的形态结构。

8. 尿道（Urethra）

雄性和雌性的尿道在长度和宽度上有较大区别。雌性尿道短而宽。雄性尿道长而细，可分成三段。前列腺尿道起自膀胱止于前列腺后界；膜性尿道（Membranous urethra）为自前列腺后界至阴茎尿道球部，相当于坐骨后缘处；阴茎部尿道是从骨盆延伸至阴茎头部的一段，此段在犬背侧有阴茎骨包绕。

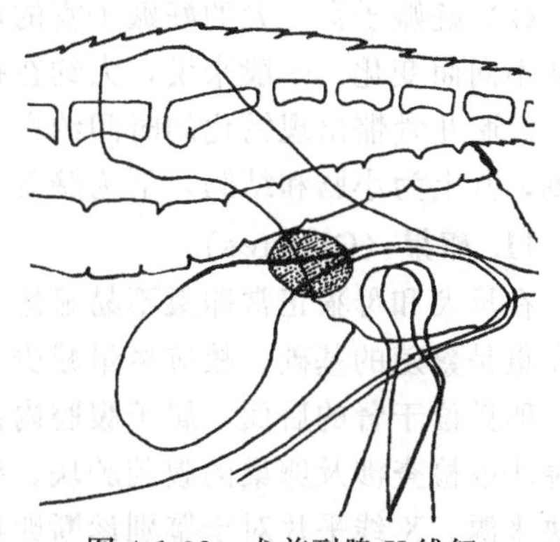

图 4-1-38　犬前列腺 X 线解剖示意图（侧位）

9. 前列腺（Prostate gland）

前列腺为一卵圆形具有内分泌和外分泌功能的副性腺。其位置在膀胱后、直肠下、耻骨上（见图4-1-38）。由于前列腺与膀胱位置关系密切，所以其位置随膀胱位置的变化而变化。当膀胱充满时，由于牵拉作用，前列腺会进入腹腔；若膀胱形成会阴疝，则前列腺进入盆腔管（Pelvic canal）后部。其他因素如罹患疾病或年龄的变化也会引起前列腺位置的改变，通常是向前方变位。

尿道穿前列腺中部偏上而过，前列腺内部的尿道直径稍增宽，但到前列腺后界处则轻微缩小。

在未成年犬，前列腺全部位于盆腔管内，到成年后前列腺增大，当年龄达到 3～4 岁时腺体前移，大部分位于腹腔内。尽管年龄增长但前列腺体积基本维持恒定，到 10 岁或 11 岁时腺体通常发生一定程度的萎缩，其位置又回到盆腔内，但这种情况比较少见，因为很多前列腺疾病都会使前列腺体积增大。成年猫前列腺的位置和形态与犬相似，但比犬的小，在 X 线片上很难显影。

犬的前列腺可经 X 线片显示，由于犬的体形在不同品种间相差较大，故前列腺的大小也相差很大。据报道前列腺的相对重量（g）被体重（kg）除，所得的值在所有的犬均相同(Scottish terrier 犬除外)。用放射学方法确定前列腺的绝对体形、大小是不可能的，一般只能测量其相对大小。正常前列腺的直径在腹背位 X 线片上很少超过盆腔入口宽度的 1/2。前列腺的外形为圆形或卵圆形，其长轴约为短轴的 1.5 倍。正常前列腺有两个叶，两侧对称，在 X 线片上很难分出叶间界限。前列腺的密度为液体密度，故其影像显示是否良好主要依赖于其周围脂肪组织的量，如果动物较瘦或有腹腔积液，则前列腺影像模糊不清；当腺体周围有较多脂肪时，则前列腺的影像显示为外表平滑、边缘清晰，而且在侧位片和正位片上都能显示，在侧位片上其前界和腹侧清晰可见。在腹背位 X 线片上，前列腺位于盆腔入口处的中央，其中间部分可能被荐椎和最后腰椎遮挡，但其边缘轮廓常能显示。当直肠内有粪便蓄积时，前列腺的影像也会被遮挡。

10. 子宫（Uterus）

对子宫状况的评估 X 线检查也是适用的，进行平片检查的主要适应证是检查与子宫相关的腹腔肿块或子宫本身增大。另外也可用于检查胎儿发育情况、妊娠子宫及患病子宫的进展变化。

检查子宫需拍摄两个方位的 X 线片。准备工作包括禁食 24h、灌肠。在投照技术方面要求所拍 X 线片必须有良好的对比度，才能与膀胱和结肠相区别。也可在腹部加压使结肠、子宫和膀胱形成良好对比。

(1) 未妊娠子宫　子宫为管状，直径约 1cm，位于中后腹部，子宫体位于结肠和膀胱之间。在正常情况下子宫的密度为软组织密度，在普通 X 线片上很难与小肠相区别。

(2) 妊娠子宫 犬的妊娠子宫的形状、大小和密度因犬的品种、胎儿数量及所处的妊娠时期不同而变化。一般来说，大约在排卵后30天，可查出增大的子宫，子宫角呈粗的平滑管状。胎儿骨骼出现钙化的时间约在45天。在妊娠的中期和后期，子宫的位置达中后腹部下侧，其上为小肠和结肠，下为膀胱。

11. 卵巢 (Ovaries)

在母犬和母猫正常卵巢不易显影，所以普通X线检查正常卵巢有一定的局限性。另外因卵巢是繁殖的基础，故应尽量减少对卵巢的辐射。

卵巢位于肾的后面，属于腹腔内器官。X线检查卵巢的适应证是检查临床不能触及的卵巢肿块或检查涉及卵巢的腹腔肿块。根据卵巢的位置、邻近器官的变位、影像密度可以确定肿块来源。X线平片对于鉴别诊断卵巢、脾脏和肾脏肿块很有价值。其局限性在于不易确定卵巢肿块的内部结构。

三、腹部病变的X线征象

腹腔内含括的器官种类较多，所患疾病类型也比较复杂，其X线征象也各有特点，但归纳起来主要表现为内脏器官体积、位置、形态轮廓和影像密度的变化。

1. 体积的变化

体积的变化主要表现为内脏器官的体积比正常时增大或缩小。引起器官体积增大的原因可能是组织器官肿胀、增生、肥大，器官内出现肿瘤、囊肿、血肿、脓肿、气肿或积液。这会使病变的器官比正常增大，有时增大数倍，使病变器官邻近的组织或器官的位置或形态发生变化。体积缩小可能由于器官先天发育不足或器官因病萎缩所致。

在所有内脏器官中，胃、膀胱和子宫的体积在生理状态下变化较大，因此当它们发生病理性增大后单纯从X线影像上鉴别仍有一定困难，需结合临床检查和实验室及其他影像技术进行综合分析后做出正确诊断。其他内脏器官若表现出X线片上影像体积变化时则多为异常情况。有的器官其体积的异常变化在X线片上能直接表现出来，有些在X线片上不易显示出来，这可以借助其邻近器官的位置变化进行判断。如肝脏发生增大或缩小可以根据胃的位置进行判断；前列腺体积增大可以从膀胱和直肠的形态及位置变化进行推断。

2. 位置的变化

位置的变化说明内脏器官发生异常移位。腹腔内的器官除空肠游离性较大以外，其他器官的位置均相对固定。发生移位的大多数原因是由于邻近组织器官发生病变推移所致。例如胃后移常见于肝脏增大或肝脏肿瘤、囊肿的推移，相反胃前移可能是肝萎缩、膈破裂或胃后方的器官如脾或胰腺肿大压迫所致。

3. 形态轮廓的变化

形态轮廓的变化表现为内脏器官的变形。胃、肠、膀胱、子宫等管腔器官及肝、脾、肾等实质器官的任何超出生理范围的变形都是病变的征象。变形的类型有几何形状的变化、表面形状的变化和空腔器官黏膜形态的变化。例如肝肿大后肝的后缘变钝圆；肝硬化、肝肿瘤时肝脏的表面不规则；胃溃疡时的直接征象是钡饲造影时出现龛影；膀胱肿瘤时膀胱阳性造影的结果为膀胱黏膜充盈缺损。

4. 影像密度的变化

腹部影像密度的变化表现为密度增高或密度降低，可表现为广泛性或局限性密度变化。广泛性密度增高常见于腹腔积液、腹膜炎、腹膜肿瘤，X线片表现为广泛性密度增高的软组织阴影，腹腔内脏器轮廓不清。腹部局限性密度增高常见于腹腔器官肿瘤或肿大，X线片上显示为局限性高密度的软组织阴影。若腹腔内出现钙化灶（腹腔淋巴结钙化）、器官结石（胆结石、肾结石或膀胱结石）则表现为高密度异物阴影。腹部出现低密度阴影可见于胃、肠积气，各种原因造成的气腹。应注意的是在正常情况下，消化道内或多或少存留一些气体，也表现为低密度阴影，在实际工作中应与病理性阴影加以鉴别。

四、腹腔器官常见疾病的 X 线征象

1. 胃内异物（Gastric foreign body）

胃内异物的诊断用 X 线即可完成，异物的种类有不透射线和能透 X 线两类。

（1）高密度异物　不透射线异物在腹部平片易于显示，并可显示出异物的形状、大小及所在的位置（见图 4-1-39）。

（2）低密度异物　如线团、碎布、袜子或橡皮球等在平片上不能显现，在检查时可通过变换动物体位，使胃内气体恰好停留在异物周围，形成对比，在气体的低密度背景上衬托出相对高密度的异物影像。也可以利用造影方法，即进行钡饲。造影时钡剂用量不能过多，以免遮蔽异物，犬的用量在 10ml 左右，猫的用量在 5ml 左右。在胃的造影像上，碎布块等异物可以吸附钡剂，故在胃排空后仍能显示异物阴影。橡皮球之类的无吸附性异物则呈充盈缺损的 X 线征象。

2. 胃扩张-扭转综合征（Gastric dialtion-volvulus）

X 线征象见图 4-1-40。

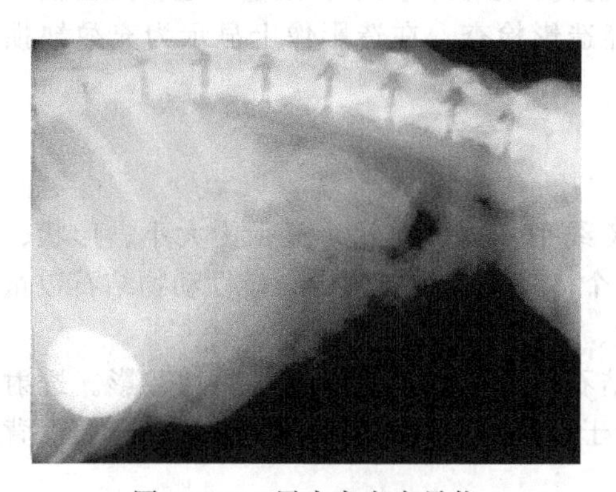

图 4-1-39　胃内高密度异物

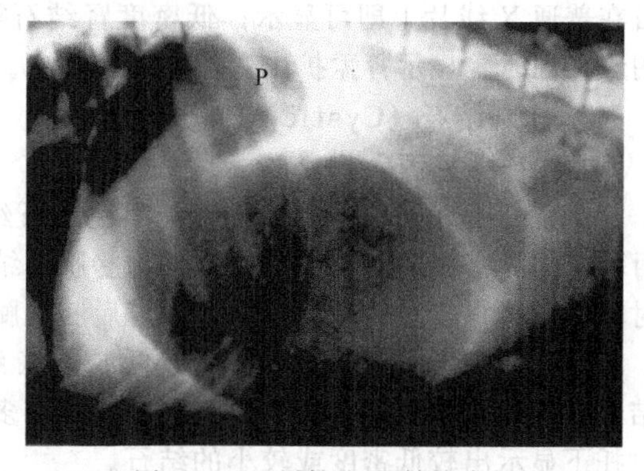

图 4-1-40　胃扩张-扭转综合征

拍摄 X 线片是确诊的决定性手段，也是鉴别普通胃扩张和胃扩张-扭转综合征的可靠方法。分别拍摄右侧位、左侧位和正位 X 线片，但右侧位 X 线片具有诊断意义。

（1）左侧位拍摄　一般左侧位投照时，胃扩张和扭转均呈显著的积气性/积液性胃膨大阴影，腹腔内其他脏器后移，而且因受挤压而影像不清。

（2）右侧位拍摄　右侧位投照时，可见 X 线片上出现胃腔被分割成两个或多个小室，这是由于胃扭转后幽门移向左侧且其中充满气体，和充满气体的胃底共同构成的影像。在小室之间可见线状软组织阴影，是由胃的扭转索或胃的折转处形成。

（3）造影鉴别　从平片上不易对胃扩张和胃扭转做出鉴别诊断时可行胃造影。通过观察幽门的位置进行鉴别诊断。但一般胃扭转后由于贲门常受到压迫而阻塞，故造影不易成功。

3. 肠梗阻（Intestinal obstruction）

X 线征象见图 4-1-41。

（1）异物性肠梗阻　如为高密度异物，X 线平片即可显示出异物的形状和大小以及其阻塞的部位；对于低密度异物或与腹腔软组织密度相近的异物，需进行肠道造影。肠道造影可

显示钡剂前进迟缓或受阻；可显示阻塞的部位和程度及类型。

(2) 嵌闭性肠阻塞 普通X线检查或造影检查一般可确定肠嵌闭的部位（如膈疝、腹壁疝等)。肿瘤性阻塞，X线平片可显示腹内肿块的软组织阴影，造影检查可显示肠黏膜不规则、充盈缺损、肠壁增厚、肠腔狭窄或造影剂进入肿瘤组织中。

(3) 肠管状态 X线平片检查还可以见到在阻塞部位之前的肠管有不同程度的充气、充液及肠腔直径增大。水平投照检查可见肠管内对比良好的液-气界面阴影。

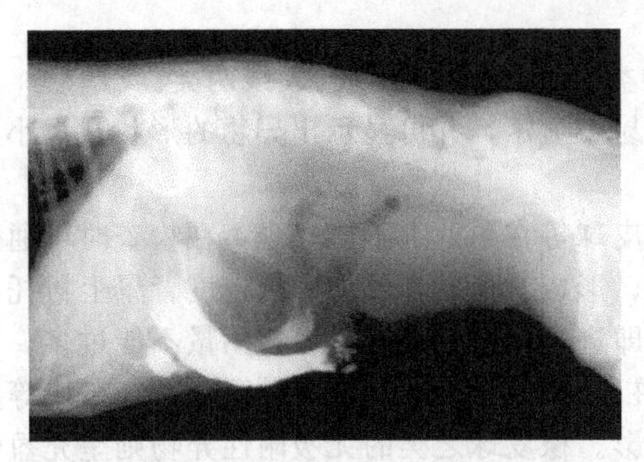
图 4-1-41 肠梗阻X线征象

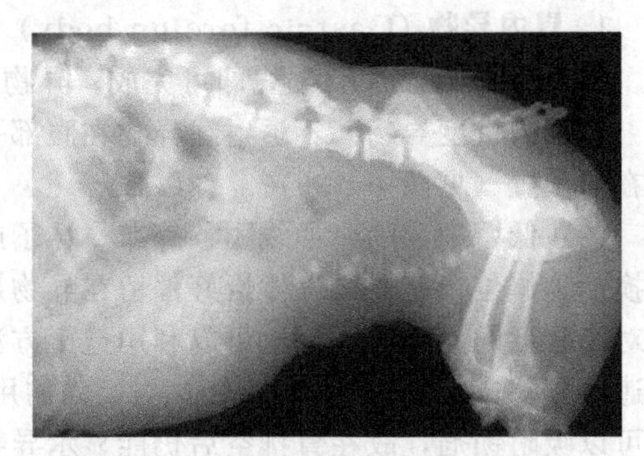
图 4-1-42 膀胱尿道结石X线征象

4. 肾结石 (Renal calculi)

X线征象：存在于一侧或双侧肾的肾盂或肾盏内，形状、大小、数量不定。高密度肾结石在普通X线片上即可显示；低密度肾结石需经造影检查，在造影像上显示为充盈缺损的阴影，同时常显示肾盂扩张变形的并发征象。

5. 膀胱结石 (Cystic calculi)

X线征象见图4-1-42。

(1) 高密度结石 大多数膀胱阳性结石经X线平片即可显示，显示为大小、形状、数目不定的高密度阴影。一般雌性动物膀胱内结石个体较大，数目较少；雄性动物结石数量相对较多，体积较小；当结石阻塞尿道后膀胱膨大、密度增高。

(2) 低密度结石 对于密度较低或透X线结石，可进行膀胱阳性或阴性造影。透射线结石在进行阳性造影时表现为充盈缺损象，多位于膀胱中部；膀胱充气造影可在低密度背景衬托下显示出较低密度或较小的结石。

6. 前列腺肿大 (Prostatic enlargement)

X线征象见图4-1-43。

(1) 侧位片 在普通侧位X线片上，肿大的前列腺位于耻骨前缘之前，膀胱向前下方移位，结肠向背侧移位。

(2) X线平片 当X线平片不能清楚显示前列腺时，经膀胱充气造影即能显示增大的前列腺对膀胱的压迫象。

(3) 膀胱造影 逆行性尿道膀胱造影检查可显示部分前列腺肿大的性质。

7. 子宫蓄脓 (Pyometra)

X线征象见图4-1-44。

在侧位X线片上，子宫角显示为粗大卷曲的管状或呈分块状的均质软组织阴影。其位置在中、后腹部，当子宫蓄脓较多时，小肠被向前、向背侧推移。当两个子宫角完全被脓汁充满时，X线片显示中、后腹部呈大片均质软组织阴影。

8. 腹腔肿块 (Abdominal mass)

X线征象见图4-1-45。

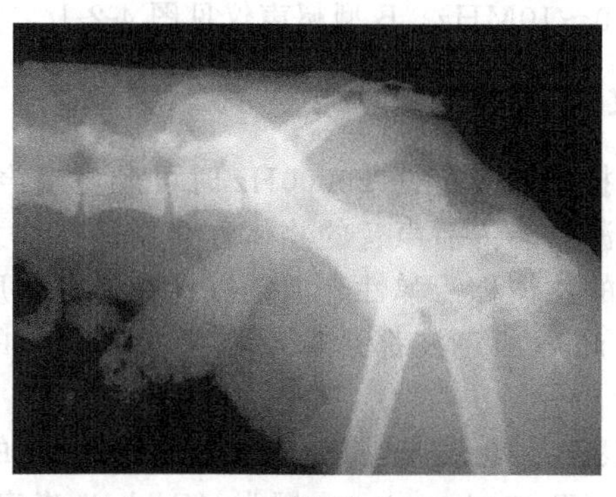

图 4-1-43 前列腺肿大 X 线征象

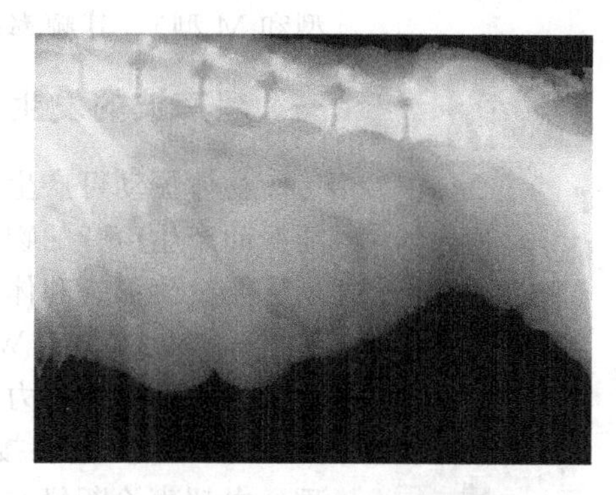

图 4-1-44 子宫蓄脓 X 线征象

(1) X 线平片 当肿块足够大时，X 线平片可以显示。肿块影像多表现为均质的软组织密度块影，有较清晰的边界。

(2) 气腹造影 当腹腔内积有较多液体时，由于其遮挡而使肿块影像模糊不清，应先将腹水放出一部分再拍片。应用气腹造影则更能清楚显示肿块影像。

(3) 其他造影检查 应用造影技术，根据脏器的形态变化和移位情况判断肿块的原发位置，如胃后移常提示为肝肿大；腰下肿块可使腹腔器官向腹侧移位。

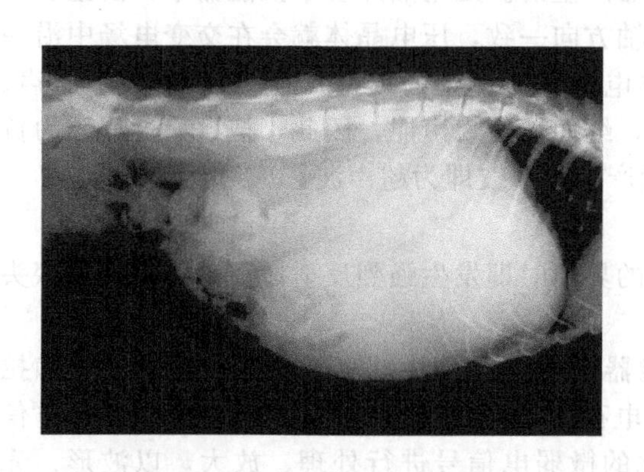

图 4-1-45 腹腔肿块 X 线征象

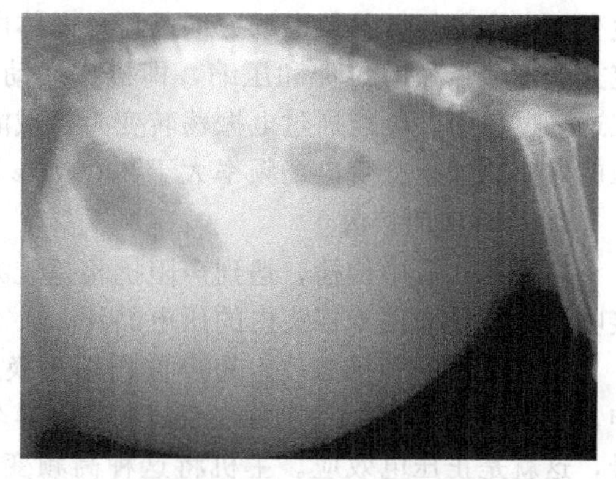

图 4-1-46 腹水 X 线征象

9. 腹水 (Ascites)

X 线征象见图 4-1-46。

腹部膨大，全腹密度增大影像模糊，腹腔器官影像被遮挡，有时可见充气的肠袢浮集于腹中部，肠袢间隙增大。站立侧位水平投照时，下腹部的密度明显高于背侧部，肠袢漂浮于背侧液面上。

任务二 B 型超声诊断

子任务一 认识和使用超声诊断仪

超声 (Ultrasound)，即超声波的简称，是指振动频率在 20000Hz 以上，超过人耳听阈的声音。人耳能听见的声波称可听声或声波，其振动频率在 20～20000Hz，低于 20Hz 的声波称次声波或次声。用于兽医超声诊断的超声波是连续波（如 D 型）或脉冲波（如 A 型、B

型和 M 型），其频率多在 2.0～10MHz。B 型超声仪见图 4-2-1。

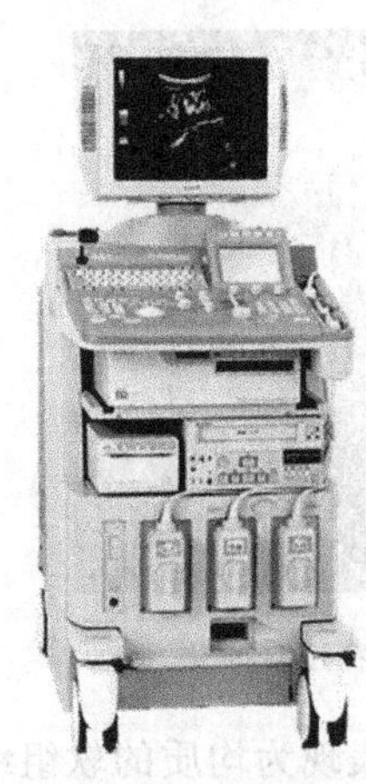

图 4-2-1 B 型超声仪

一、超声波的发生和接收

物体振动可产生声波，振动频率超过 20000Hz 时可产生超声波。能振动产生声音的物体称声源，能传播声音的物体称介质。在外力作用下能发生形态和体积变化的物体称为弹性介质，振动在弹性介质内传播称波动或波（Wave）。超声和声波都是振动在弹性介质中的传播，是一种机械压力波。

超声的发生和接收是根据压电效应（Piezoelectric effect）的原理，由超声诊断仪的换能器（Transducer）——探头（Probe）来完成。1880 年，法国物理学家居里兄弟（P. D. Curie,）发现了压电效应，故压电效应又称居里效应。压电效应可简单解释为机械压力和电能通过超声波的介导而相互发生能量转换。压电效应的发生必须借助具有良好压电性质的晶体物质，即压电晶片（Piezoelectric wafer 或 Piezoelectric crystals），如石英、钛酸钡、锆钛酸铅、硫酸锂等，最常见的是锆钛酸铅。

1. 超声波的发生

超声波的发生是通过超声诊断仪中的换能器产生的。压电晶片置于换能器中，由主机发生变频交变电场，并使电场方向与压电晶体电轴方向一致，压电晶体就会在交变电场中沿一定方向发生强烈的拉伸和压缩，即机械振动（电振荡所产生的效果），于是就产生了超声。在这一过程中，电能通过电振荡转变为机械能，继而转变为声能，因此，把这一过程称为负压电效应。如果交变电场频率大于 20000Hz 所产生的声波即为超声波。

2. 超声波的接收

超声在介质中传播，遇到声阻抗相差较大的界面时即发生强烈反射。反射波被超声探头接收后，就会作用于探头内的压电晶片。

超声波是一种机械波，超声波作用于换能器中的压电晶片，使压电晶片发生压缩和拉伸，于是改变了压电晶片两端表面电荷（异名电荷），即声能转变为电能，超声转变为电信号，这就是正压电效应。主机将这种高频变化的微弱电信号进行处理、放大，以波形、光点、声音等形式表示出来，产生影像（Image）、波形或音响。

二、超声的传播和衰减

同其他物理波一样，超声波在介质中传播时亦发生透射、反射、绕射、散射、干涉及衰减等现象。

1. 透射

超声穿过某一介质或通过两种介质的界面而进入第二种介质内称为超声的透射（Transmission）。除介质外，决定超声透射能力的主要因素是超声的频率和波长。超声频率越大，其透射能力（穿透力）越弱，探测的深度越浅；超声频率越小，波长越长，其穿透力越强，探测的深度越深。因此，临床上进行超声探查时，应根据探测组织器官的深度及所需的图像分辨力选择不同频率的探头。

2. 反射与折射

超声在传播过程中，如遇到两种不同声阻抗（Acoustic impedance）物体所构成的声学界面时，一部分超声波会返回到前一种介质中，称作反射（Reflection）；另一部分超声波在进入第二种介质时发生传播方向的改变，即折射（Refraction）。

超声波反射的强弱主要取决于形成声学界面的两种介质的声阻抗差值，声阻抗差值越大，反射强度越大，反之则小。两种介质的声阻抗差值只需达到0.1%，即两种物质的密度差值只要达到0.1%，超声就可在其界面上形成反射，反射回来的超声称回声（Echo)。反射强度通常以反射系数表示：

反射系数＝反射的超声能量/入射的超声能量

空气的声阻抗值为0.000428，软组织的声阻抗值为1.5，二者声阻抗值相差约4000倍，故其界面反射能力特别强。临床上在进行超声探测时，探头与动物体表之间一定不要留有空隙，以防声能在动物体表大量反射而没有足够的声能达到被探测的部位。这就是超声探测时必须使用耦合剂（Coupling medium）的原因。超声诊断的基本依据就是被探测部位回声状况。

3. 绕射

超声遇到小于其波长一半的物体时，会绕过障碍物的边缘继续向前传播，称绕射或衍射(Diffraction)。实际上，当障碍物与超声的波长相等时，超声即可发生绕射，只是不很明显。根据超声绕射规律，在临床检查时，应根据被探查目标的大小选择适当频率的探头，使超声波的波长比探查目标小得多，以便超声波在探查目标时不发生绕射，把比较小的病灶也检查出来，提高分辨力和显现力。

4. 超声的散射与衰减

超声在传播过程中除了透射、反射、折射和衍射外，还会发生散射（Scatter)。散射是超声遇到物体或界面时沿不规则方向反射（非90°）或折射（非声阻抗差异所造成的）。超声在介质内传播时，会随着传播距离的增加而减弱，这种现象称为超声衰减（Attenuation)。引起超声衰减的原因是：第一，超声束在不同声阻抗界面上发生的反射、折射及散射等，使主声束方向上的声能减弱；第二，超声在传播介质中，由于介质的黏滞性（内摩擦力）、导热系数和温度等的影响，使部分声能被吸收，从而使声能降低（见图4-2-2～图4-2-4)。

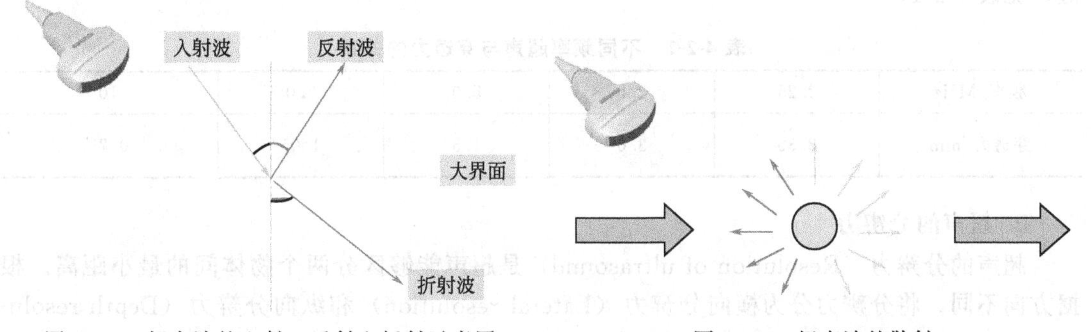

图4-2-2 超声波的入射、反射和折射示意图

图4-2-3 超声波的散射

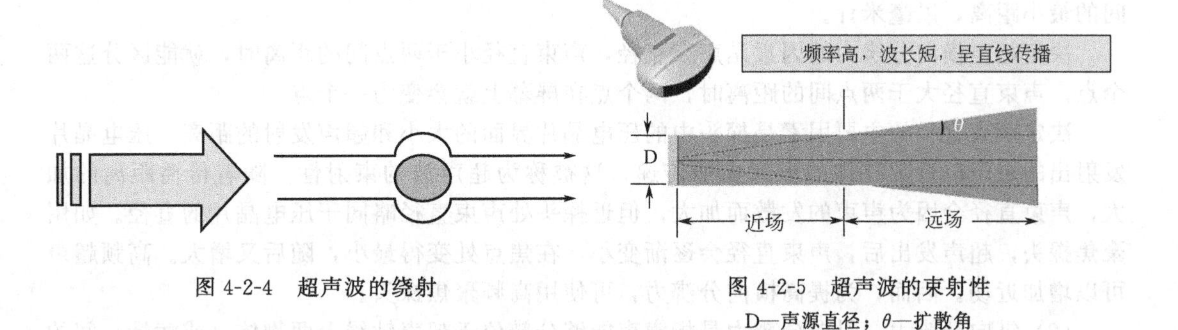

图4-2-4 超声波的绕射

图4-2-5 超声波的束射性
D—声源直径；θ—扩散角

声能的衰减与超声频率和传播距离有关。超声频率越高或传播距离越远，声能的衰减，特别是声能的吸收衰减越大；反之，声能衰减越小。动物体内血液对声能的吸收最小，其次是肌肉组织、纤维组织、软骨和骨骼。

5. 多普勒效应

Christian Doppler 发现，声源与反射物体之间出现相对运动时，反射物体所接收到的频率与声源所发出的频率不一致。当声源向着反射物体运动时，声音频率升高，反之降低，此种频率发生改变（频移）的现象称为多普勒效应（Doppler effect）。

频移的大小取决于声源与反射物体间相对运动速度。速度越大，频移越大，反射物体所接收的声音频率增高得越多，声响越强；声源与反射物体反向运动时，反射物体所接收的声音频率比声源发射的频率要小，故反射物体所接受的声音比实际音响要小。

6. 超声的方向性

超声波与一般声波不同，由于其频率极高，波长又短，远远小于换能器的直径，在传播时集中于一个方向，类似平面波，声场分布呈狭窄的圆柱状，声场宽度与换能器的压电晶片大小相接近，因而有明显的方向性（Orientation），故而又称为超声的束射性（见图 4-2-5）。

三、超声的分辨性能

1. 超声的显现力

超声的显现力（Discoverable ability）是指超声能检测出物体大小的能力。能被检出物体的直径大小常作为超声显现力的大小。能被检出的最小物体直径越大，显现力越小；能被检出的物体直径越小，显现力越大。从理论上讲，超声的最大显现力是波长的一半，如 5.0MHz 的超声波长为 3.0mm，其显现力为 1.5mm。实际上，病灶要比超声波波长大数倍时才能发生明显的反射，故超声频率越高，波长越短，其显现力也越高，但穿透能力会降低，见表 4-2-1。

表 4-2-1 不同频率超声与穿透力的关系

频率/MHz	2.25	2.5	5.0	7.0	10
穿透力/mm	3.35	3.0	1.5	1.05	0.75

2. 超声的分辨力

超声的分辨力（Resolution of ultrasound）是超声能够区分两个物体间的最小距离。根据方向不同，将分辨力分为横向分辨力（Lateral resolution）和纵向分辨力（Depth resolution）。

(1) 横向分辨力　横向分辨力是指超声能分辨与声束相垂直的界面上两物体（或病灶）间的最小距离，以毫米计。

决定超声横向分辨力的因素是声束直径，声束直径小于两点间的距离时，就能区分这两个点。声束直径大于两点间的距离时，两个点在屏幕上就会变为一个点。

决定声束直径的主要因素是探头中的压电晶片界面的大小和超声发射的距离。压电晶片发射出的超声以近圆柱体的形式向前传递，这被称为超声波的束射性。随着传播距离的加大，声束直径会因为声束的发散而加大，但近探头处声束直径略同于压电晶片的直径。如用聚焦探头，超声发出后，声束直径会逐渐变小，在焦点处变得最小，随后又增大。高频超声可以增加近场。因而，为提高横向分辨力，可使用高频聚焦探头。

(2) 纵向分辨力　纵向分辨力是指声束能够分辨位于超声轴线上两物体（或病灶）间的

最小距离。决定纵向分辨力的因素是超声的脉冲宽度，脉冲宽度越小，分辨力越高；脉冲宽度越大，分辨力越低。超声的纵向分辨力约为脉冲宽度的一半。

脉冲宽度是超声在一个脉冲时间内所传播的距离，即脉冲宽度＝脉冲时间×超声速度。超声在动物体组织内传播速度约为 1.5×10^6 mm/s＝1.5mm/μs，假设三种频率探头脉冲持续时间分别为 1μs、3.5μs 、5μs，其脉冲宽度则分别为 1.5mm、5.25 mm、7.5 mm，故其纵向分辨率分别为 0.75 mm、2.625 mm、3.75 mm。决定脉冲时间的一个因素是超声频率，频率越高，脉冲时间越短，脉冲宽度越小，超声的纵向分辨力越大，反之，则越小。

3. 超声的穿透力

超声频率越高，其显现力和分辨力越强，显示的组织结构或病理结构越清晰；但频率越高，其衰减也越显著，透入的深度就会大为下降。即频率越高，穿透力越低；频率越低，穿透力越高。

脉冲宽度不仅决定纵向分辨力，也决定了超声能检测的最小深度。脉冲从某一组织或病灶反射后被换能器所接收，超声这一往返时间等于二倍的深度除以超声速度，即脉冲往返时间＝2×深度÷声速。探测的组织或病灶与探头的距离应大于 1/2 脉冲宽度，才能被检出，小于 1/2 脉冲宽度的近场称为盲区。实际上，盲区深度比脉冲宽度的 1/2 要大数倍。盲区内的组织或病灶不能被检出。解决这一问题的主要方法有：第一，加大探头的频率；第二，在体表与探头之间增加垫块。

四、兽医超声诊断仪的组成

兽医超声诊断仪的种类很多，不论什么样的超声诊断仪都是由探头、主机、信号显示、编辑及记录系统组成。

1. 探头

探头（Scan head）是用来发射和接收超声，进行电声信号转换的部件，故又称作换能器（Transducer）。它与超声诊断仪的灵敏度、分辨力等密切相关，是超声诊断仪的最重要部件。探头的主要功能是通过压电晶体产生压电效应，发射和接收超声。

(1) 探头的基本构造　以单晶探头（单探头）为例，其结构见图 4-2-6。

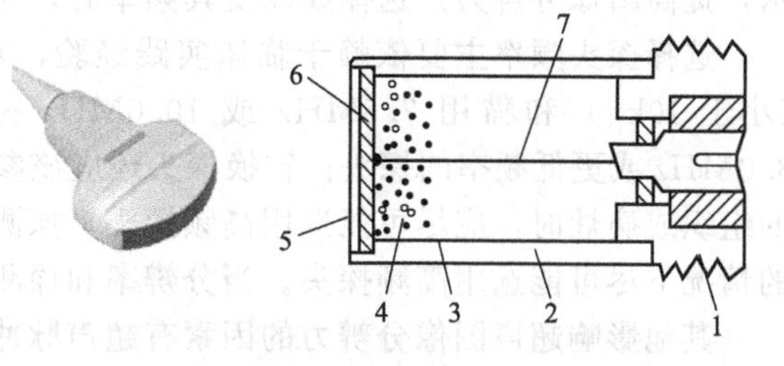

图 4-2-6　单晶探头

1—接触座；2—外套；3—地线；4—背衬；5—保护膜；6—压电晶片；7—电极导线

① 压电晶片　置于探头前端，双面有导电的银镀膜。

② 背衬　探头内室填充的吸收块，可减少干扰、吸收杂波。

③ 外套　有机玻璃制成的外壳，其侧面涂有环氧树脂保护膜（厚度约为 λ/2)，作为探头的保护支架。

④ 压电晶体片电极导线　银丝制成，输出高频振荡脉冲，输入回声信号。

⑤ 触座　与电缆接头的螺纹相接触，并与仪器的地线相连。

⑥ 插孔　与电缆接头的插针密合，高频振荡脉冲与回波信号均由此通过。

(2) 探头的作用

① 换能　产生和发送超声，接收超声并转变为电信号。

② 定向、集束和聚焦　根据探头发射面的形状不同，超声发出的方向也不同。平面单探头超声发射方向即为探头的法线指向，凸面探头超声向扇形方向发出，凹面探头超声发射

方向为向焦点发出，成为聚焦探头。即改变探头发射面形状可以改变（减少或扩大）超声扩散角，从而获得满意的集束和聚焦。

③ 定额　探头的工作效果高低与超声发射脉冲的激励电压频率及压电晶片的固有谐振频率有很大关系。激励电压频率与压电晶片固有谐振频率一致时，引起压电晶片发生共振，产生最大声能。压电晶片越厚，其固有谐振频率越低，发出超声的频率也越低。因而，超声探头频率是由压电晶片厚度决定的。

(3) 探头的类型　目前广泛使用的探头多为脉冲式多晶探头，通过电子脉冲激发多个压电晶片发射超声。电子线阵探头（Linear-array scanner）和电子相控阵探头（Phased-array sector scanner）是最常用的探头类型。电子线阵探头是一种线阵（Linear）探头，由 64～256 片压电晶片组成，发射的声束为矩形；电子相控阵探头是一种扇扫（Sector）探头，多由 32 个压电晶片组成，发射的声束为扇形。此外，老式超声机还在使用机械扇扫探头（Mechanical sector scanner）（见图 4-2-7）。

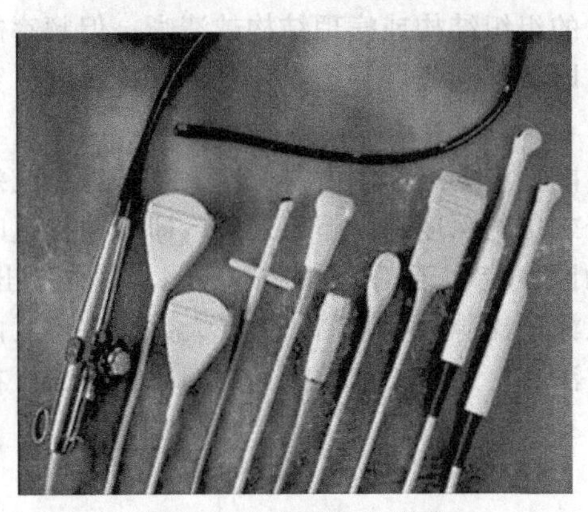

图 4-2-7　超声探头类型

(4) 探头的选择　超声探查过程中的探头选择实际上是指探头类型和频率的选择。一般来说，不论是多晶探头还是单晶探头，一个探头只能发射一种频率的超声波。探头的这一特性是由其特定的压电晶片的特性所决定的。探查者想要改变探查频率就必须改换探头。

有些多晶探头能发射多种频率的超声波，但其中的每一个压电晶片只能发射一种频率。这类探头对早期静止结构显现力较差，但可在不变换探头的情况下对某一病变进行多层面显示，提高图像分辨力。选择或改变其频率时，先用高频，再转换成低频。

选择探头频率主要依赖于临床实践经验，对于初学者可依照以下数据选择：小型动物（小于 10kg）和猫用 7.5MHz 或 10.0MHz 探头，中型犬用 5.0MHz 探头，大型犬用 3.0MHz 或更低频率的探头；转换探头还应该参照探查目标的深度选择频率。探测浅表部位的组织或病灶时，应尽可能选用高频探头，探测较深部位的组织或病灶时应在保证探测深度的情况下尽可能选用高频探头。当分辨率和探测深度都达到要求时，探头的选择就合适了。

其他影响超声图像分辨力的因素有超声脉冲宽度、声束直径以及监视屏解像度。检查者不能改变这些参数。

2. 主机

超声诊断仪的主体结构主要由电路系统组成。电路系统主要包括主控电路（触发电路或称为同步信号发生器）、高频发射电路、高频信号放大电路、视频信号放大器和扫描发生器等。

超声回声信号需经处理后，以声音、波形或图像等形式显示出来。

回声经换能器转化为高频电信号，再通过高频信号放大电路放大。放大的电信号再经视频信号放大器放大处理，然后加到显示器的 Y 轴偏转板产生轨迹的垂直偏移（A 型）或加至显示器的阴极进行亮度调制（B 型和 M 型）。最后，扫描发生器使电子束按一定规律扫描，在显示器上显示曲线的轨迹或切面图像。通常把视频放大器和扫描发生器合称为显示电路。

超声主机面板上常显示有可供选择的技术参数，如输出强度、增益、延时、深度、冻结等。

（1）电源及输出强度控制　电源控制主要用于控制作用于压电晶片的脉冲电压。脉冲峰电压越高，压电晶片振动的幅度（强度）越大，回声强度也越大。电压应尽可能设低以便获得最佳分辨率，防止伪影。实际上，我们应该选择恰当的频率，保障穿透深度，同时使用图像增益或时间增益补偿使得回声振幅最大，避免过高的脉冲电压。

（2）增益、抑制、时间增益补偿

① 增益与抑制　增益与抑制（Gain and reject）影响回声振幅。有些超声扫描仪具有总体增益、控制，不管回声深度如何，它都能使回声振幅一致。抑制控制能消除不同深度界面的弱回声，这些弱回声对成像没有明显的作用。如果把抑制逐渐加大，其抑制的回声强度也逐渐加大；如果抑制太大，对成像有意义的回声就会丢失，一些组织器官的实质回声图像就丢失了。

② 时间增益补偿　由于超声的衰竭，来源于深层的回声总比来源于浅表的回声弱。回声时间长短与反射界面深度直接相关，通过回声时间的延长，就可以选择性地补偿来源于深层面的弱回声，这一过程称为时间增益补偿（Time-gain compensation，TGC）。

TGC 主要由近场增益（Near gain）、斜向增益始点（Slope delay）、斜向增益（Slope rate，ramp）和远场增益（Far gain）组成。近场增益只能控制 1cm 左右深度的垂直区域，其深度可以调节。近场增益有时候也用来抑制近场表面强回声。斜向增益始点是指近场增益终了、斜向增益开始的部位，可以设定在任何深度部位，从这一点开始时间增益补偿。TGC 将使得弱回声信号增强。斜向增益由一个增益斜线表示，有斜率。斜向增益控制根据斜率的变化从浅到深逐渐提高增益。斜向增益通过校正，在监视屏上从上到下形成一致的图像灰度。远场增益控制在斜向增益控制的远端通过选择固定增益而发挥作用。以上这些独特的控制是获得高质量图像的基础。

此外，还有透射频率调节（使机械透射频率与探头频率一致）、亮度调节和对比度调节等。

3. 显示及记录系统

显示系统主要由显示器、显示电路（或可听声）和有关电源组成。B 型、M 型回声信号以图像形式表示出来，A 型主要以波形表现出来，而 D 型则以可听声表现出来。

超声信号可以通过记录器记录并存贮下来。D 型可以录音或图像存贮（彩超多普勒）；A 型可以拍照；B 型和 M 型可以通过图像存贮、打印、录像、拍照等保存，并可进行测量、编辑等。

4. 超声诊断仪的使用和维修

（1）超声诊断仪的性能要求　功能状态良好的超声诊断仪性能必须稳定且符合以下要求。

① 电源性能稳定　外接电源电压上下波动 10%对仪器灵敏度几乎无影响，持续工作3～4h 时仪器性能无改变。

② 辉度和聚焦良好　在室内日常光照条件下，A 型超声诊断仪波形清晰，B 型超声诊断仪光点明亮。

③ A 型超声诊断仪始波饱和且较窄，B 型超声诊断仪盲区较小、扫描线性较好，M 型超声扫描光点分布均匀且连续性好。

④ A 型超声诊断仪对信号的放大能力均匀，波级清楚，B 型超声诊断仪对强弱信号的放大能力一致，灰界明显。

⑤ 时标距离和扫描深度应准确且符合其机械和电子性能。

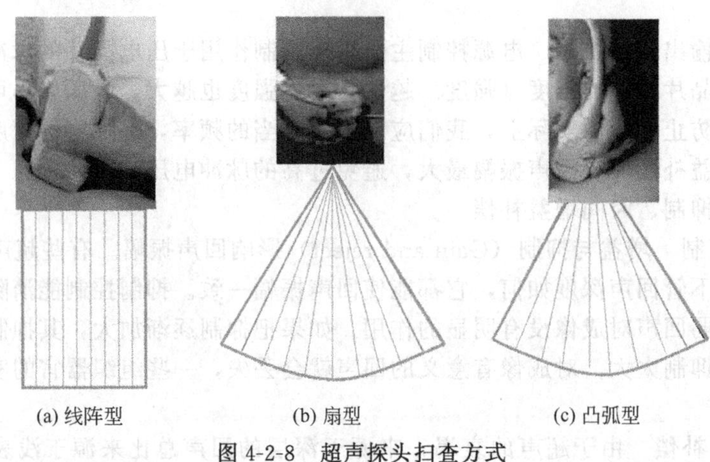

图 4-2-8 超声探头扫查方式

⑥ 仪器的配套设施和各个配备探头（见图 4-2-8）与主机应保持一致性。

⑦ M 型超声诊断仪的超声心动图（UCG）、心电图（ECG）和心音图（PCG）等多种显示的同步性强。

⑧ D 型超声诊断仪电器性能稳定，灵敏度正常，信号失真度小，结构简单且牢固。

（2）操作方法　超声诊断仪的操作主要包括以上几项。

① 电压必须稳定在 190～240V。

② 选用合适的探头。

③ 打开电源，选择超声类型。

④ 调节辉度及聚焦。

⑤ 动物保定，剪（剔）毛，涂耦合剂（包括探头发射面）。

⑥ 扫查。

⑦ 调节辉度、对比度、灵敏度视窗深度及其他技术参数，以获得最佳声像图。

⑧ 冻结、存贮、编辑、打印。

⑨ 关机、断电源。

（3）仪器的维护

① 仪器应放置平稳、防潮、防尘、防震。

② 仪器持续使用 2h 后应休息 15min，一般不应持续使用 4h 以上，夏天应有适当的降温措施。

③ 开机前和关机前，仪器各操纵键应复位。

④ 导线不应折曲、损伤。

⑤ 探头应轻拿轻放，切不可撞击；探头使用后应揩拭干净，切不可与腐蚀剂或热源接触。

⑥ 经常开机，防止仪器因长时间不使用而出现内部短路、击穿以至烧毁。

⑦ 不可反复开关电源（间隔时间应在 5s 以上）。

⑧ 配件连接或断开前必须关闭电源。

⑨ 仪器出现故障时应请人排查和修理。

子任务二　超声声像图分析

超声反射信号经超声诊断仪处理后以人可以感知的图像、波形、声音乃至色彩显示出来。正确认识这些信息是进行超声检查的重要基础，涉及多普勒信号音详见妊娠诊断部分。

一、超声声像图

B型、M型和D型超声的回声在监视屏上以光点的形式表现出来，从而组成声像图(Sonography)。声像图上的光点状态是超声诊断的重要或唯一依据。

1. 回声强度

回声强度（Echo intensity）是指声像图中光点的亮度或辉度（Brightness)。回声强度是由回声振幅（Echo amplitude）的高低决定的，回声振幅越高，辉度越高，反之则低。回声强度可用灰阶（Gray scale）衡量。与正常组织相比较，把回声强度分为以下四种。

（1）弱回声或低回声　指光点辉度低，有衰竭现象。

（2）中等回声或等回声　指光点辉度等于正常组织的回声强度（辉度)。

（3）较强回声或回声增强（Echo enhancement）　指辉度高于正常组织器官的回声强度(辉度)。

（4）强回声或高回声　明亮的回声光点，伴有声影或二次、多次回声。

2. 回声次数

回声次数是指回声量。

（1）无回声　即在正常灵敏度条件下无回声光点的现象，无回声区域又称作暗区。根据产生无回声的原因，把暗区分为以下三种。

① 液性暗区　超声不在液体中反射，加大灵敏度后暗区内仍不出现光点；如为混浊的液体，加大灵敏度后出现少量光点。四壁光滑的液性病灶多出现二次回声且周边光滑、完整。

② 衰减暗区　由于声能在组织器官内被吸收而出现的暗区称为衰减暗区，加大灵敏度后可出现少数较暗的光点；严重衰减时，即使加大灵敏度也不会出现光点。

③ 实质性暗区　均一的组织器官内因没有足够大的声学界面而无回声，出现实质性暗区；如加大灵敏度，则出现不等量的回声且分布均匀。

（2）稀疏回声　光点稀少且小，间距在1.0mm以上。

（3）较密回声　光点较多，间距0.5～1.0mm。

（4）密集回声　光点密集且明亮，间距0.5mm以下。

3. 回声形态

回声形态指声像图上光点形状。常见的有以下几种。

（1）光点　细而圆的点状回声。

（2）光斑　稍大的点状回声。

（3）光团　回声光点以团块状出现。

（4）光片　回声呈片状。

（5）光条　回声呈细而长的条带状。

（6）光带　回声为较宽的条带状。

（7）光环　回声呈环状，光环中间较暗或为暗区，如胎儿头部回声。有些器官或病灶内部出现回声称为内部回声。光环是周边回声的表现。

（8）光晕　光团周围形成暗区，如癌症结节周边回声。

（9）网状　多个环状回声聚集在一起构成筛状网，如脑包虫回声。

（10）云雾状　多见于声学造影。

（11）声影（Acoustic shadow）　由于声能在声学界面衰竭、反射、折射等而丧失，声能不能达到的区域（暗区），即特强回声下方的无回声区。有些脏器或肿块底边无回声，称底边缺如；如侧边无回声则称为侧边失落。

（12）声尾　或称蝌蚪尾征，指液性暗区下方的强回声，如囊肿。在特强声学界面上，超声波在肺泡壁上反复反射，声能很快衰减，称为多次重复回声（3次以上）。

（13）靶环征（Target sign）以强回声为中心形成圆环状低回声带，如肝脏病灶组织的回声。

二、波形

A型超声诊断仪在示波屏上显示反射波。根据波的意义将反射波分为始波、进波、内部反射波和出波。

根据波幅的高低将其分为微波（＜0.5cm）、小波（0.5～1.0cm）、低波（1.0～2.0cm）、中波（2.0～4.0cm）、高波（4.0～6.0cm）和饱和波（波峰达到最高点）。

根据波间距将其分为稀疏波（＞0.5cm）、较密波（≤0.5cm）和密集波（5～9cm波段内波数在11个以上者，即一个波段内有好几条波且波间距较小）。

根据波的形态将其分为单波、复波、丛波和锯齿波。

三、超声伪影的辨别

了解超声的物理学基本原理及识别超声伪影（Imaging artifact）是正确诊断疾病的基础。伪影分无价值伪影和有价值伪影两类。无价值伪影主要由不正确使用仪器设备、不正确设定超声诊断仪的技术参数、不正确的扫查方法以及扫查前对动物及其扫查部位准备不当等所引起，其影响图像质量、导致误诊误判。有价值伪影是在特定的技术条件下产生的，是超声与介质相互作用的结果，有益于影像诊断。这里只简单地讨论二维实时超声影像的常见伪影的物理学原理。

1. 多次回声

多次回声（Reverberation）是指在超声传播路径上出现两次或多次往返反射，这种往返反射发生在两个声阻抗值差异较大的平滑的声学大界面上，有时候也称为混响效应（Reverberation effect）。第一个多次回声发生在皮肤与换能器之间，固又称为外部多次回声（External reverberation）；与外部多次回声对应的是内部多次回声（Internal reverberation）多发生在体内骨骼、气体之间。典型的内部多次回声发生于动物体浅表气肿，回声在气肿壁与换能器间多次往返反射，出现许多相同的伪影（见图4-2-9、图4-2-10）。

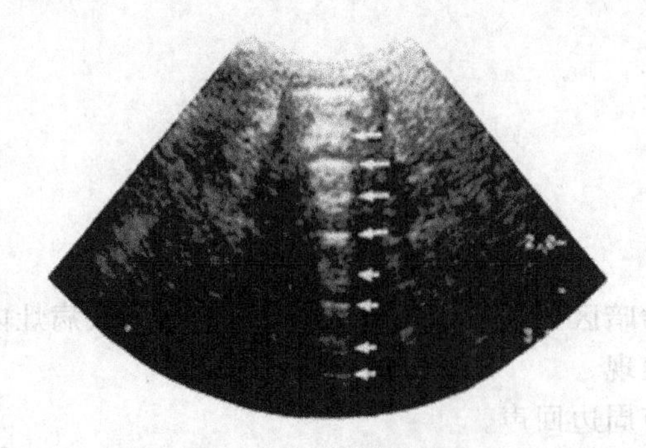

图4-2-9　多次回声

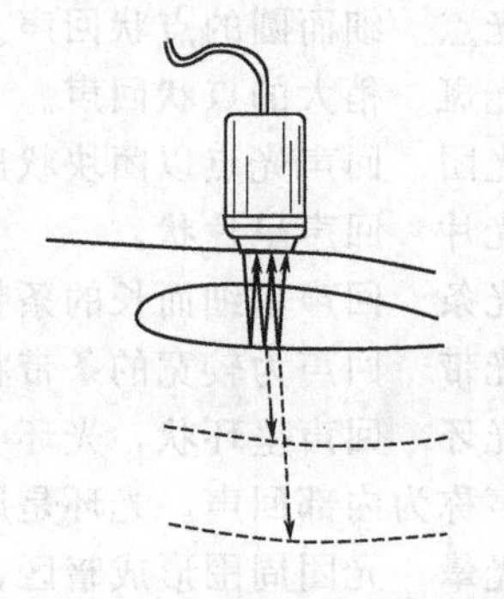

图4-2-10　多次回声原理示意图
声束在换能器与气囊远端内壁间往返，产生多次重复回声，回声在远场逐渐减弱

如果在换能器与动物体表间留有含空气的间隙，超声就会在气泡与换能器间多次往返反射出现伪影，这就是典型的外部多次回声（见图 4-2-11）。

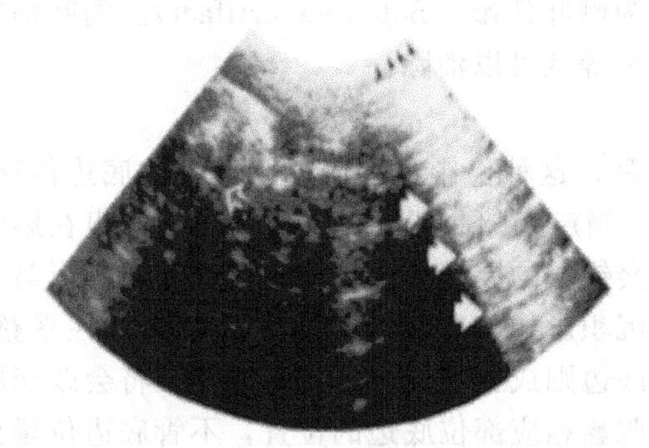

图 4-2-11 外部多次回声

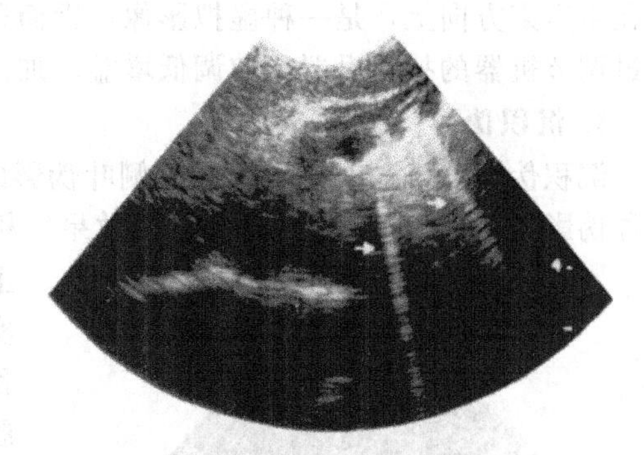

图 4-2-12 彗星尾状伪影

多次回声的伪影表现为声像图上重复的影像，一次重复代表一次回声（反射），重复次数的多少取决于声束的声能和换能器的敏感性，声能越强，换能器敏感性越高，重复的伪影次数越多。

多次回声的差异主要取决于反射界面的大小、位置、性质和数量。彗星尾状伪影（又称蝌蚪尾或声尾）（Comet-tail artifact）是由小的金属异物或者分散的气泡等形成的高回声界面所产生的，这种伪影因其有序的明亮的连续回声而较容易辨认。它是由超声的振铃效应（ringing effect）产生的，是多次回声的一种（见图 4-2-12）。

2. 镜像伪影

当声束遇到诸如膈肌-肺这样大的高回声声学界面时，镜像伪影就会产生。正常肝脏由于膈肌的镜像效应，就会在胸腔内形成"拟态"肝脏伪影，其位置在膈肌之前，声像图表现"类似于膈疝，肝实质实变。"

声束遇到膈肌-肺这样的弧形高回声声学界面时，声束在声学界面上反射进入肝脏，肝脏内的回声又从入射路径返回到换能器，超声机把这种回声当作是直线往返的。如果在超声往返路径上有多次回声现象时，回声就会延时，超声机在处理这些回声信息时就会认为这些回声来源于超声轴向更远的胸腔，错误的镜像图伪影就产生了（见图 4-2-13、图 4-2-14）。

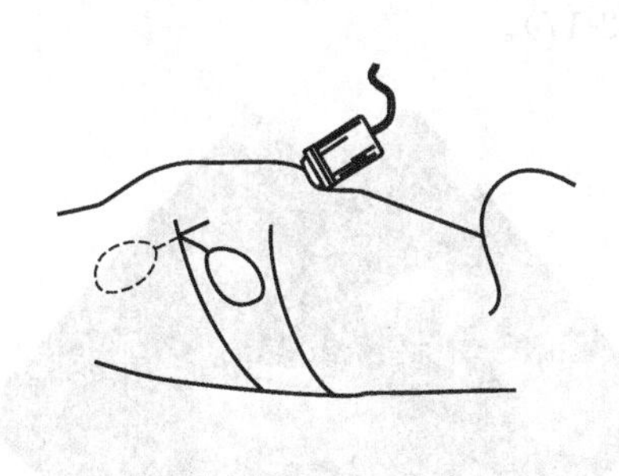

图 4-2-13 肝脏及胆囊镜像示意图

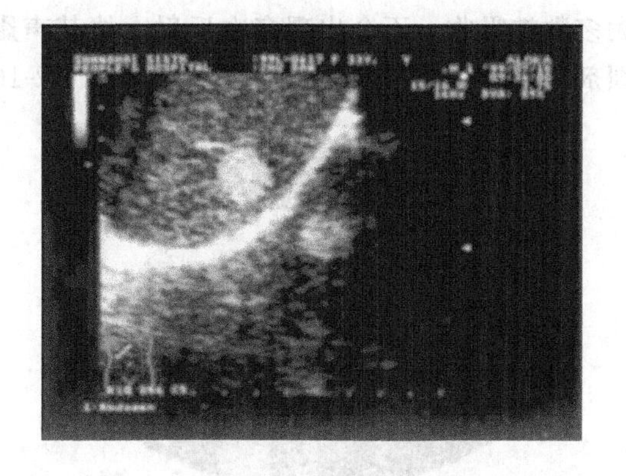

图 4-2-14 镜像伪影

3. 侧叶伪影

与初始声束主方向不一致的少数声束遇到某一器官的高声学界面后，发生反射，一些弧状高回声由于反射也会产生这样的声束。这些非主声束方向上的回声又经原来的路径返回到换能器。换能器把主声束方向上的回声与这些回声一同转换成不同强度的实时电信号，再由主机转换成视频信号。虽然这些回声比主回声弱得多，但还是足够形成影像，且这种影像出现在主声束方向上，是一种虚拟影像，因而称之为侧叶伪影（Side-lobe artifact）。侧叶伪影通过调节机器的技术设置，如调低增益、加大抑制等就可以消除。

4. 沉积伪影

沉积伪影（Pseudo-sludge）是侧叶伪影的一种，这种伪影将膀胱、胆囊等的底边位移。这种伪影与 X 线、CT 的“部分体积效果”相似，当声束脉冲宽度大于囊壁时，回声在影像上就会错误的展现囊壁结构。区分底边伪影与真实的沉积影像的方法有：①实际底边往往平整，伪影底边则成弧形；②改变动物体位将会改变膀胱、胆囊相应部位底边的位置，不管底边位置如何改变，沉积伪影界面总是与入射声束轴向垂直的（见图 4-2-15）；③转换换能器角度也可以避开高反射结构的相应部位。

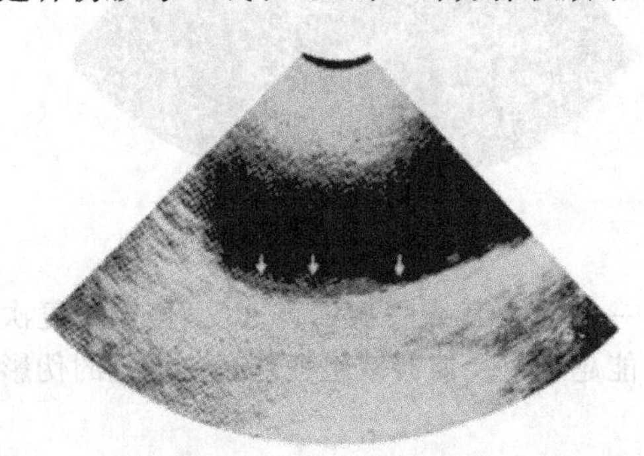

图 4-2-15　沉积伪影

5. 重影

当入射声束遇到不同声阻抗值的组织时，声束就会发生折射。折射改变了声束方向，造成反射体图像位置的不精确表现，好比“影随身行”，因而被称为重影（Organ duplication, Ghost artifact），又称二次成像（Double-image artifact）。重影是盆腔检查常见的现象，直肠及其相邻的脂肪组织好比棱镜一样折射声束，导致二重成像。重影可以造成兽医临床上的误诊及测量错误。

三次成像与二次成像的物理学原理是一样的，肥胖症病例的肾脏较易发生。肝脏、脾脏与其周围的脂肪组织易发生二次成像。折射还可以造成声影和影像增强。

6. 声影

声影（Acoustic shadowing）是指高回声后的低回声或无回声区，它是由于声束在强回声界面上几乎完全反射后或被完全吸收后而导致的远场无回声或低回声。气体和骨骼易产生声影。例如，在气体与软组织界面上，由于多次反射或多次回声，99%的声束被反射，造成声影不洁（不一致）；在软组织与骨骼间的声学界面上，2/3 的声束被反射且剩下声束的绝大多数被吸收，不会出现多次反射，故其声影非常干净（全部黑化）。尿结石和胆结石以及钡剂可以产生与骨骼一样的声影（见图 4-2-16、图 4-2-17）。

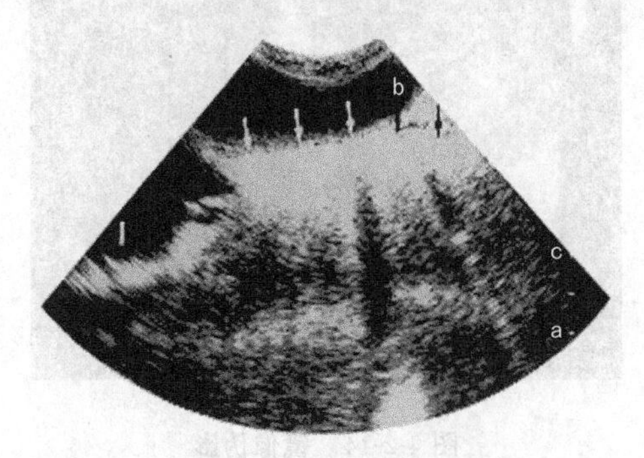

图 4-2-16　不洁声影

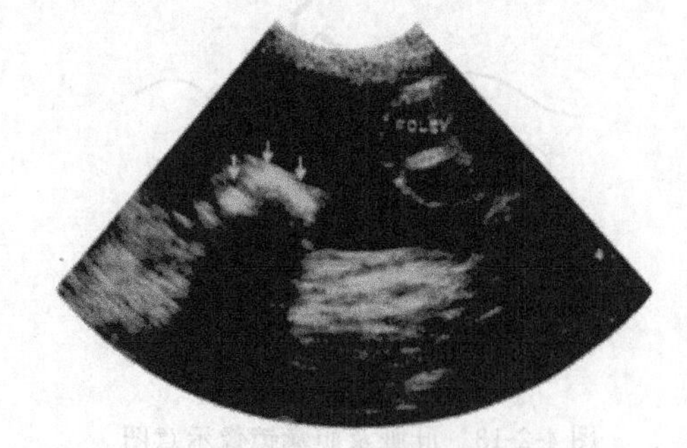

图 4-2-17　清洁声影

声影的清洁与不清洁是相对的，有时后，气体也可以产生清洁的声影，而结石的声影不洁。产生声影物质与声束焦点的相对大小、位置，换能器频率，结石的组成等是形成声影清洁程度的关键。结石应处在声束焦点前后处，且至少应等于或大于声束直径才能产生明显的声影。

7. 侧边声影

声影有时后会出现在囊腔状结构两侧囊壁远场，这种声影称为侧边声影（Edge-shadowing）。这是由于较低声速的声束通过囊腔内的液体后在液体-囊壁界面上发生折射所引起的。侧边声影常出现在膀胱、胆囊、肾脏等圆形囊腔状结构的边缘，甚至会出现于肾脏的髓质与肾盏结合部（见图 4-2-18）。

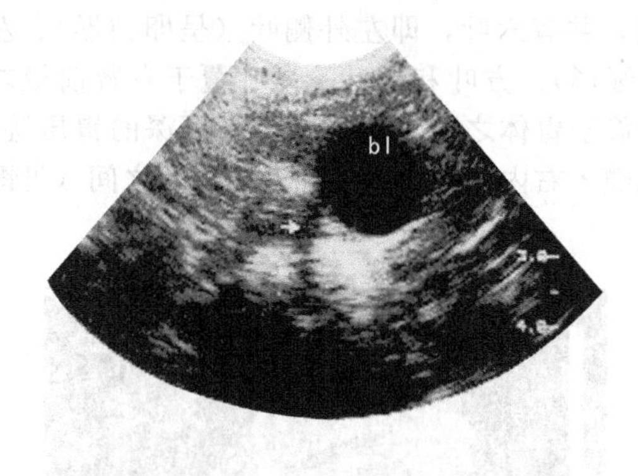

图 4-2-18　膀胱横断面侧边声影

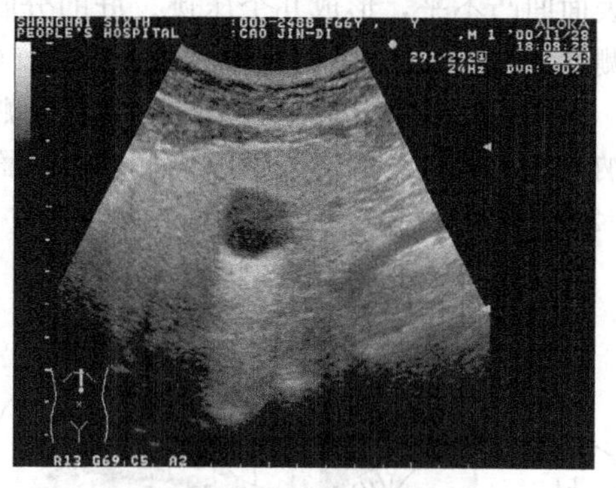

图 4-2-19　后方回声增强

体内体外实验表明，声束通过囊腔内的液体，在液体与囊壁的界面上发生反射与折射。由于囊腔界面的凹面，使得反射和折射声束均发生离散（Defocusing），再加上组织对声束的致弱作用，其远场回声就很低或无回声。

8. 回声增强

远场对声束低衰减的区域使回声振幅加大，引起回声增强（Enhancement）（见图 4-2-19），因而又称为完全透射（Through-transmission），在声像图中表现为灰度升高。这种现象常出现在膀胱、胆囊的远方，又称为后壁增强效应（Posterial wall enhancement effect）。影像增强有利于区分囊腔结构与实质性的肿块。囊腔有一个平滑、不连续的边缘，而脓肿、肉芽肿和肿瘤常表现为周边不整或边界模糊。周边结构的差异有益于区分体内各种肿块。高回声肿块后出现声影增强或无回声之后出现声影等偶然出现的现象很容易造成诊断上的失误，此时应该转换体位、改变换能器方向，结合其他临床检查才能做出诊断。

9. 距离移位

一般来说，声束在软组织中的速度为 1540m/s。这一平均声速是超声机校正回声距离的依据。但是，声速在各种软组织中的速度实际上是不一样的，比如，在脂肪组织中的速度是 1460m/s。脂肪肝中的脂肪高回声看上去与后移的膈肌相连接，这就是因为声速在脂肪中的速度较小所引起的。另外可见膈肌与胸膜和胃融合，这是由于声束在肝组织与腹腔液体间发生折射，并且导致膈肌的连续性中断。

10. 侧壁缺如

由于声束在囊腔侧壁上发生反射、折射并且出现离散，使得其下方的侧壁的连续性中断，称为侧壁缺如（Lateral wall echo drop-out）。当声束直径太大或囊腔的壁太薄时也会出现这种现象。

11. 人为伪影

人为伪影又称为操作伪影（Manipulation artifact），它是由于扫查技术及动物准备不当所造成的。动物准备不当包括动物空腹、膀胱充盈或在部分胃肠道内充入液体等，空腹至少需 12h。动物扫查部位必须剃毛、涂耦合剂以防气体存在于换能器与皮肤间。换能器使用不当、技术参数设置不当等也很容易造成伪影。

子任务三　腹腔器官 B 型超声检查

一、肝脏与胆囊

犬的肝脏较大，约占体重的 3%。前后扁平，前表面隆凸，其形态与膈的凹面相适应。后表面凹凸不平，形成几个压迹。肝的分叶明显，共有六叶，即左外侧叶（呈卵圆形）、左内侧叶（呈梭形）、右内侧叶、右外侧叶（呈卵圆形）、方叶和尾叶。尾叶覆于右肾前极之上，形成一个深窝（肾压迹）。肝的左外侧叶覆盖于胃体之上，形成一个大而深的胃压迹，容纳胃底和胃体。胆囊位于右内侧叶的脏面，隐藏于右内侧叶、方叶和左内侧叶之间（见图 4-2-20、图 4-2-21）。

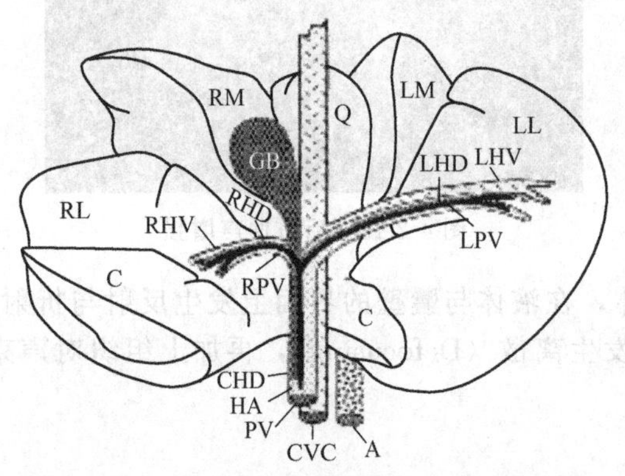

图 4-2-20　犬肝叶、胆囊及脉管、胆管的解剖关系示意图

RL—右外侧叶；RM—右内侧叶；Q—方叶；LL—左外侧叶；LM—左内侧叶；C—尾叶；GB—胆囊；HA—肝动脉；A—腹主动脉；CHD，RHD，LHD—总胆管及右支、左支；PV，RPV，LPV—门静脉及其右支、左支；CVC—后腔静脉；RHV—右肝静脉；LHV—左肝静脉

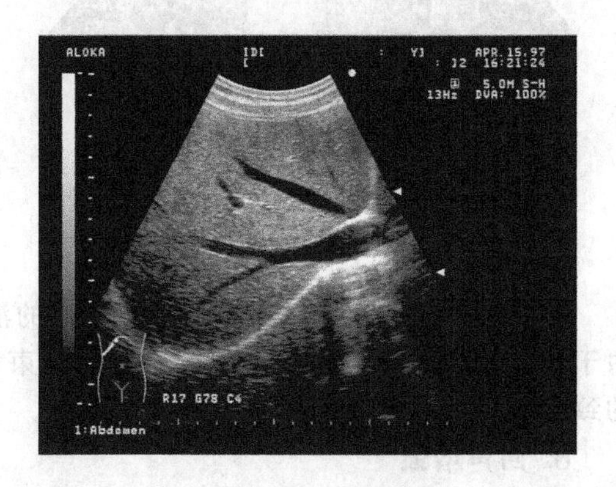

图 4-2-21　肝脏超声图

采取各种体位（立位、仰卧位及坐位）保定。局部剪毛（或剃毛）、消毒、涂耦合剂。探头选用 3～5MHz 线阵或扇扫探头，与皮肤保持垂直并充分密合。记录断层像时，应注意避免人为造成探头活动及动物的骚扰，待图像冻结时，再行拍照，或以影像打印机直接打印、输入录像机录像、输入计算机存贮处理等。

正常肝脏实质为均匀分布的细小光点，中等回声。肝内管道结构呈树状分布。肝内门静脉壁回声较强，肝静脉及其一级分支也能显示，但管壁很薄、回声弱。肝内胆管与门静脉并行，管径较细。肝内动脉一般难以显示。

正常胆囊的纵切面呈梨形或长茄形，边缘轮廓清晰，胆囊壁为纤细光滑的高回声带。囊腔内为无回声区，后壁和后方回声增强。横切面上，胆囊显示为圆形无回声区。

二、脾脏

犬的脾脏长而狭窄，下端稍宽，上端尖而稍弯，位于左侧最后肋骨及左侧肷部。仪器条件及探查方法与肝脏类似，但更宜用高频率探头探查，如 5～10MHz。由于脾脏离体表较近，因探头近场回荡效应而近侧脾表显示不清，这时可在探头和皮肤间加以透声垫块。

正常脾脏的声像图：整体回声强度均高于肝脏，脾实质呈均匀中等回声，光点细密。脾包膜呈光滑的细带状回声。外侧缘呈弧形，内侧缘凹陷，为脾门。脾静脉、脾动脉为管状无回声。

三、肾脏

狗肾呈蚕豆形，表面光滑，大部被脂肪包围。右肾较固定，位于前3个腰椎体的下方，前部在肝尾叶的深压迹内，腹侧面接降十二指肠、胰腺右叶等。左肾偏后，位置变化大，与2～4腰椎相对，腹侧面与降结肠和小肠袢为邻，前端接胃和胰脏的左端。

仪器条件及探查方法与肝脏类似。动物立位、卧位或坐位保定。扫查部位为左、右12肋间上部及最后肋骨上缘。

正常脾脏的声像图：包膜周边回声强而平滑；肾皮质为低强度均质微细回声；肾髓质呈多个无回声暗区或稍显低回声；肾盂及其周围脂肪囊呈放射状排列的强回声结构。根据扫查面不同可显示肾静脉、后腔静脉、肝或脾。

四、膀胱

膀胱的大小，形状和位置随尿液的多少而异。中小型动物则一般采用体表探查法，取站立或仰卧保定位，于耻骨前缘后腹部做纵切面和横切面扫描。

正常膀胱声像图：膀胱内充满尿液者是无回声暗区，周围由膀胱壁强回声带所环绕，轮廓完整，光洁平滑，边界清晰。

五、子宫

动物的子宫通过子宫阔韧带悬垂于骨盆腔入口附近、耻骨前缘上下。母畜怀孕后，随着胚胎的发育，位置逐渐前移。

犬、猫等中小动物在探查子宫时，多取仰卧位，探查部位在耻骨前缘。局部除毛，涂耦合剂，使用5.0MHz探头进行扫查，扫查方位有横向和纵向。

正常、未怀孕的母犬，其子宫一般不显像。用高分辨率探头时，子宫颈显示为卵圆形低回声团块。有时在膀胱背侧、结肠腹侧能见到子宫角的管状结构。通常子宫角很难与肠袢区别，在膀胱充满的情况下，膀胱可作为声窗有利于扫查子宫角。

子任务四　常见疾病声像图解读

一、肝脓肿

肝脓肿（Hepatic abscess）用B型超声显像法诊断，其声像图表现特征如下。

形成液性暗区：肝脓肿形成后，由于脓液属于液体范畴，为均质介质，没有声阻差异，因此无回声，故在监视屏上呈现液性暗区。典型的肝脓肿无回声区边界清晰，切面常呈圆形或类圆形，伴后方回声增强效应，内有细小光点回声。一旦发现肝脏内有液性暗区，应从不同方向向同一部位探查，并注意液性暗区的数目、形状、大小等情况。

由于肝脓肿在各个阶段病理变化不一样，脓肿组织结构和脓肿中内容物也不相同，液性暗区情况也会不一样。肝脓肿早期，肝组织还处于炎性浸润期或坏死组织尚未液化时，声像图上表现为一个光点密集区或光团。坏死组织刚开始液化时，在液性暗区内可出现散在的光点或小光团。脓汁黏稠时，在液性暗区中亦会出现散在稀疏光点。

二、肝肿瘤

肝肿瘤（Tumor of the liver）的声像图随肿瘤性质不同而异。原发性肝癌呈现肝脏肿大和在肝实质内有癌肿结节样图像，肿块回声可表现为多种类型，有低回声、等回声、高回声、混合回声和弥漫型回声。肝脏转移性肿瘤声像图表现为肝内多个结节性肿块，其图像有多种类型。

淋巴肉瘤是最常见的肝脏肿瘤。这种肿瘤的浸润过程可导致弥漫性肝肿大，也可出现淋巴结节。通过直肠探查或腹部用超声显像法检查，均可发现淋巴肉瘤（见图 4-2-22）。

三、肾脏肿瘤

由于肿瘤的种类、大小和数目不一，其声像图也不完全一样。一般说来，肾脏肿瘤（Renal tumor）声像图所见肾脏肿瘤为一种占位性病变，在肾的声像图中出现异常回声。肾实质肿瘤的声像图可分为实质均质暗区、实质不均质暗区和密集强光团回声等。恶性肿瘤可见肾脏表面隆起，肿块边缘不整齐，呈强弱不等回声或混合性回声。可有坏死、囊变所致的液性暗区（见图 4-2-23）。

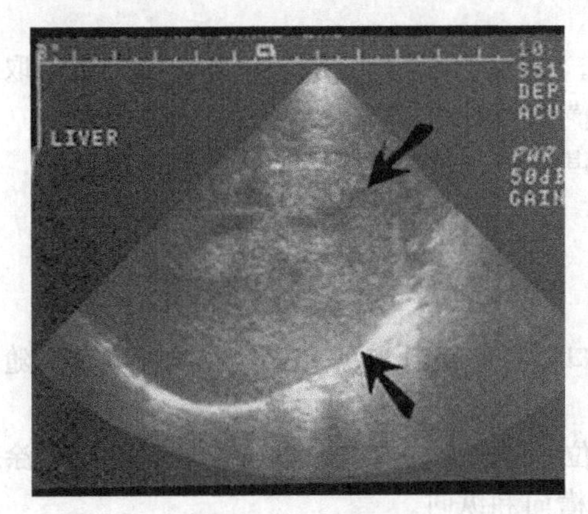

图 4-2-22　肝肿瘤

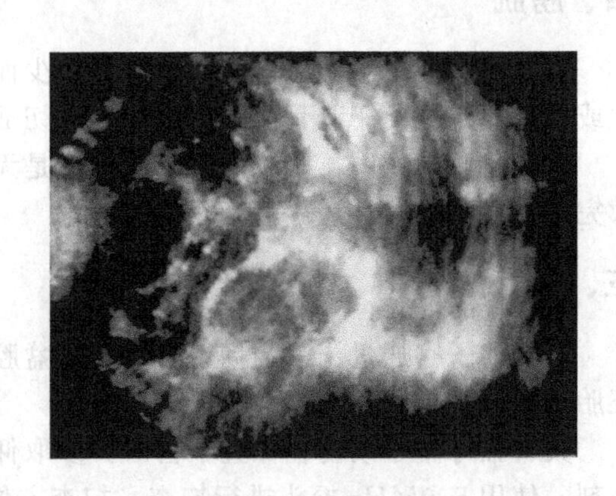
图 4-2-23　肾脏肿瘤

四、肾积水

肾积水（Hydronephrosis）时肾脏体积不同程度增大。少量积水可见肾盂光点分开，中间出现透声暗区，随着积液量增多，透声暗区也随之增大，肾实质明显受压变薄。在大动物具有大量肾积水时，肾脏体积太大以致肾脏深侧面超出扫查范围（20cm 以上），形成巨大透声暗区或整个肾组织全部为均质的液体所代替，仅远侧壁有回声光带。有的病例还可见输尿管近端扩张（见图 4-2-24）。

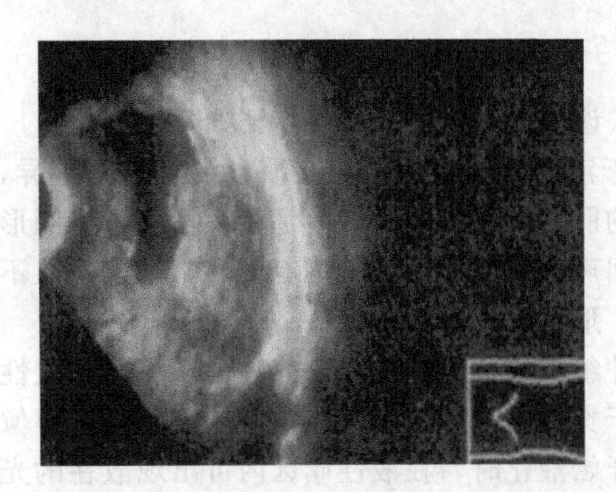
图 4-2-24　肾积水

五、肾结石

在声像图上肾结石（Renal calculi）表现为在肾盂内有光亮强回声，其形状和大小随结石不同而异；完全的声影投射到整个深层组织。这两点是肾结石存在的特征。声影提示光亮强回声表面几乎把声能全部反射回去，声束完全不能到达深层组织。肾盂或肾窦结缔组织也可能产生某些回声阴影，因为它比肾实质更易使声能衰减，但并非完全为黑影，其深部组织还可成像。若肾结石导致肾脏阻塞，就会发生肾盂肾窦积水，则兼有积水的声像图特征。

六、膀胱结石

通过超声扫查能确定肿块的性质（是矿物质还是软组织），判定结石的大小、数目、形状、部位和膀胱壁有无增厚等。

膀胱结石（Cystic calculi）声像图特征：一是膀胱内无回声区域中有致密的强回声光点或光团，其强回声的大小和形状视结石大小和形状而定，小如砂粒，大如人头的结石（大动物）都能查出来；二是强回声的光团或光点后方伴有声影，膀胱壁也可增厚。未粘连的结石随体位变化而变位（见图 4-2-25）。

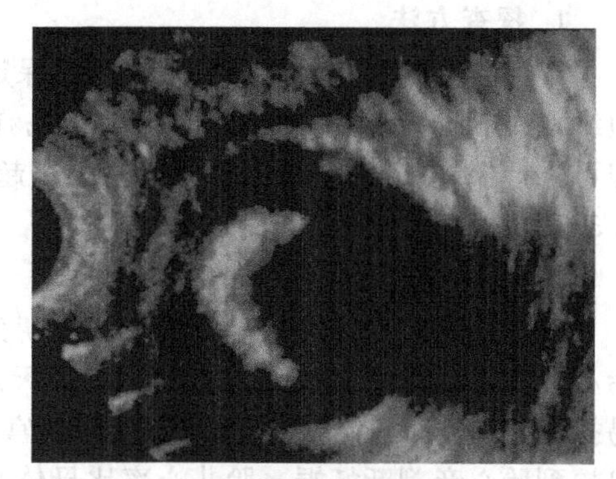

图 4-2-25　膀胱结石

七、膀胱肿瘤

膀胱肿瘤（Urinary bladder tumor）声像图可见膀胱无回声区内有自膀胱壁向腔内突入的肿瘤团块状回声，呈强光团，边缘清晰，后方不伴声影。深部浸润性肿瘤可穿透膀胱壁，使膀胱壁回声中断，呈现一向膀胱外突出的实质性肿块图像。

八、子宫蓄脓

子宫蓄脓（Pyometra）声像图特征：在中、后腹部横断面扫查可见多个增大的圆形或椭圆形低回声区；纵向扫查则显示管状的低回声区（见图 4-2-26）。

九、腹腔肿块

腹腔肿块（Abdominal mass）B 超检查可以鉴别肿块的性质、形态、轮廓、肿块的来源及肿块与邻近脏器的关系（见图 4-2-27）。

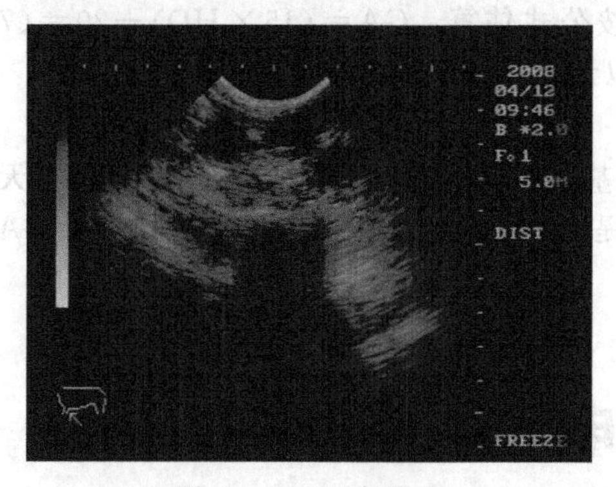

图 4-2-26　子宫蓄脓

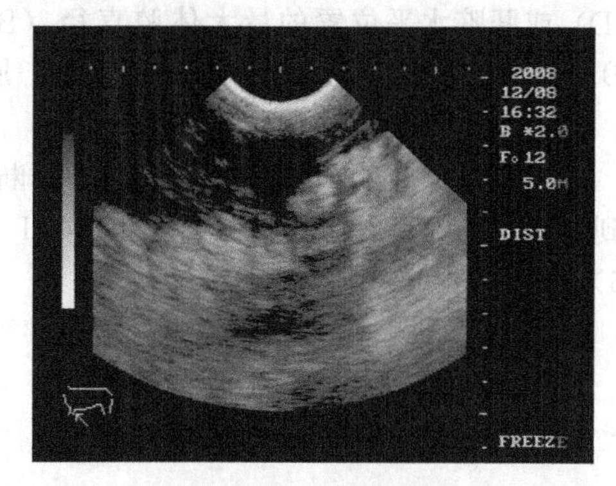

图 4-2-27　腹腔肿块

（1）囊性肿块呈现无回声区，肿块暗区边缘光滑、清晰。

（2）实质均质性肿块内部呈均匀分布之中等强度光点回声或强光点回声；实质非均质肿

块内部回声多变、强弱不等、分布不均、间有低回声区，边缘轮廓不规则；实质浸润性肿块内部回声极不均匀，多数可见强光团回声，肿块边缘不规则，轮廓不清晰。

(3) 混合性肿块多为囊性和实质性混合存在，肿块区有上述两种以上图像同时存在。

十、犬、猫妊娠诊断

母狗的妊娠期为62天（58～65天），卵子受精后17～18天开始着床。有人将妊娠分初期（25～35天）、中期（35～50天）和后期（50～60天）。狗的胎盘为环状胎盘，胎盘中形成血窦，血液在其中回流，D型仪探查为吹风声。

1. 探查方法

母狗取自然站立、人工扶持或躺卧保定均可，需要保持安静。探查部位在后肋部、乳房边缘，或下腹部脐后3～5cm处。除长毛狗外，不需剪毛，只要将毛分开，多涂一些耦合剂即可进行探查。20世纪70年代是用A超和D超，80年代用B超，B超常用超声频率为3.5～5.0MHz，都在体外探查。

2. D超探查

最早探到宫血音、胎盘血流音的日期分别是妊娠的第19天、妊娠第25天，而最早探到胎心音的日期是妊娠的第29天或第30天。初次探查胎心，要细心才能探到，30天以上容易探到，35天以上都能探到。可依探到宫血音、胎盘血流音和胎心音综合判断妊娠，或仅以探到胎心音判断妊娠。胎儿心率比母体心率快2倍（妊娠7周时，胎儿心率180～220次/min）。预测胎数在妊娠34天后进行效果较好，对延期妊娠、分娩发生难产的，D型仪还可监测胎儿是否存活。

3. B超探查

发情后2～3天才能探到卵泡，当卵泡停止增长后即排卵。妊娠23天前探不到妊娠子宫影像。首次检出妊娠子宫、胎儿、胎动、体腔和胎心的日期分别在妊娠第24天、妊娠第30天、妊娠第40天和妊娠第48天。妊娠24～30天，可以计算怀胎数。B型仪对卵巢、子宫的断层扫描，可以正确诊断卵巢和子宫的囊肿、子宫积血、子宫积液、子宫蓄脓、囊肿性子宫内膜增生、子宫内膜炎、子宫肿瘤等疾患，准确率优于X-CT扫描。

4. 狗胎龄（GA）预测

在妊娠40天之前，可根据最大胎囊直径（GSD）或头顶至臀后长度（CRL）按公式计算估计：GA＝(6×GSD)＋20＝(3×CRL)＋27；在妊娠40天之后，可根据头部最大横径（HD）或肝脏水平位置的最大体腔直径（BD）按公式估算：GA＝(15×HD)＋20＝(7×BD)＋29＝(6×HD)＋(3×BD)＋30（注：胎龄以天计；长度以厘米计）。

5. 母猫妊娠诊断

母猫妊娠期为58天（55～60天），诊断方法基本同狗。用B型仪探查，配种后21天可探到胎儿，比腹壁触诊提早三周，比X-CT扫描提早3～4周。猫的胎龄计算公式为：GA＝(25×HD)＋3＝(11×BD)＋21。

任务三　心电图检查

心电图检查是一项重要的特殊检查方法。它对心律失常、心脏肥大、心肌梗死和电解质紊乱的诊断具有重要意义。

心脏机械性收缩之前，心肌首先发生电激动，产生心脏动作电流。机体中含有大量的体液和电解质，具有一定的导电性能，因而是一个容积导体。据容积导电的原理，可以从体表上间接测出心肌的电位变化。利用心电图机（又称心电描记器）将体表的心电变化，描记于心电图纸上所得到的曲线图，称为心电图。心电图的描记方法也称为心动电流描记法。研究正常及病理情况下的心电图变化及其临床应用的学科，称为心电图学（见图 4-3-1、图 4-3-2）。

图 4-3-1　六通道心电图机

图 4-3-2　记录“心脏电生理”的心电图示意图

本项目主要讲述的是心电描记方法的导联和操作，正常心电图的特征和心电图的临床应用。

子任务一　心电图导联

将心电图机的正、负极导线与动物体表相连接而构成的描记心动电流图的电路称为心电导联。按电极与心脏电位变化的关系可将心电导联分为单极导联（即形成电路的负极或称无关电极，几乎不受心脏电位的影响）和双极导联（两电极均受心电的影响）。

目前，对于心电图导联的介绍，一般只说明电极在动物体表的放置部位，其与心电图机的正负连接，国内外生产的心电图机都附有统一规定的带色导线。

红色（R）——连接右前肢

黄色（L）——连接左前肢

蓝色或绿色（LF）——连接左后肢

黑色（RF）——连接右后肢

白色（C）——连接胸导联

在具体操作时，只要按上述颜色的导线连在四肢的电极板上，将心电图机上的导联开关拨到相应的导联上，即描记出该导联的心电图。

一、单极导联

1. 加压单极肢导联

将探查电极放在标准导联的任一肢体上，而将其余二肢体上的引导电极分别与 5000Ω 电阻串联在一起作为无关电极。这种导联记录出的心电图电压比单极肢体导联的电压增加50%左右，故名加压单极肢体导联。根据探查电极放置的位置命名，如探查电极在右臂，即为加压单极右上肢导联（aVR），在左臂则为加压单极左上肢导联（aVL），在左腿则为加压单极左下肢导联（aVF）。

2. 单极胸导联

将一个测量电极固定为零电位（中心电端法），把中心电端和心电描记器的负端相连，成为无关电极。另一个电极和描记器正端相连，作为探查电极，可放在胸壁的不同部位。分别构成 6 种单极胸导联，电极的位置是：V_1，胸骨右缘第 4 肋间；V_2，胸骨左缘第 4 肋间；

V_3，在 V_1 与 V_4 连线的中点；V_4，左锁骨中线第 5 肋间；V_5，左腋前线与 V_4 同一水平；V_6，左腋中线与 V_4 同一水平。

二、双极导联

标准导联属双极导联，只能描记两电极间的电位差。电极连接方法是：第一导联（简称Ⅰ），右前肢（－），左前肢（＋）；第二导联（简称Ⅱ），右前肢（－），左后肢（＋）；第三导联（简称Ⅲ），左前肢（－），左后肢（＋）（见图 4-3-3）。

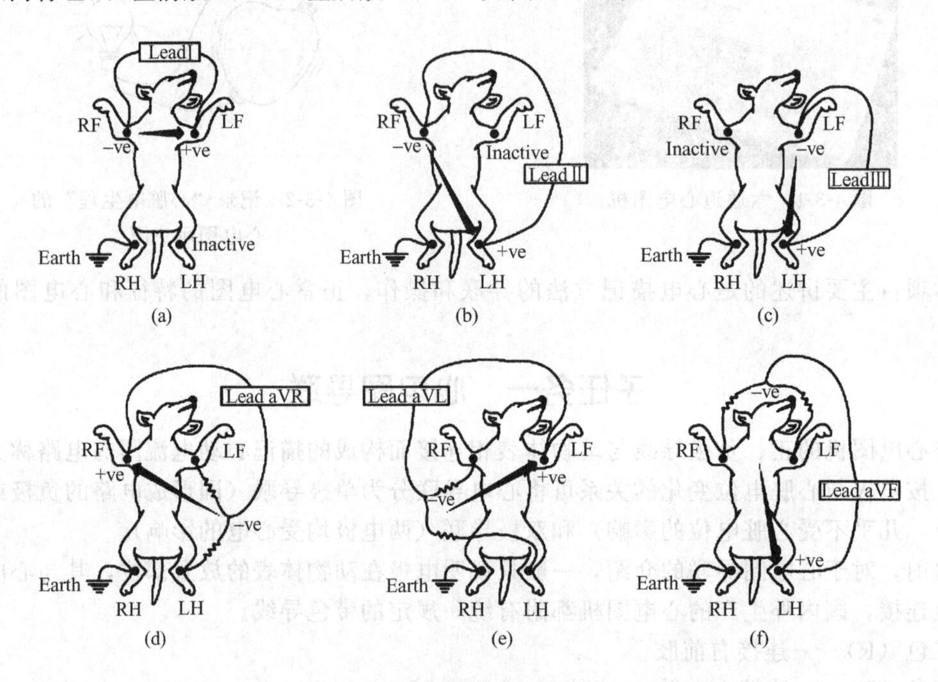

图 4-3-3　双极导联连接方式

RH—右后肢；LH—左后肢；RF—右前肢；LF—左前肢；Lead Ⅰ—一导联；Lead Ⅱ—二导联；Lead Ⅲ—三导联；Lead aVR—加压单极右上肢导联；Lead aVL—加压单极左上肢导联；Lead aVF—加压单极左下肢导联

子任务二　心电图描记

心电图描记方法：在体表任何两处安放电极板，用导线接到心电图机的正负两极，即形成导联，可借以记录动物体两处的心电电位差。常规用 12 个导联。标准导联又称双极导联，由 W. 爱因托芬于 1905～1906 年首创，在三个肢体上安置电极，并假设这三点在同一平面上形成一个等边三角形，而心脏产生的综合电力是一个位于此等边三角形中心的电偶。单极肢导是威尔逊于 1930～1940 年所创，即把三个肢体互相连通构成中心电端，在肢体通向中心电端间加一个 5000Ω 的电阻，中心电端电位接近于零，因此被看做无关电极，探查电极分别置各肢体形成单极肢导。但由于所描记波幅太小，故戈德伯格又将其改良成加压单极肢体导联，即描记某一肢体的单极导联心电图时，将该肢体与中心电端的连接截断，这样其电压高出 50%。威尔逊所创单极心前导联是将中心电端与电流计的阴极相连，探查电极置胸前各位置。

心电图记录为印有间距 1mm 纵横细线的小方格；其横向距离代表时间，一般记录纸速为每秒 25mm，故每小格为 0.04s，纵向距离代表电压。常规投照标准电压 1mV＝10mm，特殊需要时纸速可调至每秒 50mm、100mm 或 200mm，此时电压 1mV＝20mm 或 50mm（见图 4-3-4）。

图 4-3-4 心电图描记方法

子任务三 心电图测量

一、心电图测量方法

一般测量心电图的方法如下。

(1) 将各导联按Ⅰ、Ⅱ、Ⅲ、aVR、aVL、aVF、V_1～V_6 的顺序排列，首先检查各导联心电图标记有无错误，有无伪差，导联有无接错，定准电压是否正确，有无个别导联电压减半或加倍，纸速如何，有无基线不稳和交流电干扰等。

(2) 根据 P 波的有无、形态、顺序及与 QRS 波群的关系，确定基本心律是窦性心律亦或异位心律。

(3) 测定 P-P 或 R-R 间距、P-R 间期、Q-T 间期、P 波及 QRS 波群的时间，必要时测定 V_1、V_5 导联的室壁激动时间。

(4) 测定 QRS 波群平均电轴，各导联 P、QRS、T、U 波的电压、形态、方向，ST 段有无移位。

(5) 综合心电图所见，结合被检查者的年龄、性别、病史、体征、临床诊断、用药情况、其他器械检查结果以及过去心电图检查等资料，判断心电图是否正常，作出心电图诊断（见图 4-3-5）。

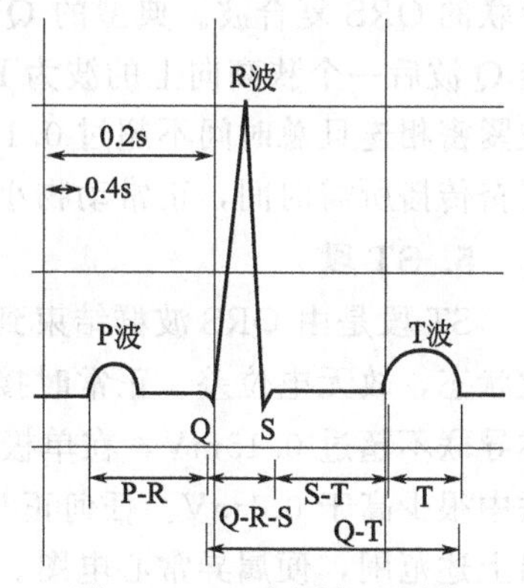

图 4-3-5 心电图各区划分

1. P 波

心脏的兴奋源于窦房结，最先传至心房，故心电图各波中最先出现的是代表左右两心房兴奋过程的 P 波。兴奋在向两心房传播过程中，其心电去极化的综合向量先指向左下肢，然后逐渐转向左上肢。如将各瞬间心房去极的综合向量连接起来，便形成一个代表心房去极的空间向量环，简称 P 环。P 环在各导联轴上的投影即得出各导联上不同的 P 波。P 波形小而圆钝，随各导联而稍有不同。P 波的宽度一般不超过 0.04s，电压（高度）不超过 0.05mV（见图 4-3-6、图 4-3-7）。

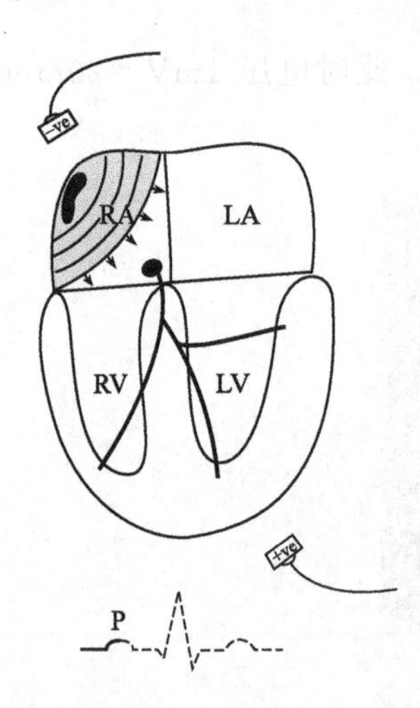

图 4-3-6　部分心房去极化和 P 波的形成

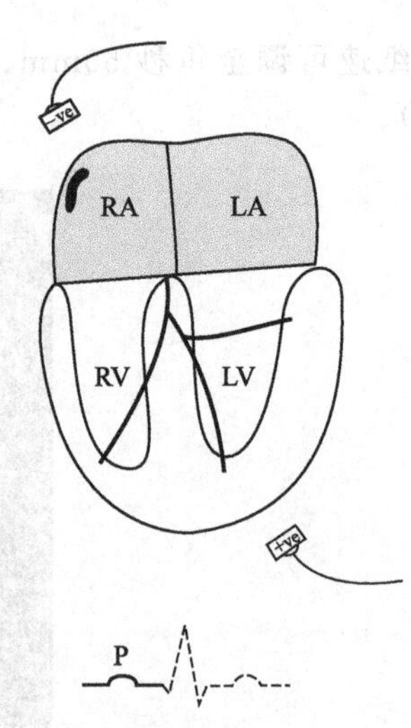

图 4-3-7　心房完全去极化和 P 波的形成

2. P-R 段

P-R 段是从 P 波终点到 QRS 波起点之间的曲线，通常与基线同一水平。P-R 段由电活动经房室交界传向心室所产生的电位变化极弱，在体表难于记录出。

3. P-R 间期

P-R 间期是从 P 波起点到 QRS 波群起点的时间距离，代表心房开始兴奋到心室开始兴奋所需的时间，一般成年动物为 0.06～0.13s，幼龄动物稍短。

4. QRS 复合波

QRS 复合波代表两个心室兴奋传播过程的电位变化。由窦房结发生的兴奋波经传导系统首先到达室间隔的左侧面，以后按一定路线和方向，并由内层向外层依次传播。随着心室各部位先后去极化形成多个瞬间综合心电向量，在额面的导联轴上的投影，便是心电图肢体导联的 QRS 复合波。典型的 QRS 复合波包括三个相连的波动。第一个向下的波为 Q 波，继 Q 波后一个狭高向上的波为 R 波，与 R 波相连接的又一个向下的波为 S 波。由于这三个波紧密相连且总时间不超过 0.10s，故合称 QRS 复合波。QRS 复合波所占时间代表心室肌兴奋传播所需时间，正常动物小于 0.05s。

5. ST 段

ST 段是由 QRS 波群结束到 T 波开始的平线，反映心室各部均在兴奋而各部处于去极化状态，故无电位差。正常时接近于等电位线，向下偏移不应超过 0.2mV，向上偏移在肢体导联不超过 0.15mV，在单极心前导程中 V_1、V_2、V_3 中可达 0.2～0.3mV；V_4、V_5 导联中很少高于 0.1mV。任何正常心前导联中，ST 段下降不应低于 0.05mV。偏高或降低超出上述范围，便属异常心电图。

6. T 波

T 波是继 QRS 波群后的一个波幅较低而波宽较长的电波，反映心室兴奋后再极化过程。心室再极化的顺序与去极化过程相反，它缓慢地从外层向内层进行，在外层已去极化部分的负电位首先恢复到静息时的正电位，使外层为正，内层为负，因此与去极化时向量的方向基本相同。连接心室复极各瞬间向量所形成的轨迹，就是心室再极化心电向量环，简称 T 环。T 环的投影即为 T 波。再极化过程同心肌代谢有关，因而较去极化过程缓慢，占时较长。T 波与 ST 段同样具有重要的诊断意义。

二、心电图各波与心肌动作电位的关系

单个心肌细胞兴奋时描记的动作电位图形与每个心动周期描记的心电图有显著差别。这是由于心肌细胞动作电位是单个细胞的膜电位变化，而心电图则是大量心肌细胞构成的功能性合胞体瞬间的电位变化，是随整个心脏这个功能合胞体兴奋的发生传布和恢复过程而变化的。不仅与单个心肌细胞的动作电位不同而且多种导联描出的波形也有所不同。尽管如此，单个心肌细胞动作电位的产生和消失，与心电图各波之间仍有明显的对应关系。以心室肌为例，心室肌单个细胞动作电位的“0”期（升支）与心电图QRS复合波相应。由于心室各部心肌细胞开始去极化的时间有先后，遂使QRS复合波的时程比单个心室肌细胞的“0”期长，但二者时程基本相应。单个心室肌细胞复极化的第“2”期与心电图ST段相应。单个心室肌细胞开始进入快速复极化即第3期时，与心电图的T波相应。

子任务四　犬心电图波形解读

心电图是反映心脏兴奋的电活动过程，它对心脏基本功能及其病理研究方面，具有重要的参考价值。心电图可以分析与鉴别各种心律失常；也可以反映心肌受损的程度和发展过程及心房、心室的功能结构情况。在指导心脏手术进行及指示必要的药物处理上有参考价值。然而，心电图并非检查心脏功能状态必不可少的指标。因为有时貌似正常的心电图不一定证明心功能正常；相反，心肌的损伤和功能的缺陷并不总能显示出心电图的任何变化。所以心电图的检查必须结合多种指标和临床资料，进行全面综合分析，才能对心脏的功能结构做出正确的判断。

一、正常心电图

犬正常心电图见图4-3-8，猫正常心电图见图4-3-9。

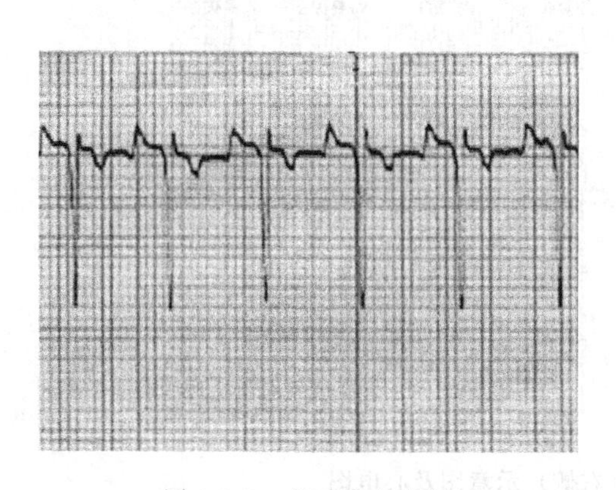

图4-3-8　犬正常心电图

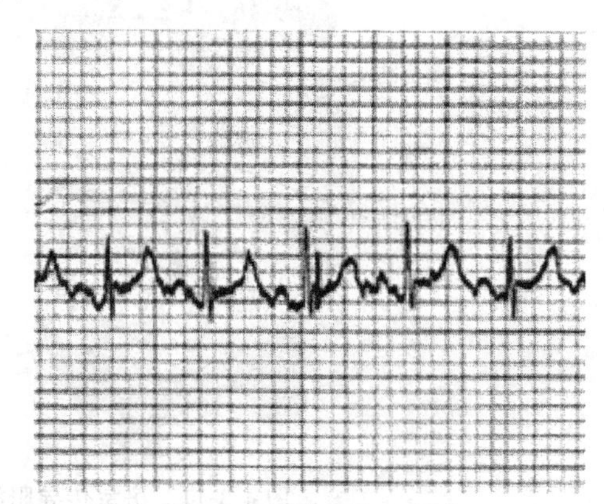

图4-3-9　猫正常心电图

犬、猫正常心电图值见表4-3-1。

表4-3-1　犬、猫正常心电图值

项　目	犬	猫	项　目	犬	猫
心跳速率/(次/min)	成犬:70～160 幼犬 70～220	120～240	R波振幅/mV	＜2.0 巨型犬＜2.5	＜0.9
P波时间/s	＜0.04 巨型犬＜0.05	＜0.04	ST段	下降:＜0.2 上抬:＜0.15	无下降 无上抬
P波振幅/mV	＜0.04	＜0.02	T波振幅	＜正常R波振幅0.25倍	＜0.3mV
P-R间期/s	0.06～0.13	0.05～0.09	Q-T间期/s	0.15～0.25	0.12～0.18
QRS时间/s	＜0.05 巨型犬＜0.06	＜0.04	平均电轴	40°～100°	0°～160°

二、异常心电图

1. 室性早搏

犬、猫较常见的一种病理状态。其心电图特征为QRS复合波形态异常，宽度最大可增加50%，T波变大，同时与QRS复合波方向相反（见图4-3-10）。

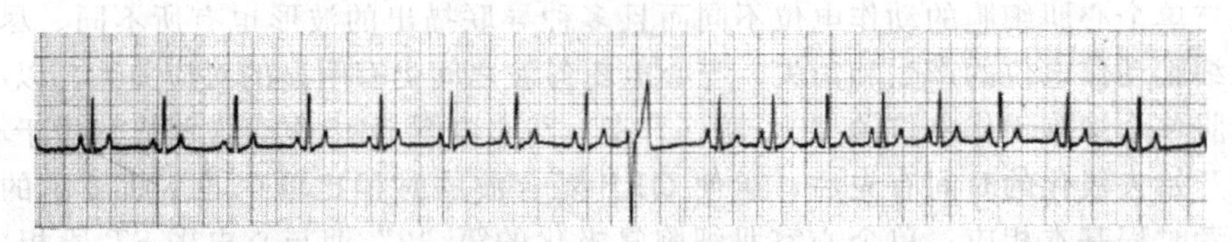

图4-3-10　室性早搏犬的心电图（25mm/s和10mm/mV）（10岁拉布拉多犬）

2. 右侧心室内传导阻滞

起于房室结的肯-希二氏束通过房室环进入心室，进而在心室隔内分为左右两侧支，分别进入左、右心室；左侧支再分为左前支小束和左后支小束。传到组织最后以蒲肯野纤维连接心肌细胞。右侧心室内传导阻滞的心电图特征为QRS波间期延长（>0.07s）。QRS复合波变深，并且在Ⅰ导联、Ⅱ导联、Ⅲ导联和aVF导联，S波模糊不清，aVR导联和aVL导联时阳性（见图4-3-11）。

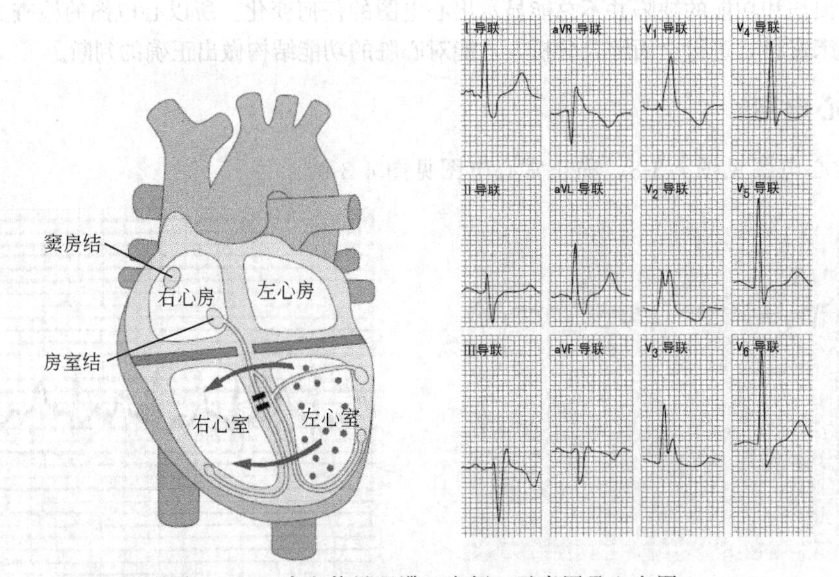

图4-3-11　房室传导阻滞（右侧）示意图及心电图

3. 左侧心室内传导阻滞

其特征为QRS波间期延长（>0.07s）。在Ⅰ导联、Ⅱ导联、Ⅲ导联和aVF导联时，波群为阳性，在aVR导联和aVL导联时为阴性。右侧心室内传导阻滞须与左心扩张鉴别开（见图4-3-12）。

4. 心房扑动

犬上极少见，猫上尚未见到文献报道。其心电图特征为扑动波（F波）产生锯齿状偏转，尤其是速率在300～400次/min时。心室表现为室上性心动过速，可导致功能性的方式传导阻滞（见图4-3-13）。

5. 心房纤颤

可能是小动物最常见的一种心律不齐现象。心房纤颤去极化过程中，电波随即穿过心

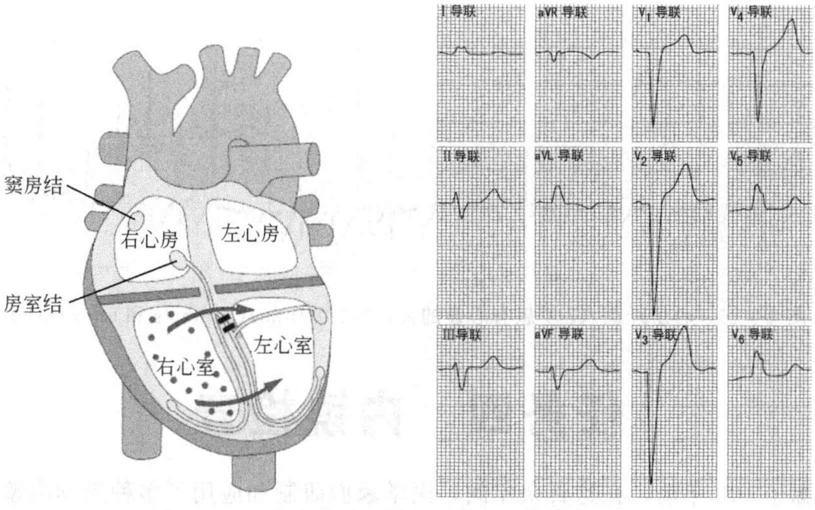

图 4-3-12 房室传导阻滞（左侧）示意图及心电图

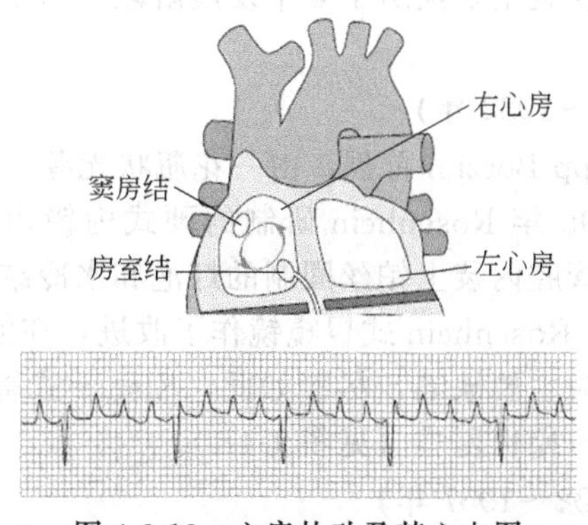

图 4-3-13 心房扑动及其心电图

房。因为心房纤颤起源于心室之上，也可以称之为室上性心律不齐。其心电图特征为 QRS 波形态正常、振幅不齐、速率可能为正常或较快、R-R 间期不规整且混乱、QRS 波后的 P 波不清（见图 4-3-14～图 4-3-16）。

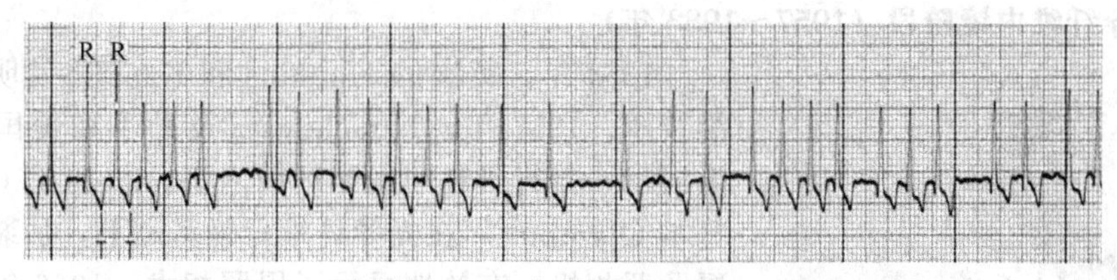

图 4-3-14 心房纤颤（180 次/min）(25mm/s 和 10mm/mV)

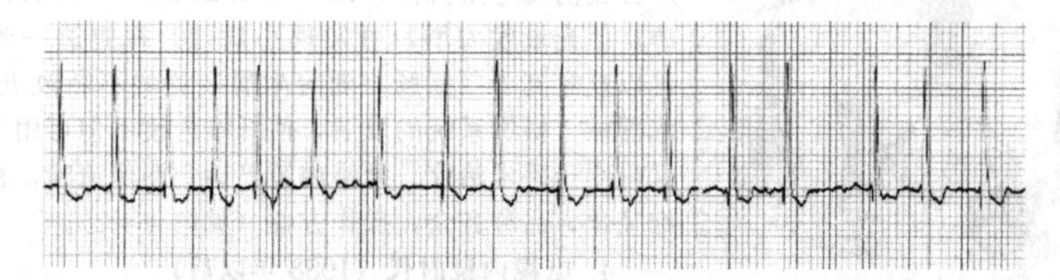

图 4-3-15 心房纤颤（10 岁患有二尖瓣疾病的犬，180 次/min）(25mm/s 和 10mm/mV)

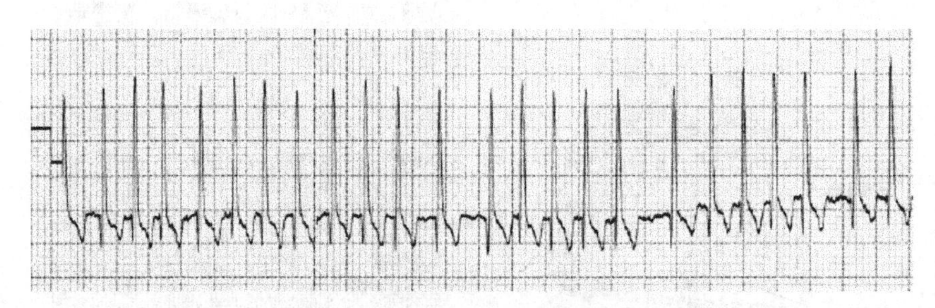

图 4-3-16 心房纤颤（7 岁患有心衰的犬，280 次/min）(25mm/s 和 5mm/mV)

任务四 内镜检查

内镜起源于 100 年前，在这百余年间，医学家们研制和应用了多种光学内镜，希冀能窥见体内脏器的病变，以协助诊断和治疗。但只有在 20 世纪 50 年代后期纤维内镜问世以后，才实现了这一愿望。内镜的发展主要经历了 4 个发展阶段，每个阶段都以当时所用器械的主要特征为标志。

1. 硬式内镜阶段（1806～1932 年）

硬式内镜由德国人 Philipp Bozzini 首创，由一花瓶状光源、蜡烛和一系列镜片组成，主要用于膀胱和尿道检查。1895 年 Rosenhein 研制的硬式内镜由 3 根管子呈同心圆状设置，中心管为光学结构，第二层管腔内装上铂丝圈制的灯泡和水冷结构，外层壁上刻有刻度反映进镜深度。1911 年 Elsner 对 Rosenhein 式胃窥镜作了改进，在前端加上橡皮头做引导之用，但透镜脏污后便无法观察成为主要缺陷，尽管如此，Elsner 式胃镜 1932 年以前仍处于统帅地位。此类早期胃镜盲区大，操作困难（见图 4-4-1）。

2. 半屈式内镜阶段（1932～1957 年）

Schindler 与器械制作师 Georg Wolf 合作于 1932 年研制成功胃镜，定名为 Wolf-Schindler 式胃镜。它可在不同角度弯曲 34°，视野加宽，清晰。病人损伤减小，但观察范围仍很小，活检装置不灵活。之后，许多人对其进行了改造，使之功能更为齐全，更为实用。

3. 光导纤维内镜阶段（1957～1983 年）

图 4-4-1 硬式内镜

1954 年，英国的 Hopkins 和 Kapany 发明了光导纤维技术。1957 年，Hirschowitz 及助手在美国胃镜学会上展示了自行研制的光导纤维内镜。20 世纪 60 年代初，日本 Olympus 厂在光导纤维胃镜基础上，加装了活检装置及照相机，有效地显示了胃照相术。1966 年 Olympus 厂首创前端弯角机构，1967 年 Machida 厂采用外部冷光源，使光量度大增，可发现小病灶，视野进一步扩大，可以观察到十二指肠。随着附属装置的不断改进，如手术器械、摄影系统的发展，使纤维内镜不但可用于诊断，且可用于手术治疗。纤维内镜已达到图像清晰，视野大，细径化，品种齐全，操作方便（见图 4-4-2）。

4. 电视内镜时代（1983 年以后）

1983 年 Welch Allyn 公司研制成功了电子摄像

式内镜。该镜前端装有高敏感度微型摄像机，将所记录下的图像以电讯号方式传至电视信息处理系统，然后把信号转变成为电视显像机上可看到的图像。不久日本Olympus厂即推出相应型号胃镜。1983年出现第一代电子内镜，取消了纤维传像，代之以电荷耦合器件图像传感器（Charge coupled device，CCD），完全改变了纤维内镜的本质。电子内镜（见图4-4-3）的影像质量好，图像大，光亮度强，对细小病变的检查更满意，并可供集体会诊或培训。目前已生产出第三代电子内镜应用于临床。世界上生产电子内镜比较著名的公司由美国的雅伦（Welch Allyn）和日本的奥林巴斯（Olympus）等。自从1970年在兽医领域引进内镜后，在兽医的诊断和治疗过程中应用已经十分广泛。

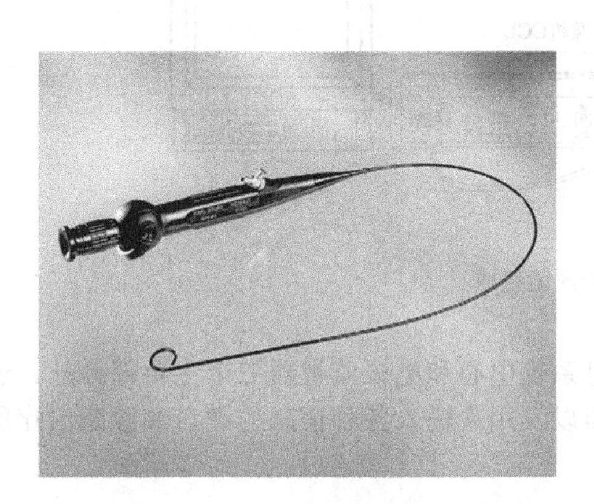

图4-4-2　光导纤维内镜

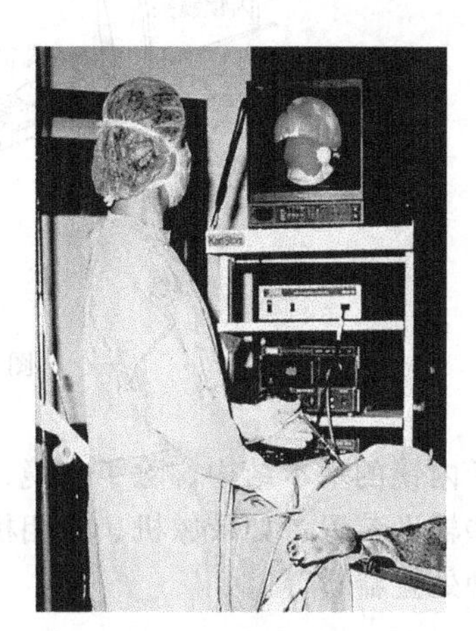

图4-4-3　电子内镜

子任务一　认识内镜

一、内镜类型

1. 纤维内镜

纤维内镜系统由内镜镜体和冷光源两部分组成，镜体内有两条光导纤维束：一条叫光束，它是用来将冷光源产生的光线传导到被观测物体表面，将被观测物表面照亮；另一条叫象束，它是把数万根直径在1μm以下的光导纤维按一行一行顺序排列成一束，一端对准目镜，另一端通过物镜片对准被观测物体表面，医生通过目镜能够非常直观地看到脏器表面的情况，便于及时准确地诊断病情。例如，借助内镜医生可以观察胃内的溃疡或肿瘤，据此制定出最佳的治疗方案。

传导图像的纤维束构成了纤维内镜的核心部分，它由数万根极细的玻璃纤维组成，根据光学全反射原理，所有玻璃纤维外面必须再被覆一层折射率较低的膜，以保证所有内芯纤维传导的光线都能发生全反射。单根纤维的传递只能产生一个光点，要想看到图像，就必须把大量的纤维集成束，要想把图像传递到另一端也成同样的图像，就必须使每一根纤维在其两端所排列的位置相同，称为导像束。纤维内镜通常有两个玻璃纤维管，光通过其中之一进入体内，医生通过另一个管或通过一个摄像机来进行观察。1981年，内镜超声波技术研制成功，这种把先进的超声波技术与内镜结合在一起的新发展，大大增加了对病变诊断的准确性。由此手术可以用内镜和激光来做，内镜的光导纤维能输送激光束，烧灼赘生物或肿瘤，封闭出血的血管。

2. 电子内镜

主要由内镜（Endoscopy）、电视信息系统中心（Video information system center）和电视监视器（Television monitor）三个主要部分组成（见图4-4-4）。它的成像主要依赖于镜身前端装备的电荷耦合器件图像传感器（Charge coupled device，CCD），CCD就像一台微型摄像机将图像经过图像处理器处理后，显示在电视监视器的屏幕上。比普通光导纤维内镜的图像清晰，色泽逼真，分辨率更高，而且可供多人同时观看（见图4-4-4）。

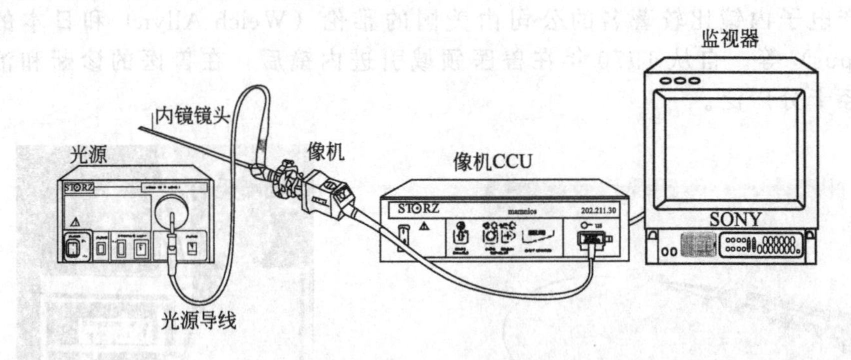

图4-4-4　电子内镜组成

电子内镜的基本结构，除了内镜、电视信息系统中心和电视监视器三个主要部分外，还配备一些辅助装置，如录像机、照相机、吸引器以及用来输入各种信息的键盘和诊断治疗所用的各种处置器具等。

二、内镜成像原理

1. 纤维内镜

纤维内镜成像原理是将冷光源的光，传入导光束，在导光束的头端（内镜的先端部）装有凹透镜，导光束传入的光通过凹透镜，照射于脏器内腔的黏膜面上，这些照射到脏器内腔黏膜面上的光即被反射，这些反射光即成像光线。这些反射光再反射至观察系统，按照先后顺序经过直角屋脊棱镜、成像物镜、玻璃纤维导像束、目镜等一系列的光学反应，便能在目镜上观察到被检查脏器内腔黏膜的图像。

纤维内镜具有许多附件和某些必需的机械装置，以提高其性能。如目镜可以进行屈光调节，使视野清晰；镜头的方向可以向上、下、左、右地随意调节，以扩大视野范围，基本上消除了盲区；有送气送水孔，可以给气给水；通过吸引孔可以吸取腔内液体或气体，使视野更清晰；还可以进行活检及照相。采用冷光源照明，对黏膜不致引起烧伤。纤维内镜是目前诊断胃肠等疾患的重要器械之一。

2. 电子内镜

电子内镜的成像原理是利用电视信息中心装备的光源所发出的光，经内镜内的导光纤维将光导入受检体腔内，CCD接受到体腔内黏膜面反射来的光，将此光转换成电信号，再通过导线将信号输送到电视信息中心，再经过电视信息中心将这些电信号经过贮存和处理，最后传输到电视监视器中在屏幕上显示出受检脏器的彩色黏膜图像。目前世界上使用的CCD有两种，其具体的形成彩色图像方式略有不同。

子任务二　内镜的使用

内镜技术最初只用于消化道疾病的诊断，包括消化内镜检查和内镜下取活组织病理检查。随着科学技术的不断发展，内镜已日臻完善，已有各种直径、功能各异的内镜及辅助设备。内镜下的诊断技术和治疗技术均得到迅猛发展，内镜治疗也已广泛用于临床（见图 4-4-5、图 4-4-6）。

图 4-4-5 内镜操作手势

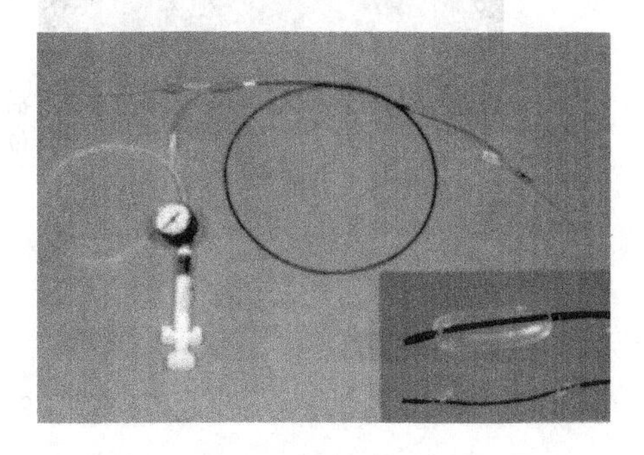

图 4-4-6 扩张食管狭窄的气囊式导管

一、消化道检查

胃肠道出血时的止血治疗、息肉切除、早期肿瘤切除、食管静脉曲张破裂出血时结扎、硬化剂治疗、上消化道异物取出、食管良性狭窄扩张、肿瘤狭窄内镜下放置内支架解决进食、经皮胃（空肠）造瘘术、乳头切开引流、碎石取石、鼻-胆管引流等（见图 4-4-7～图4-4-9）。

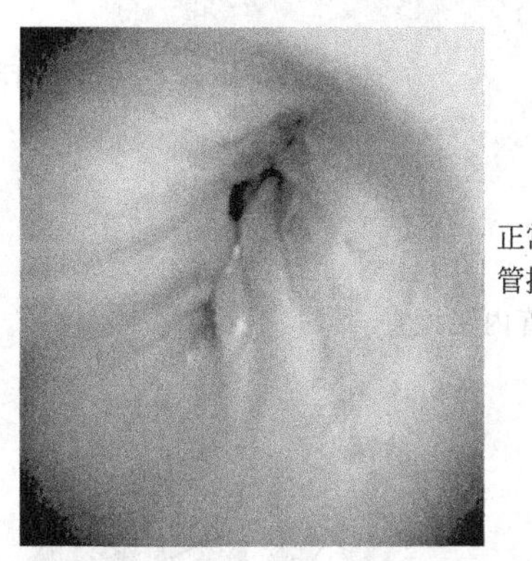

图 4-4-7 食管括约肌检查

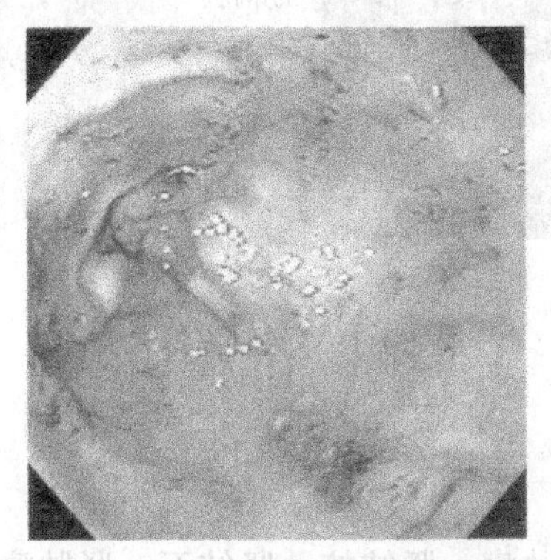

图 4-4-8 胃黏膜的内镜检查

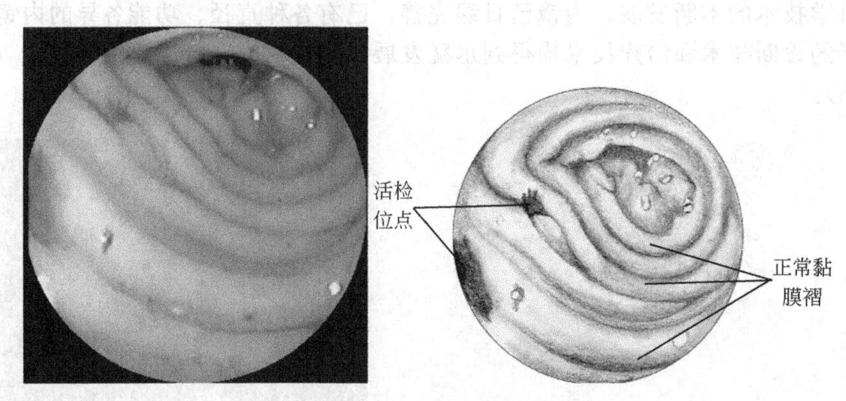

图 4-4-9　直肠内镜检查

二、呼吸道疾病的检查

肺癌、经支气管镜的肺活检及刷检、选择性支气管造影等（见图 4-4-10、图 4-4-11）。

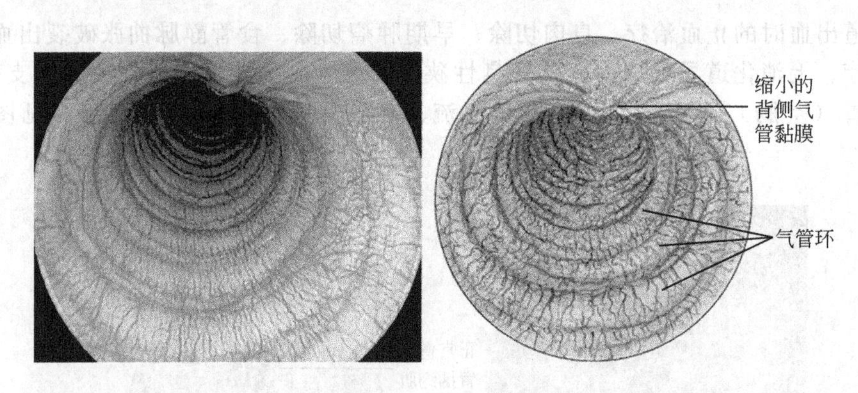

图 4-4-10　气管内镜检查

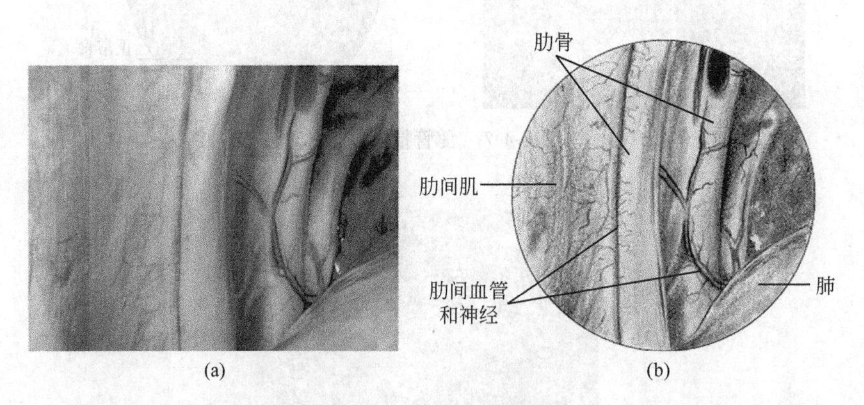

图 4-4-11　胸腔内镜检查

三、泌尿生殖系统的检查

膀胱炎、膀胱结核、膀胱肿瘤、肾结核、肾结石、肾肿瘤、输尿管先天性畸形、输尿管结石、输尿管肿瘤等（见图 4-4-12、图 4-4-13）。

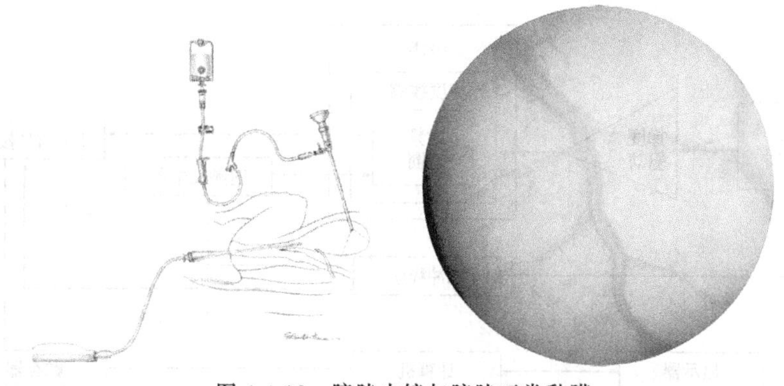
图 4-4-12　膀胱内镜与膀胱正常黏膜

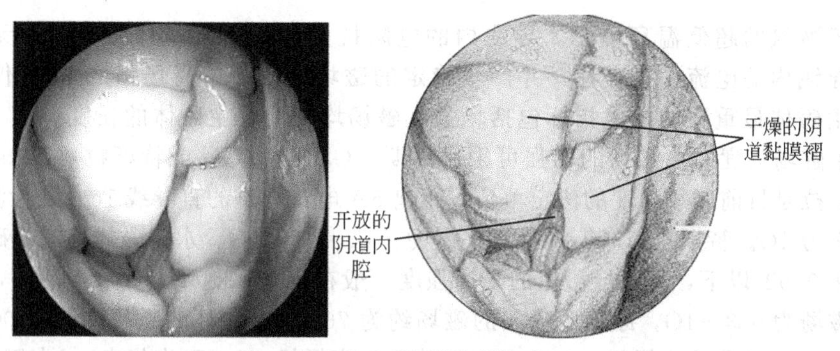

图 4-4-13　阴道内镜检查

任务五　核磁共振成像检查

子任务一　认识核磁共振成像

一、MRI 仪的组成

医用核磁共振成像（MRI）仪通常由主磁体、梯度线圈、脉冲线圈、计算机系统及其他辅助设备五部分构成（见图 4-5-1、图 4-5-2）。

1. 主磁体

主磁体是 MRI 仪最基本的构件，是产生磁场的装置。根据磁场产生的方式可将主磁体分为永磁型和电磁型。永磁型主磁体实际上就是大块磁铁，磁场持续存在，目前绝大多数低场强开放式 MRI 仪采用永磁型主磁体。电磁型主磁体是利用导线绕成的线圈，通电后即产生磁场，根据导线材料不同又可将电磁型主磁体分为常导磁体和超导磁体。常导磁体的线圈导线采用普通导电性材料，需要持续通电，目前已经逐渐淘汰；超导磁体的线圈采用超导材料

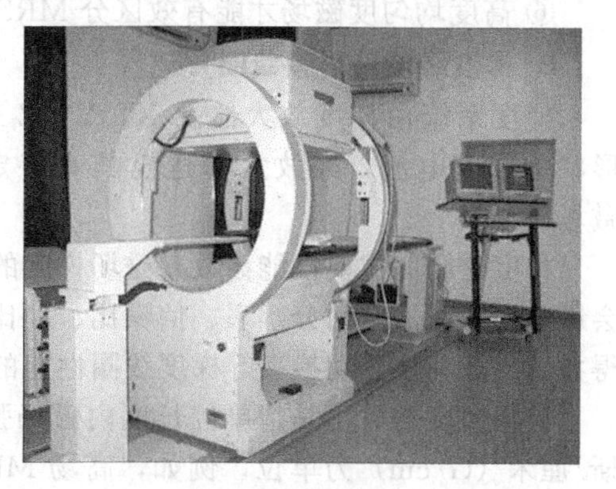
图 4-5-1　MRI 仪

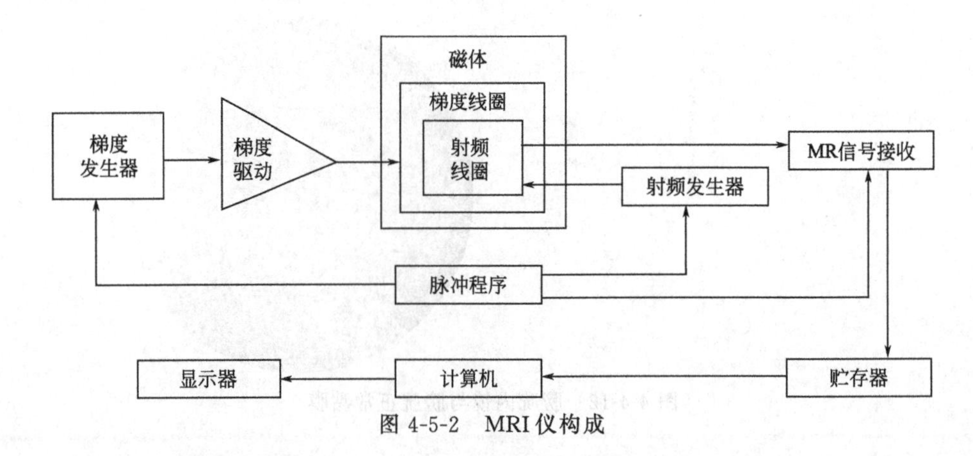

图 4-5-2 MRI 仪构成

制成，置于液氮的超低温环境中，导线内的电阻抗几乎消失，一旦通电后在无需继续供电情况下导线内的电流一直存在，并产生稳定的磁场，目前中高场强的 MRI 仪均采用超导磁体。主磁体最重要的技术指标包括场强、磁场均匀度及主磁体的长度。

(1) 主磁场强度　主磁场的场强可采用高斯（Gaauss，G）或特斯拉（Texsla，T）来表示，特斯拉是目前磁场强度的法定单位。距离 5A 电流通过的直导线 1cm 处检测到的磁场强度被定义为 1G。特斯拉与高斯的换算关系为：1T＝10000G。永久磁体和常导磁体的磁场强度一般在 0.5T 以下，而超导磁体的磁场强度一般在 1.0～3.0T。日常生活中，我们所接触到的地磁场为 0.3～1G，冰箱门吸条的磁场约为 70G，磁化杯的磁场约为 300G。目前一般把 0.5～1.0T 的称为中场机，1.0～2.0T 的称为高场机（1.5T 为代表），大于 2.0T 的称为超高场机（3.0T 为代表）。

(2) 磁场均匀度　磁场均匀度是指磁场空间内一定范围，磁场强度的标准差与主磁场强度的比，以 ppm 为单位。一般而言，理想的磁体及磁场均匀性在 50cm 的球径范围内仅为几个 ppm（ppm 为磁场不均匀度）。

MRI 对主磁场均匀度的要求很高，原因在于：

① 高均匀度的场强有助于提高图像信噪比；

② 场强均匀是保证 MR 信号空间定位准确性的前提；

③ 场强均匀可减少伪影（特别是磁化率伪影）；

④ 高度均匀度磁场有利于进行大视野扫描，尤其肩关节等偏中心部位的 MRI 检查；

⑤ 只有高度均匀度磁场才能充分利用脂肪饱和技术进行脂肪抑制扫描；

⑥ 高度均匀度磁场才能有效区分 MRS 的不同代谢产物。

2. 梯度线圈（射频线圈）

梯度系统由梯度放大器及 X、Y、Z 三组梯度线圈组成。梯度发生器产生一定开关形状的梯度电流，经放大后送至具有特定结构和形状的梯度线圈，产生所需要的梯度磁场。

梯度磁场的主要性能参数有磁场梯度的大小和梯度磁场的切换率。梯度磁场的性能参数会影响到图像的空间分辨率、信噪比、对比度和成像时间，近几年快速成像序列的发展正是得益于磁场梯度、切换率等梯度线圈性能的提高。

磁场梯度的大小是指单位长度内磁场强度的差别，一般以毫特斯拉/米（mT/m）或高斯/厘米（G/cm）为单位，例如，高场 MRI 系统中，梯度放大器已可提供 25mT/m 甚至 60mT/m 的梯度磁场。图像像素越小，空间分辨率越高，则所需的磁场梯度就越大。

梯度磁场的切换率是指单位时间及单位长度内梯度磁场的变化量，一般以毫特斯拉/米・秒［mT/(m・s)］为单位，例如，高场 MRI 系统中，梯度磁场的切换率可达 120～200mT/(m・s)：切换率越高，梯度磁场的爬升越快，梯度磁场的高切换率有利于缩短回波间隔、加快信号采集速度、提高图像信噪比。

3. 脉冲线圈

脉冲系统是一个由计算机控制的射频脉冲发射和 MR 信号接收装置，其设计、制造和工作都是围绕着 MR 信号来实施的。射频发射器产生的 RF 信号经放大后限度可达几百伏(功率从几千瓦到几十千瓦)，但单个体素的磁化强度在接收线圈中产生的电压非常微弱，大约只有 0.1mV，所以微弱的 MR 信号需经放大、滤波、检波、低频放大和模拟量转为数字量后才能交由计算机处理。

射频脉冲的产生和 MR 信号的接收都离不开射频线圈，射频线圈是磁共振设备的重要组成部分之一，是成像质量的一个关键要素。线圈技术的发展，在较大程度上反映了磁共振成像技术的发展。射频线圈有多种分类方法。

（1）按功能分　按功能可分为发射线圈、接收线圈（如大部分表面线圈）和发射接收两用线圈（如体线圈和头线圈)，体线圈或其他大容积线圈发射的射频场较均匀，保证了激发的均匀性；表面线圈距成像物较近，信噪比较小。

（2）按适用范围分　按适用范围可分为全容积线圈、部分容积线圈、表面线圈、腔内线圈、相控阵线圈。

（3）按极化方式分　按极化方式可分为线极化线圈和圆极化线圈（正交线图)。

（4）按绕组形式分　按绕组形式可分为螺线管线圈、四线结线圈、笼式线圈等。

病畜体内产生的 MR 信号是很微弱的，而空间各种频率和强度的无线电信号却无处不在、无时不在，为避免这些信号混入接收信号中形成干扰，就必须进行有效的射频屏蔽。此外，在成像过程中，射频发射器产生的 RF 信号也会对周围设备产生影响，射频屏蔽能防止 RF 信号向外泄漏。

在实际应用户，磁体的屏蔽常用六面铜板包绕、焊接而成，观察窗由中间夹有铜网的两层玻璃组成。由于屏蔽区域必须与外界进行通讯，导线不可避免地要穿过屏蔽层，因此在设计时导线进出屏蔽区域的地方都要安装滤波装置，以便过滤掉高频信号。

4. 计算机系统

MRI 的计算机系统包括测量控制和图像重建与处理两部分。测量控制部分的功能是为接收 MR 信号进行各种所需的控制，并为图像处理准备数据；图像重建与处理部分的功能是对采集到的原始数据进行处理，重建出 MR 图像。

计算机系统的测量控制建立在主计算机控制下的几个可自由编程的微处理器基础上，这些微处理器分布在通讯控制单元、射频、梯度磁场和匀场系统中，微处理器之间通过并行或串行连接进行通讯来控制整个测量系统的动作，包括射频脉冲、梯度磁场、MR 信号的接收、匀场等。

计算机系统的图像重建与处理由主计算机、图像处理器和图像仪承担。主计算机装有操作系统和用户应用系统，可对图像处理进行各种操作和控制；图像处理器从获得的原始数据中重建 MR 图像；图像仪处理图像数据，并把它们转换成视频信号（模拟量)，或为硬拷贝设备提供所需的模拟或数字信息。

5. 其他辅助设备

除了上述重要硬件设备外，MBI 仪还需要一些辅助设施才能完成 MRI 检查，包括检查床、操作控制台（操纵 MR 检查、影像处理、拍摄照片)、液氦及水冷却系统、空调、胶片处理系统等。

二、MRI 的原理

含单数质子的原子核，例如动物体内广泛存在的氢原子核，其质子为自旋运动，带正电，产生磁矩，犹如一个小磁体。小磁体自旋轴的排列无一定规律，但如在均匀的强磁场中，小磁体的自旋轴将按磁声磁力线的方向重新排列。在这种状态下，用特定频率的射频脉冲进行激发，作为小磁体的氢原子核吸收一定量的能量而共振，即发生了磁共振现象。停止发射射频脉冲，则被激发的氢原子核把所吸收的能量逐步释放出来，其相位和能级都恢复到激发前的状态，这一恢复过程称为弛豫过程，而使恢复到原来平衡状态所需的时间则称为弛豫时间。有两种弛豫时间，一种是自旋-晶格弛豫时间又称为纵向弛豫时间。反映自旋核把吸收的能量传结周围晶格所需要的时间，也是射频脉冲质子由纵向磁化转到横向磁化之后再恢复到纵向磁化激发前状态所需时间，称 T1。另一种是自旋-自旋弛豫时间，反映横向磁化衰减丧失的过程，也即是横向磁化所维持的时间，称 T2。T2 衰减是由共振质子之间相互磁化作用引起，与 T1 不同，它引起相位的变化。

动物体不同器官的正常组织与病理组织的 T1、T2 是有差别的，这种组织间弛豫时间上的差别是 MRI 的基础。

三、MRI 的特点

1. 多参数成像

可提供丰富的诊断信息。X 线、CT 成像均为 X 线吸收系数这一参数，超声成像时基于组织界面所反射的回波。磁共振成像是多参数的成像方法，常用的有氢质子密度像、T1 像、T2 像等。既可提供解剖、病理的诊断信息，又可提供生理、生化的诊断信息。

2. 任意方位成像

任意方位成像时磁共振成像与其他医学影像成像方法相比，较为突出的优势之一——可提供病变的立体信息。虽然临床上磁共振成像的方位常用轴位、冠状位、矢状位，但可根据检查的需要，任意方位成像。这样，就为临床医师提供了病变的立体信息。

3. 组织分辨率高

可提供详尽的解剖信息。磁共振信号主要来源于氢质子，体内质子分布极广，水中的氢质子与脂肪、蛋白质等组织中的氢质子信号强度又不同，故图像对比度非常好，能清晰显示其他影像检查难以显示的肌腱、韧带、筋膜、关节软骨、半月板等结构，可提供详尽的解剖信息。

4. 动物体代谢研究，可提供细胞活动的信息

动物体组织在发生形态结构改变之前，必然发生过复杂的生化改变。MRI 成像可敏感地发现其生化改变，所以可早期检出病变。磁共振波谱（MRS）可对人体的组织代谢、生化环境及化合物进行定量分析，可提供细胞活动的信息。

5. 不使用对比剂，可观察心脏和血管结构

由于心脏和血管的流空效应，可直接显示心脏大血管结构。应用磁共振血管造影软件，不使用对比剂，也可进行血管造影，在很大程度上可取代 DSA。同时，可精确测定血液的流速及分布，还可行心脏等。

6. 无骨伪影干扰，颅凹区的病变清晰可辨

诸多成像技术常因气体与骨骼的重叠而形成伪影，有时给诊断带来困难。比如，颅凹区 CT 检查时，岩骨、枕骨髁、枕内粗隆等处常出现条纹状伪影，可不同程度地影响诊断。MRI 成像无骨伪影干扰，颅凹区的病变清晰可见。

7. **无电离辐射**

一种无损伤的安全检查。影像诊断是利用不同的电磁波穿入或穿透动物体过程中而产生的图像来实现的。X 线、CT 成像所用的 X 线其波长为 10^{-10} m，为高能量电磁波，对动物体有辐射损伤。MRI 所用电磁波长达数米甚至数十米，对动物体无任何电离辐射，是一种安全检查方法。

子任务二　MRI 的临床应用

临床应用中，MRI 在对中枢神经系统、四肢关节肌肉系统的诊断方面的优势最为突出。本部分详细介绍 MRI 在各个部位的优势及适应证。

一、颅脑检查

1. **特点**

中枢神经系统位置固定，不受呼吸运动、胃肠蠕动的影响，故 MRI 以中枢神经系统效果最佳。MRI 的多方位、多参数、多轴倾斜切层对中枢神经系统病变的定位定性诊断极其优越。颅脑 MRI 检查无颅骨伪影，脑灰白质信号对比度高，使得颅脑 MRI 检查明显优于 CT。

图 4-5-3～图 4-5-5 为颅脑正常 MR 图像。

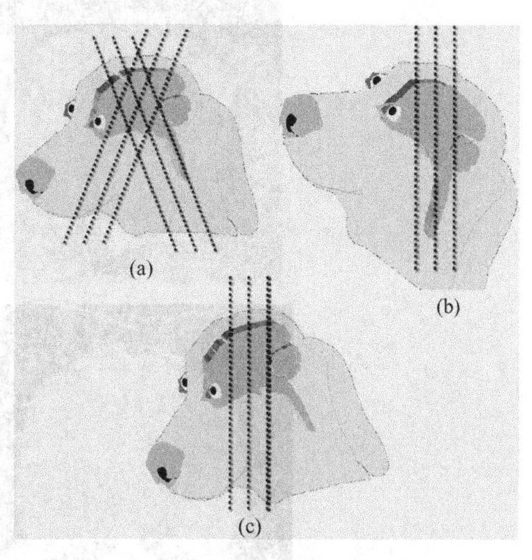

图 4-5-3　MRI 头部扫描示意图

2. **适应证**

头部 MRI 检查的适应证如下。

(1) 脑肿瘤　多方向切层有利于定位，无骨及气体伪影。尤其在颅底后颅窝、脑干病变优势更明显。多种扫描技术结合对良、恶性肿瘤的鉴别及肿瘤的分级分期有明显的优势。

(2) 脑血管疾病　急性脑出血首选 CT，主要是由于 CT 扫描速度比 MR 快；亚急性脑出血首选 MRI；脑梗死明显优于 CT，发现早、不容易漏病灶，DWI（弥散加权成像）极具特异性。脑血管畸形、动静脉畸形、动脉瘤明显优于 CT。

(3) 脑白质病变　脱髓鞘疾病、变性疾病明显优于 CT。如皮层下动脉硬化性脑病、多发性硬化症等。

(4) 脑外伤　脑挫伤、脑挫裂伤明显优于 CT。磁共振的 DWI 和 SWI 技术对弥漫性轴索损伤的显示有绝对优势，颅骨骨折和超急性脑出血不如 CT。

感染性疾病明显优于 CT，如脑脓肿、脑炎、脑结核、脑囊虫病等。

(5) 脑室及蛛网膜下腔病变　如脑室内肿瘤、脑积水等。

(6) 先天性疾病　如灰质异位、巨脑回等发育畸形。颅底、后颅凹病变优势更加明显，如垂体病变、听神经病变、脑干病变等。总之，除急性外伤、超急性脑出血外，颅脑部影像检查均应首选 MRI。

二、脊柱及脊髓检查

1. **特点**

MRI 对脊柱、脊髓检查与 CT 比较，有成像范围大、多方位成像、无骨伪影、对比度高等优势。

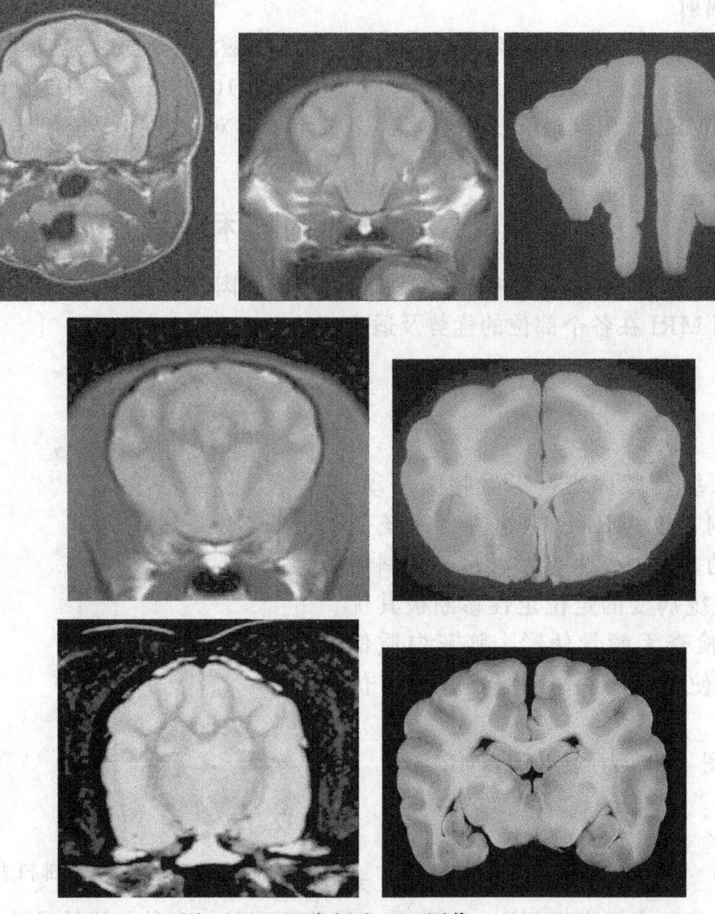

图 4-5-4　正常颅脑 MR 图像（一）

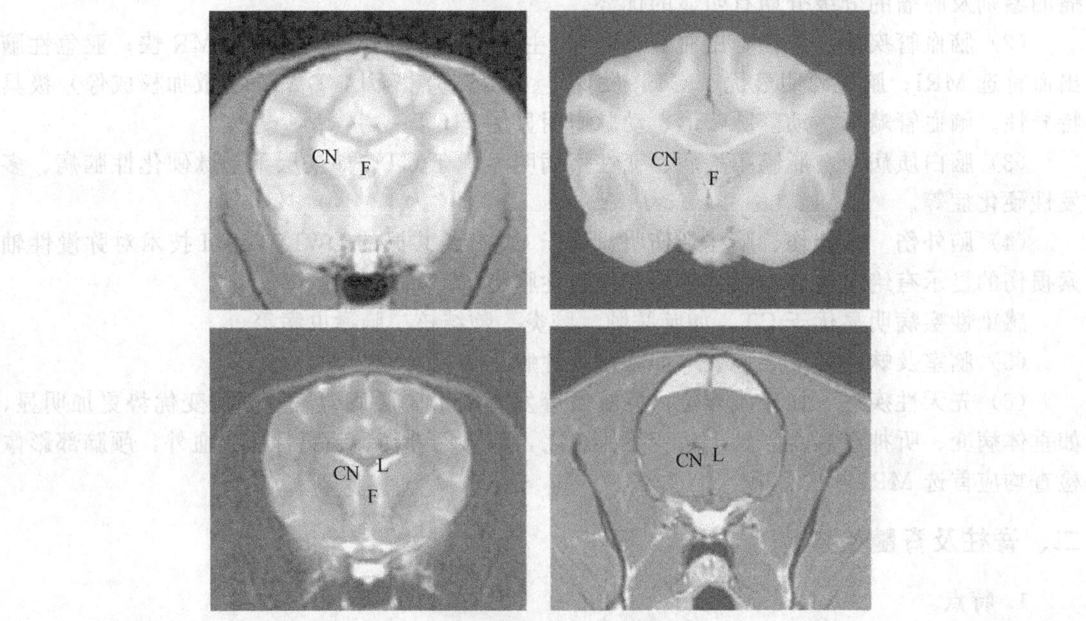

图 4-5-5　正常颅脑 MR 图像（二）

CN—束尾侧核；F—穹庐；L—脑侧室

图 4-5-6 为正常脊柱、脊髓 MR 图像。

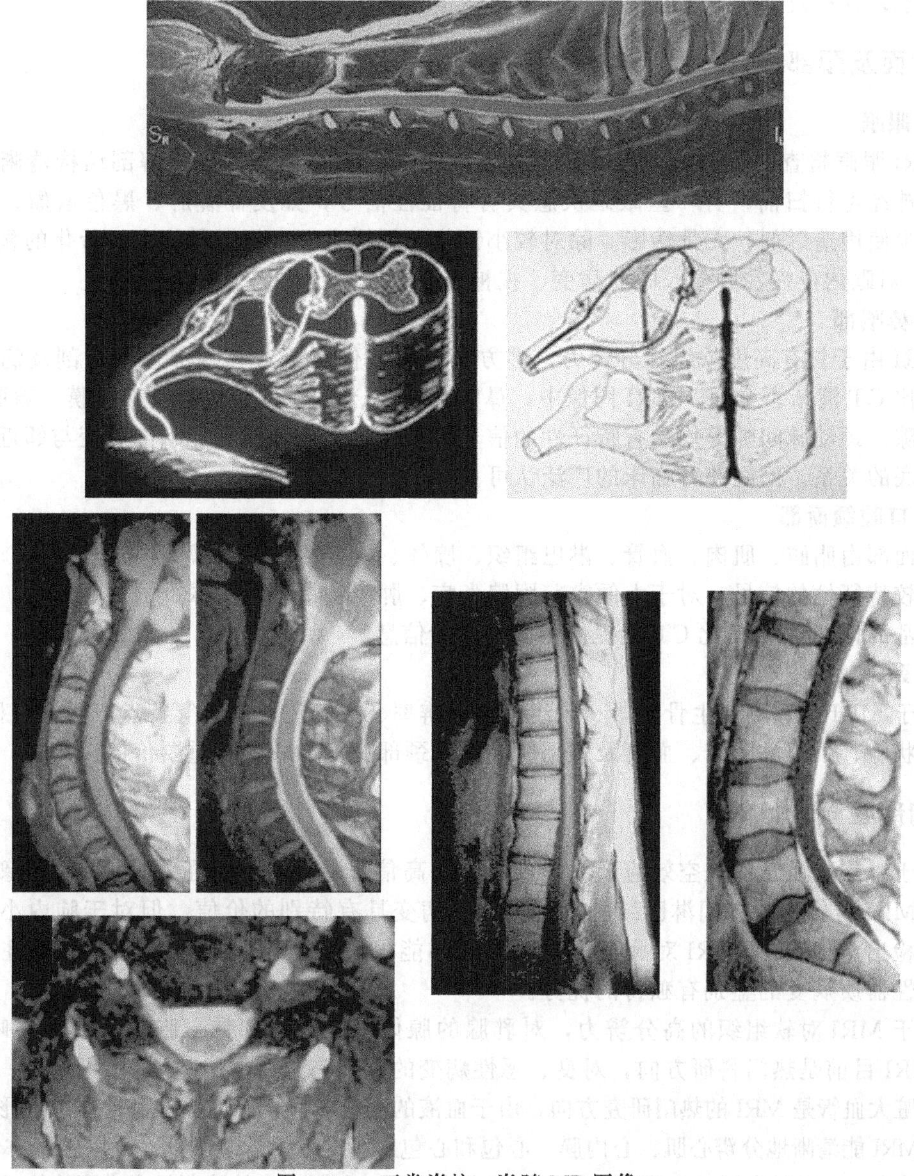

图 4-5-6 正常脊柱、脊髓 MR 图像

2. 脊柱及脊髓 MRI 检查的适应证

(1) 椎管内肿瘤 可直观显示椎管内肿瘤大小、范围、性质，明显优于 CT。

(2) 颅底畸形 Chiari 畸形、颅底陷入症等均优于 CT。

(3) 脊髓炎症及脱髓鞘病变 MRI 显示清晰，但 CT 几乎无法发现病变。

(4) 脊柱先天畸形 脊柱裂、脊膜膨出、脊髓栓系、脊髓空洞症等，首选 MRI 检查。

(5) 颈椎病、腰椎病 颈椎间盘突出优于 CT，可显示脊髓受压及变性情况。骨质增生、后纵韧带钙化不如 CT。

(6) 椎体病变 椎体转移瘤优于 CT。椎体结核可观察到椎体破坏情况、流注脓肿、周围软组织破坏。

(7) 外伤 MRI 可观察到骨挫伤、压缩骨折、椎体移位情况、间盘突出情况、脊髓受压及变形情况、周围软组织挫伤。新鲜和陈旧性骨折的鉴别明显优于CT。但对附件骨折不敏感。

总之，脊柱及脊髓检查，除骨折、骨质增生外均应首选MRI。

三、颅面及颈部检查

1. 眼眶

MRI眼眶检查的主要优点有：无损伤、无辐射，软组织对比好，解剖结构清晰，可平行于视神经走行扫描；有一些眼眶疾患具有特征性信号，如皮样囊肿、黑色素瘤、血管畸形；很少使用造影剂；无骨伪影。除对较小钙化、新鲜出血、轻微骨病变、骨化的显示不如CT外，对眶内炎症、肿瘤、眼肌病变、视神经病变的显示均优于CT。

2. 鼻咽部

MRI由于具有高度软组织分辨力，多方向切层的优点，对鼻咽部正常解剖及病理解剖的显示比CT清晰、全面。MRI图像中，鼻咽部黏膜、咽旁间隙、咽颅底筋膜、嚼肌间隙、腮腺间隙、颈动脉间隙等均具有特征性的信号，矢状位扫描可明确鼻咽部病变与邻近重要结构如颅底的关系，已经获得临床的广泛认可。

3. 口腔颌面部

颌面部由脂肪、肌肉、血管、淋巴组织、腺体、神经及骨组织等组成，它们在MRI各具有比较特征性的信号，对于上颌窦、腮腺炎症、肿瘤，口底、面深部的占位病变，颞下颌关节紊乱的诊断，MRI比CT能提供更多的诊断信息。

4. 颈部

由于MRI具有不产生骨伪影、软组织高分辨率、血管流空效应等特点，可清晰显示咽、喉、甲状腺、颈部淋巴结、血管及颈部肌肉，对颈部病变诊断具有重要价值。

四、胸部检查

由于纵隔内血管的流空效应及纵隔内脂肪的高信号特点，形成了纵隔MRI图像的优良对比。MRI对纵隔及肺门淋巴结肿大、占位性病变具有特别的价值。但对于肺内小病灶及钙化的检出不如CT。MRI对胸壁占位、炎症亦能很好地显示，如MR弥散和灌注技术对良、恶性器质病变的鉴别有独特的优势。

由于MRI对软组织的高分辨力，对乳腺的腺体、腺管、韧带、脂肪结构能清晰显示，乳腺MRI目前是热门科研方向，对良、恶性病变的鉴别有独特的优势。

心脏大血管是MRI的热门研究方向，由于血液的流空效应，心内血液和心脏结构形成良好对比；MRI能清晰地分辨心肌、心内膜、心包和心包外脂肪；无需造影剂；可以任意方位断层；对主动脉瘤、主动脉夹层、心腔内占位、心包占位病变、心肌病变的诊断具有重要价值。

图4-5-7～图4-5-11为正常胸部MR图像。

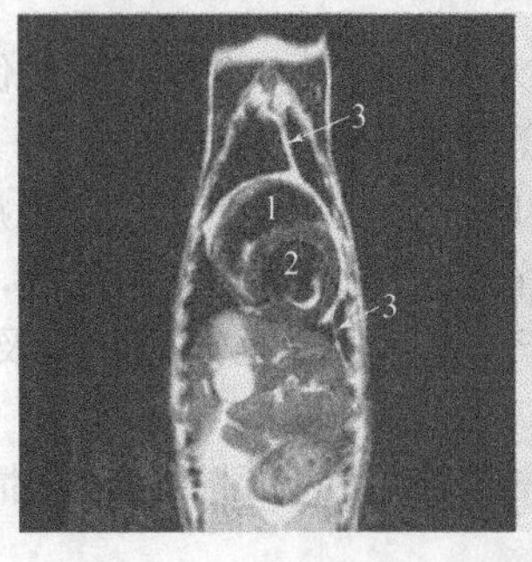

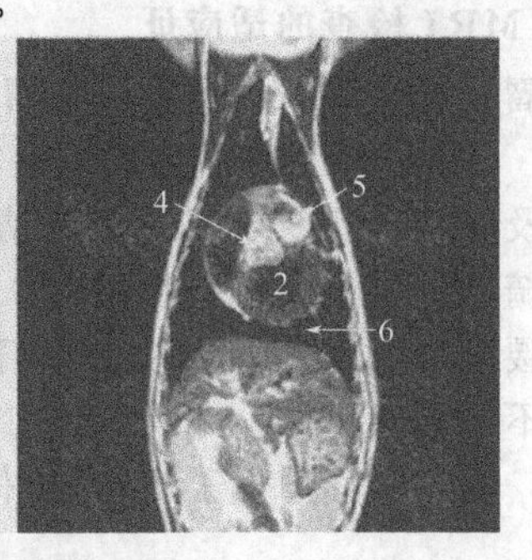

图4-5-7　正常胸部MR图像（一）

1—右心室；2—左心室；3—伴有大量脂肪的纵隔；4—主动脉瓣膜；5—肺主动脉；6—肺侧叶

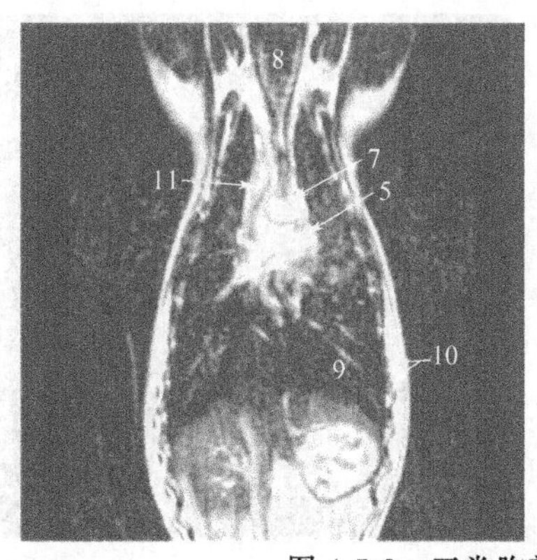

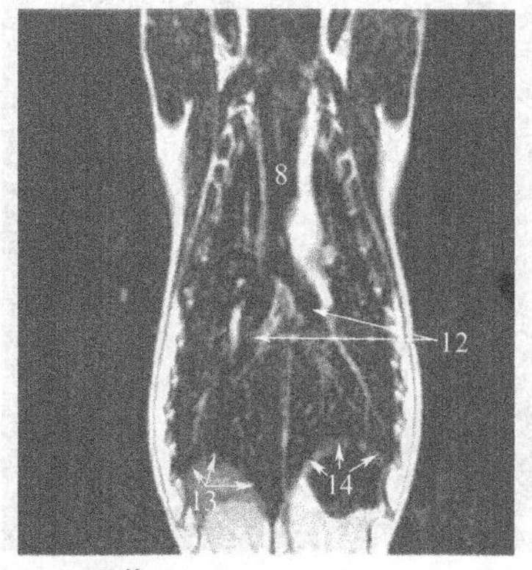

图 4-5-8 正常胸部 MR 图像（二）

5—肺主动脉；7—主动脉；8—气管；9—伴有血管的肺尾叶；10—肋骨和肋间肌；11—食管；12—主支气管；13—右横膈；14—胃壁和左横膈肌

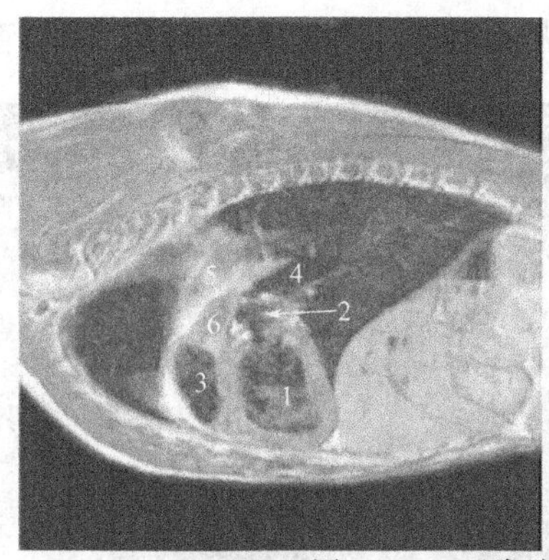

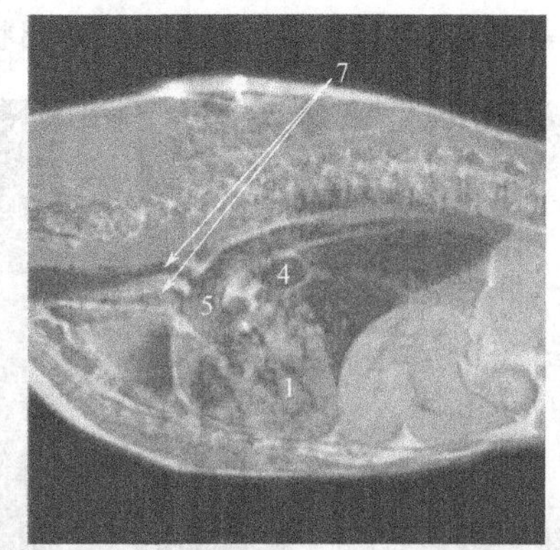

图 4-5-9 正常胸部 MR 图像（三）

1—左心室；2—左心房；3—右心室；4—气管和主支气管；5—主动脉；6—肺主动脉；7—头臂动脉干和右锁骨下动脉

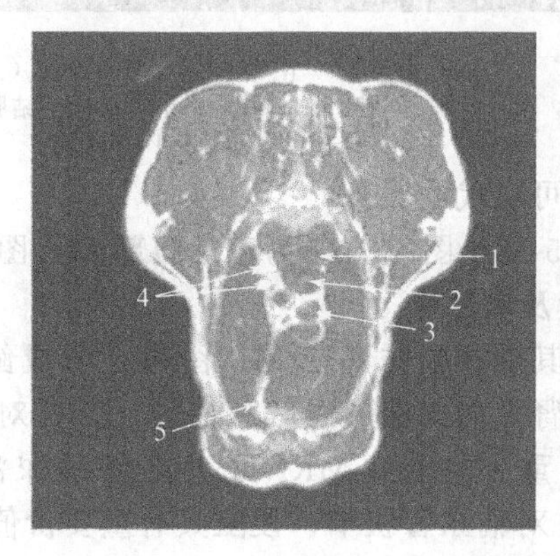

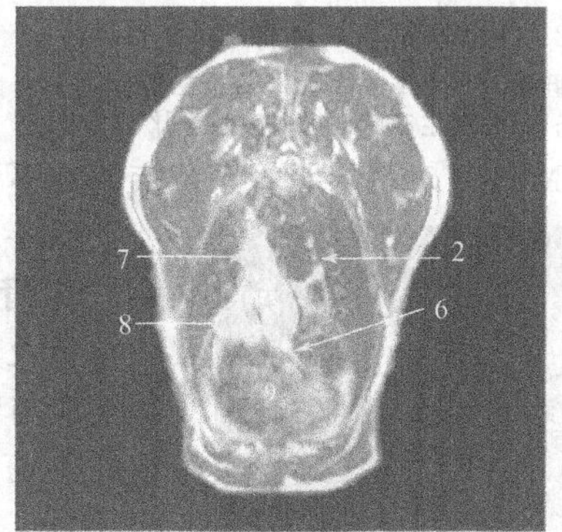

图 4-5-10 正常胸部 MR 图像（四）

1—食管；2—气管；3—前腔静脉；4—头壁动脉干和右锁骨下动脉；5—纵隔脂肪和胸骨上的淋巴结；6—冠状动脉；7—主动脉；8—肺主动脉；9—右心室

五、腹部检查

1. 肝脏

多参数技术在肝脏病变的鉴别诊断中具有重要价值，不需用造影剂即可通过 T1WI 和

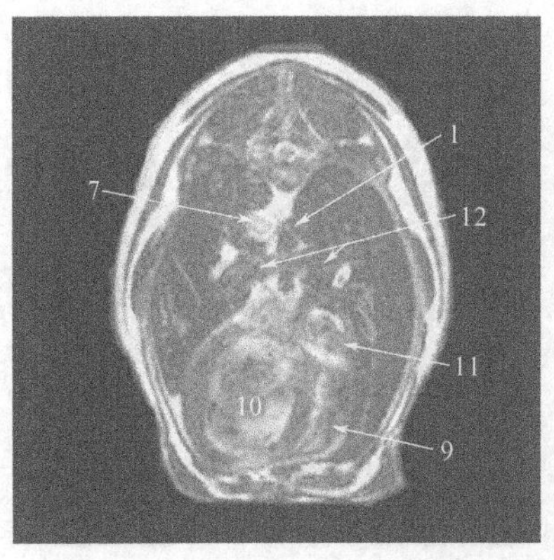

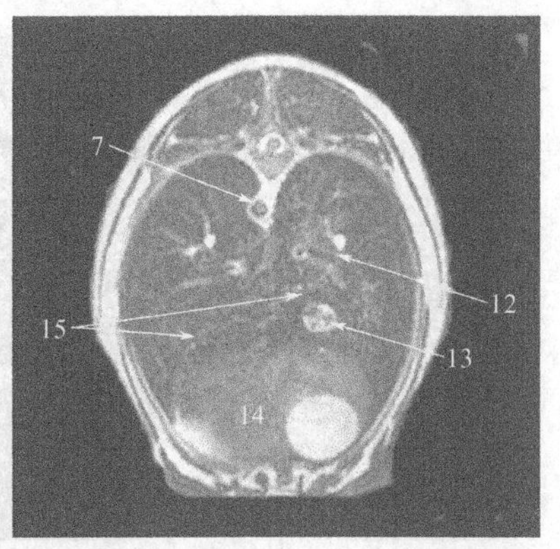

图 4-5-11 正常胸部 MR 图像（五）

1—食管；7—主动脉；9—右心室；10—左心室；11—右心房；12—伴随有肺动脉和静脉的支气管；13—后腔静脉；14—肝脏和胆囊；15—围绕于肺侧叶的纵隔

T2WI、DWI 等技术直接鉴别肝脏囊肿、海绵状血管瘤、肝癌及转移癌，对胆管内病变的显

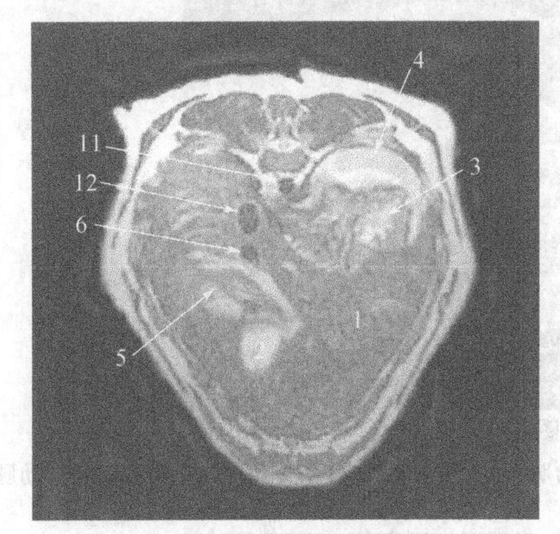

图 4-5-12 正常腹部 MR 图像（一）

1—肝脏；2—胆囊；3—胃；4—脾；5—十二指肠；6—门静脉；11—腹主动脉；12—后腔静脉

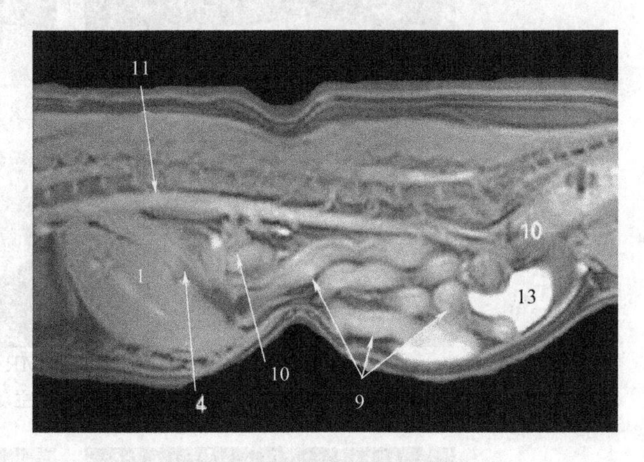

图 4-5-13 正常腹部 MR 图像（二）

1—肝脏；4—脾；9—小肠；10—结肠；11—腹主动脉；13—膀胱

示优于 CT。MRCP 对胰、胆管系统疾病有不可取代的优势。

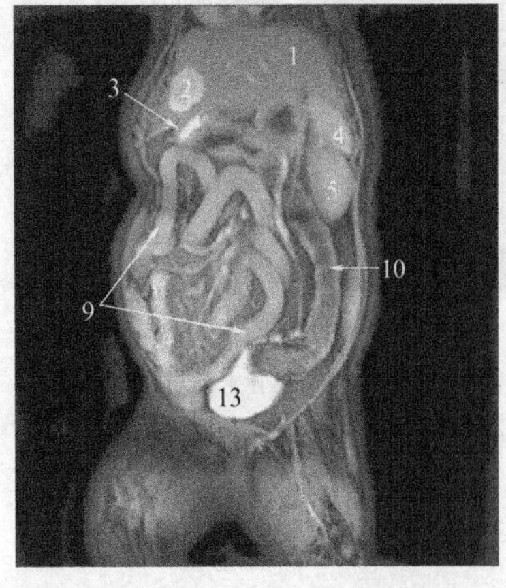

图 4-5-14 正常腹部 MR 图像（三）

1—肝脏；2—胆囊；3—胃；4—脾；5—十二指肠；9—小肠；10—结肠；13—膀胱

图 4-5-12～图 4-5-14 为正常腹部 MR 图像。

2. 肾及输尿管

肾及其周围脂肪囊在 MR 图像上形成鲜明的对比，肾实质与肾盂内尿液形成良好对比。MRI 对肾脏疾病的诊断具有重要价值，MRI 可直接显示尿液造影图像（MRU），对输尿管狭窄、梗阻具有重要价值。

3. 胰腺

不用增强对比即可对胰腺病变有很好的显示，如急慢性胰腺炎，胰腺癌的显示及周围侵犯及转移情况均有良好的显示。

六、盆腔检查

MRI 多方位、大视野成像可清晰地显示盆腔的解剖结构。尤其对雌性动物盆腔疾病具有重要诊断价值，对盆腔内血管及淋巴结的鉴别较容易，是盆腔肿瘤、炎症、子宫内膜异位症、转移癌等病变的最佳影像学检查手段。对于子宫肌瘤、子宫颈癌、盆腔淋巴结转移、卵巢囊肿、子宫内膜异位症等优于CT。观察前列腺癌、膀胱癌向外侵犯情况优于CT。由于没有放射性损伤，MRI在产科影像检查中有独到的优势。虽然到目前为止还没观察到MRI有什么副作用，但仍谨慎地避免妊娠前3个月进行此检查。MRI对滋养细胞肿瘤、胎儿发育情况、脐带胎盘情况等都能很好地显示。

七、四肢、关节检查

MRI对四肢骨骨髓炎、四肢软组织内肿瘤及血管畸形有良好的显示效果。对股骨头无菌坏死是最为敏感的检查技术。MRI可清晰显示神经、肌腱、血管、骨、软骨、关节囊、关节液及关节韧带，MRI对关节软骨损伤、关节积液、关节韧带损伤、半月板损伤、股骨头缺血性坏死等病变的诊断具有其他影像学检查无法比拟的价值。

八、MRI临床应用的注意事项

由于在核磁共振机器及核磁共振检查室内存在非常强大的磁场，因此，血管手术后留有金属夹、金属支架者，或其他的冠状动脉、食管、前列腺、胆道进行金属支架手术者，绝对严禁做核磁共振检查，否则，由于金属受强大磁场的吸引而移动，将可能产生严重后果以致生命危险。一般在医院的核磁共振检查室门外，都有红色或黄色的醒目标志注明绝对严禁进行核磁共振检查的情况。

身体内有不能除去的其他金属异物，如金属内固定物、人工关节、支架、银夹、弹片等，为检查的相对禁忌，必须检查时，应严密观察，以防检查中金属在强大磁场中移动而损伤邻近大血管和重要组织，产生严重后果，如无特殊必要一般不要接受核磁共振检查。

有时，遗留在体内的金属铁离子可能影响图像质量，甚至影响正确诊断。

在进入核磁共振检查室之前，应去除身上带的金属皮带、金属项链、金属纽扣及其他金属饰品或金属物品。否则，检查时可能影响磁场的均匀性，造成图像的干扰，形成伪影，不利于病灶的显示；而且由于强磁场的作用，金属物品可能被吸进核磁共振机，从而对非常昂贵的核磁共振机造成破坏。

近年来，随着科技的进步与发展，有许多骨科内固定物，特别是脊柱的内固定物，开始用钛合金或钛金属制成。由于钛金属不受磁场的吸引，在磁场中不会移动。因此体内有钛金属内固定物的患病动物，进行核磁共振检查时是安全的；而且钛金属也不会对核磁共振的图像产生干扰。这对于患有脊柱疾病并且需要接受脊柱内固定手术的患病动物是非常有价值的。但是钛合金和钛金属制成的内固定物价格昂贵，在一定程度上影响了它的推广应用。

任务六　计算机断层扫描

计算机断层扫描（Computed tomography，CT）：它是用X线照射人体，由于人体内不同的组织或器官拥有不同的密度与厚度，故其对X线产生不同程度的衰减作用，从而形成不同组织或器官的灰阶影像对比分布图，进而以病灶的相对位置、形状和大小等改变来判断病情。CT由于有电脑的辅助运算，所以其所呈现的为断层切面且分辨率高的影像。

一般临床所提及的CT，指的是以X光为放射源所建立的断层图像，称为X光CT。事实上，任何足以造成影像，并以计算机建立断层图的系统，均可称之为CT；因此除X光

CT外，还有超声波CT（Ultrasonic CT）、电阻抗CT（Electrical Impedance CT，EICT）、单光子发射CT（Single Photon Emission CT）以及核磁共振CT（Magnetic Resonant Imaging CT，MRICT）等；超声波CT与EICT尚属发展阶段。

子任务一 认识CT机

CT是20世纪70年代初发展起来的一门新的X线诊断医学科目，它把X线与电子计算机结合起来，并把其影像学数字化，彻底改变了传统的直观的影像方法和贮存方法。1972年英国EMI公司首先制成第一台头部CT机（见图4-6-1），是由英国工程师G. N. Housfield（亨斯费尔）设计成的，同年在美国芝加哥的北美放射学会上向全世界宣布了这项伟大的成果。从此使X线的发展得到重大的突破与飞跃。

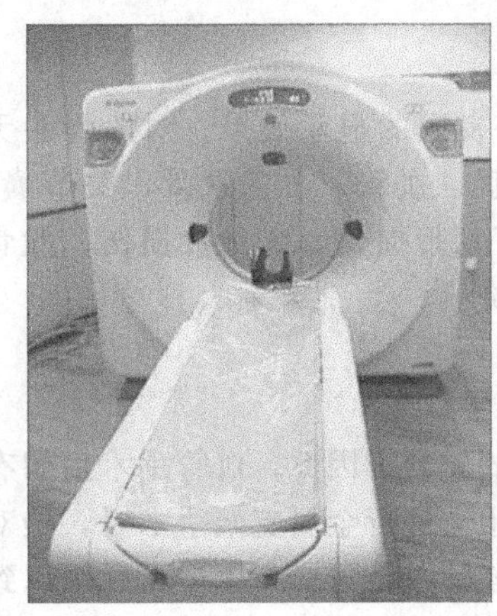

图4-6-1 CT机

一、CT机的类型

由于CT机的构造与性能各有不同，按其发展次序、构造及性能，到目前为止，可将其分为四代。

1. 第一代CT机

这类CT机多属于头部专用机，一般采用旋转/平行的方式收集X线扫描信息，用于图像的重建的数据是180°内每一方位照射的集合。首先，X线管产生的射线束和相对的检测器环绕动物体的中心作第一次同步平行移动。然后，通过该中心旋转1°并准备作第二次扫描，如此进行，直到完成全部数据采集过程，每层需3～4min。由于其扫描速度慢、采集数据少，因而重建图像质量差，现已淘汰。

2. 第二代CT机

它与第一代CT没有质的差别，只是由单一笔式X线束改为扇形线束，由扇形排列的多个探测器代替单一的探测器，因而扫描时间缩短。快速的第二代CT机在设计上备有3个以上的探测器，扫描时间可缩短至18s。此代CT机的缺点是在扫描过程中病人生理活动可引起伪影。

3. 第三代CT机

多探测器旋转、旋转式扫描机。X线管发射出较宽的扇形X线束（30°以上），超过多数动物体宽度，并为数百乃至上千个探测器所接受。X线管与探测器同步旋转运动。每次扫描时间缩短到5s以内，伪影减少，图像质量明显提高。适用于包括颅脑在内的全身CT扫描，是目前通用机型。

4. 第四代CT机

多探测器固定而X线管旋转式扫描机。将1000～2000个探测器排列成一圆周，X线管在内作360°旋转，扫描速度提高至2s一层，伪影消失，图像质量提高。

5. 第五代CT机

超快速CT机（Ultrafast computed tomography，UFCT）由电子枪发射高速电子束，经电磁线圈聚焦，再经偏转线圈改变方向，并经旋转后投射到机架（病例）下方4排216°的靶环上，产生X线束，对病例进行扫描，并由两排探测器所接受，这些探测器也排列成216°环，与靶环相对。因由4个靶环和2排探测器，做一次扫描可产生8幅图像，扫描时间为50ms，间隔时间为8ms，在1s内可进行17次扫描。UFCT具有CT电影功能，适用于心脏、冠状动脉检查。缺点是价格昂贵，没有突出优点，部分功能可以用螺旋CT机取代，限制了它的发展和普及。

6. 螺旋 CT 机

滑环式螺旋 CT 机是 20 世纪 90 年代兴起的一种新机型。普通的第 3 代和第 4 代扫描机需用电缆连接 X 线管和探测器，进行扫描工作时电缆和机架一起旋转，范围不超过 540°，下一次扫描就要反方向旋转，限制了扫描与成像时间，不能进行整个体段的容积扫描。直至 20 世纪 80 年代末，人们设计出机架脱离电缆进行滑环式扫描，这使 CT 机发展获得了突破性进展。当今推崇的螺旋 CT 机虽然属于第三代扫描模式，但可以进行整个体段的连续扫描，可不停的移动病例进行扫描机架内作螺旋轨迹体段数据采集。因获取了体段的所有像素数据，可以如同 MRI 一样进行任意方向层面的图像重建。可以进行三维立体重建、CT 血管造影剂模拟内镜检查，使 CT 机的发展又上了一个新台阶。螺旋 CT 机的主要优点是扫描速度快，节省造影剂用量，避免了层面与层面之间的病灶遗漏，扩大了 CT 检查范围，是当今 CT 机发展的主流。

二、CT 机的组成

典型的 CT 系统由以下部分组成：扫描机架、检查床、X 线系统、数据采集系统、计算机系统、操作台及图像显示系统、图像记录系统。CT 机基本结构见图 4-6-2。

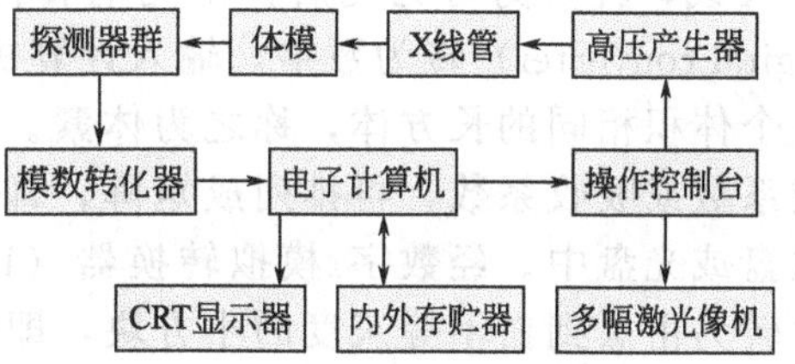

探测器群 ← 体模 ← X线管 ← 高压产生器
模数转化器 → 电子计算机 → 操作控制台
CRT显示器　内外存贮器　多幅激光像机

图 4-6-2　CT 机的组成

1. 扫描机架

扫描机架内装有 X 线管、准直器、X 线过滤器、探测器、数据采集系统、旋转机械和机架前后倾斜的传动部件及其相应的控制电路。

2. 检查床

检查床又称病床，可作上下运动，床面可作前后运动。前后运动除操作员用按钮能控制外，在扫描过程中是由计算机控制。其位置的精度和重复性决定了扫描层面位置的准确度，精度和重复性是床运动的重要指标。在连续旋转式扫描的 CT 中，床运动速度的准确性和稳定性直接影响图像质量。

3. X 线系统

X 线系统有高压发生器、X 线管、X 线管冷却器等组成。其基本功能是提供稳定的高压。目前最广泛采用的是高频高压逆变技术。

数据采集系统（Date acquisition system，DAS）是由探测器、缓冲器、积分器、放大器和 A/D 转换器等电路组成。由探测器检测到的模拟信号，在计算机控制下，经积分放大和模数转换后变为原始的数字信号，原始数字信号最终送到 AP 阵列处理器作图像重建，并存贮于系统硬盘中以备其他图像处理之用。

4. 计算机系统

CT 有两个主要的计算机系统：一是主计算机，另一是阵列处理器（AP）。主计算机的功能主要是负责控制整个系统的运行，包括扫描机架、床的运动、X 线的产生、数据采集以及各部件之间的信息交换。阵列处理器只负责图像重建任务。

（1）操作台　操作台（Operator console）是操作员与 CT 机联系的工具。扫描条件的设定、扫描过程的控制、观察、分析和病例资料的处理均在 OC 台上进行。OC 台一般有两个 CRT，一个用来显示病例的图像，一个与输入键盘配合，实现人机对话。有的新设计的 CT 只用一个 CRT 来完成以上的双重任务。随着功能键的采用，使操作更为简化。新设计的 CT 由等离子触摸屏和光学触摸屏提供程序清单，用鼠标器控制光标进一步提高了操作的可靠性和工作效率。

(2) 图像显示系统　图像显示系统是由图像存贮显示矩阵硬件、窗宽窗位控制器及其相应的电路组成。

5. 图像记录系统

图像记录系统由系统硬盘（又称磁盘机），外部存储器（例如磁带、盒式磁带、光盘、磁光盘、软盘等）和照相机组成。

系统硬盘是用来存储病员的原始数据和显示数据以及支持主计算机运行的操作系统和CT的工作软件。外部存储器是用于对病员资料的长期保存、建档。

照相机有多幅相机和激光相机两种可供采用。多幅相机是以模拟信号方式在高清晰CRT上显像，通过光学照相系统（镜头）或CRT系统的相应运动，在一张胶片上实现多幅照相。激光相机是以数据信号的方式，将CT的显示数据存储起来再根据不同的数据产生不同强度的激光来对前进中的激光胶片扫描感光成像。

三、CT成像原理

CT是用X线束对动物体某部一定厚度的层面进行扫描，由探测器接收透过该层面的X线，转变为可见光后，由光电转换变为电信号，再经模拟/数字转换器（Analog/digital converter）转为数字，输入计算机处理。图像形成的处理有如对选定层面分成若干个体积相同的长方体，称之为体素。扫描所得信息经计算而获得每个体素的X线衰减系数或吸收系数，再排列成矩阵，即数字矩阵（Digital matrix），数字矩阵可存贮于磁盘或光盘中。经数字/模拟转换器（Digital/analog converter）把数字矩阵中的每个数字转为由黑到白不等灰度的小方块，即像素（Pixel），并按矩阵排列，即构成CT图像。所以，CT图像是重建图像。每个体素的X线吸收系数可以通过不同的数学方法算出。CT成像原理见图4-6-3、图4-6-4。

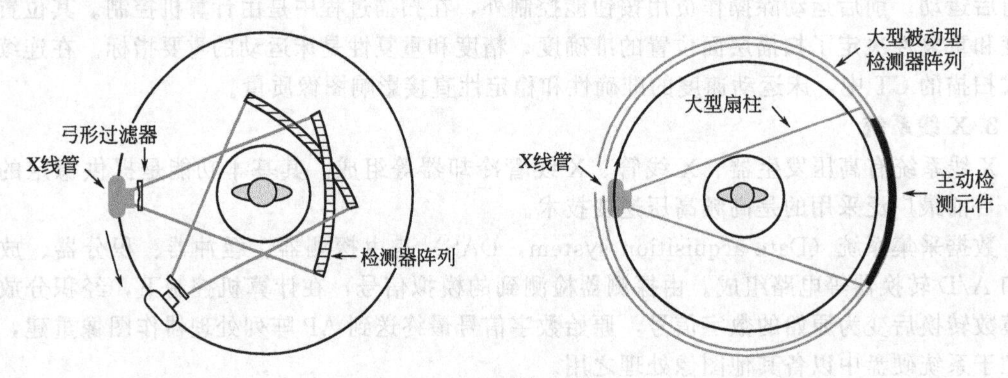

图4-6-3　CT成像原理（一）

四、CT图像特点与优点

1. CT图像特点

CT扫描所获得的横断面图像能显示每一层切面的组织器官的解剖细节，无周围组织器官的影像重叠，这点大大超越了传统X线检查范畴，也完全不同于体层摄影。故可对病变的部位、大小、形态、轮廓、病变内部结构以及与邻近组织器官的关系等，作出较准确的判断。

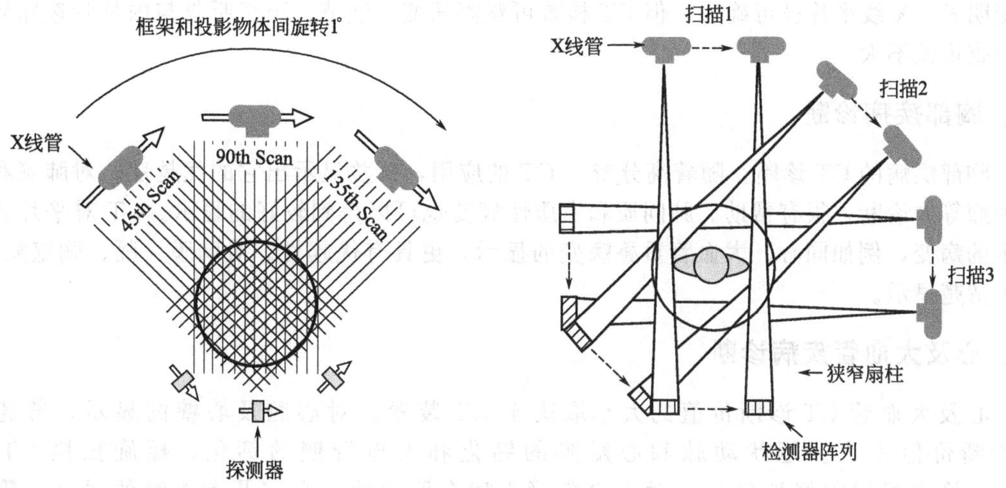

图 4-6-4　CT 成像原理（二）

2. CT 图像优点

（1）高密度分辨率　CT 较普通 X 线检查的分辨率高 10～20 倍，如脑的灰质和白质，密度仅相差 5～6Hu，亦能区分。CT 还能测出各种不同组织的 CT 值，有利于对病变的定性与定量分析。

（2）高空间分辨率　CT 具有高空间分辨率，如肺部薄层扫描，可识别直径 2～3mm 大小的病灶。

（3）无创伤　CT 是一种无创性检查，检查方便，迅速，易为患者所接受。CT 图像可存贮、转录，且保存非常方便。

（4）图像清晰　CT 图像清晰，直观性强，解剖关系明确，并可进行冠状和矢状面重建，远远超过核素和超声扫描；而且通过窗宽、窗位调节，使图像灰度更适宜于病变的显示。

（5）增强扫描与定位扫描　CT 可用造影剂进行增强扫描，不仅可提高病变的发现率，且对定性诊断提供更多影响信息。此外，CT 还有定位扫描、特殊重建法、动态扫描以及 CT 引导下进行介入学诊治等方法，对诊疗十分有利。

子任务二　CT 机的使用

一、中枢神经系统疾病诊断

中枢神经系统疾病的 CT 诊断价值较高，应用普遍。对颅内肿瘤、脓肿与肉芽肿、寄生虫病、外伤性血肿与脑损伤、脑梗死与脑出血以及椎管内肿瘤与椎间盘突出等病诊断效果好，诊断较为可靠。因此，脑的 X 线造影除脑血管造影仍用以诊断颅内动脉瘤、血管发育异常和脑血管闭塞以及了解脑瘤的供血动脉以外，其他如气脑、脑室造影等均已不用。螺旋 CT 扫描可以获得比较精细和清晰的血管重建图像，即 CTA，而且可以做到三维实时显示，有希望取代常规的脑血管造影。

二、头颈部疾病诊断

头颈部疾病的 CT 诊断也很有价值。例如，对眶内占位病变、鼻窦早期癌、中耳小胆脂瘤、听骨破坏与脱位、内耳骨迷路的轻微破坏、耳先天发育异常以及鼻咽癌的早期发现等。病变明显，X线平片虽可确诊，但CT检查可观察病变的细节。至于听骨与内耳骨迷路则X线检查价值不大。

三、胸部疾病诊断

胸部疾病的CT诊断，随着高分辨力CT的应用，日益显示出它的优越性。对肺癌和纵隔肿瘤等的诊断，很有帮助。肺间质和实质性病变也可以得到较好的显示。CT对平片较难显示的病变，例如同心、大血管重叠病变的显示，更具有优越性。对胸膜、膈、胸壁病变，也可清楚显示。

四、心及大血管疾病诊断

心及大血管CT诊断价值的大小取决于CT装置。对心腔及心壁的显示，普通扫描诊断价值不大。冠状动脉和心瓣膜的钙化和大血管壁的钙化，螺旋扫描CT和EBCT检查可以很好地显示。对于诊断冠心病有所帮助。心腔及大血管的显示，需要经血管注入对比剂，行心血管造影CT，并且要用螺旋扫描或EBCT进行。心血管造影CT对先天性心脏病如心内、外分流和大血管狭窄以及瓣膜疾病的诊断有价值，但对冠状动脉粥样硬化性狭窄或闭塞仍无裨益。心血管造影虽可显示心腔及大血管，但需注射对比剂，又不能在普通口上进行。而超声心动图无创伤、简便且诊断准确，所以较少应用CT。

五、腹部及盆部疾病诊断

腹部及盆部疾病的CT检查，应用日益广泛，主要用于肝、胆、胰、脾，腹膜腔及腹膜后间隙以及泌尿和生殖系统的疾病诊断，尤其是占位性、炎症性和外伤性病变等。胃肠病变向腔外侵犯以及邻近和远处转移等，CT检查也有价值。当然，胃肠管腔内病变情况主要仍依赖于钡剂造影和内镜检查及病理活检。

六、骨骼、肌肉系统疾病诊断

骨骼、肌肉系统疾病，多可通过简便、经济的X线检查确诊，使用CT检查较少。但CT对显示骨变化如骨破坏与增生的细节较X线为优。

七、血管造影

血管造影是将水溶性碘对比剂注入血管内，使血管显影的X线检查法。由于血管与骨骼及软组织影像重叠，致使血管显影不清。过去采用光学减影技术消除骨骼和软组织影，使血管显影清晰。DSA则是利用计算机处理数字化的影像信息，以消除骨骼和软组织影的技术。Nudel于1977年获得第一张DSA图像。当前，在血管造影中这种技术的应用已很普遍。

技能训练项目一　X线片拍摄

【目的要求】

1. 认识X线机和暗室设备。
2. 学会使用X线机、滤线器和X线胶片冲洗。
3. 了解散射线的辐射反应和防护措施。

【实训内容】

1. X 线机操作。

2. 暗室装片和洗片。

【动物与设备】

1. 实验动物

犬或猫。

2. 设备

① 兽医用X线机　兽医用X线机主要有固定式X线机、携带式X线机和移动式X线机。目前宠物临床常用的是携带式X线机，如Mikasa便携式X线机。

② 摄影器材　摄影器材包括X线胶片、增感屏、片盒、显影液、定影液和洗片桶。

③ 附件　附件包括摄影床、观片灯、直尺、铅板、辅助摆位的泡沫台、海绵垫和沙袋及铅服等。

【方法步骤】

1. X 线胶片的曝光

① 根据被检部位选择合适尺寸的暗盒和X线胶片，在暗室中完成装片。

② 根据检查要求选择合适的投照体位。

③ 测量被检部位的厚度。

④ 在X线机头上选择合适的曝光条件。

⑤ 按动曝光按钮，完成曝光。

2. X 线胶片的冲洗

洗片包括显影、漂洗、定影、流水冲洗及干燥五个步骤。前三个步骤须在暗室内进行。

(1) 显影　显影时将曝光后的X线片从暗盒中取出，然后选用大小相当的洗片架，将胶片固定四角，先在清水内润湿1～2次，除去胶片上可能附着的气泡。再把胶片轻轻放入显影液内，进行显影。可以采取边显影边观察的方法，也可以采取定时显影的方法。但后者必须保持恒定的照射量，否则难以保证照片的密度一致。在这一过程中应该注意显影液的新鲜程度、显影效果、显影时间的控制和显影液的搅动。通常以固定的温度、显影时间和搅动方式为好。

显影效果受显影药液的温度，显影时间及药液效力的影响。正确的显影时间，能获得密度深浅和对比度适中的影像，显影时间过长，往往造成影像密度过深，对比度过大，灰雾增高，层次遭到破坏；时间不足则会造成影像密度太淡，对比度过小，层次也受到损失。因而，适当延长或缩短显影时间，可以对曝光不足或过度的照片有一定的补救。一般显影时间为5～8min。最适的显影温度为18～20℃，温度过高或过低，其结果与显影过长和不足相同，即显影过度或不足。

(2) 漂洗　即在清水中洗去胶片上的显影剂。漂洗时把显影完毕的胶片放入盛满清水的容器内漂洗10～20s后拿出，滴去片上的水滴即行定影。

(3) 定影　将漂洗后的胶片浸入定影箱内的定影液中，定影的标准温度和定影时间不像显影那样严格，一般定影液的温度以16～24℃为宜，定影时间为15～30min。当胶片放入定影液中时，不要立即开灯，因为定影不充分的胶片，残存的溴化银仍能感光，如果过早地在灯下暴露，会使影像发灰。如连续洗片时，应按顺序排列，在晃动和观片时要避免划伤药膜及相互粘连。

(4) 流水冲洗　定影后的乳剂膜表面和内部残存着硫代硫酸钠和少量银的络合物。如不用水洗掉，影像逐渐变为黄褐色，失去保存的价值。由此看来流水冲洗是相当重要的。

流水冲洗时把定影完毕的胶片放在流动的清水池中冲洗0.5～1h。若无流动清水，则需延长浸洗时间。

(5) 干燥　冲影完毕后的胶片，可放入电热干片箱中快速干燥。或放在凉片架上自然干燥，禁止在强烈的日光下暴晒及高温烘烤，以免乳剂膜溶化或卷曲。

【注意事项】

1. 在没有详细了解所用X线机的性能、使用方法及操作规程之前，严禁拨动控制台面、摄影床、机头等处的各个旋钮和开关。
2. 在曝光过程中，不可临时调动各调节旋钮，务必使旋转阳极稳定后再行曝光。
3. 避免强光直接照射增感屏及在增感屏中长时间夹放X线胶片。保持增感屏清洁，不要接触划伤增感屏。玷污的增感屏可用酒精和清水擦净晾干后继续使用。
4. 禁止湿手装卸胶片，已沾上显影液的胶片禁止放入片盒。不能让显影液污染增感屏幕。
5. 进入暗室前要敲门，确定没有装洗片方可进入。装洗片的过程要在暗室中进行，可用安全红灯，但不能漏光和使用手机。
6. 在X线片干燥前不要让手、桶壁等接触X线片，干燥后不能让尖锐物体刮擦X线片，以免X线片受到划伤。

【技能考核】

1. 各个投照部位的摆位。
2. X线机操作。
3. X线胶片的安装与冲洗。

附：X线检查中的防护措施

1. 充分认识辐射反应的产生、危害和防护的重要性。
2. 闲杂人员不得在工作现场停留，特别是孕妇和儿童。
3. 可对患病动物进行镇静或麻醉，利用各种保定辅助器材，尽量减少人工保定。
4. 保定人员和操作人员应穿戴防护用具，尽量远离机头和原射线，勿看动物，减少对眼晶状体的辐射。
5. 尽量使用高速增感屏、高速感光胶片和高千伏摄影技术，减少X线的用量。提高投照成功率，减少重复拍摄。
6. 在满足投照要求的前提下，尽量缩小投照范围，并充分利用遮线器。

技能训练项目二　X线片判读

【目的要求】

1. 学会X线片质量评估。
2. 了解影响X线片质量的因素。
3. 学会犬、猫常见疾病X线片的判读。

【实训内容】

对提供的X线片分别就X线片质量和影像特征做出判读。

【设备与材料】

1. 观片灯。
2. 各种典型病例的X线片。

【方法步骤】

1. X线片质量评价

对X线片质量的评价有以下几个方面的内容：能表现影像的适当密度；能分辨机体对X线吸收差异的各种对比度；能分辨各部细节的层次；能反映各部细节的清晰度；X线影像具有最小的失真度。

(1) 照片密度 照片的密度即照片的黑化度。只有一个密度的照片是不能显示影像的。密度过低，往往不能表现组织的细节，而密度过高，则往往掩盖某些组织的细节。

影响X线片密度的因素很多，涉及摄影技术的各个方面，如摄影用器材、暗室显影过程、投照对象和投照技术条件。在投照对象、摄影器材和暗室显影都选定的情况下，决定密度的是投照条件。所以可以认为，X线片密度高时黑，表明投照条件高；X线片密度低时灰或白，表明投照条件低。对于密度过高的X线片，可在强光下或用缩小灯光面积的方法观察。

(2) 对比度 X线片的对比度是指照片上相邻两点的密度差异。有了对比度才能使影像细节清楚地显示出来，一般来说密度差异越大越容易为人眼所觉察，但过高或过低的对比度也会损害影像的细节，只有适度的对比度才能增进影像细节的可见性。

(3) 层次 照片上被照机体组织结构的各种密度，称为照片的层次，即被照机体的骨骼、肌肉、皮肤、脂肪和空气等的密度差异在照片上显示出来。低管电压产生的影像对比度大，层次少；高管电压产生的影像对比度小，层次多。同一张X线片上，要想得到既有较好的对比度，又能显示丰富的层次的影像，必须选择恰当的管电压和管电流值。

(4) 清晰度 清晰度是指影像边界的锐利程度，良好的清晰度有助于观察组织结构的细微变化。影响X线片清晰度的因素有以下几个方面焦点大小、增感屏和胶片的感光速度、被照物体是否移动等。

(5) 失真度 失真度是指照片上的影像较原来的形态和大小改变的程度，分为放大失真和形态失真。诊断用X线片应尽量减少失真，更应避免人为造成的过大失真而影响X线片的质量。

① 放大失真 放大的程度主要决定于焦-片距和肢-片距，胶-片距过近或肢-片距过远均可产生过度的放大失真，所以胶-片距一般至少为91cm，而且投照肢体要尽量贴近片盒。

② 形态失真 形态失真会妨碍图像分析，失去诊断价值。临床中要将焦点、被照物体和X线胶片三者排列成一条直线，把被照物体摆正，使它位于X线束的中心轴上，并与胶片和X线管平行。

2. X线片解读

由教师对提供的X线片就X线片质量和影像特征进行讲解，学生对提供的X线片就X线片质量和影像特征进行分组讨论。

【注意事项】

1. 在评价X线片质量时，要了解影响X线片对比度的因素

(1) 投照技术条件

① X线的质（管电压） 管电压是影响X线片对比度的最主要因素。使用较低的管电压可增加对比度，而使用较高的管电压则降低对比度。但对比度大的X线片不一定优于对比度小的X线片，因为对比度大往往使灰度等级减少，使X线片失去某些影像细节。

② X线的量［管电流（mA）和X线照射时间（s）的乘积］ 一般认为X线的量对照片对比度没有直接影响，但是增加X线量可增加照片的影像密度，使照片上密度过低的部分对比度好转。

③ 散射线 散射线大量存在时，就会使胶片产生一层灰雾，影响照片质量。管电压越高，受到照射的面积越大、越厚，产生的散射线越多，照片的质量影响也越大。可使用遮线器和滤线器来减少或吸收散射线。

(2) 被照机体因素　机体被照部位的组织成分、密度和厚度以及造影剂的使用是形成X线片影像密度和对比度的基础。若被照部位本身无差异，不能形成物体对比度，投照条件无论如何变化也不能形成照片上的密度对比度。

(3) X线胶片和暗室技术　过了保存期的胶片会使胶片的对比度下降。若显影操作不当或暗室照明不安全，也可在胶片上产生灰雾。另外，显影液老化也会使X线片发灰而影响对比度。

2. 要了解影响X线片清晰度的因素

(1) 几何因素

① X线管的焦点大小　焦点面积大，伴影大，清晰度差，使用小焦点的X线管拍摄的X线片清晰度高。旋转阳极X线管的焦点小，拍摄的X线片清晰度高。

② 焦点到胶片的距离（FFD）　在焦点大小和物体到胶片距离不变的情况下，若加大FFD可使伴影减小，增加影像的清晰度。但是增大FFD，必须加大X线的曝光量。理想的FFD＝36～40in(91.4～101.6cm)。

③ 物体到胶片的距离　物体到胶片的距离大时，伴影大，清晰度差，所以投照时必须使被照部位紧贴片盒。

(2) 增感屏和胶片的影响　最好选择低速X线胶片和中速增感屏，以获得清晰细腻的影像。另外，要保证X线胶片与增感屏各处紧密接触，防止增感屏发出的光线向四周散开。

(3) 运动产生的模糊　移动是造成X线片清晰度差的最重要原因，焦点、被照肢体和胶片三者中任何一个产生移动都会造成影像模糊。三者发生相对运动的情况包括动物骚动、心跳、呼吸、X线管振动、活动滤线栅固定不良等。

【技能考核】

1. 从评价X线片影像质量的五个方面——照片密度、对比度、层次、清晰度和失真度对随机选取的三张X线片的影像质量进行分析，并对如何才能获得理想的X线片影像质量进行讨论。

2. 每位学生随机挑取4张X线片，能对其中的3张以上做出正确判读。

技能训练项目三　B超仪操作

【目的要求】

1. 了解超声诊断仪的各功能键、掌握其使用方法及注意事项。

2. 结合超声诊断仪的使用，进行超声检查的一般操作，初步了解犬各器官超声检查的方法和声像图特点。

【实训内容】

1. 认识B型超声诊断仪的基本构造。

2. 掌握B型超声诊断仪的操作方法。

【动物与设备】

1. 实验动物

犬或猫。

2. 设备

B型超声诊断仪、各种探头（3.5MHz、5.0MHz）、医用耦合剂、麻醉剂。

【方法步骤】

1. 动物准备

实验犬或猫安全保定或麻醉，局部剃毛，清洗，检查部位涂布耦合剂。

2. 仪器操作

仪器接通电源后，“电源开关”扳到“开”的位置。

(1) 选择探头。

(2) 选择扫查方式。

(3) 调整焦距、增益等获得合适图像。

(4) 冻结图像，进行分析。

3. 部分器官检查部位和正常的声像图特点

(1) 肝脏　扫查时选取仰卧或侧卧姿势，扫查部位为右侧10～12肋间或最后肋弓后缘。呈现的声像图特点为：肝实质为低强细微回声，周边回声强而平滑；胆囊为液性暗区，壁较薄、平滑；可以显示门脉、胆管等。

(2) 脾脏　扫查时选取仰卧或侧卧姿势，扫查部位为左侧10～12肋间或最后肋弓后缘及肷部。呈现的声像图特点为：脾实质为中等至强、均匀细微回声，周边回声强而平滑；可以显示脾头、脾尾、脾体和脾静脉。

(3) 肾脏　扫查时选取仰卧或侧卧姿势，扫查部位为右侧最后肋弓（右肾）和左侧肷部（左肾）。呈现的声像图特点为：包膜周边回声强而平滑；肾皮质低强均匀细微回声；肾髓质呈多个无回声暗区或稍显低回声；肾盂和周围脂肪囊呈放射状强回声。

(4) 膀胱　扫查时选取站立、仰卧或侧卧姿势，扫查部位为耻骨前缘后腹部或直肠。呈现的声像图特点为：膀胱壁强回声带，轮廓完整，光洁平滑，边界清晰；膀胱内无回声暗区；后壁回声增强。

(5) 前列腺　扫查时选取仰卧或侧卧姿势，扫查部位为耻骨前缘，阴茎旁或直肠。呈现的声像图特点为：包囊回声光滑，实质呈中等强度回声，间杂小回声光点；整体形态呈蝴蝶状。

(6) 子宫　扫查时选取站立、仰卧或侧卧姿势，扫查部位为耻骨前缘后腹部或直肠探查。呈现的声像图特点为：未怀孕母犬以膀胱为声窗，可显示子宫颈为卵圆形低回声肿块；妊娠母犬可以观察胎囊、胎斑、胎体反射和胎儿形态。

【注意事项】

1. 要严格按照操作说明开关机及使用功能键。

2. 使用过程中要注意保护探头。

3. 在开机后而又未进行检查时要及时冻结探头，延缓探头的衰老。

【技能考核】

1. B型超声诊断仪的开关机及功能键的使用。

2. 常见器官的扫查体位及扫查部位。

3. 常见器官的声像图特点。

【复习思考题】

1. X线机如何操作？进行X线摄影检查时的注意事项有哪些？

2. X线检查的适应证有哪些？

3. 胸、腹及骨骼常见疾病的X线影像征象有哪些？

4. 如何评价X线片的质量？

5. 影响X线片质量的因素有哪些？

6. B型超声检查的适应证有哪些？

7. 如何操作B超仪？
8. B型超声检查时的注意事项有哪些？
9. 腹腔常见疾病的超声声像图有何特点？
10. 心电图机的常用导联方法有哪些？
11. 心电图机怎样描记心电图？
12. 心电图的测量数据有哪些？
13. 犬、猫的正常心电图值为多少？
14. 内镜由哪些部件组成？
15. 简述内镜的操作方法。
16. 如何解读内镜图像？
17. 简述内镜的适用范围。
18. 简述MRI的组成部件。
19. MRI图像的优点是什么？
20. MRI仪的适应证有哪些？
21. MRI的注意事项是什么？
22. 简述CT扫描仪的组成，CT的成像原理。
23. CT的特点及优点各是什么？

模块二　宠物疾病治疗

项目五　常用临床治疗技术

【知识目标】

1. 掌握宠物临床常用的投药疗法。
2. 掌握不同注射方法的操作要点和注意事项。
3. 了解宠物补液疗法的适应证，掌握宠物临床常用的补液方法和注意事项。
4. 了解导尿疗法的临床适应证，掌握犬、猫的导尿方法。
5. 了解输氧疗法在宠物临床的应用，掌握输氧的注意事项。
6. 了解输血疗法的临床适应证，掌握输血疗法技术。
7. 掌握不同穿刺技术。
8. 掌握宠物安乐死的方法。

【技能目标】

1. 能熟练使用常用的投药器具，能进行片剂、胶囊剂、液体制剂投药。
2. 能熟练操作各种注射方法、补液方法和穿刺方法。
3. 能熟练给犬、猫（公、母）进行导尿。
4. 能熟练进行输氧治疗和输血治疗。
5. 能施行宠物安居死。

任务一　给药技术

子任务一　投药治疗

一、经口投药

1. 片剂和胶囊剂的投药方法

(1) 犬　在犬有食欲的情况下，可以将药剂包在它们喜欢吃的食物内，同食物一起投给，这种方法行不通时，可以尝试下面的给药方法。

对于温顺的犬，可将药片或胶囊用右手的食指和中指指尖夹持，左手的拇指抵住上唇，从齿间插入口腔并直抵硬腭，右手的拇指放在下颌切齿后下压下颌，将药片、胶囊送向咽的深部，并迅速抽出手，关闭口腔。轻轻拍打下颌，当犬用舌舔鼻，证明已将药物吞入（见图5-1-1）。

对于不很温顺的犬，可以用左手按上述方法打开口腔，开口后将药品从唇的内侧送入口内。

对于暴躁而牙关紧闭的犬，在应用上述方法打开口后，用特制的投药器或用15cm长的镊子或弯止血钳将药物送至舌根部（见图5-1-2）。

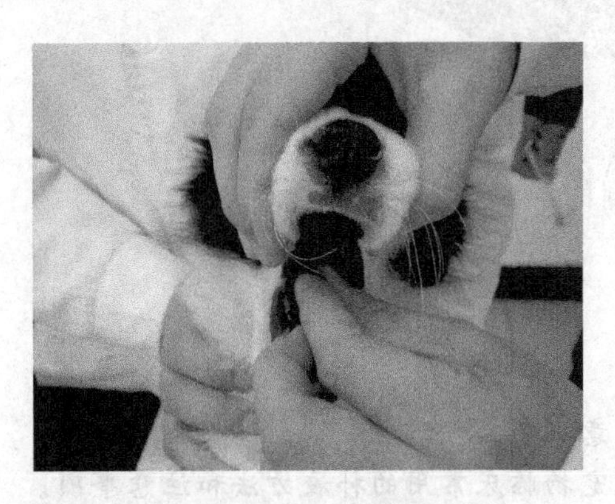

图5-1-1　片剂、胶囊剂徒手经口给药（犬）

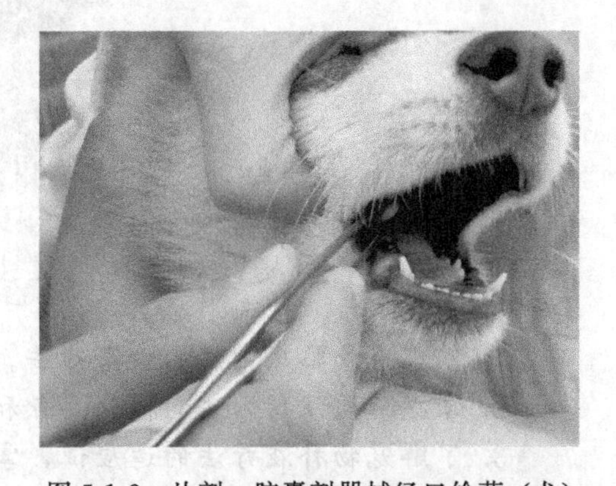

图5-1-2　片剂、胶囊剂器械经口给药（犬）

对于虽温顺但无食欲的患犬，按上述方法打开口腔后，通过唇侧投给罐头或干肉块包夹药品而令其食入。

(2) 猫　投药时将猫头抬高，用右手的拇指和食指从猫的鼻背部将两侧上唇向口腔内压入而使患猫张口，并用中指和无名指抵压口角协助开口，然后用特制的投药器或用弯止血钳夹持药品送入咽喉部，迅速关闭口腔，轻拍下颌令其食入。猫用舌舔鼻端时，表明已经将药品食入。也可以用带橡皮的铅笔投药，用铅笔的橡皮端的铝槽将药品送入口腔，并诱发吞咽反射而食入。

2. 液体制剂的投药方法

(1) 不使用胃导管投药法　当投给少量的药液时，可以将唇的一侧口角拉起，形成一个皱袋，将药液从皱袋口角处注入口腔内，要求将犬、猫的头部保持水平。可以使用注射器投

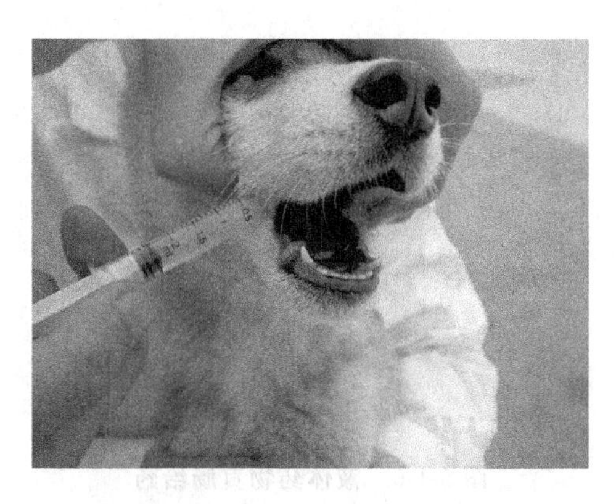

图 5-1-3　少量药液投服法

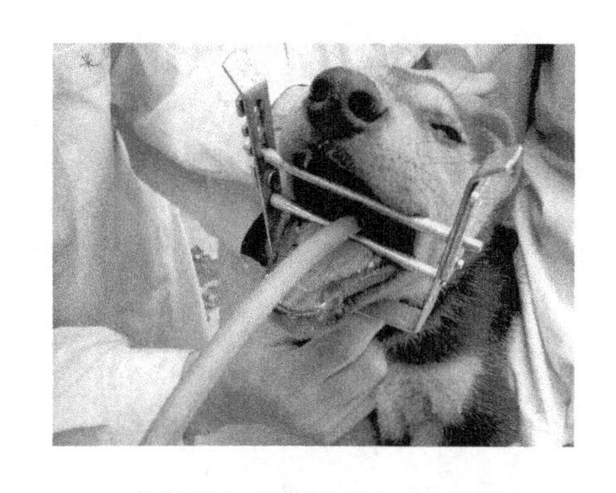

图 5-1-4　犬胃导管投药

药，既可定量又很方便。注入药液时不能操之过急，否则，容易导致误咽或药物摄入不完全（见图 5-1-3）。

（2）使用胃导管投药法　插入胃导管时，首先将犬、猫的口腔打开，在打开的口腔内插入中央带孔的木片（板）或胶布圈，并令其咬合而将术片（板）或胶布固定，从木片（板）或胶布圈的中央孔将导管经咽腔插入食管，并插入至第 8 肋骨处，然后用漏斗或注射器将药液注入。

在插入胃导管时，要判定导管是否误入气管。具体方法有：通过导管外端是否有与呼吸节律相同的气流存在，或用嘴从导管外端吸气，并用舌抵住管端，看能否吸住，如果无气流存在，并且能够吸住并持续一次呼吸以上，则表明是在食管或胃内，可以进行投药。

投药时应选择胃导管的尺寸，对于幼龄犬、猫应选择直径 4mm 的柔软的导管，成犬、猫可以根据犬、猫体格的大小选择直径 7～12mm 的导管。为使插管顺利，可以在插管的前端涂上凡士林软膏或液体石蜡以润滑（见图 5-1-4）。

给猫进行胃导管投药要比犬困难，按片剂投药时的开口方法打开口腔，并在口腔内塞入中间挖孔的木片，并滑动开口的手将拇指抵于下颌，其余四指下压鼻背，固定木片，然后再进行插管。

二、直肠投药

1. 栓剂投药方法

适用于向肛门内插入消炎、退热、止血等栓剂（见图 5-1-5）。

投给栓剂时，用戴有一次性手套的左手执拿尾根部向上抬举，使肛门显露，用右手的拇指、食指及中指夹持药栓（在食指手套外涂液体石蜡或凡士林软膏），按入肛门并用食指向直肠深部推入，暂停片刻，待患犬、猫不再用力时，轻轻滑出食指，不要再刺激肛门部。

2. 液体制剂投药方法

投给液体制剂时，应先将尖端涂有凡士林或液体石蜡的肛门管（12～18 号导尿管）插入直肠内 5～10cm，并用左手将导管与肛门固定在一起，以防药液从肛门溢出。投给的药液应与体温一致，且无刺激性，如果药液量大，应再向深部插入导管。拔除导管时不要松开闭塞肛门的手，待其不再用力时，缓慢松开（见图 5-1-6）。

图 5-1-5　栓剂药物直肠给药

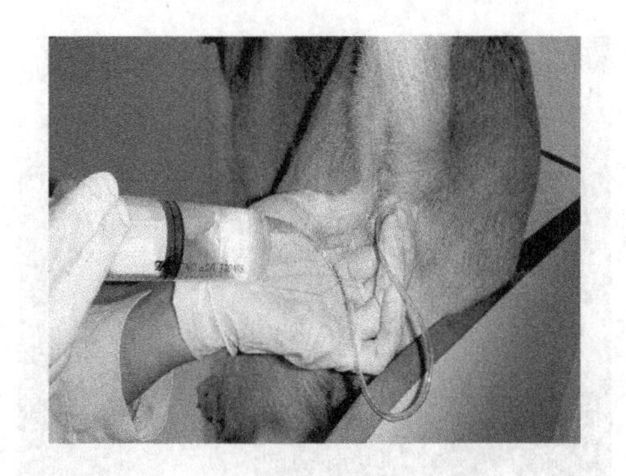

图 5-1-6　液体药物直肠给药

三、眼、耳投药

1. 眼药投给法

投给水性眼药时，每侧结膜囊只能承受 2 滴眼药水，多则因流出而不起作用。大部分的眼药水仅能维持 2h，故应以 2h 的间隔进行点眼。而软膏类眼药则最多可以持续 4h。

水剂眼药可以从内眼角点眼，但药瓶瓶口端不能触及眼球、眼睑等。滴入眼药水后，停留 30s 至 1min 再松开保定；眼膏涂入后将上下眼睑闭合，轻轻按摩使之分散（见图 5-1-7）。软膏剂则应涂在下睑缘，长度以 3mm 为宜。

2. 耳药投给法

将头部固定，进行患耳的清洁后，便可以将治疗用的油剂或膏剂耳药点入患耳内，膏剂涂后要进行轻轻的按摩。切忌向耳内投给水剂和粉剂（见图 5-1-8）。

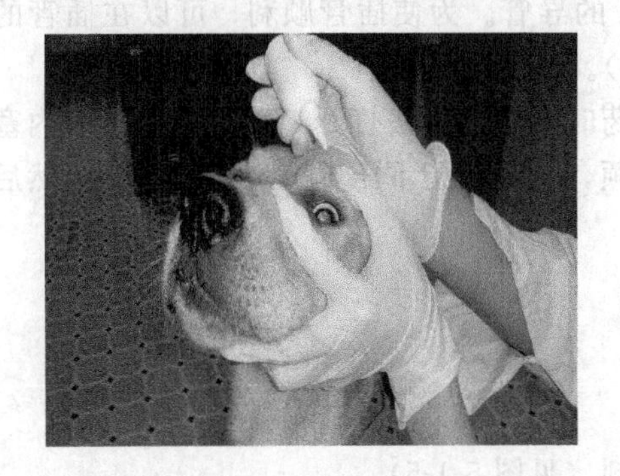

图 5-1-7　眼药投给法

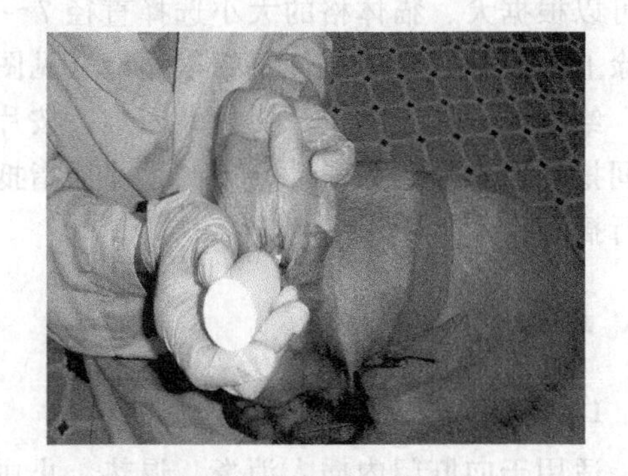

图 5-1-8　耳药投给法

子任务二　注射治疗

一、皮下注射

1. 适应证

将药液注射于皮下结缔组织内，经毛细血管、淋巴管吸收进入血液，发挥药效而达到防治疾病的目的。凡是易溶解、无强刺激性的药品及疫苗、菌苗、血清、抗螨虫药（如伊维菌素）等，某些局部麻醉剂，不能口服或不宜口服的药物要求在一定时间内发生药效时，均可做皮下注射。

2. 操作方法

（1）用具准备　根据注射药量多少，可选用1ml、2.5ml、5ml、10ml的注射器及相应针头。当抽吸药液时，先将安瓿封口端用酒精棉球消毒，并随时检查药品名称及质量。

（2）注射部位　多在皮肤较薄、富有皮下组织、活动性较大的背胸部、股内侧、颈部和肩胛后部等部位。

（3）操作方法

① 准确抽取药液，而后排出注射器内混有的气泡。此时注射针要安装牢固，以免脱掉。

② 注射局部首先进行剪毛、清洗、擦干，除去体表的污物。对术者的手指及注射部位进行消毒。

③ 注射时，术者左手中指和拇指捏起注射部位的皮肤，同时用食指尖下压使其呈皱褶陷窝，右手持连接针头的注射器，针头斜面向上，从皱褶基部陷窝处与皮肤呈30°～40°角，刺入针头2/3（根据动物体型的大小，适当调整进针深度），此时如感觉针头无阻抗，且能自由活动时，左手把持针头连接部，右手抽吸无回血即可推压针筒活塞注射药液。如注射大量药液时，应分点注射。注完后，左手持干棉球按住刺入点，右手拔出针头，局部消毒。必要时可对局部进行轻轻按摩，促进吸收（见图5-1-9）。

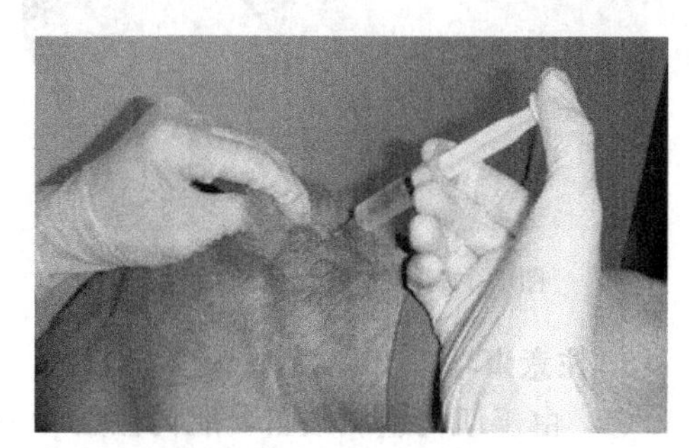

图5-1-9　皮下注射法

3. 注意事项

（1）刺激性强的药品不能做皮下注射，特别是对局部刺激较强的钙制剂、砷制剂、水合氯醛及高渗溶液等，易诱发炎症，甚至组织坏死。

（2）每一注射点不宜注入过多的药液，如需大量注射药液时，需将药液加温后分点注射。注射后应轻轻按摩或进行温敷，以促进吸收。

二、肌内注射

1. 适应证

肌内注射是将药物注入肌肉内的注射方法，是兽医临床上较常用的给药方法。肌肉内血管丰富，药液注入肌肉内吸收较快。由于肌肉内的感觉神经较少，疼痛轻微。因此，刺激性较强和较难吸收的药液，进行血管内注射而有副作用的药液，油剂、乳剂等不能进行血管内注射的药液，为了延缓吸收、持续发挥作用的药液等，均可采用肌内注射。

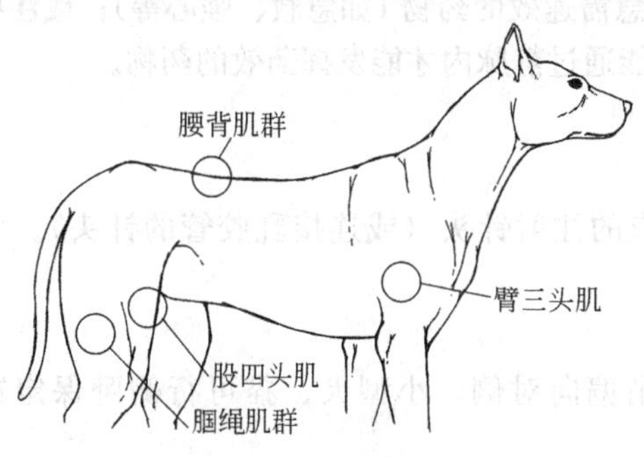

图5-1-10　犬适宜肌内注射的肌群位置图

2. 操作方法

（1）用具准备　同皮下注射。

（2）注射部位　选择肌肉丰满、神经和血管较少的部位，如颈部、臀部、股部和腰部肌肉等（见图5-1-10）。

（3）操作方法

① 动物适当保定，局部常规消毒处理。

② 左手的拇指与食指轻压注射局部，右手

持注射器，迅速刺入肌肉内。一般刺入1～2cm，而后用左手拇指与食指握住露出皮外的针头结合部分，以食指指节顶在皮上，再用右手抽动针管活塞，观察无回血后，即可缓慢注入药液。如有回血，可将针头拔出少许再行试抽，见无回血后方可注入药液。注射完毕，用左手持酒精棉球压迫针孔部，迅速拔出针头（见图5-1-11、图5-1-12）。

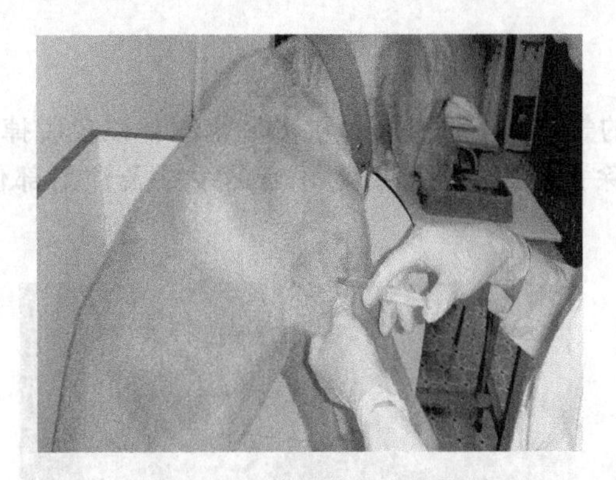

图5-1-11 前肢臂三头肌注射

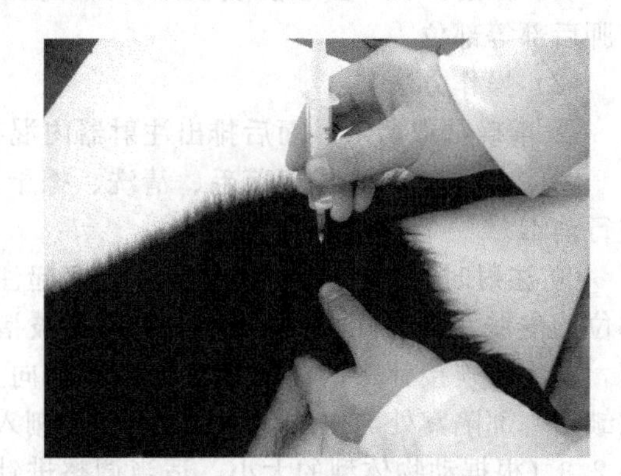

图5-1-12 后肢股四头肌注射

3. 注意事项

（1）由于肌肉组织致密，肌内注射时一般不宜注入大量药液。

（2）强刺激性药物如水合氯醛、钙制剂、浓盐水等，不能肌内注射。

（3）注射针尖如接触神经时，动物骚动不安，应变换方向后再行注射。

（4）针体一般刺入2/3深度，不宜全部刺入，以防折断。一旦针头和注射器的结合头折断，应立即拔除；如不能拔出时，将动物保定好，进行局部麻醉后，迅速切开注射部位组织，用小镊子、持针钳或止血钳拔出折断的针体。

（5）长期进行肌内注射的动物，注射部位应交替更换，以减少硬结的发生。

（6）两种以上药液同时注射时，要注意药物的配伍禁忌，必要时可在不同部位注射。

（7）根据药液的量、黏稠度和刺激性的强弱，选择适当的注射器和针头。

（8）避免在瘢痕、硬结、发炎、皮肤病及有针眼的部位注射。淤血及血肿部位不宜进行注射。

三、静脉注射

静脉注射是将药液注入静脉内，治疗危重疾病的主要给药方法。

1. 适应证

用于大量的输液、输血；或用于以治疗为目的的急需速效的药物（如急救、强心等）；或注射药物有较强的刺激作用，又不能皮下、肌内注射，只能通过静脉内才能发挥药效的药物。

2. 操作方法

（1）用具准备

① 根据注射用量可备50～100ml注射器及相应的注射针头（或连接乳胶管的针头）。大量输液时则应使用一次性输液器。

② 注射药液的温度要尽可能地接近于体温。

③ 大型犬、猫站立保定，使头稍向前伸，并稍偏向对侧。小型犬、猫可行侧卧保定或腹卧保定。

④ 输液时，药瓶（生理盐水瓶）挂在输液架上，位置应高于注射部位。输液前排净输液器内的气体，拧紧调节器。

（2）注射部位　犬、猫在前肢腕关节正前方偏内侧的前臂皮下静脉（头静脉）和后肢跖部背外侧的小隐静脉，也可在股静脉和颈静脉。

图 5-1-13～图 5-1-17 为静脉注射部位。

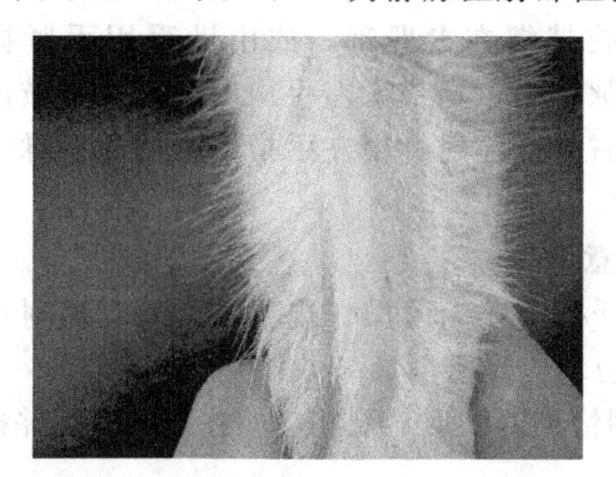

图 5-1-13　犬前臂皮下静脉（头静脉）

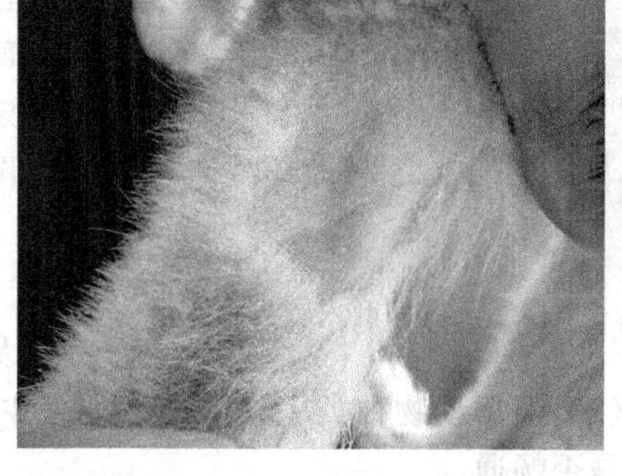

图 5-1-14　犬后肢外小隐静脉

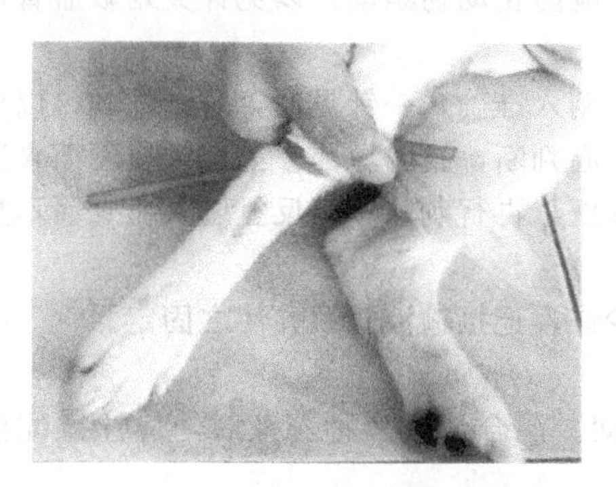

图 5-1-15　犬后肢跖背静脉

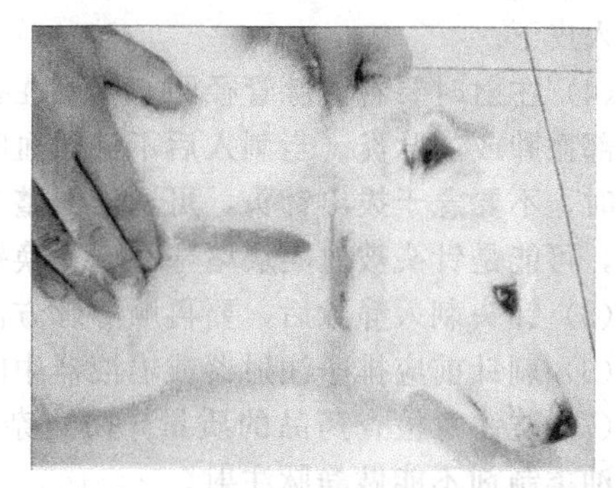

图 5-1-16　犬颈静脉

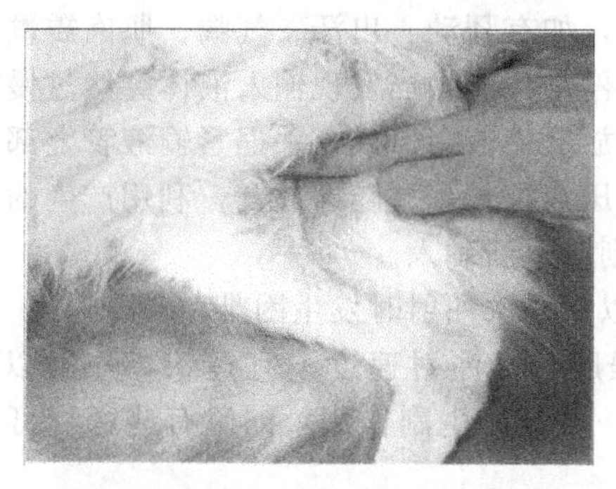

图 5-1-17　猫后肢外小隐静脉

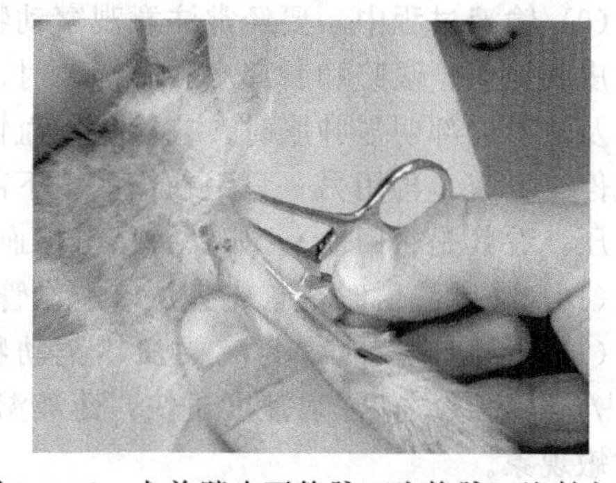

图 5-1-18　犬前臂皮下静脉（头静脉）注射方法

（3）操作方法

① 前臂皮下静脉（头静脉）注射　此部位为犬最常用、最方便的静脉注射部位。该静脉位于前肢腕关节正前方稍偏内侧。犬可侧卧、伏卧或站立保定，助手或犬主人从犬的后侧握住肘部，使皮肤向上牵拉和静脉怒张，也可用止血带（乳胶管）结扎使静脉怒张。操作者位于犬的前面，注射针由近腕关节 1/3 处刺入静脉，当确定针头在血管内后，针头连接管处见到回血，再顺静脉管进针少许，以防犬骚动时针头滑出血管。松开止血带或乳胶管，即可注入药液，并调整输液速度。静脉输液时，可用胶布缠绕固定针头。在输液过程中，必要时试抽回血，以检查针头是否在血管内。注射完毕，以干棉签或棉球按压针眼，迅速拔出针头，局部按压或嘱宠物主人按压片刻，以防止出血（见图 5-1-18）。

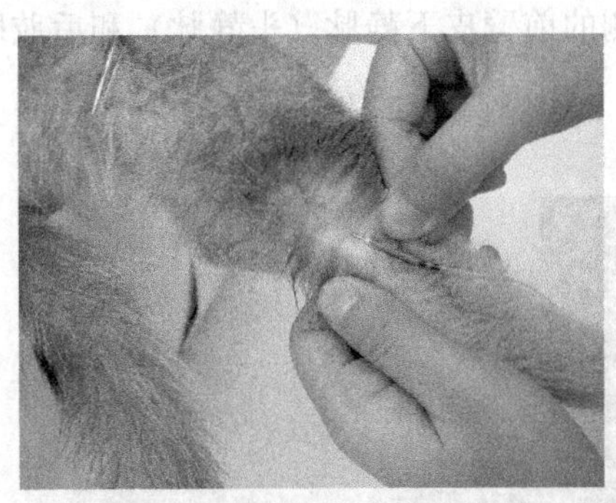
图 5-1-19　后肢外侧小隐静脉注射方法

② 后肢外侧小隐静脉注射　此静脉位于后肢胫部下 1/3 的外侧浅表皮下，由前斜向后上方，易于滑动。注射时，使犬侧卧保定，局部剪毛、消毒。将乳胶带绑在犬股部，或由助手用手紧握股部，使静脉怒张。操作者左手从内侧握住下肢以固定静脉，右手持注射针由左手指端处刺入静脉（见图 5-1-19）。

3. 注意事项

（1）严格遵守无菌操作规程，对所有注射用具及注射部位均应严密消毒。

（2）根据动物种类、注射药液的多少等，选用恰当的注射器及相应的注射针头，并检查针头是否畅通。

（3）动物必须保定确实，进针和注射过程中均应防止动物骚动，以免针尖划破血管使药液漏入皮下。

（4）注射时要看清脉管径路，明确注射部位，刺入准确，一针见血，防止乱刺，以免引起局部血肿或静脉炎。当刺入后不见回血时，应耐心判断，找出原因。如刺入皮下而未进入血管时，不要急于拔出针头，可适当调整角度和深度，再行刺入；当反复刺入血管而不见回血时，可能是针头被血凝块堵塞，应更换针头。

（5）针头刺入静脉后，要再顺静脉方向进针少许，连接输液管后并使之固定。

（6）刺针前应排净注射器或输液器中的空气。

（7）要注意检查药品的质量，防止杂质、沉淀。混合注入多种药液时，应注意配伍禁忌，油类制剂不能做静脉注射。

（8）注射对组织有强烈刺激的药物，应防药液外溢而导致组织坏死。

（9）输液过程中，要经常注意观察动物的表现，如有骚动、出汗、气喘、肌肉震颤、犬发生皮肤丘疹、眼睑和唇部水肿等征象时，应及时停止注射。当发现输入液体突然过慢或停止以及注射局部明显肿胀时，应检查回血情况（可放低输液瓶，或一手捏紧输液管上部，使药液停止下流，再用另一只手在输液管下部突然加压或拉长，并随即放开，利用产生的一时性负压，看其是否回血）。如针头已滑出血管外，则应重新刺入。

（10）静脉注射时，首先宜从末端血管开始，以防再次注射时发生困难。

（11）大量输液时，药液要加热至动物体温程度，且注射速度不宜过快，一般以 5～10ml/min 为宜。如注射速度过快，药液温度过低，可能产生副作用，同时有些药物可能发生过敏现象。

（12）对极其衰弱或心功能障碍的患犬、猫静脉注射时，尤应注意输液反应，对心肺功能不全者，要控制注射速度和输入量，防止肺水肿的发生。

四、器官内注射

1. 心脏内注射

心脏内注射是将药液直接注射到心腔的注射方法。

（1）适应证　当病畜心脏功能急剧衰竭，静脉注射急救无效或心搏骤停时，可将强心剂直接注入心脏内，恢复心功能，抢救病畜。

（2）操作方法

① 用具准备　小动物用一般注射针头，注射药液多为盐酸肾上腺素。

② 注射部位　犬、猫在左侧胸廓下 1/3 处，第 5～6 肋间。

③ 操作方法　以左手稍移动注射部位的皮肤然后压住，右手持连接针头的注射器，垂直刺入心外膜，再进针 3～4cm 可达心肌。当针头刺入心肌时有心搏动感，注射器摆动，继续刺针可达左心室内，此时感到阻力消失。拉引针筒活塞时有暗赤色血液回流，然后徐徐注入药液，药液很快进入冠状动脉，迅速作用于心肌，恢复心脏功能。注射完毕，拔出针头，术部涂碘酊或用碘仿火棉胶封闭针孔。

（3）注意事项

① 动物确实保定，操作要认真，刺入部位要准确，以防心肌损伤过大。

② 为了确实注入药液，可配合人工呼吸，防止由于缺氧引起呼吸困难而带来危险。

③ 心脏内注射时，由于刺入的部位不同，可引起各种危险，应严格掌握操作规程，以防意外，有条件可在 B 超监视下进行。

④ 当刺入心房壁时，因心房壁薄，伴随搏动而有出血的危险。此乃注射部位不当，应改换位置，重新刺入。

⑤ 在心搏动中如将药液注入心内膜时，有引起心动停搏的危险。这主要是注射前判定不准确，并未回血所造成。

⑥ 当针刺入心肌，注入药液时，也易发生各种危险。此乃深度不够所致，应继续刺入至心室内经回血后再注入。

⑦ 心室内注射效果确实，但注入过急，可引起心肌的持续性收缩，易诱发急性心搏动停止。因此，必须缓慢注入药液。

⑧ 心脏内注射不得反复应用，这种刺激可引起传导系统发生障碍。

⑨ 所用注射针头，宜尽量选用小号，以免过度损伤心肌。

2. 胸腔内注射

胸腔内注射也称胸膜腔内注射，是将药液或气体注入胸膜腔内的注射方法。

（1）适应证

① 胸膜腔内注射药液，适用于治疗胸膜的炎症。

② 抽出胸膜腔内的渗出液或漏出液做实验室诊断，同时注入消炎药或洗涤药液。

③ 气胸疗法时向胸腔内注入空气以压缩肺脏。

（2）操作方法

① 用具准备　注射器材需要 6～8 号针头，连接于相应的针管上。为排除胸腔内的积液或洗涤胸腔，通常要使用套管针。一般根据动物的大小或治疗目的来选用器材。

② 注射部位　犬、猫在右侧第 6 肋间或左侧第 7 肋间，与肩关节水平线相交点下方2～3cm，即胸外静脉上方 2cm 沿肋骨前缘刺入。

③ 操作方法

a. 动物站立保定，术部剪毛、消毒。

b. 术者左手将穿刺部位皮肤稍向前方移动 1～2cm；右手持连接针头的注射器，沿肋骨前缘垂直刺入，深度 1～2cm，可依据动物个体大小及营养程度确定。

c. 注入药液。刺入注射针时，一定注意不要损伤胸腔内的脏器，注入的药液温度应与体温相近。在排除胸腔积液、注入药液时，必须缓慢进行，并且要密切注意病犬、猫的反应和变化。

d. 注入药液后，拔出针头，使局部皮肤复位，进行消毒处理。

（3）注意事项

① 刺针时，针头应该靠近肋骨前缘刺入，以免刺伤肋间血管或神经。

② 刺入胸腔后应该立即闭合好针头胶管，以防空气窜入胸腔而形成气胸。

③ 必须在确定针头刺入胸腔内后，才可以注入药液。

3. 腹腔内注射

腹腔内注射是将药液注入腹膜腔内，适用于腹腔内疾病的治疗和通过腹腔补液（尤其在动物脱水或血液循环障碍，采用静脉注射较困难时更为实用）。

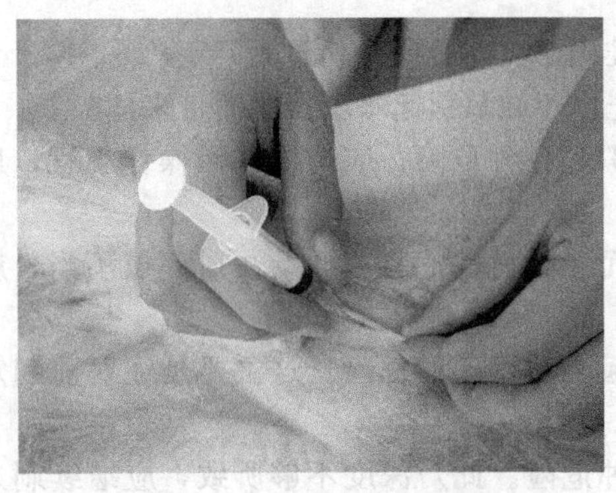

图 5-1-20 犬的腹腔内注射法

(1) 犬的腹腔内注射

① 注射部位　在脐和耻骨前缘连线的中间点，腹中线旁。

② 操作方法　注射前，先使犬前躯侧卧，后躯仰卧，将两前肢系在一起，两后肢分别向后外方转位，充分暴露注射部位，要保定好犬的头部，注射部剪毛、消毒。注射时，一手捏起皮肤，另一手持注射针头垂直刺入皮肤、腹肌及腹膜，当针头刺破腹膜进入腹腔时，立刻感觉没有了阻力，有落空感。若针头内无血液流出，也无脏器内容物溢出，并且注入灭菌生理盐水无阻力时，说明刺入正确，此时可连接注射器，进行注射（见图 5-1-20）。

(2) 猫的腹腔内注射

① 注射部位　耻骨前缘 2～4cm 腹中线旁。

② 操作方法　同犬。

(3) 注意事项

① 所注药液预温到与动物体温相近。

② 所注药液应为等渗溶液，最好选用生理盐水或林格液。

③ 有刺激性的药物不宜做腹腔内注射。

五、气管内注射

气管内注射是将药液注入气管内，使药物直接作用于气管黏膜的注射方法。

1. 适应证

临床上常将抗生素注入气管内治疗支气管炎和肺炎；也可用于肺脏的驱虫；注入麻醉剂以治疗剧烈的咳嗽等。

2. 操作方法

(1) 用具准备　宠物站立保定，抬高头部，术部剪毛、消毒。

(2) 注射部位　一般在颈部上 1/3 下界处，腹侧面正中，第 4 与第 5 两个气管软骨环之间进行注射。

(3) 操作方法

① 犬和猫侧卧或站立保定，固定头部，充分伸展颈部，使前躯稍高于后躯，局部剪毛、消毒。

② 术者持连接针头的注射器，另一只手握住气管，于两个气管软骨环之间，垂直刺入气管内 0.5～1.0cm，此时摆动针头，感觉前端空虚，再缓缓注入药液（见图 5-1-21）。注完后拔出针头，涂擦碘酊消毒。

3. 注意事项

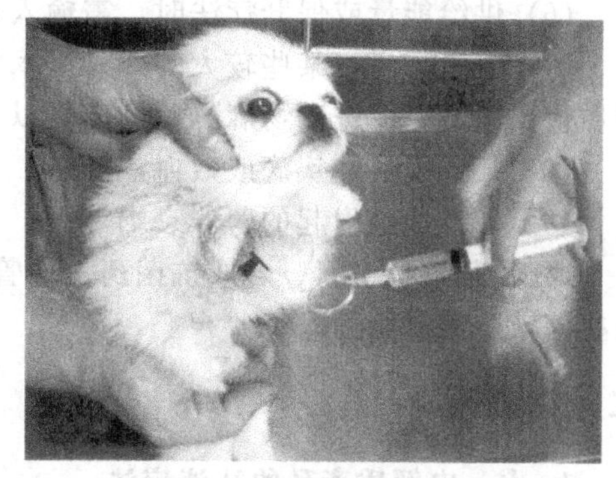

图 5-1-21 犬气管内注射

(1) 注射前宜将药液加温至与动物同温，以减轻刺激。

(2) 注射过程如遇动物咳嗽，则应暂停注射，待安静后再注入。

(3) 注射速度不宜过快，最好一滴一滴地注入，以免刺激气管黏膜，咳出药液。

(4) 如病犬、猫咳嗽剧烈或为了防止注射诱发咳嗽，可先注射2%盐酸普鲁卡因溶液1～2ml后，降低气管的敏感性，再注入药液。

(5) 注射药液量不宜过多，犬一般1～1.5ml，猫在0.5～1.0ml。量过大时，易导致气管阻塞而发生呼吸困难。

子任务三 补液治疗

动物体液是动物机体与外界环境相互交流的媒介，更是动物体内组织细胞浸浴的内环境，它参与营养物质的消化、吸收、利用，为组织细胞运送营养物质、提供正常生活环境和运走代谢产物与有害物质。因此，体液的平衡对于动物机体的正常生活乃至生活质量，甚至疾病的发生与发展均具有重要的作用。

正常犬、猫的体液量约占体重的60%。体液以细胞膜为界而分成占体重40%的细胞内液（ICF）和占体重20%的细胞外液（ECF），细胞外液又根据其存在的位置而分成占体重5%的血浆和占体重15%的组织液。细胞内液的主要成分是钾离子、磷酸氢根离子和蛋白质，细胞外液的主要成分是氯离子、钠离子。细胞内液和细胞外液的渗透压是相等的，但离子浓度以细胞内液为高，这种差异是由于细胞膜的离子渗透性和主动转运所致。

细胞外液中血浆和组织液的差别在于蛋白质，这是由于蛋白质不能通过血管壁的内膜所致。这种差别在体循环上的意义是，在毛细血管区漏出的水分和晶体，经组织循环后，依靠这种蛋白的渗透压再回到血液中。

一、补液疗法适应证

动物发生体液平衡紊乱时，由静脉输入不同成分和一定数量的溶液进行纠正，这种治疗方法称为输液（补液）疗法。在疾病过程中，当水的摄入量不足或排出量超过机体的调节能力时，会出现一系列的水和电解质代谢紊乱，严重时可引起动物死亡。输液疗法具有调节体内水和电解质平衡、补充循环血量、维持血压、中和毒素、补充营养物质等作用，对机体疾病的恢复起着重要作用。临床上常适用于以下范围。

(1) 各种原因引起的脱水　如伴有严重腹泻或呕吐、大出汗、大出血等。

(2) 有效循环血量不足　休克时有效循环血量不足，除应给予综合性抗休克治疗外，输液补充血容量是抗休克不可缺少的措施之一。如为脱水所致的休克，输液更是关键性的治疗方法。

(3) 饮食废绝　饮食废绝的患畜，因生理消耗的水分仍在继续，应及时补液。

(4) 酸碱平衡紊乱　各种原因引起的酸碱平衡紊乱，都需要用输液的方法进行纠正。

(5) 中毒性疾病　动、植物毒素中毒、有毒元素及其矿物中毒、细菌内毒素中毒、有毒气体中毒等，输液可以防止水、电解质代谢紊乱，促进毒素排泄，增强机体的抵抗力。

（6）供给能量或保肝疗法时，需输入葡萄糖溶液。

（7）手术前后　某些较大的外科手术的术前、术后，都需输入某些溶液，可防止水、电解质代谢紊乱，促进动物麻醉后的苏醒以及补给能量。

（8）某些发热性疾病或败血症等。

（9）各种原因引起的营养衰竭等。

（10）某些抗生素、合成抗菌药、血管扩张药、升压药和肾上腺皮质激素等，需要加在某些溶液中静脉给药。

二、补液原则

1. 水、电解质紊乱的补液疗法

脱水及电解质代谢紊乱是临床上常见的病理状态，许多疾病伴有脱水及电解质代谢紊乱；及时、恰当的液体疗法是救治危症病畜有效的治疗手段。认识和诊断脱水的目的，在于补充已丢失的水分和电解质，调整血液电解质和渗透压，以恢复脱水动物的水、盐代谢功能。

（1）水、钠代谢紊乱　脱水是临床上最常见的水代谢紊乱，常与缺钠同时存在。由于缺水与缺钠可能有所偏重，故脱水可分为以下三种。

① 等渗性脱水（急性缺水或混合性缺水）　特点是丢失的水和钠比例相当，细胞外液渗透压保持正常。

a. 原因　在腹泻、呕吐、肠变位、急性肠梗阻、弥漫性腹膜炎等情况下，大量消化液急性丧失，使发病动物体液在短期内大量丢失。其特点是缺水和缺钠接近体液中水与钠的正常比例。

b. 诊断要点　临床表现尿少、乏力、眼球下陷和皮肤干燥，但无口渴。较重的动物表现脉搏细速，血压下降，并常伴有代谢性酸中毒。

c. 补液方法　此类脱水补液以补充复方氯化钠液或5%葡萄糖生理盐水为宜，也可将生理盐水与5%葡萄糖按1∶1比例输入。

② 低渗性脱水　特点是缺钠大于缺水。按缺钠程度可分为轻度、中度和重度三种情况。

a. 原因　大量失血、出汗、呕吐和腹泻引起体液丢失以及长期使用利尿剂，抑制肾小管对钠的重吸收，导致大量钠自尿中丢失。

b. 诊断要点

轻度缺钠，每千克体重缺钠为0.25～0.5g，其临床表现为精神沉郁，食欲减少，四肢无力。

中度缺钠，每千克体重缺钠为0.5～0.75g，临床表现为血压下降，全身症状明显，症状除上述表现外尚有恶心、呕吐、脉搏细速、尿少。

重度缺钠，每千克体重缺钠量为0.75～1.25g，发病动物常有昏睡或处于昏迷状态，并可有休克，根据病史，结合临床症状和实验室检查可以诊断。

c. 补液方法　对低渗性脱水，应以补充盐类为主，盐和水的比例为2∶1（即2份生理盐水，1份5%葡萄糖液）。

③ 高渗性脱水　其特点是缺水大于缺钠。

a. 原因　水摄入不足，可见于给水不足、饮食欲减少或废绝、昏迷、口腔或咽喉炎症、食管炎症、肿瘤或阻塞等病畜。排尿量过多，可见于中暑、高温或大剂量使用利尿剂等。

b. 诊断要点

轻度脱水，缺水量为体重的2%～4%，其主要症状为口渴，精神沉郁，尿量减少，血色稍暗。

中度脱水，缺水量为体重的4%～6%，其主要症状除口渴、舌干、乏力外，尿量减少极为明显，血液黏稠、色暗，脉搏增数。

重度脱水，缺水量大于体重的6%，病体除有上述症状外，大多有血压下降和神志障碍，可视黏膜发绀，高度口渴，眼球凹陷，耳、鼻端发凉。心音及脉搏均减弱，脉搏不感于手，有时出现神经症状。

c. 补液方法　对高渗性脱水，应以补水为主，盐和水的比例为1∶2（即1份生理盐水，2份5%葡萄糖液）。

（2）钾代谢紊乱　钾能维持细胞新陈代谢，调节体液的渗透压和酸碱平衡，并保持细胞的应激功能。机体每天钾的摄入均从饮食中获得，由小肠吸收。钾的排出主要由肾调节，尿中每天排钾约为摄入量的90%，其余10%在粪便中排出。

① 低钾血症

a. 原因　长期钾摄入不足，常见于术后长期禁食或食欲不振的病畜或长期饲喂含钾少的饲料；钾的排出增加，常见于严重腹泻、呕吐，长期应用肾上腺皮质激素、创伤和大面积烧伤等以及病畜应用利尿药物。

b. 诊断要点　存在上述引起缺钾的原因；发病动物有厌食、恶心、呕吐和腹胀（肠蠕动明显减弱）、肌肉无力、腱反射减退、血压降低、嗜睡等症状；血清钾测得值明显降低；心电图有典型的低钾血症表现，T波降低、双相甚或倒置，ST段压低或U波出现。

c. 补液方法　迅速查出缺钾原因，进行病因治疗，同时迅速补充氯化钾。

d. 注意事项　补氯化钾时为了动物安全，能口服则不予静脉输液，需静脉输液的，应以10%氯化钾溶液稀释后经静脉缓慢滴入，其浓度不应大于0.3g/100ml，严格控制滴速，绝对禁止氯化钾静脉内直接推注，以免血钾突然增高导致严重心律不齐和停搏。补钾时需注意尿量的变化，尿少时补钾将使钾积滞体内，引起高钾血症。还应同时纠正可能存在的酸中毒。

② 高钾血症

a. 原因　口服或静脉输入氯化钾过多，酸中毒以及大面积软组织挤压伤、重度烧伤或其他有严重组织破坏、致使大量细胞内钾能短期内移至细胞外液的创伤，或急性或慢性肾功能衰竭而使肾脏排钾减少。

b. 诊断要点　存在上述引起血钾过高的原因；病畜有软弱无力、虚弱和血压降低等症状，严重者出现呼吸困难，心搏动骤停，以至突然死亡；血清钾测得值明显升高；心电图有典型的高钾血症表现，T波高而尖，Q-T间期延长，以后QRS波群间期也延长。

c. 补液方法　迅速查出原因，进行对因治疗。

具体措施：应停给一切含钾的溶液或药物，静脉输入5%碳酸氢钠溶液以降低血钾并同时纠正可能存在的酸中毒；给予高渗葡萄糖和胰岛素，使血钾浓度暂时降低，一般用25%的葡萄糖液200ml，以3～4（g）∶1（单位）的比例加入胰岛素，静脉滴入，可每3～4h重复1次；给10%葡萄糖酸钙溶液以对抗高钾血症引起的心律失常，需要时可重复使用。

2. 酸碱平衡紊乱的补液疗法

各种疾病可以引起代谢性酸、碱中毒和呼吸性酸、碱中毒4种原发性的酸碱平衡失调；在复杂的疾病情况下，还可引起两种或两种以上原发性酸碱失衡同时存在的混合性酸碱平衡失调。

(1) 代谢性酸中毒

① 原因

a. 病畜长期禁食、脂肪分解过多，并有酮体积聚，均可消耗 HCO_3^-；急性肾功能减退，H^+ 排出有障碍，机体内 H^+ 增加。

b. 严重腹泻病畜，患吞咽障碍的病畜，由于大量消化液丧失，带走大量 HCO_3^-，病畜脱水后可引起酸性产物积聚。

c. 严重感染、大面积创伤或烧伤、大手术、休克、机械性肠阻塞等，由于组织缺血缺氧，糖代谢不全，产生丙酮酸、乳酸等中间产物，导致酸中毒。

d. 酮病、骨软症、佝偻病等，当营养中的磷过多时，血液中的 HPO_4^- 含量增多，HCO_3^- 含量减少，从而导致血液酸中毒。

② 诊断要点　临床有上述可以引起酸中毒的原因存在，症状表现为病畜呼吸深而快，黏膜发绀，体温升高，出现不同程度的脱水现象，血液浓稠。实验室检查血细胞比容增高，血气分析 pH 值和 HCO_3^- 明显下降，二氧化碳结合力（CO_2CP）降低。

③ 纠正方法　在针对病因治疗并处理水、电解质失衡的同时，应用碱剂（最常用的是碳酸氢钠）治疗。具体用法，可以 HCO_3^- 测得值计算碳酸氢钠用量。

HCO_3^- 需要量(mmol)=[HCO_3^- 正常值−HCO_3^- 测得值](mmol/L)×体重(kg)×0.4

或以 CO_2CP 测得值计算碳酸氢钠用量。

5%碳酸氢钠需要量(ml)=[CO_2CP 正常值−CO_2CP 测得值]×体重(kg)×0.6

(2) 代谢性碱中毒

① 原因

a. 治疗中长期投给过量的碱性药物，使血液内的 HCO_3^- 浓度升高。

b. 缺钾可导致代谢性碱中毒。

② 诊断要点　首先是病畜有酸碱失衡情况的原因存在；临床表现则为呼吸浅而慢，并可有嗜睡甚至昏迷等神志障碍；实验室检查，血 pH 值、HCO_3^- 和 CO_2CP 均升高。

③ 纠正方法　应在对因治疗的同时，治疗血氯过低并予以补钾，因为这类病畜多半同时有低氯低钾情况，而补钾有助于碱中毒的纠正。一般轻度代谢性碱中毒呕吐不剧烈的，只需静脉滴注等渗盐水即可；重度代谢性碱中毒，可用2%氯化铵溶液加入5%葡萄糖等渗盐水中，由静脉缓慢滴注。

(3) 呼吸性酸中毒

① 原因　当病畜通气功能减弱，体内生成的 CO_2 不能充分排出时，则二氧化碳分压增高，引起呼吸性酸中毒。

② 诊断要点　病畜有上述各种原因引起的通气减弱情况存在；临床上有呼吸困难和气促、发绀等症状，甚至有昏迷等神志障碍；血气分析显示血 pH 值明显下降，二氧化碳分压增高，而 HCO_3^- 正常或增加，CO_2CP 增高。

③ 纠正方法　首先应致力于改善病畜的通气功能，可考虑气管切开、气管内插管；同时要控制肺部感染，扩张小支气管，促进痰液排出。

(4) 呼吸性碱中毒

① 原因　当病畜肺泡通气过度，体内生成的 CO_2 排出过量，则二氧化碳分压降低，引起呼吸性碱中毒。

② 诊断要点　有上述各种原因引起的通气过度情况存在；症状为四肢麻木，肌肉震颤，四肢抽搐，心率过快；血气分析显示血 pH 值增高，二氧化碳分压和 CO_2CP 降低。

③ 纠正方法　积极处理原发病，减少 CO_2 的呼出，吸入含5%CO_2 的氧，补给钙剂。

三、补液方法

1. 口服补液法

对脱水程度轻、尚有饮欲或消化道功能基本正常的动物，应尽可能口服补液。口服补液简便易行，不良反应少，可避免补液过量；危险性小，可不必严格注意其等渗性、容积大小和溶液的无菌性。

2. 静脉滴注补液法

严重的电解质和酸碱平衡紊乱需要静脉输液。静脉滴注常适用于急性病例，且药量准确、药效迅速并可长时间滴注。静注药物直接进入血液，对血管丰富的组织容易使药物渗透并发挥作用。由于血流中具有多种缓冲系统，对某些有刺激性的药液和高渗溶液也可静脉滴注，而不至于引起对血管的刺激性。

3. 腹腔注射补液法

腹膜的面积大，吸收能力强，且腹腔能容纳大量药液。一般无刺激性的等渗溶液，可进行腹腔注射。但要注意无菌操作，否则会导致腹膜炎。还要注意不能刺伤腹腔内器官。大量注入药物时，要将药物的温度加热到与体温相似。

4. 皮下注射补液法

皮下注射对小动物或年幼动物是比较适用的，因为它可以克服静脉注射需较长时间保定的缺点。皮下注射的药物，要求是等渗和无刺激性的，且每一点注射量不宜过多；注射量较大时则宜分点注射。为了加快药物的吸收，可对局部进行轻度按摩或热敷。

5. 直肠补液法

直肠给药也是常用的给药方法。温水、K^+、Na^+、Cl^-可通过直肠很好地吸收。给药时操作要细心，防止损伤直肠黏膜，引起出血或穿孔。如果直肠内存在宿粪，须按直肠检查法取出宿粪后再行给药。操作完成后，可将塞肠器（可以自制）保留15～20min后取出，以防液体流出。注意药液的温度与体温相似为佳。

四、注意事项

1. 补液速度

输液速度视病情需要和病畜心脏耐受能力而定，一般是先快后慢。往往是见尿前或开始的40～60min期间注射速度可为每小时每千克体重13～14ml，见尿后注射速度降为每小时每千克体重10ml左右。如果60min仍不见排尿，则滴注速度再降低，即每小时每千克体重9ml为宜。例如，一头体重为20kg犬，按照上述标准，第一小时约注射275ml，第二小时约注射180ml，然后逐渐减少。但如果患畜严重脱水并伴有休克，则输液速度不能太快。

如输入较多的量后，患畜仍未见排尿，应人工导尿，检查尿液变化。确实无尿可进行甘露醇利尿试验，查清无尿原因。如属于急性肾功能衰竭而造成无尿时，应立即停止输液，改善肾功能，以免发生尿中毒或水中毒。还应注意，在输液过程中，病畜虽已频频排尿，但脱水症状不见明显改善，可能是诊断有误，选液失宜。如输入5%葡萄糖过多，致血液晶体渗透压降低；或因输入生理盐水过多，致血液胶体渗透压降低，这两种情况均可导致血液保水力下降，脱水症状不能改善，应侧重检查血钠和血浆蛋白浓度，查明原因并及时纠正。

凡有钙剂、镁剂、钾剂等药物时，输液速度宜慢。

2. 补液操作要点

(1) 先输等渗溶液，后输高渗溶液。

（2）输液过程中，防止患畜骚动，使针头脱至血管外，造成药液漏入皮下。

（3）药液温度不能太高，以免造成心内膜炎。

（4）如遇输液反应，应立即停止输液。可注射肾上腺素、苯海拉明、盐酸异丙嗪（非那根）或地塞米松进行解救。

任务二 导尿治疗

子任务一 犬的导尿

导尿法是指应用各种导尿管将贮积在膀胱内的尿液导出体外的方法。导尿法常应用于：尿闭塞的救助；清洗膀胱；采集膀胱内的尿液以进行化验；直接经膀胱内给药或X线造影剂；提供封闭式的连续尿液引流（如需要仔细监测尿液排出时）。

根据动物种类及性别使用不同类型的导尿管，公犬、猫可选用不同口径的橡胶或软塑料导尿管，母犬、猫可选用不同口径的特制导尿管如人用橡胶导尿管或金属、塑料的导尿管。

用前将导尿管放在0.1%高锰酸钾溶液或温水中浸泡5～10min，插入端蘸液状石蜡。冲洗药液宜选择刺激性或腐蚀性小的消毒、收敛剂，常用的有生理盐水、2%硼酸、0.1%～0.5%高锰酸钾、1%～2%石炭酸、0.1%～0.2%雷佛奴尔等溶液，也常用抗生素及磺胺制剂的溶液（冲洗药液温度要与体温相等）。选择合适的注射器与洗涤器。术者的手、母犬、猫外阴部及公犬、猫阴茎、尿道口要清洗消毒。

一、公犬导尿

动物侧卧保定，两后肢前方转位，暴露腹底部，长腿犬也可站立保定。助手一手将阴茎包皮向后退缩，一手在阴囊前方将阴茎向前推，使阴茎龟头露出。选择适宜的导尿管，并将其前端2～3cm涂以润滑剂。操作者（戴乳胶手套）一手固定阴茎龟头，一手持导尿管从尿道口慢慢插入尿道内或用止血钳夹持导尿管徐徐推进。导尿管通过坐骨弓尿道弯曲部时常发生困难，可用手指按压会阴部皮肤或稍退回导尿管调整其方位重新插入。

一旦通过坐骨弓阴茎弯曲部，导尿管易进入膀胱。尿液流出，并连接20ml注射器抽吸。抽吸完毕，注入抗生素溶液于膀胱内，拔出导尿管。导尿时，常因尿道狭窄或阻塞而难插入，小型犬种阴茎骨处尿道细也会限制其插入（见图5-2-1）。

二、母犬导尿

所用器材为人用橡胶导尿管或金属、塑料的导尿管、注射器、润滑剂、照明光源、0.1%新洁尔灭溶液、2%盐酸利多卡因、收集尿液的容器等应准备好。

多数情况行站立保定，先用0.1%新洁尔灭溶液清洗阴门，然后将2%利多卡因溶液滴入阴道穹隆黏膜进行表面麻醉。操作者戴灭菌乳胶手套，将导尿管顶端3～5cm处涂灭菌润滑剂。一手食指伸入阴道，沿尿生殖前庭底壁向前触摸尿道结节（其后方为尿道外口），另一手持导尿管插入阴门内，在食指的引导下，向前下方缓缓插入尿道外口直至进入膀胱内。对于去势母犬，采用上述导尿法（又称盲目导尿法），其导尿管难插入尿道外口。故动物应仰卧保定，两后肢前方转位。用附有光源的阴道开口器或鼻孔开张器打开阴道，观察尿道结节和尿道外口，再插入导尿管。用注射器抽吸或自动放出尿液。导尿完毕向膀胱内注入抗生素药液，然后拔出导尿管，解除保定（见图5-2-2）。

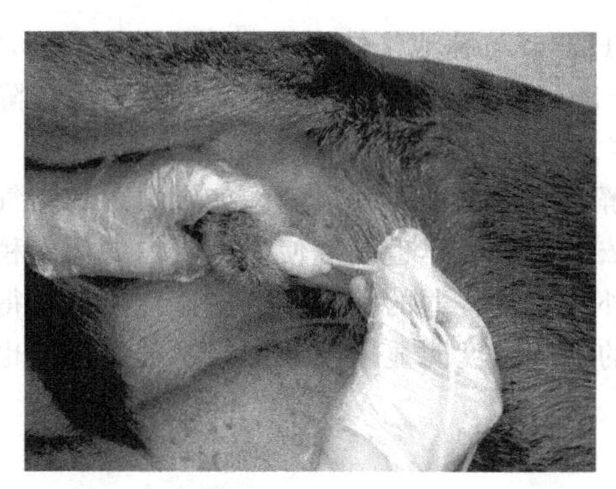
图 5-2-1　公犬导尿法

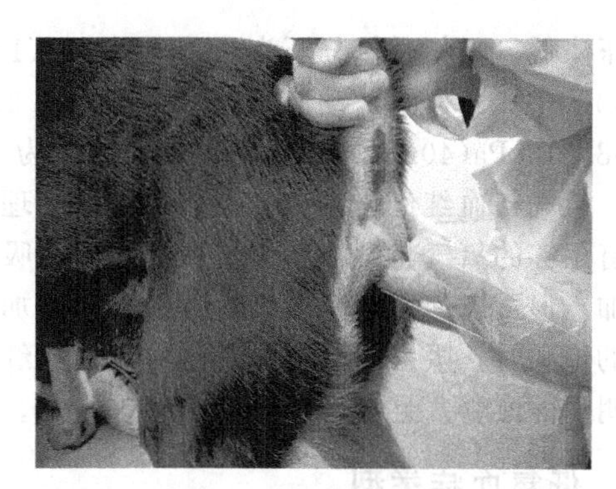
图 5-2-2　母犬导尿法

子任务二　猫的导尿

一、公猫导尿

先肌内注射氯胺酮使猫镇静；动物仰卧保定，两后肢前方转位。尿道外口周围清洗消毒。操作者将阴茎鞘向后推，拉出阴茎，在尿道外口周围喷洒1%盐酸地卡因溶液。选择适宜的灭菌导尿管，其末端涂布润滑剂，经尿道外口插入，渐渐向膀胱内推进。导尿管应与脊柱平行插入，用力要均匀，不可强行通过尿道。如尿道内有尿石阻塞，可先向尿道内注射生理盐水或稀醋酸3～5ml，冲洗尿道内凝结物，确保导尿管通过。导尿管一旦进入膀胱，即有尿液流出。导尿完毕向膀胱内注入抗生素溶液，然后拔出导尿管（见图5-2-3）。

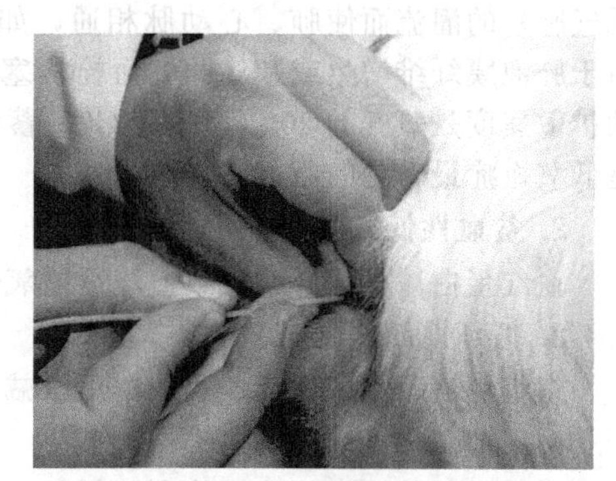
图 5-2-3　公猫导尿法

二、母猫导尿

母猫的保定与麻醉方法同母犬。导尿前，用0.1%新洁尔灭溶液清洗阴唇，用1%盐酸地卡因液喷洒尿生殖前庭和阴道黏膜。将猫尾拉向一侧，助手捏住阴唇并向后拉。操作者一手持导尿管，沿阴道底壁前伸，另一手食指伸入阴道触摸尿道结节，引导导尿管插入尿道内。

三、导尿注意事项

① 所用导尿管必须严格灭菌，并按无菌操作进行，以预防尿路感染。

② 当选择光滑和粗细适宜的导尿管，插管动作要轻柔。防止粗暴操作，以免损伤尿道及膀胱壁。

③ 插入导尿管时前端宜涂润滑剂，以防损伤尿道黏膜。

④ 对膀胱高度膨胀且又极度虚弱的病犬、猫，导尿不宜过快，导尿量不宜过多，以防腹压突然降低引起虚弱，或膀胱突然减压引起黏膜充血，发生血尿。

任务三　输氧治疗

输氧疗法是在组织氧不饱和时给机体输入氧气以缓解缺氧状态的方法。氧被利用时，氧分压降低。吸气时氧分压为 2.00×10^4 Pa(150mmHg)，与肺泡气体混合时降为 1.33×10^4 Pa (100mmHg) 以下。动脉血的氧分压为 1.27×10^4 Pa(95mmHg)，给组织供氧后氧分压降至 0.53×10^4 Pa(40mmHg)。组织中氧分压为 0.47×10^4 Pa(35mmHg)。

氧气与血红蛋白结合，在血浆中呈物理性溶解，通过血液循环运输。如果吸入的空气中含有足够的氧气与血红蛋白结合，则即使吸入高浓度的氧气，也仅能使血红蛋白的运氧稍有增加，但可以使血液中的氧气含量大大增加。另外，吸入普通的空气不能使血红蛋白获得充分的饱和时，吸入高浓度的氧气可以使血红蛋白的氧饱和度明显增加，则组织的氧分压也得到明显的改善，且物理溶解的氧气也增加。

一、低氧血症类型

测定动脉血液气体含量和 pH 值是判定低氧血症的唯一可以信赖的方法，是发现末梢血管虚脱（休克）及氧运输能力降低（贫血）等重度并发症的重要指标。而过度呼吸、呼吸困难、频脉及发绀等临床症状，并非特异性症状，不是确诊的依据。

1. 氧缺乏性低氧血症

由于呼吸功能障碍而导致动脉血氧分压降低，其原因如下：肺泡换气量减少，为呼吸减少或胸廓运动障碍所致，导致 CO_2 堆积；先天性心脏疾患或由于肺脏未换气区域（硬化、无气肺）的灌流而使肺、心动脉相通，如果肺的其他区域换气量增加则不出现 CO_2 蓄积；由于肺泡膜纤维增生或肺气肿、血栓栓塞等而导致肺泡膜扩散能力丧失，但这时由于 CO_2 的扩散速度是氧气的 20 倍，故无 CO_2 蓄积；许多肺部疾患可导致肺脏的血流和换气不稳，是低氧血症最常见的原因。

2. 贫血性低氧血症

血红蛋白减少或异常导致血液运输氧气的能力下降。

3. 循环性低氧血症

组织灌流不全、休克、心脏搏出量减少或血管阻塞所致。

4. 组织毒性低氧血症

中毒引起的组织细胞不能利用氧气。

二、输氧适应证

在宠物医疗领域，输氧疗法主要应用于动脉血氧分压低下而导致的呼吸不全（氧缺乏性低氧血症）的急性期。慢性时从经济、实用的角度而不使用。换气-灌流的关系发生变化时，往往适于输氧疗法。但传染病的治疗、改善呼吸道阻塞或恢复呼吸功能时，则输氧疗法的必要性相应减少。休克及心搏出量减少性循环不全时，组织灌流减少而导致低氧血症。这时的输氧疗法是对因疗法的辅助疗法。为使组织内氧维持在发现低氧血症时的水平以上，则输氧疗法是绝对必要的。

在贫血性低氧血症时，有必要进行输血，如血红蛋白异常（如一氧化碳中毒等）时，输氧疗法是最有效的治疗方法。

在组织中毒性低氧血症时，输氧疗法作用不大，但可以尝试投给。为决定输氧疗法的必要性，应进行动脉血气分析。测定氧分压、二氧化碳分压及动脉血液 pH 值。

三、输氧方法

输氧疗法的目的是增加血液中氧的搬运量。因此，氧缺乏性低氧血症时输氧，可以使动脉血氧的含量达到正常水平。而在循环性及贫血性低氧血症时，可以使氧的含量达到正常以上。输氧设备见图 5-3-1。

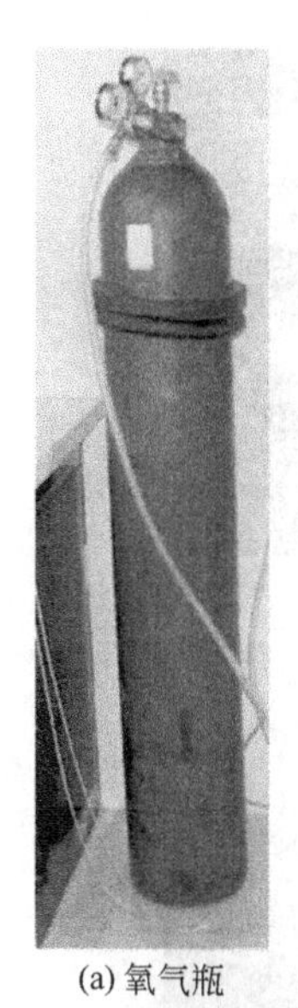
(a) 氧气瓶

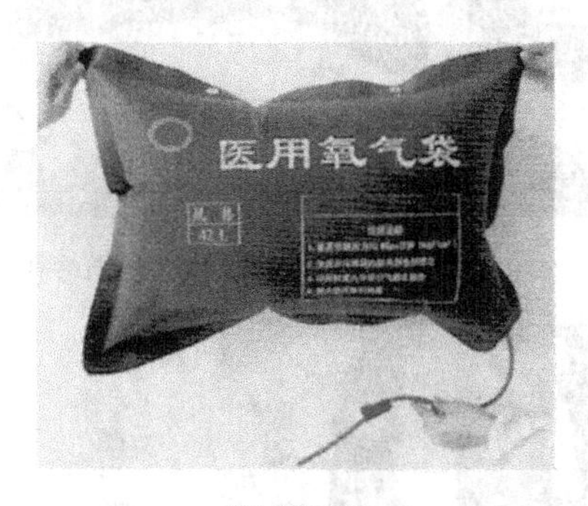

(b) 氧气袋

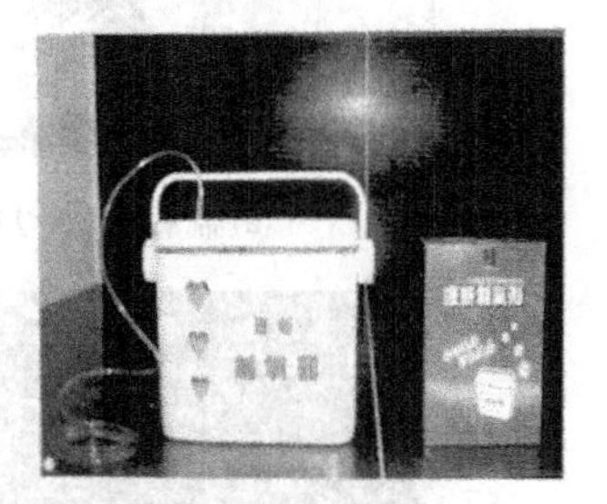
(c) 制氧器与制氧剂

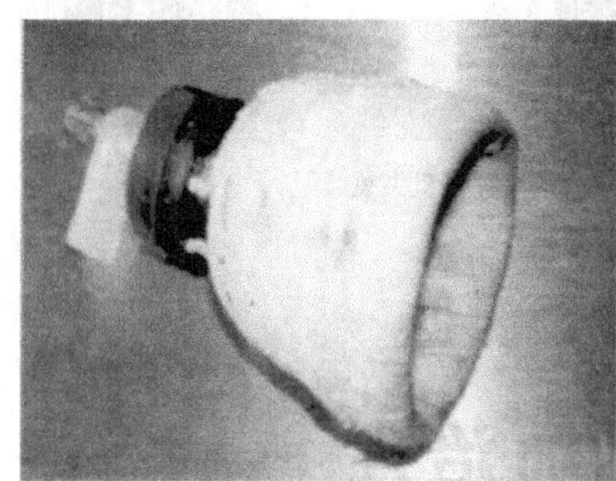
(d) 自制吸氧面罩

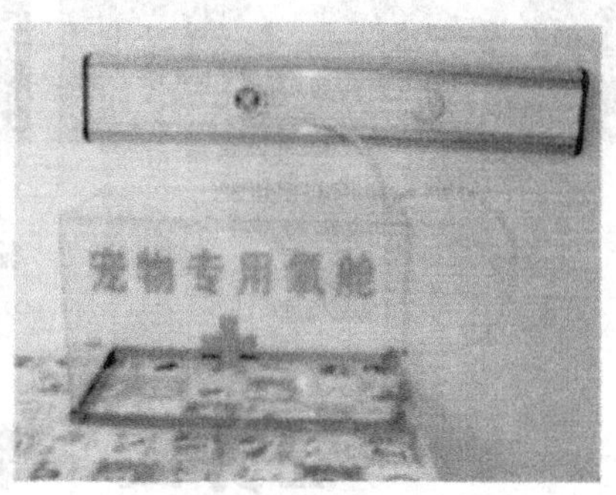

(e) 自制宠物专用氧舱

图 5-3-1 输氧设备

氧气的投给方法有吸入面罩法（见图 5-3-2）、气管插管法、鼻塞法、氧气帐篷法等。气管插管法、吸入面罩法及鼻塞法适于麻醉或昏迷状态下的宠物。对于清醒的宠物应用面罩则往往因为生气而加重低氧血症。需要追加投给氧气时，可以通过气管插管投给。对于清醒的宠物，可以通过较大的氧气箱给氧。

通常在治疗低氧血症时，氧气的浓度达到 30%～40%就可以满足（重剧的循环障碍则需要氧气的浓度更高）。最初以每分钟 10L 的流速将氧气箱中的氧挤出，然后以每分钟 5L 的流速维持就完全可以满足。在输氧的同时需要加湿，湿度应达到 40%～60%。应保持二氧化碳的浓度在 1.5%以下，设置二氧化碳吸收装置的氧气箱可以维持二氧化碳的浓度达 0.7%。保持环境温度 18～21℃。但是，具备氧气箱的动物医院很少。如果有更好的机械装置，如装有温度调控的制冷装置、空气循环用的鼓风机、增加湿度的加湿器、喷雾器及二氧化碳吸收装置，对于犬、猫等宠物的医疗则是相当方便的。

四、输氧注意事项

（1）对于慢性呼吸道病或其他原因引起的低氧血症的宠物，如果投给氧气则会使呼吸数减少，结果会加重低氧血症，因此对于这类宠物进行输氧疗法时应充分注意出现呼吸抑制现象。

（2）在短时间内低浓度投给氧气不会出现氧气毒性，但长时间高浓度的输氧疗法将导致特异性的并发症，如痉挛及肺的闭塞区域因氮气被挤出而形成无气肺等。

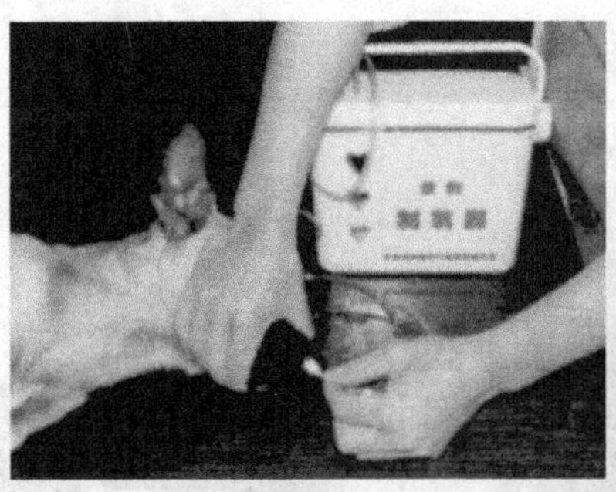
(a) 制氧器鼻塞法吸氧

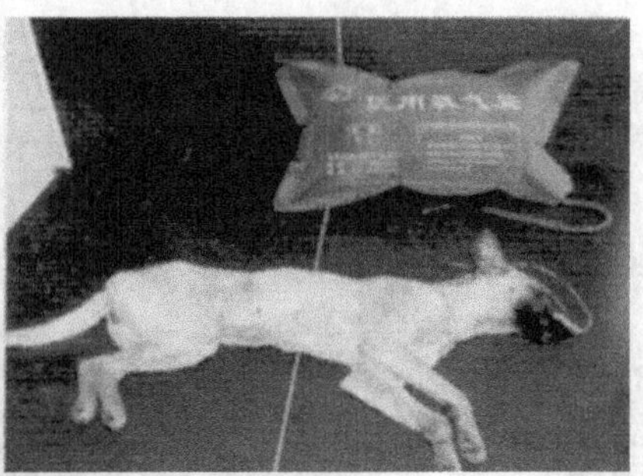
(b) 氧气袋鼻导管给氧

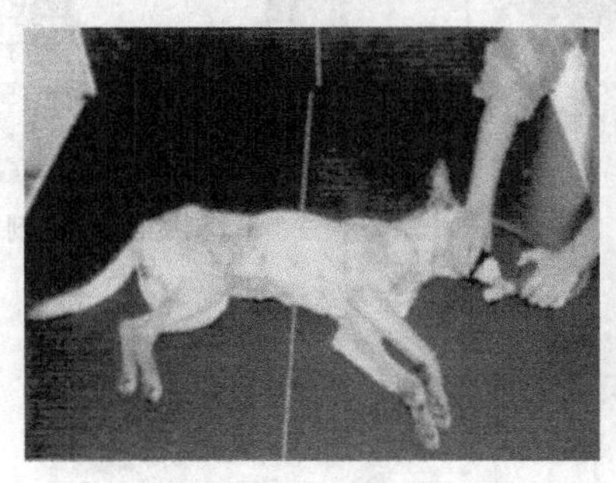
(c) 简易呼吸面罩供氧

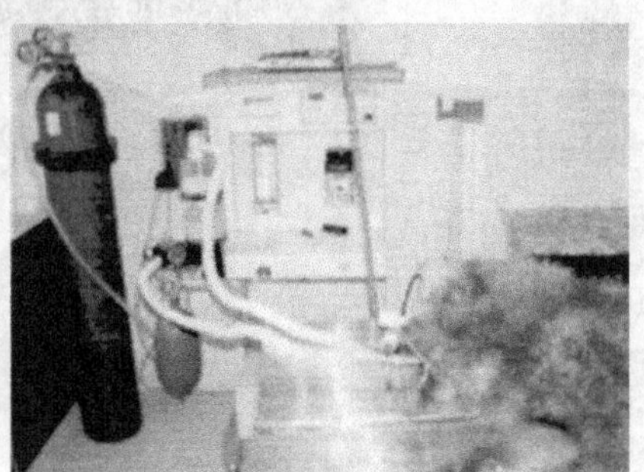
(d) 呼吸机供氧

图 5-3-2 输氧方法

任务四 输血治疗

子任务一 采血

输血疗法是补充犬、猫血液或血液成分的一种安全有效的挽救生命的疗法。通过输血，可以达到补充血容量、改善血液循环、提高血液的携氧能力、补充血红蛋白、维持渗透压、纠正凝血机制、增加机体的抗病能力等目的。

一、采血前的准备

1. 供血动物的选择

选择供血动物，应该是成年，健康无病，营养良好，不肥胖，未曾输过血，按时注射疫苗和预防心丝虫感染，血细胞比容（犬＞40%，猫＞35%）和血红蛋白（犬＞130g/L，猫＞110g/L）正常，不贫血，凝血因子正常，无传染病的动物。另外，还应知道血型。

（1）供血犬　供血犬应温顺，颈部瘦易采血（大型犬前肢头静脉也可采血），如比格猎犬。个体要大，体重 27kg 以上，这样的犬每隔 2～3 周可采血 400ml，采血量不超过总血量的 20%，也就是犬每千克体重可采血 15ml 时，这样可连续采血 2 年以上。

供血犬应无犬布氏杆菌病、犬心丝虫病、犬埃立体病、犬巴尔通体病、莱姆病、克氏锥虫病、巴贝斯虫病和（冯）维勒布兰德病（遗传性假血友病）。

（2）供血猫　较好的供血猫也应温顺，长颈易采血，体重 4kg 以上，每隔 2～3 周，可采血 10～20ml/kg。

供血猫应无猫白血病、猫免疫缺陷病、猫传染性腹膜炎、巴尔通体病、弓形虫病和内外寄生虫病，因为有的寄生虫是疾病的传播媒介。

2. 血型适应性检查

(1) 交叉配血（凝集）试验

① 操作步骤

a. 取试管 2 支做好标记，分别由受血动物和供血动物的颈静脉各采血 5～10ml，于室温下静置或离心析出血清备用。急需时可用血浆代替血清。即先在试管内加入 4%枸橼酸钠溶液 0.5ml 或 1.0ml，再采血 4.5ml 或 9.0ml，离心取上层血浆备用。

b. 另取加抗凝剂的试管 2 支并标记，分别采取供血动物和受血动物血液各 1～2ml，振摇，离心沉淀（或自然沉降），弃掉上层血浆；取其压积红细胞 2 滴，各加生理盐水适量，用吸管混合，离心并弃去上清液后，再加生理盐水 2ml 混悬，即成红细胞悬液。

c. 取清洁、干燥载玻片 2 张，于一载玻片上加受血动物血清（或血浆）2 滴，再加供血动物红细胞悬液 2 滴（主侧）；于另一载玻片上加供血动物血清（或血浆）2 滴，再加受血动物红细胞悬液 2 滴（次侧）。分别用火柴梗轻轻混匀，置室温下经 15～30min 观察结果。

试验时室温以 15～18℃ 最为适宜；温度过低（8℃以下）可出现假凝集；温度过高（24℃以上）也会使凝集受到影响以致不出现凝集现象。观察结果的时间不要超过 30min，否则由于血清蒸发而发生假凝集现象。

② 试验结果的判定

a. 肉眼观察载玻片上主、次侧的液体均匀红染，无细胞凝集现象；显微镜下观察红细胞呈单个存在，表示配血相适应，可以输血。

b. 肉眼观察载玻片上主、次侧或主侧红细胞凝集呈沙粒状团块，液体透明；显微镜下观察红细胞堆积一起，分不清界限，表示配血不相适应，不能输血。

c. 如果主侧不凝集而次侧凝集时，除非在紧急情况下，最好还是不要输血。即使输血，输血速度也不能太快，且要密切观察动物反应，如发生输血反应，应立即停止输血。

(2) 三滴试验法　用吸管吸取 4%枸橼酸钠溶液 1 滴，滴于清洁、干燥的载玻片上；再滴供血动物和受血动物的血液各 1 滴于抗凝剂中。用细玻璃棒搅拌均匀，观察有无凝集反应。若无凝集现象，表示血液相适应，可以输血；否则表示血液不相适应，则不能用于输血。

(3) 生物学相合试验　每次输血前，除做交叉凝集试验外，还必须进行个体生物学血液相合试验。先检查受血动物的体温、呼吸、脉搏、可视黏膜的色泽及一般状态。然后取供血动物一定量血液注入受血病犬、猫的静脉内。小动物 10～20ml。注射 10min 后若受血动物无输血反应，便可正式输入需要量的血液。若发生输血反应，如不安、脉搏和呼吸加快、呼吸困难、黏膜发绀、肌肉震颤等，即为生物学试验阳性，表明血液不合，应立即停止输血，更换供血动物。

二、采血方法

采血最好在封闭的环境进行，必须无菌操作，彻底消毒，以防细菌污染血液。采血部位要剪毛，先用 70%酒精消毒一下，然后再用 2%碘酒消毒。采血可利用重力或真空抽吸法，最好把血采入装有抗凝剂的专用塑料袋内或大号注射器内，这样可避免溶血过多。现在多采用人医的采血袋。

1. 犬的采血

采血部位多选择在颈静脉或股动脉，大型犬可在前肢头静脉，一般不需要镇静，个别闹的犬需镇静后采血。采血最好采入装有抗凝剂的专用采血袋内，袋上通常附有采血针头。

2. 猫的采血

给猫采血多数需要先用镇静药物镇静，多选择颈静脉采血。最简单方法是使用装有抗凝剂的大号注射器，一般可采血 30～60ml。

采集的血液如果当时不用，在贮存前需标明是犬或猫血液、动物品种、血型、采血时间、保存到期时间等。

三、血液的保存

血液保存的目的是防止血凝，延长红细胞的体外保存时间，从而保持离体血的活力，保证血液内的成分、血细胞的形态结构基本无变化。为了保持血液稳定不至凝结，必须在受血瓶（或采血注射器）内加入某种抗凝剂，常用抗凝剂有以下几种。

1. 3.8%～4%枸橼酸钠溶液

加入量与血液的比例是 1∶9，抗凝时间长。在无菌条件下，血液在 4℃下保存，7 天内其理化性质与生物学特性不会改变。其缺点是随同血液进入病犬、猫体内后，很快和钙离子结合，使血液的游离钙下降。因此，在大量输血后应注意补充钙制剂。

2. ACD 保存液

配方为：枸橼酸 0.47g，水杨酸钠 1.33g，无水葡萄糖 3g，加注射用水至 100ml，灭菌后备用。此液的 pH 值为 5.0，与血液混合后的 pH 值为 7.0～7.2。每 200ml 全血加 ACD 液 50ml，此保存液既能抗凝，又能供给能量。红细胞在 ACD 保存液中，4℃保存 29 天，存活率仍达 70%（血液的一般保存期是 21 天）。

3. CPD 保存液

配方为：枸橼酸钠 2.63g，枸橼酸 0.327g，磷酸钠 0.222g，葡萄糖 2.55g，加注射用水至 100ml，灭菌后备用。CPD 保存液 14ml 可保存血液 100ml。但在小动物也有用 CPD10ml 保存血液 60ml 的。红细胞在 CPD 保存液中的存活时间要比在 ACD 保存液中的存活时间长，存活率也高。

4. 10%氯化钙溶液

加入量与血液的比例是 1∶9，其具有抗凝作用是由于提高了血液中钙离子的含量，制止血浆中纤维蛋白原的脱出。缺点是抗凝时间比较短，抗凝血必须在 2h 内用完。此液还能抗休克，降低病犬、猫的反应性。因此，有人认为用它做抗凝剂可以不必考虑血液是否相合而直接进行输血。

5. 10%水杨酸钠溶液

加入量与血液的比例是 1∶5，抗凝作用可保持 2 天。此溶液也有抗休克作用。用于患风湿症的病犬、猫效果更好。

子任务二　输血

一、输血类型

1. 全血输血

全血是指血液的全部成分，包括血细胞及血浆中的各种成分。将血液采入含有抗凝剂或保存液的容器中，不做任何加工，即为全血。

(1) 全血的种类

① 新鲜全血　血液采集后24h以内的全血称为新鲜全血，各种成分的有效存活率在70%以上。

② 保存全血　将血液采入含有保存液的容器后尽快放入 (4±2)℃冰箱内，即为保存全血。保存期根据保存液的种类而定。

(2) 适应证　大出血，如急性失血、产后大出血、大手术等；体外循环；换血，如新生儿溶血病、输血性急性溶血反应、药物性溶血性疾病；血液病，如再生障碍性贫血、白血病等。

(3) 注意事项

① 全血中含有白细胞、血小板，可使受血动物产生特异性抗体，当再次输血时，可发生输血反应。

② 全血中含有血浆，可出现发热、荨麻疹等变态反应。

③ 血量正常的患犬、猫，特别是老龄或幼龄动物应防止出现超负荷循环。

④ 对烧伤、多发性外伤以及手术后体液大量丧失的病犬、猫，往往是血容量和电解质同时不足，此时最好是输血与输晶体溶液同时进行。

2. 红细胞成分输血

(1) 红细胞制剂的制备

① 少浆全血　从全血中移除一部分血浆，但仍保留一部分血浆的血液，其血细胞比容为50%～60%。

② 浓缩红细胞　从全血中移除大部分血浆，仍保留少部分血浆的血液，其血细胞比容为70%～80%。

(2) 适应证

① 大出血，如急性大出血、产后出血、大手术。

② 体外循环。

③ 换血，如新生幼犬、猫溶血病、输血性急性溶血反应、药物性溶血性疾病。

④ 血液病，如白血病等。

⑤ 术前、术中、术后输血等。

⑥ 胃肠道慢性失血性贫血、慢性肾病性贫血等不需恢复血容量的贫血，尤其是不能承受血容量改变的患犬、猫。

(3) 注意事项　红细胞制剂中含有白细胞、血小板，可以使受血动物产生特异性抗体，当再次输血时，可发生输血反应；因有血浆存在，仍可出现发热、荨麻疹等变态反应。

3. 血液代用品及其应用

(1) 血浆代用品　常用的血浆代用品主要有：右旋糖酐，包括右旋糖酐-70、右旋糖酐-40及右旋糖酐-20，羟乙基淀粉 (HES)；明胶衍生物，包括氧化聚明胶、改良液体明胶 (国外产品有 Plamgel，即血浆胶)。

用明胶研制的各种血浆代用品，其作用基本相似，而且与右旋糖酐、羟乙基淀粉一样都是属于低分子量等级的血浆代用品，具有一定的抗休克疗效，能有效改变微循环。明胶衍生物具有良好的血液相容性，即使大量输入也不影响凝血机制和纤维蛋白溶解系统，其安全性超过了右旋糖酐。

(2) 红细胞代用品

① 氟碳乳剂　氟碳乳剂为化学惰性物质，性质稳定。大量试验及临床使用证明氟碳乳

剂作为血液循环中的携氧和送氧载体是有效的，也是安全的。氟碳乳剂在改善由于局部缺血引起的微循环障碍方面亦有良好的作用。

② 微囊化血红蛋白 利用火棉胶等多种材料将血红蛋白包被在微囊内，使血红蛋白成为类似红细胞的天然状态。微囊既满足了功能上的需要，又不出现缺氧、酸中毒及微血栓形成的征象。但这种血红蛋白微囊在血流中的存留时间很短（半衰期仅为5h），常被吞噬细胞所清除。

二、输血方法

1. 输血途径

有静脉内、动脉内、腹腔内、骨髓内、肌肉或皮下等输血途径。犬、猫最常用的是前、后肢静脉内输入，也可采用颈静脉输血。

2. 输血量

一般为其体重的1%～2%。在重复输血时，为避免输血反应，应更换供血动物，或者缩短重复输血时间，在病犬尚未形成一定的特异性抗体时输入，一般均在3天以内。犬，200～300ml；猫，40～60ml。

3. 输血速度

一般情况下，输血速度不宜太快。特别在输血开始时，一定要慢，而且先输少量，以便观察病犬、猫有无反应。如果无反应或反应轻微，则可适当加快速度。犬在开始输血的15min内应当慢，以5ml/min为度，以后可增加输血速度。猫输血的正常速度为1～3ml/min。患心脏衰弱、肺水肿、肺充血、一般消耗性疾病（如寄生虫病）以及长期化脓性感染等时，输血速度以慢为宜。

三、输血反应

1. 发热反应

在输血期间或输血后1～2h内体温升高1℃以上并有发热症状者称为发热反应。它是由抗凝剂或输血器械含有致热原所致。有时也因多次输血后产生血小板凝集素或白细胞凝集素所引起。动物表现为畏寒、寒战、发热、不安、心动亢进、血尿及结膜黄染等。发热数小时后自行消失。

处理方法：主要是严格执行无热原技术与无菌技术；在每100ml血液中加入2%普鲁卡因5ml，或氢化可的松5mg；反应严重时应停止输血，同时给予对症治疗。

2. 过敏反应

目前原因尚不很明确，可能是由于输入血液中含致敏物质，或因多次输血后体内产生过敏性抗体所致。病犬、猫表现为呼吸急促、痉挛、皮肤出现荨麻疹等症状，甚至发生过敏性休克。

处理方法：应立即停止输血，肌内注射苯海拉明等抗组胺制剂，同时进行对症治疗。

3. 溶血反应

因输入错误血型或配合禁忌的血液所致。还可因血液在输血前处理不当，大量红细胞破坏所引起，如血液保存时间过长、温度过高或过低，使用前室温下放置时间过长或错误加入高渗、低渗药物等。病犬、猫在输血过程中突然出现不安、呼吸和脉搏频数、肌肉震颤，不时排尿、排粪，出现血红蛋白尿，可视黏膜发绀或休克。

处理方法：立即停止输血，改注生理盐水或5%～10%葡萄糖注射液，随后再注射5%碳酸氢钠注射液。并用强心利尿剂等抢救。

四、输血注意事项

(1) 在输血过程中，一切操作均需按照无菌要求进行，所有器械、液体，尤其是留作保存的血液，一旦遭受污染，就应坚决废弃。

(2) 采血时需注意抗凝剂的用量。采血过程中，应注意充分混匀，以免形成血凝块，在注射后造成血管栓塞。在输血过程中，严防空气进入血管。

(3) 输血过程中应密切注意病犬、猫的动态。当出现异常反应时，应立即停止输血，经查明非输血原因后方能继续输血。

(4) 输血前一定要做生物学试验。

(5) 输血时血液不需加温，否则会造成血浆中的蛋白质凝固、变性、红细胞坏死，这种血液输入机体后可立即造成不良后果。

(6) 用枸橼酸钠作抗凝剂进行大量输血后，应立即补充钙制剂，否则可因血钙骤降导致心肌功能障碍，严重时可发生心搏骤停而死亡。

(7) 严重溶血的血液应弃之不用。

(8) 禁用输血法的疾病不得使用输血疗法。严重的器质性心脏病、肾脏疾病、肺水肿、肺气肿；严重的支气管炎，血栓形成以及血栓性静脉炎；颅脑损伤引起的脑出血、脑水肿等。

任务五 穿刺治疗

穿刺技术是使用普通针头或特制的穿刺器具（如套管针）刺入病犬、猫体腔脏器内，通过排除内容物或气体，或者注入药液达到治疗目的的治疗技术。

子任务一 腹腔穿刺

腹腔穿刺术是指用穿刺针经腹壁刺入腹膜腔的穿刺方法。

一、适应证

(1) 用于原因不明的腹水，穿刺抽液检查积液的性质以协助明确病因。

(2) 采集腹腔积液，以帮助对胃肠破裂、膀胱破裂、肠变位、内脏出血、腹膜炎等疾病进行鉴别诊断。

(3) 排出腹腔的积液进行治疗。

(4) 腹腔内给药或洗涤腹腔。

二、操作方法

(1) 用具准备　腹腔穿刺套管针或16号静脉注射针头。

(2) 穿刺部位　脐至耻骨前缘的连线中央，白线两侧。

(3) 操作方法　采取站立保定，术部剪毛消毒。术者左手固定穿刺部位的皮肤并稍向一侧移动皮肤，右手控制套管针（或针头）的深度，垂直刺入腹壁1～2cm，待抵抗感消失时，表示已穿过腹壁层，即可回抽注射器，抽出腹水放入备好的试管中送检。如需大量放液，可接一橡皮管，将腹水引入容器，以备定量和检查。放液后拔出穿刺针，无菌棉球压迫片

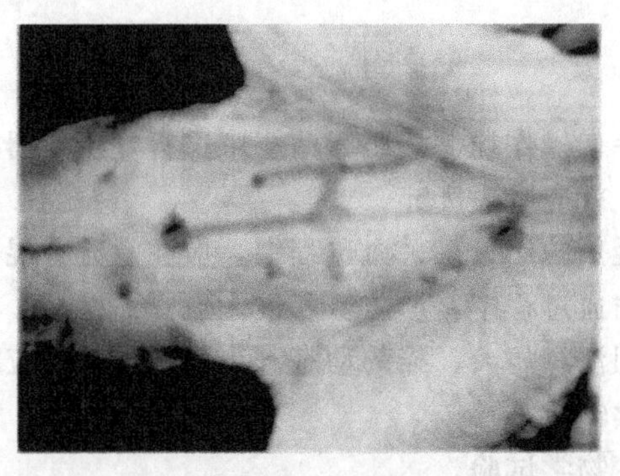
(a) 腹腔穿刺部位

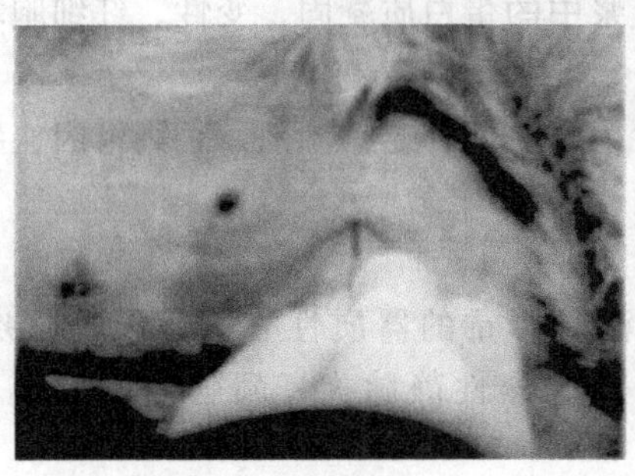
(b) 穿透皮肤后稍移开皮肤

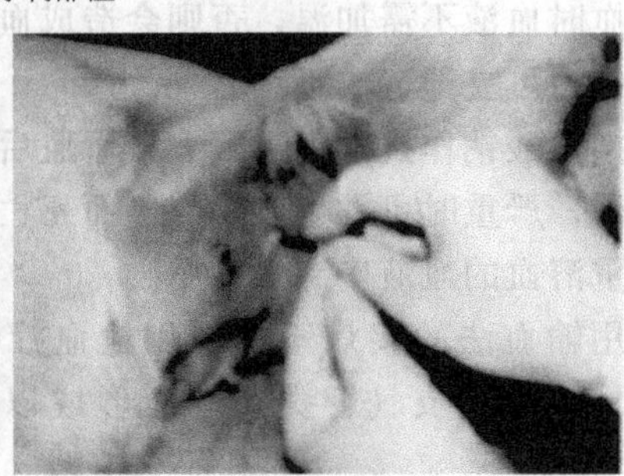
(c) 穿透腹壁

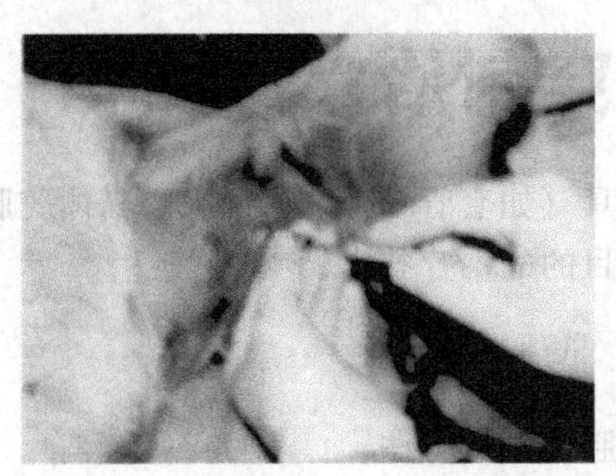
(d) 拔除针芯

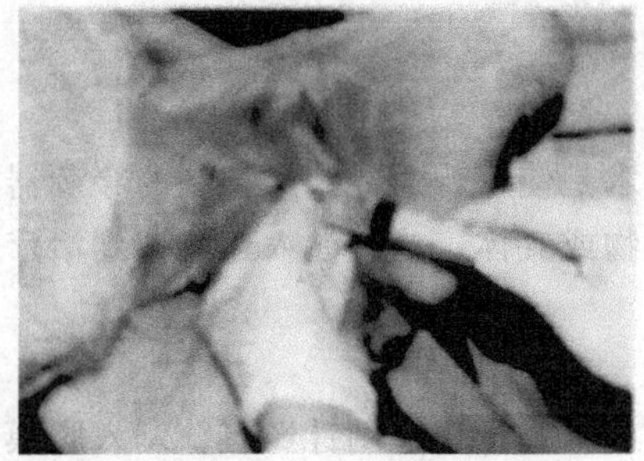
(e) 用注射器抽取腹水

图 5-5-1　犬腹腔穿刺

刻，覆盖无菌纱布，胶布固定（见图 5-5-1）。

洗涤腹腔时，在肷窝或两侧后腹部，右手持针头垂直刺入腹腔，连接输液瓶或注射器，注入药液，再由穿刺部排出，如此反复冲洗 2～3 次。

三、注意事项

（1）刺入深度不宜过深，以防刺伤肠管。穿刺位置应准确，要保定确实。

（2）抽、放腹水引流不畅时，可将穿刺针稍做移动或稍变动体位，抽、放液体不可过快、过多。

（3）穿刺过程中应注意动物的反应，观察呼吸、脉搏和黏膜颜色的变化，有特殊变化者，停止操作，然后再进行适当处理。

子任务二　胸腔穿刺

胸腔穿刺术是指用穿刺针刺入胸膜腔的穿刺方法。

一、适应证

主要用于排出胸腔的积液、血液，或洗涤胸腔及注入药液进行治疗；也可用于检查胸腔有无积液，并采集胸腔积液，鉴别其性质，帮助诊断。

二、操作方法

1. 用具准备

套管针或16～18号长针头。胸腔洗涤剂，如0.1%雷佛奴尔溶液、0.1%高锰酸钾溶液、生理盐水（加热至与体温等温）等。

2. 穿刺部位

犬右（左）侧第7肋间，与肩关节水平线交点下方2～3cm处，胸外静脉上方约2cm处。

3. 操作方法

（1）动物站立保定，术部剪毛消毒。

（2）术者左手将术部皮肤稍向上方移动1～2cm，右手持套管针，用手指控制穿刺深度，在靠近肋骨前缘垂直刺入3～5cm。穿刺肋间肌时有阻力感，当阻力消失而感空虚时，表明已刺入胸腔内。

（3）套管针刺入胸腔后，左手把持套管，右手拔去内针，即可流出积液或血液，也可用带有长针头的注射器直接抽取。放液时不宜过急，应用拇指不断堵住套管口，做间断性引流，防止胸腔减压过急，影响心、肺功能。如针孔堵塞，可用内针疏通，直至放完为止。

（4）有时放完积液之后，需要洗涤胸腔，可将装有清洗液的输液瓶乳胶管或输液器连接在套管口上（或注射针），高举输液瓶，药液即可流入胸腔，然后将其放出。如此反复冲洗2～3次，最后注入治疗性药物。

（5）操作完毕，插入内针，拔出套管针（或针头），使局部皮肤复位，术部涂碘酊，用碘仿火棉胶封闭穿刺孔。

三、注意事项

（1）穿刺或排液过程中，应注意无菌操作并防止空气进入胸腔。

（2）排出积液和注入洗涤剂时应缓慢进行，同时注意观察病犬、猫有无异常表现。

（3）穿刺时须注意并防止损伤肋间血管与神经。

（4）套管针刺入时，应以手指控制套管针的刺入深度，以防过深刺伤心、肺。

（5）穿刺过程中遇有出血时，应充分止血，改变位置再行穿刺。

（6）需进行药物治疗时，可在抽液完毕后，将药物经穿刺针注入。

子任务三　心包腔穿刺

心包腔穿刺术是指用穿刺针刺入心包腔的穿刺方法。

一、适应证

排除心包腔内的渗出液或脓液，并进行冲洗和治疗；或采取心包液供鉴别诊断及判断积液的性质与病原。

二、操作方法

1. 用具准备

用一般注射针头。动物站立保定，中、小动物右侧卧保定，使左前肢向前伸半步，充分暴露心区。

2. 穿刺部位

犬的穿刺部位在胸腔左侧、胸廓下 1/3 与中 1/3 交界处的水平线与第 4 肋间的交点。

3. 操作方法

（1）常规消毒局部皮肤，术者及助手均戴无菌手套，铺洞巾。必要时可用 2%利多卡因做局部麻醉。

（2）术者持针，助手以止血钳夹持与其连接的导液橡皮管。在心尖部进针时，左手将术部皮肤稍向前移动，右手持针沿肋骨前缘垂直刺入 2～4cm，使针自下而上，向脊柱方向缓慢刺入。待针尖抵抗感突然消失时，表示针已穿过心包壁层，同时可感到心脏搏动，此时应把针退出少许。

（3）助手立即用止血钳夹住针体固定其深度，术者将注射器接于橡皮管上，然后放松橡皮管上的止血钳。缓慢抽吸，记录液体量，留少许标本送检。如为脓液需冲洗时，可注入防腐剂，反复冲洗直至液体清亮为止。

（4）术毕拔出针后，盖消毒纱布，压迫数分钟，用胶布固定。

三、注意事项

（1）操作要认真细致，杜绝粗暴，否则易造成动物死亡。

（2）必要时可进行全身麻醉，确保安全。

（3）术前须进行心脏超声检查，确定液平段大小和穿刺部位，以免划伤心脏。另外，在超声显像指导下进行穿刺抽液更为准确安全。

（4）进针时，穿刺速度要缓慢，应仔细体会针尖感觉，穿刺针尖不可过锐，穿刺不可过深，以防损伤心肌。

（5）为防止发生气胸，抽液注药前后应将附在针上的胶管折叠压紧，闭合管腔；或在取下空针前夹闭橡皮管，以放空气进入。

（6）如抽出液体为血色，应立即停止抽吸，同时助手应注意观察脉搏的变化。发现异常及时处理。

子任务四　脊椎穿刺

脊椎穿刺术是指用穿刺针刺入脊椎腔内的穿刺方法。

一、适应证

（1）采取脑脊髓液做理化检验和病理检查。

（2）测定颅内压或排除脑脊髓腔内积液来降低颅内压。

（3）向脊髓腔内注入药液，进行特殊治疗。

二、操作方法

1. 用具准备

脑脊髓穿刺针（配以针芯的长的封闭针头）、灭菌试管等。

2. 穿刺部位

颈椎穿刺在后头骨与第 1 颈椎或第 1、第 2 颈椎之间的脊上孔。腰椎穿刺在腰荐十字部，最后腰椎棘突与第 1 荐椎棘突之间的凹陷处。

3. 操作方法

犬、猫横卧保定，并使其腰部稍向腹侧弯曲。颈椎穿刺时，应尽量使其头部向前下方屈曲，以充分暴露术部。

术部剪毛、消毒后，用拇指和中指握定针头，食指压定在针尾上，对准术部，按垂直方向缓缓刺入，待针穿通棘间韧带及硬膜进入脊髓腔时，手感阻力突然消失（如同穿透牛皮纸样的感觉），拔出针芯，脑脊液流出。穿刺完毕，插入针芯并用酒精棉压住穿刺孔周围的皮肤，然后拔出穿刺针，术部涂以碘酊。

三、注意事项

（1）确实保定动物。穿刺过程中，如遇动物骚动不安时，应暂缓进针。

（2）操作中所用器械均要经过严格消毒，以免感染。

（3）穿刺不宜过深并切忌捻转穿刺针，以免损伤脊髓组织。

（4）对颅内压增高的病畜，排液速度不宜过快，排液量不宜过多，以免因椎管内压力骤减而发生脑疝。

子任务五　膀胱穿刺

膀胱穿刺术是指用穿刺针经腹壁或直肠直接刺入膀胱的穿刺方法。

一、适应证

当尿道完全阻塞发生尿闭时，为防止膀胱破裂或尿中毒，进行膀胱穿刺排出膀胱内的尿液，进行急救治疗。

二、操作方法

1. 用具准备

连有长乳胶管的针头、注射器。动物侧卧保定，并需进行灌肠排除积粪。

2. 穿刺部位

在后腹部耻骨前缘，触摸膨胀及有弹性处即为术部。

3. 操作方法

动物侧卧保定，将左或右后肢向后牵引转位，充分暴露术部，于耻骨前缘触摸膨胀、波动最明显处，左手压住局部，右手持针头向后下方刺入，并固定好针头，待排完尿液，拔出针头。术部消毒，涂火棉胶。

三、注意事项

（1）直肠穿刺膀胱时，应充分灌肠排出宿粪。

（2）针刺入膀胱后，应握好针头，防止滑脱。

（3）若进行多次穿刺时，易引起腹膜炎和膀胱炎，宜慎重。

（4）努责严重时，不能强行从直肠内进行膀胱穿刺，必要时给以镇静剂后再行穿刺。

子任务六　脓肿、皮下血肿、淋巴外渗穿刺

脓肿、皮下血肿、淋巴外渗穿刺术，是指用穿刺针穿入上述三种病灶的一种穿刺方法。

一、适应证

主要用于疾病的诊断和上述病理产物的清除。

二、操作方法

1. 用具准备

75％酒精、3％～5％碘酊、注射器及相应针头、消毒药棉等。

2. 穿刺部位

一般在肿胀部位下方或触诊松软部。

3. 操作方法

常规消毒术部。左手固定患处，右手持注射器使针头直接穿入患处，然后抽动注射器内芯，将病理产物吸入注射器内。也可由一助手固定患部，术者将针头穿刺到患处后，左手将注射器固定，右手抽动注射器内芯。

三、注意事项

(1) 穿刺部位必须固定确实，以免术中骚动或伤及其他组织。

(2) 在穿刺前需制定穿刺后的治疗处理方案，如血液的清除，脓肿的清创及淋巴外渗治疗用药品等。

(3) 要注意脓肿、血肿、淋巴外渗穿刺液的鉴别诊断：脓肿穿刺液为脓汁；血肿穿刺液为稀薄的血液；淋巴外渗液为透明的橙黄色液体。必须在确定穿刺液的性质后，再采取相应措施（如手术切开等），避免因诊断不明而采取不当措施。

任务六　安乐死

安乐死即无痛苦地死亡，通常是指患有不治之症的宠物在危重濒死状态时，为了免除其躯体上的极端痛苦，在宠物主人的要求下，经兽医师认可，用人为的方法使患病宠物在无痛苦情况下终结生命。

一、适应证

(1) 各种晚期癌症。

(2) 久治不愈的高位截瘫。

(3) 频发性治疗无效性犬瘟热。

(4) 肾脏衰竭透析无效性尿毒症。

二、安乐死方法

目前的安乐死主要是选用一些药物对心脏等生命脏器造成不可逆性损害而在投药的瞬间或一定时间内使犬、猫丧失生命。常用的药物和方法有以下几种。

1. 氯化钾法

用10％的氯化钾以0.3～0.5ml/kg剂量快速注射，即可使宠物死亡。对于犬、猫等小宠物可采用静脉滴注的方法，否则易引起死亡前的挣扎等反应。钾离子在血中的浓度增高，可导致心动徐缓、传导阻滞及心肌收缩力减弱，最后抑制心脏使心脏突然停搏而致死亡。

2. 戊巴比妥钠法

最被接受的注射型安乐死药物是巴比妥类的衍生物，其中以戊巴比妥最为常用，这类药物可直接抑制中枢神经系统，宠物先进入昏迷，发生数次喘息后停止呼吸，继而迅速心跳停止。为中型宠物安乐死术药物的第一选择。

该药物最好使用静脉注射，如为小型、老弱或极年幼宠物，可行腹腔注射，通常使用麻醉剂量的3倍剂量。犬以1.5ml/kg或75mg快速注射即可。但需注意不可以使用高浓度(大于60mg/ml)的剂型，以免引起刺激。该药不适于皮下注射或肌内注射。

3. 饱和硫酸镁法

用于小宠物，价格便宜，静脉注射。硫酸镁的使用浓度为40g/100ml，以1ml/kg的剂量快速注射，可不出现挣扎而迅速死亡。这是由于硫酸镁离子具有抑制中枢神经系统使意识丧失和直接抑制延髓的呼吸及血管运动中枢的作用，同时还有阻断末梢神经与肌肉结合部的传导使骨骼肌弛缓的作用。

4. 二氧化碳法

吸入60%的二氧化碳后宠物会在45s内失去知觉，大多用在小宠物的安乐死。通常需与氧气混合以免宠物在丧失意识前因缺氧而不适。如用在新生宠物浓度需要增高。将CO_2气体填在容器内。把装宠物的笼子放入小室或聚乙烯袋中，通过该气体使宠物死亡。

5. 一氧化碳法

把欲扑杀的犬集中到一个房间里，放入一氧化碳使犬窒息死亡；可用于群犬的扑杀。

6. 氯仿吸入麻醉法

用于小宠物的安乐死。

7. 氟烷、恩氟烷、异氟烷、地氟烷等麻醉气体法

可用于多种宠物，宠物需置于密封的容器中，因大多具有局部刺激性，宠物只能接触其蒸气，且在过程中仍需继续供给空气或氧。

技能训练项目一　犬、猫经口给药

【目的要求】

1. 熟悉常用的经口投药器具。
2. 学会片剂、胶囊剂、液体制剂投药法。
3. 学会胃导管投药法，并能正确判定胃导管是否在食管内。

【实训内容】

1. 片剂、胶囊剂、液体制剂投药法。
2. 胃导管投药法。

【动物与材料】

(1) 实验动物　犬，猫。

(2) 药品与器材　维生素C片、多酶片、酵母片、5%生理盐水或5%葡萄糖注射液；药匙、开口器、胃导管（或导尿胶管）、液体石蜡、药盆、消毒用品及保定用具。

【方法步骤】

1. 片剂或胶囊的投药操作

宠物站立保定，术者掌心横越鼻梁，以拇指和食指分别从两侧口角打开口腔，一手将片剂或胶囊送进舌背部，使其闭口，待其自行咽下。

2. 液体制剂投药操作

(1) 不使用胃导管投药操作　宠物取站立姿势，助手将宠物头部固定，术者一手持药瓶，一手将一侧口角拉开，然后自口角缓缓倒进药液。或用注射器将药液沿口角注入。待其咽下再灌，直至灌完。

(2) 使用胃导管投药操作 犬可用胃导管，猫选用导尿胶管。打开口腔，先置入钻有圆孔的木片（板）或胶布圈于口腔内，胃导管通过其孔穿进，刺激咽部使其吞入食管。确定其在食管内，即可投药。

【注意事项】

1. 实训操作前应将宠物保定确实，操作需谨慎细心，切忌粗暴，防止将药物灌入气管和肺中，防止被宠物抓伤或咬伤。

2. 给每组实验犬、猫分发的药物剂量要计划好，由教师指导学生给药，学生不可在实训时随便多喂药，以养成良好的职业素养。

3. 胃导管投药时，灌药前必须判断胃导管是否插入食管（见实训表 5-1），以免将药液误灌入气管和肺内，引起异物性肺炎。

4. 不管采用何种投药方法，在投药过程中，应密切注意患病动物的表现，一旦发现异常，首先应立即停止投药并使患病宠物低头，促进咳嗽，呛出药液，待动物稳定后再继续投药或采用其他给药方式。

实训表 5-1 判断胃导管插入食管或气管的鉴别要点

鉴别方法	插入食管内	误入气管内
胃导管送入时的感觉	插入时稍感前方有阻力	无阻力
观察咽、食管及动物的表现	胃导管前端通过咽部时可引起吞咽动作或伴有咀嚼，动物安静	无吞咽动作，可引起剧烈咳嗽，动物表现骚动不安
触摸颈沟部	可摸到胃导管	无
将胃导管外端放入水中	水内无气泡产生或者出现与呼吸节律无关的气泡	随呼吸动作出现规律性气泡
将胃导管外端放到耳边听	听到不规则的"咕噜"声或水泡声，无气流冲击耳边	随呼吸动作出现有节奏的呼出气流
观察排气与呼气动作	不一致	一致
捏扁橡皮球后再接于胃导管外端	不再鼓起	鼓起
向胃导管内做充气反应	随气流进入，颈沟部可见明显波动	不见波动

【技能考核】

1. 常用的投药器具的使用。
2. 片剂、胶囊剂、液体制剂投药操作。
3. 胃导管投药操作。

技能训练项目二 犬、猫注射给药

【目的要求】

1. 了解注射给药的基本方法。
2. 学会注射器的正确使用方法。
3. 学会皮下注射法、肌内注射法、静脉注射法及其临床应用。

【实训内容】

1. 皮下注射法操作。
2. 肌内注射法操作。
3. 静脉注射法操作。

【动物与材料】

(1) 实验动物　犬、猫。

(2) 药品与器材　注射用2ml、5ml、10ml、20ml、50ml一次性注射器；消毒用碘酒棉球、酒精棉球、剪毛剪子等；0.9%氯化钠注射液、5%葡萄糖注射液；一次性输液管、橡皮膏、乳胶管、保定用具等。

【方法步骤】

1. 皮下注射法操作

注射部位皮肤用酒精棉球消毒，操作人员左手拇指和中指捏起注射部位的皮肤，同时以食指尖压皱褶向下陷窝，右手持连接针头的注射器，从皱褶基部的陷窝处刺入皮下2～3cm，此时如感觉针头无抵抗，且能自由活动针头时，左手把持针头连接部，右手推压针筒活塞，即可注射药液。注完后，左手持酒精棉球按压刺入点，右手拔出针头，局部消毒。必要时可对局部轻度按摩，以促进药液吸收。

2. 肌内注射法操作

注射部位消毒，左手拇指与食指轻压注射局部，右手持注射器，使针头与皮肤呈垂直，迅速刺入肌肉内。一般刺入1～2cm，而后用左手拇指与食指捏住露出皮外的针头结合部分，以食指指节顶在皮上，再用右手抽动针筒活塞，确认无回血后，即可注入药液。注射完毕，用左手持酒精棉球压迫针孔部，迅速拔出针头。

3. 静脉注射法操作

部位多选择在前肢腕关节正前方偏内侧的前臂皮下静脉（头静脉）和后肢跖部背外侧的小隐静脉，也可在颈静脉。操作方法见项目五　任务一　子任务二内容。

【注意事项】

1. 各种注射方法要严格进行无菌操作。
2. 各种注射操作前应排净注射器或输液管中的气泡。
3. 每一种方法注射的药物剂量不宜过多，以学会各种注射方法为目的。
4. 静脉注射时要看清脉管径路，明确注射部位，尽量做到一针见血，防止乱刺，以免引起局部血肿及静脉炎。
5. 在实习过程要爱护动物，尽量减少动物的痛苦，必要时对实验动物进行麻醉。
6. 每一实习组要团结协作，对照实习内容合理分工，逐渐养成良好的职业习惯。

【技能考核】

1. 无菌注射意识。
2. 皮下注射法操作。
3. 肌内注射法操作。
4. 静脉注射法操作。

技能训练项目三　犬、猫输血

【目的要求】

1. 了解宠物输血的适应证及输血的类型。
2. 掌握采血、血液保存技术。
3. 掌握输血方法及输血反应的处理方法。
4. 熟悉输血注意事项。

【实训内容】

1. 采血、血液抗凝处理及血液保存。

2. 实施宠物全血输血疗法。

3. 输血反应观察。

【动物与材料】

(1) 实验动物　犬，猫。

(2) 器材及药品　采血针、注射器、集血瓶、3.8%枸橼酸钠溶液500ml、地塞米松注射液、肾上腺素注射液、离心机一台、载玻片若干、滴管3～5个、供血犬2～3只、剪毛消毒具、1m左右长的输血胶管2根、一次性输液器、酒精棉球、碘酊棉球、保定用具等。

【方法步骤】

1. 供血犬健康状况检查

采血前要对供血犬进行健康状况检查，供血犬必须是体质健壮的青壮年犬。

2. 供血犬与受血犬血液相合性确定

方法见项目五任务四。

3. 采血

若供血犬与受血犬血液相合时，颈静脉采血于集血瓶内，按1∶9的比例将3.8%枸橼酸钠与血液混匀。

4. 输血

将采好的抗凝血输于受血犬，并观察有无输血反应。

5. 输血反应的处理

受血犬接受输血后，若出现发抖、兴奋不安、呼吸加快或呼吸困难、体温升高、心率加快、呕吐、眼结膜潮红、充血、眼睑浮肿、眼球震颤、流涎、甚至出现休克等症状时，即发生了输血反应，应立即停止输血，可用地塞米松注射液、肾上腺素注射液肌注，予以解救。为防止肾功能障碍，可早期静脉注射速尿。

【注意事项】

1. 输血时一切操作均应严格无菌。

2. 通常不给孕犬输血，以防流产。

3. 不要将种公犬血液给予与之交配过的或将要与之交配的母犬，以防产生同族免疫，使新生幼犬发生溶血病。

4. 输血时，常并用抗生素，但最好不与血液混用，而将抗生素另做肌内注射。

【技能考核】

1. 采血技术。

2. 血液抗凝处理。

3. 血液相合试验操作。

4. 输血及输血反应的处理。

技能训练项目四　犬穿刺手术

【目的要求】

1. 了解穿刺技术的临床应用。

2. 掌握胸腔、腹腔和膀胱等宠物临床常用穿刺技术。

【实训内容】

1. 胸腔穿刺操作。

2. 腹腔穿刺操作。

3. 膀胱穿刺操作。

【动物与材料】

(1) 实验动物　犬。

(2) 器材与药品　8号、10号、12号、16号针头若干，12号、16号穿刺针若干，10ml、20ml、50ml注射器若干，0.5%盐酸普鲁卡因，生理盐水，导管，剪毛剪，酒精棉球、碘酒棉球及保定用具等。

【方法步骤】

1. 胸腔穿刺术

宠物站立或左侧横卧保定。

穿刺部位：犬在右侧第7肋间，与肩关节水平线相交点的下方2～3cm处，胸外静脉上方约2cm处。

左手将术部皮肤稍向上方移动1～2cm，右手持穿刺针，靠近肋骨前缘垂直刺入。穿刺肋间肌时有阻力感，当阻力消失而有空虚感时，表明已刺入胸腔内，此时有胸腔液体流出，即穿刺正确。操作完毕，拔出针头，使局部皮肤复位，术部涂碘酊。

2. 腹腔穿刺术

宠物侧卧保定，在耻骨前缘与脐之间的腹正中或右侧3～5cm处剪毛消毒。根据犬只大小选用10～16号针头，垂直刺入腹壁，穿透皮肤后，慢慢推进针头进入腹腔内，刺入深度2～3cm。如有腹水从针头流出时，即穿刺正确，操作完毕，拔出针头，局部碘酊消毒。

3. 膀胱穿刺术

宠物取仰卧保定姿势。在耻骨前缘3～5cm处，腹白线一侧腹底壁上，剪毛消毒，并用0.5%盐酸普鲁卡因浸润麻醉。

左手隔着腹壁固定膀胱，视犬只大小选取用12～16号针头，与皮肤呈45°角向骨盆方刺入，针头依次刺透皮肤、腹肌、腹膜肌和膀胱壁，一旦刺入膀胱壁内，尿液便从针头喷射出来。穿刺完毕，拔出针来，消毒术部。

【注意事项】

1. 实施穿刺时应将宠物保定确切，以免发生意外。
2. 各种穿刺术均按无菌操作要求进行。
3. 实习时同学们要分工协作，养成爱宠护宠物的职业理念。

【技能考核】

1. 胸腔穿刺操作。
2. 腹腔穿刺操作。
3. 膀胱穿刺操作。

【复习思考题】

1. 宠物的给药方法有哪几种？如何正确选择合适的方法？
2. 何谓投药法？常见有哪几种投药法？投药时应注意是什么？
3. 投送胃导管前应注意哪些问题？操作时如何判断胃导管是否进入食管内？
4. 怎样确定犬、猫的肌内注射部位？操作时应注意哪些事项？
5. 静脉注射的适用范围有哪些？操作时应注意哪些事项？
6. 简述胸腔注射、腹腔注射、气管注射的操作方法及注意事项。

7. 输液疗法的临床应用有哪些？临床上如何正确选择各种常用输液用药品？
8. 临床上酸碱平衡紊乱常见类型及其病因有哪些？
9. 简述犬、猫的导尿法。
10. 犬、猫如何进行输氧？
11. 犬、猫如何进行输血？
12. 如何确定胸腔穿刺、腹腔穿刺的部位？穿刺有何临床意义？穿刺时应注意什么？
13. 简述膀胱穿刺、脓胞穿刺等的操作方法及注意事项。
14. 简述犬、猫安乐死的实施方法。

参考文献

[1] 范开，董军. 宠物临床显微检验及图谱 [M]. 北京：化学工业出版社，2006.
[2] 曾元根，徐公义. 兽医临床诊疗技术. 北京：化学工业出版社，2009.
[3] 邓干臻. 宠物诊疗技术大全 [M]. 北京：中国农业出版社，2004.
[4] 李玉冰，范玉良. 宠物疾病临床诊疗技术 [M]. 北京：中国农业出版社，2007.
[5] 宋大鲁，宋旭东. 宠物诊疗金鉴 [M]. 北京：中国农业出版社，2009.
[6] 高得仪，韩博. 宠物疾病实验室检验与诊断彩色图谱 [M]. 北京：中国农业出版社，2004.
[7] 贺宋文，何德肆. 宠物疾病诊疗技术 [M]. 重庆：重庆大学出版社，2008.
[8] 何英，叶俊华. 宠物医生手册 [M]. 沈阳：辽宁科学技术出版社，2003.
[9] 林德贵. 动物医院临床技术 [M]. 北京：中国农业大学出版社，2003.
[10] 丁岚峰，杜护华. 宠物临床诊断及治疗学 [M]. 哈尔滨：东北林业大学出版社，2006.
[11] 高德仪等. 宠物疾病实验室检验与诊断彩色图谱附病例分析 [M]. 北京：中国农业出版社，2003.
[12] 侯加法. 小动物疾病学 [M]. 北京：中国农业出版社，2002.
[13] 孙明琴，王传锋. 小动物疾病防治 [M]. 北京：中国农业大学出版社，2007.
[14] [美] Charles M. [美] Hendrix，Margi Sirois. 兽医临床实验室检验手册 [M]. 夏兆飞主译. 北京：中国农业大学出版社，2010.
[15] [美] Paula Pattengale. 动物医院工作流程手册 [M]. 夏兆飞主译. 北京：中国农业大学出版社，2010.
[16] 贺永建，李前勇. 兽医临床诊断学实习指导 [M]. 重庆：西南师范大学出版社，2005.
[17] 黄利权. 宠物医生实用新技术 [M]. 北京：中国农业出版社，2006.
[18] 朱金凤，王怀友. 兽医临床诊疗技术 [M]. 郑州：河南科学技术出版社，2007.
[19] 邓俊良. 兽医临床实践技术 [M]. 北京：中国农业大学出版社，2007.
[20] 李志. 宠物疾病诊治 [M]. 第2版. 北京：中国农业出版社，2008.
[21] 倪耀娣. 兽医临床诊疗学 [M]. 北京：中国农业科学技术出版社，2008.
[22] 吴敏秋，周建强. 兽医实验室诊断手册. 南京：江苏科学技术出版社，2009.
[23] 丁岚，李金岭. 动物临床诊断 [M]. 北京：中国农业出版社，2008.
[24] 周婷等. 龟病图说 [M]. 北京：中国农业出版社，2007.
[25] 唐芳索. 犬病临床诊疗失误的原因分析及避免措施 [J]. 兽医导刊，2011 (3)：63-65.